高职高专土木与建筑规划教材

U0211956

钢 结 构

李 婕 唐丽萍 贺培源 主 编

杨晓敏 赵培兰 但 敏 副主编

清华大学出版社

北 京

内 容 简 介

本书在编写过程中，以培养高等技能型人才为主线，结合作者长期教学与工程实践经验，其中弱化结构计算理论内容，达到基本应用即可；重点突出实践应用内容，并涵盖了目前应用较多的几种钢结构形式，使本书具有较好的实际应用性。

全书分为上篇与下篇两部分，共 11 章，上篇钢结构基础知识，主要侧重钢结构的设计原理的讲解、构件的设计，包括绪论、建筑钢材、钢结构连接、轴心受力构件、受弯构件、拉弯和压弯构件 6 章；下篇是房屋结构设计与识图，包括钢屋盖结构、门式刚架轻型钢结构、平台结构、钢框架结构、网架结构 5 章。

书中提供了 3 套完整设计案例、两套施工图案例，可以用于学生学习和教师课堂讲解。在表现形式上使用了大量的便于学生理解的图表，每章的任务内容均具有可操作性。

本书可作为高等职业学校、高等专科学校、应用型本科学校各相关专业的教材，也可作为函授、自学、岗位培训教材及现场施工人员的指导书。

图书在版编目(CIP)数据

钢结构/李婕，唐丽萍，贺培源主编. —北京：清华大学出版社，2017（2022.12重印）
高职高专土木与建筑规划教材
ISBN 978-7-302-46812-7

Ⅰ. ①钢… Ⅱ. ①李… ②唐… ③贺… Ⅲ. ①钢结构—高等职业教育—教材 Ⅳ. ①TU391

中国版本图书馆 CIP 数据核字(2017)第 052726 号

责任编辑：桑任松
装帧设计：刘孝琼
责任校对：吴春华
责任印制：刘海龙

出版发行：清华大学出版社
　　　　网　　址：http://www.tup.com.cn, http://www.wqbook.com
　　　　地　　址：北京清华大学学研大厦 A 座　　　邮　　编：100084
　　　　社 总 机：010-83470000　　　　　　　　邮　　购：010-62786544
　　　　投稿与读者服务：010-62776969, c-service@tup.tsinghua.edu.cn
　　　　质量反馈：010-62772015, zhiliang@tup.tsinghua.edu.cn
　　　　课件下载：http://www.tup.com.cn, 010-62791865
印 装 者：三河市铭诚印务有限公司
经　　销：全国新华书店
开　　本：185mm×260mm　　印　张：24.25　　字　数：589 千字
版　　次：2017 年 9 月第 1 版　　　　　印　次：2022 年 12 月第 4 次印刷
定　　价：49.00 元

产品编号：070359-01

前　言

　　"钢结构"是高等学校土建类专业的主干课程之一。本书以提高读者的职业技能为目标，针对职业技能对应用型人才的要求，以钢结构基础理论为起点，在基础理论部分重点讲清概念，必要的公式推导力求简明扼要，删去其他过长的推导过程，重点说明来源及应用。联系工程实际，突出钢结构房屋的设计及图纸的识读，以常见的几种钢结构形式进行讲述，以期培养学生能熟知设计过程、读懂图纸，提高处理实际问题的能力。

　　本书通过引导案例、基本知识、案例分析、课程实训等模块，使学生通过"学、做"合一来学习基本知识，循序渐进地提高学生的职业技能，以达到胜任工作岗位的目的。在引导案例部分，给出具体任务；在相关知识部分给出完成该项目必需的知识与技能；在案例分析部分，介绍完整案例设计过程；在课程实训部分，围绕项目需要掌握的重点知识，精心筛选了适量的习题，供读者检测学习效果。

　　本书由内蒙古建筑职业技术学院李婕、唐丽萍、贺培源任主编，杨晓敏、赵培兰、但敏任副主编。参加编写工作的人员分工是：第 1 章由太原城市职业技术学院赵培兰编写；第 2 章由长治职业技术学院崔路苗编写；第 3 章由内蒙古建筑职业技术学院杨晓敏编写；第 4 章由内蒙古建筑职业技术学院但敏编写；第 5 章由内蒙古建筑职业技术学院孙煦东编写；第 6 章由太原城市职业技术学院赵培兰、内蒙古建筑职业技术学院麻子飞编写；第 7 章由内蒙古建筑职业技术学院唐丽萍、孙煦东编写；第 8 章由广东省水利电力职业技术学院王绵坤、内蒙古建筑职业技术学院李婕编写；第 9 章由内蒙古工业大学贺培源编写；第 10 章由内蒙古建筑职业技术学院但敏、李婕编写；第 11 章由内蒙古建筑职业技术学院赵金龙编写。本书由内蒙古工业大学曹玉生老师主审。

　　由于编者的理论水平和实践经验的有限，书中难免存在不妥之处，恳请广大读者和同行专家批评指正。

编　者

目　　录

上篇　钢结构基础知识

下篇 房屋结构设计与识图

上篇　钢结构基础知识

第1章　绪　　论

【学习要点及目标】

◆　了解钢结构的类型及组成。

◆　熟悉钢结构的特点。

◆　了解钢结构的发展状况。

◆　了解钢结构常用的规范。

【核心概念】

钢结构的特点、发展、设计方法

【引用案例】

随着科技的进步，钢结构行业飞速发展，钢结构广泛应用于高层结构、高耸结构、大跨结构、桥梁结构等各种建筑类型，如高度为 828m 的阿拉伯联合酋长国迪拜塔，高度为300m 的法国埃菲尔铁塔，高度为 509m 的台北 101 大厦，高度为 420.5m 的上海金茂大厦，高度为 234m 的中央电视台总部大楼，以及鸟巢、水立方、国家大剧院、上海的东方明珠电视塔、杭州湾跨海大桥和港珠澳大桥等。

任何一个能够满足一定功能要求的钢结构单体，无论大小、复杂与否，都是由若干个构件通过一定的连接方式连接而成的，任何一个构件都要具有满足两种极限状态的要求，任何一个结构单体都要具有满足一定功能的要求。本书主要介绍建筑钢材的选择、钢构件连接的设计、钢构件的设计、整体钢结构单体的设计(如屋盖结构、门式刚架、平台钢结构、钢框架结构、网架结构)，遵循完整的钢结构设计理念，为广大从事钢结构设计的技术人员提供参考。

1.1　钢结构的类型、组成

钢结构是以钢材为主要材料的结构，是建筑结构类型之一。在大跨度、高层、超高层建筑和一些有特殊要求的工业与民用建筑中应用广泛。

1.1.1 钢结构的类型

钢结构可以从不同角度进行分类,主要有以下几种分类方法。

1. 按应用领域分类

钢结构在许多工程建设领域都有应用,并可将这些领域分成以下几种类别。

(1) 建筑工程:工业、农业建筑,民用、公共房屋,纪念性建筑物等。

(2) 桥梁工程: 铁路、公路、桥梁,城市过街天桥、立交桥等。

(3) 水利工程: 水工闸门,压力钢管,施工栈桥等。

(4) 海洋工程: 海洋石油平台、设施,海底输油管线等。

(5) 特种工程: 输电、发射塔架,液、气储存罐及其输送管线,大型起重机架等。

应用于建筑、桥梁、海洋的钢结构,由于其应用领域、所处环境和使用要求的不同,各种钢结构所受自然环境和人为环境的作用也有差异。其设计、施工和使用虽有所区别,但是其基本属性和特征及其总的设计理念、原理、方法和所依据的理论基础等均相似。

不同领域的钢结构又可以继续分类。比如:建筑工程的钢结构有钢结构厂房、高层钢结构建筑、大跨度钢网架建筑、悬索结构建筑等;桥梁上有公路及铁路上的各种形式的钢桥,如板梁桥、桁架桥、拱桥、悬索桥、斜拉桥等。

2. 按所用钢材规格分类

钢结构的加工、制造、受力工作性能以及破坏形态等,除与其所采用结构、钢材种类、性质等有关外,还与所用钢材的厚薄、规格有关,因此可按其组成中所用主要钢材的厚薄及规格(型号大小)分为以下几种。

(1) 轻型钢结构:厚度为 1.5～6mm 的钢板和小圆钢、型钢组成的钢结构。

(2) 普通钢结构:厚度为 8～40mm 的钢板和普通型钢组成的钢结构。

(3) 重型钢结构:厚度介于 40～100mm 之间的钢板和特大型号钢材组成的钢结构。

用厚度小于 1.5mm 的钢板制成的钢结构也可称为超轻型钢结构;厚度大于 100mm 的钢板和特殊型号钢材组成的钢结构也可称为超重型钢结构。

3. 按截面形式分类

大多钢结构的构件有两种截面形式,即实腹式截面与格构式截面。

(1) 实腹式截面。多采用空腹矩形、工字形、十字形、圆形、T 形等规则形状,以实腹钢板组合而成或由型钢直接形成。普通截面加工简单、施工迅速,是大多中小跨度、高度钢结构的首选截面形式。在很多高层建筑中,由于单一构件尺度并不大,因此多采用实腹式截面。

(2) 格构式截面。它是采用短小的钢构件以一定规则构成的桁架形成可以承担宏观受压、受弯等作用的构件,如图 1-1 所示。大型结构中,格

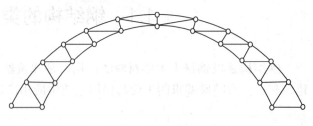

图 1-1 格构式

构式构件是其主要的截面形式，它可以用于柱、梁、支架、拱等多种结构中，可以有效地节省材料的用量，提高材料的使用效率。悉尼港湾大桥就是典型的格构式拱桥。

1.1.2　钢结构的特点

1．建筑钢材强度高、重量轻、塑性和韧性好

钢材虽然密度较大，但强度比混凝土、砖石高得多，因此在承载力相同的情况下，钢结构自重比其他结构要小，主要是因为其构件的截面尺寸较小。

将钢结构用于建筑中可充分发挥钢材的延性好、塑性变形能力强的优点。由于钢材破坏前要经受很大的塑性变形，能吸收和消耗很大的能量，因此具有优良的抗震抗风性能，大大提高了建筑的安全可靠性。尤其在遭遇地震、台风灾害的情况下，钢结构能够避免建筑物的倒塌性破坏。

2．材质均匀和力学计算的假定比较符合

钢材内部组织比较均匀，其各个方向的物理力学性能基本相同，接近各向同性体，为理想弹塑性材料，在一般情况下处于弹性阶段工作，实际受力情况和工程力学的计算假定相符，计算结果的不确定性小，计算结果比较可靠。

3．使用空间大、环保效果好

钢结构住宅比传统建筑能更好地满足建筑上大开间灵活分隔的要求，并可通过减少柱的截面面积和使用轻质墙板，提高面积使用率，户内有效使用面积可提高约 6%。

钢结构建筑施工时大大减少了砂、石、灰的用量，所用的材料绿色环保，在建筑物拆除时，大部分材料可以再用或降解，不会产生建筑垃圾，环保效果好。

4．工业化程度高、施工速度快

钢结构中各种构件均在金属结构厂中生产，成品精度高，在现场拼接简单，施工速度快，施工工期短，工期比传统住宅体系至少缩短 1/3。

5．密闭性较好

钢结构采用焊接连接制成的压力容器、管道等密闭结构，其水密性和气密性较好，适用于密闭结构。

6．耐腐蚀性差

普通钢材在湿度大或有腐蚀性介质的环境中容易锈蚀，使结构受损，因此须采取防护措施，如除锈、刷油漆或涂料(锌、铝)。增加了维护费用。对处于湿度大、有侵蚀性介质环境中的结构，可采用耐候钢或不锈钢提高其抗腐蚀性能。

7．钢材耐热但不耐火

钢材表面温度在 150℃以内时，钢材的强度变化很小，因此钢结构可用于热车间。当温度超过 150℃时，其强度明显下降。当温度达到 500～600℃时，强度几乎为零，结构可能瞬间崩溃。故当结构表面长期受辐射热达 150℃以上或在短时间内可能受到火灾作用时，须

采取隔热和防火措施。

8．钢结构在低温和其他条件下可能发生脆性断裂

由厚钢板焊接而成的承受拉力和弯矩的钢构件及其连接节点，在低温下有脆性破坏的倾向。

1.2 钢结构的应用与发展

1.2.1 钢结构的应用

钢结构一般应用于高层钢结构、轻型钢结构、大跨度空间钢结构、高耸钢结构、厂房钢结构和桥梁钢结构等体系中。

1．高层钢结构体系

高层钢结构一般是指 10 层及 10 层以上或房屋高度大于 28m 的住宅建筑以及房屋高度大于 24m 的其他高层民用建筑钢结构。主要采用型钢、钢板连接或焊接成构件，再经连接组成的结构体系。高层钢结构常用结构形式有钢框架结构、框架-支撑体系、钢框架-混凝土核心筒结构。钢框架-混凝土核心筒结构在现代高层、超高层钢结构中应用较为广泛。图 1-2～图 1-7 是目前有代表性的钢结构建筑。

图 1-2 大连远洋大厦

高度为 200.8m

图 1-3 上海金茂大厦

高为 420.5m 的钢框架-混凝土核心筒结构

图 1-4　迪拜塔

图 1-5　台北 101 大厦

迪拜塔位于阿拉伯联合酋长国的迪拜。由美国芝加哥的 SOM 建筑事务所设计。"迪拜塔"的高度为 828m(2624ft)，162 层，2010 年竣工

台北 101 大厦由李祖源建筑事务所(C.Y. Lee & Partners)设计，于 2004 年建成，高度为 509m，电梯速度为 60.4km/h

图 1-6　中央电视台总部大楼

图 1-7　南昌双子塔

中央电视台总部大楼由荷兰人雷姆·库哈斯和德国人奥雷·舍人带领大都会建筑事务所(OMA)设计，高度为 234m，总投资约 200 亿元，2009 年竣工

南昌双子塔是南昌标志性建筑之一，是南昌的最高建筑。2014 年建成，高度为 303m，现为中国中部最高"双子塔"

2. 轻型钢结构体系

轻型钢结构具有用钢量省、造价低、供货迅速、安装方便、外形美观、内部空旷等特点。

轻型钢结构是近 10 年来发展最快的领域，日本的轻型钢结构住宅已占总住宅建筑的 25%。

3．大跨度空间钢结构体系

大跨度空间的钢结构主要有网架结构和网壳结构。网架结构广泛用作体育馆、展览馆、俱乐部、影剧院、食堂、会议室、候车厅、飞机库、车间等的屋盖结构。具有工业化程度高、自重轻、稳定性好、外形美观的特点。

例如，国家大剧院(见图 1-8)，其主体建筑钢结构椭球壳体为一超大空间壳体，东西长约 212m，南北约 144m，高约 46m。整个钢壳体由顶环梁、梁架构成骨架；梁架之间由连杆、斜撑连接。顶环梁通长采用 ϕ1117.6×25.4 THK 钢管，中间矩形框采用箱形梁。整体结构用钢量达 6750t。

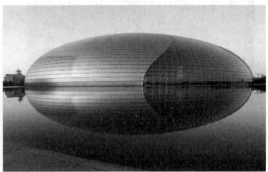

图 1-8　国家大剧院

国家体育场(鸟巢，见图 1-9)，建筑体形上像鸟巢。可容纳 8 万人。平面为椭圆形，长轴的长度为 340m，短轴的长度为 292m。屋盖中间有一个 146m×76m 的开口，这部分将设计成开合屋盖。采用加肋薄壁箱形截面，总用钢量达 16 万吨。

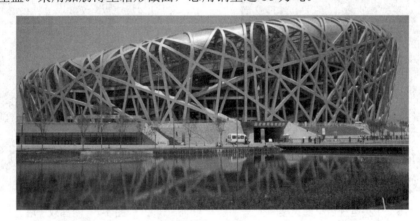

图 1-9　鸟巢

4．多层住宅、办公楼

多层住宅、办公楼一般不超过 6 层，柱距为 6～9m，其基础受力小，有利于抗震，资源耗用少，工业化程度高，施工速度快，造价略高。图 1-10 所示为钢结构别墅的外观和主体结构。

图1-10 钢结构别墅

5. 高耸钢结构

高耸钢结构的结构形式多为空间桁架，其特点是高跨比较大，以水平荷载作用为主，可应用在以下几个方面：①输电塔；②通信及微波塔；③多功能广播电视发射塔；④桅杆；⑤火炬塔、石油化工塔架。目前为人们所熟知的高耸结构有法国巴黎的埃菲尔铁塔(见图1-11)和中国上海的东方明珠电视塔(见图1-12)等建筑。

图1-11 法国埃菲尔铁塔

建于1889年，高度为300m，是巴黎的主要标志性建筑。由土木工程师G.埃菲尔设计，为高露空格构式铁塔，塔的底部为4个半圆形拱

图1-12 东方明珠电视塔

当时以468m的高度成为亚洲第一高塔。1994年竣工，总重量达12万吨，总投资8.3亿元。它由3根直径为9m的擎天立柱、太空舱、上球体、下球体、5个小球、塔座和广场组成

6. 桥梁钢结构

桥梁钢结构一般有桁架式桥(如武汉、南京长江大桥)、箱形桥(如立交桥、铁路桥)、拱形桥、斜拉桥(如上海南浦、杨浦大桥)以及悬索桥(如江阴长江大桥)等。

杭州湾跨海大桥(见图 1-13)是一座横跨中国杭州湾海域的跨海大桥，它北起浙江嘉兴海盐郑家埭，南至宁波慈溪水路湾，大桥全长 36km，双向六车道高速公路，设计速度为 100km/h。总投资约 107 亿元。大桥共有各类桩基 7000 余根，是国内特大桥梁之最。杭州湾跨海大桥超过了美国切萨皮克海湾桥和沙特阿拉伯的巴林道堤桥，是目前世界上第三长桥梁。

图 1-13 杭州湾跨海大桥

1.2.2 钢结构的发展

钢结构在我国已有悠久历史，主要是由生铁结构逐步发展起来的，中国是最早用铁制造承重结构的国家。远在秦始皇时代(公元前 200 多年)，人们就有了用铁建造桥墩的经验。以后在深山峡谷上建造铁链桥、悬索桥、铁塔等。比如建于公元 58—75 年的兰津桥，它比欧洲最早的铁链桥约早 70 年。铁塔方面有建于 1061 年的湖北玉泉寺 13 层铁塔，铁塔高度为 17.9m，八角十三级，重量为 53.3t，为我国现存最高、最重、最大的铁塔。已有 900 多年的历史。新中国成立前的钢结构主要有建于 1927 年的沈阳皇姑屯机车厂钢结构厂房和建于 1928—1931 年间的广州中山纪念堂圆屋顶。

新中国成立后，钢结构的设计、制造、安装水平有了很大提高，建成了大量钢结构工程，有些在规模上和技术上已达到世界先进水平。例如，采用大跨网架结构的首都体育馆、上海体育馆、深圳体育馆，大跨度三角拱形式的西安秦始皇陵兵马俑陈列馆，悬索结构的北京工人体育馆、浙江体育馆，高耸结构中有高度为 200m 的广州广播电视塔、高度为 210m 的上海广播电视塔和高度为 325m 的北京环境气象塔等，板壳结构中有效容积达 54000m^3 的湿式储气柜等。

随着钢结构设计理论、制造、安装等方面技术的迅猛发展，各地建成了大量的高层钢结构建筑、轻钢结构、高耸结构、市政设施等。例如，位于上海浦东的高度为 420.5m、88

层、总建筑面积达 $2.87×10^5 m^2$ 的金贸大厦，总建筑面积达 $2.0×10^5 m^2$ 的上海浦东国际机场，以及主体建筑东西跨度为 288.4m、南北跨度为 274.7m、建筑高度为 70.6m、可容纳 8 万名观众的上海体育场，还有建于哈尔滨的黑龙江广播电视塔以及横跨黄浦江的南浦大桥、杨浦大桥、卢浦大桥等。

1.3　钢结构的设计方法

1.3.1　钢结构设计的目的

钢结构设计的目的是要保证所建造的结构安全适用，能够在规定的期限内满足各种预期的功能要求，并且要经济合理、技术先进、安全实用和确保质量。具体说来，结构应具有以下几项功能。

1)　安全性

在正常施工和正常使用的条件下，结构应能承受可能出现的各种荷载作用和变形而不发生破坏；在偶然事件发生后，结构仍能保持必要的整体稳定性。例如，厂房结构平时受自重、吊车、风和积雪等荷载作用时，均应坚固不坏，而在遇到强烈地震、爆炸等偶然事件时，容许有局部的损伤，但应保持结构的整体稳定而不发生倒塌。

2)　适用性

在正常使用时，结构应具有良好的工作性能，如吊车梁变形过大会使吊车无法正常运行、水池出现裂缝便不能蓄水等，都影响正常使用，需要对变形、裂缝等进行必要的控制。

3)　耐久性

在正常维护的条件下，结构应能在预计的使用年限内满足各项功能要求，也即应具有足够的耐久性，如不致因混凝土的老化、钢结构腐蚀或钢筋的锈蚀等而影响结构的使用寿命。

1.3.2　概率极限状态设计方法

1．结构的设计方法

结构计算的目的在于保证所设计的结构和结构构件在施工和工作过程中能满足预期的安全性和使用性要求。因此，结构设计准则应当这样来陈述：结构由各种荷载所产生的效应(内力和变形)不大于结构(包括连接)材料性能和几何因素等所决定的抗力或规定限值。假如影响结构功能的各种因素，如荷载大小、材料强度的高低、截面尺寸、计算模式、施工质量等都是确定性的，则按上述准则进行结构计算，应该说是非常容易的。但不幸的是，上述影响结构功能的诸因素都具有不定性，是随机变量(或随机过程)，因此，荷载效应可能大于设计抗力，结构不可能百分之百可靠，而只能对其做出一定的概率保证。在设计中如何对待上述问题就出现了不同的设计方法。

2. 结构的极限状态

结构的可靠度应采用以概率理论为极限状态设计方法分析确定，按极限状态进行结构设计时，首先应明确极限状态的概念。当结构或其组成部分超过某一特定状态就不能满足设计规定的某一功能要求时，此特定状态就称为该功能的极限状态。

1) 承载能力极限状态

对应于结构或结构构件达到最大承载能力或是出现不适于继续承载的变形，包括倾覆、强度破坏、疲劳破坏、丧失稳定、结构变为机动体系或出现过度的塑性变形。

2) 正常使用极限状态

对应于结构或结构构件达到正常使用或耐久性能的某项规定限值，包括出现影响正常使用或影响外观的变形，出现影响正常使用或耐久性能的局部损坏以及影响正常使用的振动。

3. 结构的功能函数

结构的工作性能可用结构的功能函数来描述。

若结构设计时需要考虑影响结构可靠性的随机变量有 n 个，即 $x_1, x_2, \cdots, x_n$，则在这 n 个随机变量间通常可建立函数关系，即

$$Z = g(x_1, x_2, \cdots, x_n) \tag{1-1}$$

式(1-1)即称为结构的功能函数。

为了简化起见，只以结构构件的荷载效应 S 和抗力 R 这两个基本随机变量来表达结构的功能函数，有

$$Z = g(R, S) = R - S \tag{1-2}$$

式中，R 和 S 是随机变量，其函数 Z 也是一个随机变量。在实际工程中，可能出现下列 3 种情况。

$Z > 0$，结构处于可靠状态。

$Z = 0$，结构达到临界状态，即极限状态。

$Z < 0$，结构处于失效状态。

按照概率极限状态设计方法，结构的可靠度定义为：结构在规定的时间内，在规定的条件下，完成预定功能的概率。这里所说"完成预定功能"就是对于规定的某种功能来说结构不失效($Z \geqslant 0$)。这样，若以 p_s 表示结构的可靠度，则上述定义可表达为

$$p_s = P(Z \geqslant 0) \tag{1-3}$$

结构的失效概率以 p_f 表示，则有

$$p_f = P(Z < 0) \tag{1-4}$$

由于事件($Z < 0$)与事件($Z \geqslant 0$)是对立的，所以结构可靠度 p_s 与结构的失效概率 p_f 符合

$$p_s + p_f = 1 \tag{1-5}$$

或

$$p_s = 1 - p_f \tag{1-6}$$

因此，结构可靠度的计算可以转换为结构失效概率的计算。可靠的结构设计指的是使失效概率小到人们可以接受的程度。绝对可靠的结构，即 $p_s = 1$ 或 $p_f = 1$ 的结构是没有的。

1.3.3　设计表达式

现行钢结构设计规范除疲劳计算外，均采用以概率理论为基础的极限状态设计方法，用分项系数的设计表达式进行计算。考虑到概率法的设计表达式，广大设计人员不熟悉也不习惯，同时许多基本统计参数还不完善，不能列出。因此，《建筑结构可靠度设计统一标准》(GB 50068—2001)建议采用广大设计人员普遍熟悉的分项系数设计表达式。各种承重结构及构件应按承载能力极限状态和正常使用极限状态进行设计。

对于承载能力极限状态荷载效应的基本组合按下列设计表达式中最不利值确定。

由可变荷载控制的效应设计值，应按下式进行计算，即

$$S_{\mathrm d} = \gamma_0 \left(\sum_{j=1}^{m} \gamma_{G_j} S_{G_j\mathrm{K}} + \gamma_{Q_1} \gamma_{L_1} S_{Q_1\mathrm{K}} + \sum_{i=2}^{n} \gamma_{Q_i} \gamma_{L_i} \psi_{\mathrm c_i} S_{Q_i\mathrm{K}} \right) \leqslant f \tag{1-7}$$

由永久荷载控制的效应设计值，应按下式进行计算：

$$S_{\mathrm d} = \gamma_0 \left(\sum_{j=1}^{m} \gamma_{G_j} S_{G_j\mathrm{K}} + \sum_{i=2}^{n} \gamma_{Q_i} \gamma_{L_i} \psi_{ci} S_{Q_i\mathrm{K}} \right) \leqslant f \tag{1-8}$$

式中：γ_0——结构重要性系数，对安全等级为一级或设计使用年限为 100 年及以上的结构构件，不应小于 1.1；对安全等级为二级或设计使用年限为 50 年的结构构件，不应小于 1.0；对安全等级为三级或设计使用年限为 5 年的结构构件，不应小于 0.9；

γ_{G_j}——第 j 个永久荷载分项系数，当永久荷载效应对结构不利时，对由可变荷载效应控制的组合应取 1.2，对由永久荷载效应控制的组合应取 1.35。当永久荷载效应对结构有利时，不应大于 1.0；验算结构倾覆、滑移或漂浮验算时应满足有关建筑结构设计规范规定；

γ_{Q_1}，γ_{Q_i}——第 1 个和第 i 个可变荷载分项系数，对标准值大于 $4.0\mathrm{kN/m^2}$ 的工业房屋楼面结构的活荷载，取 1.3；其他情况取 1.4；

γ_{L_i}——第 i 个可变荷载考虑设计使用年限的调整系数，其中　γ_{L_1} 为主导可变荷载 Q_1 考虑设计使用年限的调整系数；

$S_{G_j\mathrm{K}}$——按第 j 个永久荷载标准值 $G_{j\mathrm{K}}$ 计算的荷载效应值；

$S_{Q_i\mathrm{K}}$——按第 i 个可变荷载标准值 $Q_{i\mathrm{K}}$ 计算的荷载效应值，其中　$S_{Q_i\mathrm{K}}$ 为各可变荷载效应中起控制作用者；

ψ_{ci}——第 i 个可变荷载 Q_i 的组合值系数；

m——参与组合的永久荷载数；

n——参与组合的可变荷载数。

注：① 基本组合中的效应设计值仅适用于荷载与荷载效应为线性的情况。

② 当对 $S_{Q_i\mathrm{K}}$ 无法明显判断时，应依次以各可变荷载效应作为 $S_{Q_i\mathrm{K}}$，并选取其中最不利的荷载组合的效应设计值。

可变荷载考虑设计使用年限的调整系数时应按下列规定采用。

(1) 楼面和屋面活荷载考虑设计使用年限的调整系数应按表 1-1 采用。

表 1-1　楼面和屋面活荷载考虑设计使用年限的调整系数 γ_L

结构设计使用年限/年	5	50	100
γ_L	0.9	1.0	1.1

注：1. 当设计使用年限不为表中数值时，调整系数只可按线性内插确定。

　　2. 对于荷载标准值可控制的活荷载，设计使用年限调整系数 γ_L 取 1.0。

(2) 式(1-7)、式(1-8)，除第一个可变荷载的组合值系数 $\psi_{c1} = 1.0$ 的楼盖(如仪器车间仓库、金工车间、轮胎厂准备车间、粮食加工车间等的楼盖)或屋盖(高炉附近的屋面积灰)，必然由式(1-8)控制设计取 $\gamma_G = 1.35$ 外，其他只有大型混凝土屋面板的重型屋盖以及很特殊情况才有可能由式(1-8)控制设计。

(3) 对于一般排架、框架结构，可采用简化式计算。

由可变荷载效应控制的组合，应按式(1-9)计算，即

$$\gamma_0 \left(\gamma_G \sigma_{GK} + \psi \sum_{i=1}^{n} \gamma_{Q_i} \sigma_{Q_iK} \right) \leq f \tag{1-9}$$

式中：ψ——简化式中采用的荷载组合值系数，一般情况下可采用 0.9；当只有一个可变荷载时，系数可取 1.0。

由永久荷载效应控制的组合，仍按式(1-8)进行计算。

(4) 对于偶然组合，极限状态设计表达式宜按下列原则确定：偶然作用的代表值不乘分项系数；与偶然作用同时出现的可变荷载，应根据观测资料和工程经验采用适当的代表值，具体的设计表达式及各种系数，应符合专门规范的规定。

(5) 对于正常使用极限状态，按《建筑结构可靠度设计统一标准》(GB 50068—2001)的规定要求分别采用荷载的标准组合、频遇组合和准永久组合进行设计，并使变形等设计不超过相应的规定限值。

钢结构只考虑荷载的标准组合，其设计式为

$$v_{GK} + v_{Q_1K} + \sum_{i=2}^{n} \psi_{ci} v_{Q_iK} \leq [v] \tag{1-10}$$

式中：v_{GK}——永久荷载的标准值在结构或结构构件中产生的变形值；

　　　v_{Q_1K}——起控制作用的第一个可变荷载的标准值在结构或结构构件中产生的变形值(该值使计算结果最大)；

　　　v_{Q_iK}——其他第 i 个可变荷载标准值在结构或结构构件中产生的变形值；

　　　$[v]$——结构或结构构件的容许变形值。

1.4　钢结构相关规范、规程及标准

(1) 《钢结构工程施工及验收规程》(GB 50205—2001)。

(2) 《冷弯薄壁型钢结构技术规范》(GB 50018—2002)。

(3) 《钢结构设计规范》(GB 50017—2003)。

(4) 《空间网格结构技术规程》(JGJ 7—2010)。

(5) 《建筑用压型钢板》(GB/T 12755—2008)。

(6) 《钢结构焊接规范》(GB 50661—2011)。

(7) 《建筑防腐工程施工及验收规范》(GB 50212—2014)。

(8) 《建筑结构荷载规范》(GB 50009—2012)。

(9) 《门式刚架轻型房屋钢结构技术规程》(GB 51022—2015)。

(10) 《钢管混凝土结构设计与施工规程》(CECS 28：2012)。

(11) 《高层民用建筑钢结构技术规程》(JGJ 99—2015)。

(12) 《低合金高强度结构钢》(GB/T 1591—2008)。

(13) 《碳素结构钢》(GB/T 700—2006)。

(14) 《厚度方向性能钢板》(GB/T 5313—2010)。

(15) 《钢网架螺栓球节点》(JG/T 10—2009)。

(16) 《钢网架焊接空心球节点》(JG/T 11—2009)。

本 章 小 结

(1) 钢结构是指用钢板和各类型钢通过一定的方法连接而成的能够承受和传递荷载的结构形式。由于其强度高、塑性和韧性好，被广泛应用于高层结构、厂房结构、高耸结构等工业与民用建筑中。

(2) 钢结构采用概率极限状态的设计方法，它是在结构的可靠性和经济性之间选择的一种合理、安全的设计方法。结构的极限状态可以分为两类，即承载能力极限状态和正常使用极限状态。本章主要根据《建筑结构荷载规范》(GB 50009—2012)确定不同的极限状态荷载的组合方式。

习 题

一、选择题

1. 在结构设计中，失效概率 p_f 与可靠指标 β 的关系为( )。

　A. p_f 越大，β 越大，结构可靠性越差

　B. p_f 越大，β 越小，结构可靠性越差

　C. p_f 越大，β 越小，结构越可靠

　D. p_f 越大，β 越大，结构越可靠

2. 按承载力极限状态设计钢结构时，应考虑( )。

　A. 荷载效应的基本组合

　B. 荷载效应的标准组合

　C. 荷载效应的基本组合，必要时尚应考虑荷载效应的偶然组合

　D. 荷载效应的频遇组合

二、填空题

1. 承载能力极限状态为结构或构件达到_____或达到不适于继续承载的变形时的极限状态。

2. 对于 _____ ，按建筑结构可靠度设计统一标准的规定要求分别采用荷载的标准组合、频遇组合和准永久组合进行设计，并使变形等设计不超过相应的规定限值。

三、简答题

1. 钢结构和其他建筑材料结构相比有哪些优、缺点？

2. 什么是结构的可靠度？

3. 什么是结构的极限状态？

4. 请你介绍本地区的钢结构建筑，谈谈你对钢结构的认识。

第2章 建 筑 钢 材

【学习要点及目标】

◆ 了解钢结构常用钢材、品种、规格。

◆ 理解影响钢材性能的主要因素。

◆ 熟悉钢材的力学性能指标及检验。

【核心概念】

常用钢材的品种、牌号、规格、性能指标　钢材选用　钢材检验

【引导案例】

在工程项目中常常需要选择合适的钢材牌号，因此就需要深入了解钢结构材料的各项特性，需要掌握钢材在各种应力状态、不同生产过程和不同使用条件下的工作性能，选择合适的钢材来满足使用要求及保证结构安全，同时能够最大限度地节约钢材和降低造价。

河北某地区一材料库在某年春节假日期间突然发生屋盖垮塌事件，无人员伤亡。事后了解到原因是：所使用钢材含硫过高、焊接不良，又值冬日气温较低，以致钢材发生低温冷脆断裂。辽宁某地区一大型轧钢车间有一行驶重级工作制吊车，原设计拟对焊接吊车梁钢材采用Q345D，后来专家建议改用C级，因为根据现行《钢结构设计规范》(GB 50017—2003)，Q345C 钢完全符合该地区气温要求下的冲击韧性要求，且符合疲劳强度的要求，而这一建议为国家节省数百万元。类似的案例不胜枚举，总之，钢材选择或使用不当会造成严重的后果：选用钢材标准过高会造成巨大浪费，而使用钢材标准过低则会出现工程事故，造成无法挽回的经济损失，甚至严重威胁或伤害人的生命安全。

2.1　钢结构用钢材的分类

钢材的种类繁多，可根据不同标准进行分类。

钢材按材料用途可分为结构钢(结构钢又分建筑用钢和机械用钢)、工具钢和特殊用途钢(如不锈钢等)。

按冶炼方法可分为转炉钢(目前的转炉钢主要采用氧气顶吹转炉钢)和平炉钢。

按脱氧方法可分为沸腾钢(代号为 F)、镇静钢(代号为 Z)和特殊镇静钢(代号为 TZ)，其

中镇静钢和特殊镇静钢的代号可以省去。

按成型方法可分为轧制钢(热轧和冷轧)、锻钢和铸钢。

按化学成分可分为碳素钢和合金钢。碳素结构钢是最常用的工程用钢,按其含碳量的多少,又可粗略地分为低碳钢(含碳量为 0.03%~0.25%)、中碳钢(含碳量为 0.26%~0.60%)和高碳钢(含碳量为 0.6%~2.0%)。合金钢根据合金元素总含量的高低,又可分为低合金钢(合金元素总含量不大于 5%)、中合金钢(5%≤合金元素总含量≤10%)和高合金钢(合金元素总含量大于 10%)。

按硫、磷含量和质量控制可分为普通钢(含硫量≤0.05%、含磷量≤0.045%)、优质钢(含硫量≤0.045%、含磷量≤0.04%,并具有良好的机械性能)和高级优质钢(含硫量≤0.035%,含磷量≤0.03%,并具有较好的机械性能)。

2.2 钢结构材料的选用

2.2.1 钢结构对材料的要求

钢结构是指在承载、外力干扰的作用下处于稳定状态的结构。它的主要原材料是钢材,而钢材的种类繁多,其力学性能差别很大,且多年的实践也证明,符合钢结构要求且适用于钢结构的钢材仅是其中的一小部分,通常要求必须具备下列性能。

1. 较高的强度

较高的强度是指具有较高的抗拉强度 f_u 和屈服点 f_y。f_y 是衡量钢结构承载能力的指标;钢材的抗拉强度 f_u 是衡量钢材经过较大塑性变形后的抗拉能力,它直接反映钢材内部组织结构的优劣。

2. 足够的变形能力

足够的变形能力是指具有良好的塑性和韧性性能。良好的塑性可以使结构在一定的静荷载作用下具有足够的变形能力,减少钢结构发生脆性破坏的倾向,同时可通过较大的塑性变形调整局部应力使应力重新分布。良好的韧性使结构具有较好的抵抗重复荷载作用的能力。

3. 良好的加工性能

良好的加工性能(包括冷加工、热加工和可焊性能)使钢材便于加工制作成各种形式的构件,且不致因加工问题而对结构的强度、塑性和韧性等造成较大的不利影响。

2.2.2 钢材的破坏形式

由于钢材所处的工作环境和使用环境不同,会出现两种截然不同的破坏形式,即塑性破坏和脆性破坏。

1. 塑性破坏

塑性破坏，又称延性破坏，是指结构在常温和静荷载的作用下，当构件应力超过屈服点 f_y，并达到抗拉强度 f_u 时，构件发生较大的塑性变形，历时较长，便于发现和采取加固等补救措施，避免造成严重后果。

2. 脆性破坏

脆性破坏是指结构承载动荷载(冲击荷载或振动荷载)或处于复杂应力、低温等情况下所发生的断裂破坏，这种破坏的应力常低于材料的屈服点 f_y，破坏前塑性变形很小，没有任何预兆，无法及时察觉和采取补救措施，危险性大，应尽量避免。

2.3　建筑钢材的性能

建筑工程中，钢结构所用的钢材都是塑性比较好的材料，在拉力作用下，应力-应变曲线在超过弹性后一般有明显的屈服点和一段屈服平台，然后进入强化阶段。传统的钢结构设计，以屈服点作为钢材强度的极限，并把局部屈服作为承载能力的准则。但是，钢材的塑性性能在一定条件下是可以利用的。钢材的性能指标在一定程度上反映了钢材的内在质量及受力后的特性，而此类指标通常需经拉伸、冷弯和冲击试验等测定。

2.3.1　强度和塑性

1. 强度性能

建筑钢材的力学性能一般由常温静载下单向拉伸试验测得。该试验通常将钢材的标准试件固定在拉伸试验机上，在常温下按规定的加荷速度逐渐施加拉力荷载，使试件逐渐伸长，直至拉断破坏。然后根据加载过程中所测得的数据绘出其应力-应变曲线图(即 σ-ε 曲线)。低碳钢在常温静载下的单向拉伸 σ-ε 曲线如图 2-1 所示。图中纵坐标为应力 σ(按试件变形前的截面积计算)，横坐标为试件的应变 ε($\varepsilon = \Delta L / L$，$L$ 为试件原有标距段长度，对于标准试件，L 取为试件直径的 5 倍或 10 倍，ΔL 为标距段的伸长量)。从这条曲线中可以看出，钢材在单向受拉过程中经历了下列阶段。

1) 弹性阶段(OA)

如图 2-1 所示，图中(σ-ε)曲线的 OA 段为直线变化，应力由零到比例极限 f_p(因弹性极限和比例极限很接近，通常以比例极限为弹性阶段的结束点)，应力与应变呈线性关系，应力与应变成正比，二者的比值称为弹性模量，记为 $E = \tan\alpha = \sigma / \varepsilon$，$\alpha$ 是 OA 直线与横坐标轴间的夹角。钢材的弹性模量很大，因此，钢材在弹性工作阶段工作时的变形很小，卸荷后变形完全恢复。

2) 弹塑性阶段(AB)

由 A 点到 B 点，应力-应变呈非线性关系，应力增加时，增加的应变包括弹性应变和塑性应变两部分。弹性模量由 A 点处逐渐下降，至 B 点趋于 0。B 点应力称为钢材屈服点(或称屈服应力、屈服强度)f_y。也因此将屈服强度作为钢结构设计强度标准的依据，即以屈服点作为钢材的强度承载力极限，f_y 称为钢材的抗拉(压和弯)强度标准值，除以材料分项系数 γ_R 后，即得强度设计值 $f(f = f_y / \gamma_R)$。在此阶段卸荷时，弹性应变立即恢复，而塑性应变不能恢复，称为残余应变。

3) 塑性阶段(BC)

应力达到屈服点后，应力不再增加，而应变可继续增大，应力-应变关系形成水平线段 BC，通常称为屈服平台，即塑性流动阶段，钢材表现出完全塑性。对于结构钢材，此阶段终了的应变(C 点的应变)可达 2%~3%。

4) 强化阶段(CD)

钢材在屈服阶段经过很大的塑性变形后，其内部结晶组织得到调整，重新恢复了承载能力，此阶段 σ-ε 曲线呈上升的非线性关系。直至应力达最高点 D 点(所对应的应力称为抗拉强度 f_u)，试件中部某一截面发生颈缩现象，该处截面迅速缩小，承载能力也随之下降，最终试件断裂破坏，弹性应变恢复，残余的塑性变形应变可达 20%~30%。

如图 2-1 所示，抗拉强度是应力-应变曲线上的最高点对应的应力值，从钢材屈服到破坏，整个塑性工作区域比弹性工作区域约大 200 倍，且抗拉强度和屈服点之比(强屈比)$f_u / f_y = 1.3 \sim 1.8$，是钢结构的极大后备强度，结构的安全性大大提高。在高层钢结构中，为了保证结构具有良好的抗震性能，要求钢材的强屈比不低于 1.2，并应有明显的屈服台阶。

高强度钢一般没有明显的屈服平台。这类钢的屈服条件是根据试验分析结果而人为规定的，故称为条件屈服点(或条件屈服强度)。条件屈服点是以卸荷后试件中残余应变为 0.2% 所对应的应力定义的(有时用 $f_{0.2}$ 表示)，如图 2-2 所示。由于这类钢材不具有明显的屈服平台，设计中不宜利用它的塑性。

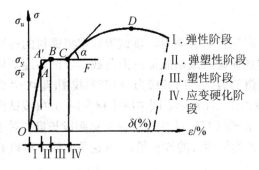

图 2-1 碳素结构钢的应力-应变曲线

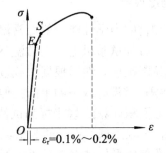

图 2-2 高强度钢的应力-应变关系

2. 塑性性能

伸长率 δ 和断面收缩率 ψ 是衡量钢材塑性的两个主要指标。断面收缩率能真实、客观地反映钢材在正向应力作用下所能产生的最大塑性变形，不过在测量时容易产生较大的误差，因而钢材塑性指标通常采用伸长率作为保证要求。伸长率是(应力-应变曲线中最大的应变值)试件被拉断时的最大伸长值(塑性变形值)与原标距之比的百分数，其计算公式为

$$\delta = \frac{l_1 - l_0}{l_0} \times 100\% \tag{2-1}$$

式中：l_1——试件拉断后的标距长度；

　　　l_0——试件原标距长度，一般取 $5d$ 或 $10d$（d 为试件直径）；

　　　δ——伸长率，对不同标距用下标区别，如 δ_5、δ_{10}（$\delta_{10} < \delta_5$）。

断面收缩率是试件拉断后横截面尺寸的变化量与原尺寸之比，其计算公式为

$$\psi = \frac{A_0 - A_1}{A_0} \times 100\% \tag{2-2}$$

式中：A_0——试件截面面积；

　　　A_1——拉断后颈缩区的截面面积。

δ 和 ψ 是反映钢材塑性性能大小的符号，其值越大，表明材料的塑性越好。通常将 $\delta > 5\%$ 的材料称为塑性材料，如低碳钢、低合金钢、青铜等；将 $\delta < 5\%$ 的材料称为脆性材料，如铸铁、混凝土、玻璃和陶瓷等。

3. 钢材的物理性能指标

钢材在单向受压(粗而短的试件)时，受力性能基本和单向受拉时相同。受剪的情况也相似，但屈服点 f_{vy} 及抗剪强度 f_{vu} 均较受拉时小，剪变模量 G 也低于弹性模量 E。钢材和钢铸件的弹性模量 E、剪变模量 G、线膨胀系数 α 和质量密度 ρ 如表 2-1 所列。

表 2-1　钢材和钢铸件的物理性能指标

弹性模量 $E/(N/mm^2)$	剪变模量 $G/(N/mm^2)$	线膨胀系数 α (以每℃计)	质量密度 $\rho/(N/mm^2)$
2.06×10^5	0.79×10^5	1.2×10^{-5}	7850

2.3.2　冲击韧性

拉伸试验所表现的钢材性能，如强度和塑性性能，属于静力性能，而冲击韧性试验则可获得钢材的一种动力性能。冲击韧性是钢材抵抗冲击荷载的能力，它用材料断裂时所吸收的总能量(包括弹性和非弹性)来量度，其值为图 2-1 中 σ-ε 曲线与横坐标所包围的总面积，总面积越大韧性越高，故冲击韧性是钢材强度和塑性性能的综合指标。通常，钢材强度提高，韧性降低，表示钢材趋于脆性。

钢材的冲击韧性通常采用在材料试验机上对标准试件进行冲击荷载试验来测定，常用的标准试件的形式有夏比 V 形缺口(Charp V-notch)和梅氏 U 形缺口(Mesnaqer U-notch)两种。V 形缺口试件的冲击韧性用试件断裂时所吸收的功 C_V 来表示，其单位为 J，梅氏试件在梅氏试验机上进行试验，所得结果以单位截面积上所消耗的冲击功 α_K 表示，单位为 J/cm^2。由于 V 形缺口试件对冲击尤为敏感，更能反映结构类裂纹性缺陷的影响。我国规定钢材的冲击韧性按 V 形缺口试件冲击功 C_{KV} 或 A_{KV} 来表示，如图 2-3 所示。

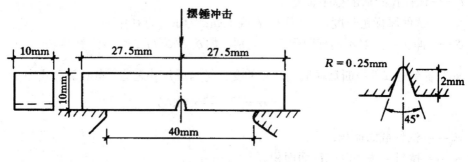

图 2-3　冲击韧性试验

　　由于低温对钢材的脆性破坏有显著影响，在寒冷地区建造的结构不但要求钢材具有常温(20 ℃)的冲击韧性指标，还要求具有 0 ℃和负温(−20 ℃或−40 ℃)的冲击韧性指标，以保证结构具有足够的抗脆性破坏能力。

2.3.3　冷弯性能

　　冷弯性能是指钢材在冷加工(即在常温下加工)产生塑性变形时，对发生裂缝的抵抗能力。钢材的冷弯性能通常用冷弯试验来检验。

　　冷弯试验通常是在材料试验机上进行的，通过冷弯冲头对试件加压(见图 2-4)，使试件弯曲至180°时，分别检查试件弯曲部分的外面、里面和侧面，如无裂纹、断裂或分层，即认为试件冷弯性能合格。

　　冷弯试验一方面可以检验钢材能否适应构件制作中的冷加工工艺过程；另一方面又可以通过试验暴露出钢材的内部缺陷(晶粒组织、结晶情况和非金属夹渣物分布等缺陷)，从而鉴定钢材的塑性和可焊性。冷弯试验是鉴定钢材质量的一种良好方法，常作为静力拉伸试验和冲击试验等的补充试验。冷弯性能是衡量钢材力学性能的综合指标。

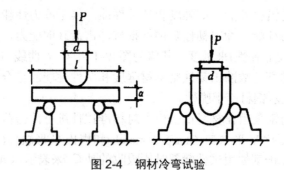

图 2-4　钢材冷弯试验

2.3.4　可焊性

　　焊接连接是现代钢结构最主要的连接方法，钢材焊接后在焊缝附近将产生热影响区，使钢材局部组织发生变化并产生很大的焊接应力。可焊性好是指焊接安全、可靠、不发生焊接裂缝，焊接接头和焊缝的冲击韧性以及热影响区的延伸性(塑性)和力学性能都不低于母材。

　　钢材的可焊性主要与钢的化学成分及含量有关，可通过试验来鉴定。但通常每一种试验方法都有其特定约束程度和冷却速度，与实际施焊条件有出入，因此其试验结果只能参考。

2.4　影响钢材性能的主要因素

　　钢结构中常用的钢材，如 Q235、Q345 等，在一般情况下，既有较高的强度，又有很好的塑性和韧性，是理想的承重结构材料。但是，仍有很多因素如化学成分、熔炼和浇注方法、轧制技术和热处理、工作环境和受力状态等会影响钢材的力学性能，其中一些因素对塑性的发展有较明显的影响甚至会发生脆性破坏。

2.4.1　化学成分的影响

　　钢材是由各种化学成分组成，其含量对钢材的性能(特别是力学性能)产生重要的影响。其中铁(Fe)和少量的碳(C)是钢材的主要组成元素，纯铁质软，在碳素结构钢中约占 99%，而碳和其他元素[包括硅(Si)、锰(Mn)、硫(S)、磷(P)、氮(N)、氧(O)等]仅占 1%，但对钢材的力学性能产生着决定性的影响。

　　在碳素结构钢中，碳是仅次于纯铁的主要元素，它直接影响钢材的强度、塑性、韧性和可焊性等。碳含量增加，钢的强度提高，而塑性、韧性和疲劳强度下降，可焊性和抗腐蚀性均变差。因此，钢结构中钢材含碳量不能过高，通常不超过 0.22%。

　　硫和磷是钢材中极为有害的两种元素，硫能使钢的塑性及冲击韧性降低，并使钢材在高温时出现裂纹，称为"热脆"现象，这对热加工尤为不利。磷能使钢材在低温下冲击韧性降低，称为"冷脆"现象，这对处于低温环境下的结构不利。因此，应严格控制钢材中硫、磷的含量，一般硫不应超过 0.050%，磷不超过 0.045%。

　　氧、氮和氢也是钢材中的有害元素，其中氧的有害作用类似于硫，氮类似于磷，但由于氧、氮容易在熔炼过程中逸出，一般不会超过极限含量，故通常不要求做含量分析。而氢在低温时也会使钢材呈脆性破坏，产生"氢脆"现象。因此，在钢熔炼过程中应尽量减少与空气及水分的接触。

　　锰和硅是钢材中的有益元素，是炼钢的脱氧剂，可提高钢材的强度，适量的锰和硅对钢材的塑性和韧性无显著的不良影响。在碳素结构钢中，硅的含量应不大于 0.3%，锰的含量为 0.3%~0.8%。对于低合金高强度结构钢，锰的含量可达 1.0%~1.6%，硅的含量可达 0.55%。

　　钒和钛是钢材中的合金元素，可以提高钢材的强度和抗锈蚀能力，而塑性不显著降低。为了改善钢材的力学性能，可以掺入一定数量的合金元素，如铜(Cu)、钒(V)、钛(Ti)、铌(Nb)、铬(Cr)等，这种钢材称为合金钢。当钢材中掺入的合金元素的含量较少时，这种钢材称为低合金钢。

2.4.2 生产过程的影响

结构用钢材需经过冶炼、浇铸、轧制和矫正等工序才能成材，多道工序对钢材的材料性能都有一定影响。

1. 冶炼

冶炼根据所需要生产的钢号进行，它决定钢材的主要化学成分，并不可避免地产生冶金缺陷。冶炼的炉种不同，所得钢材也有差异。目前结构用钢炼钢方法主要有两种，即平炉钢和氧气转炉钢，两者质量不相上下。氧气顶吹转炉具有投资少、生产效率高、原料适应性强等特点，成为主流炼钢方法。

2. 浇铸

把熔炼好的钢水浇铸成钢锭或钢坯有两种方法：一种是浇入铸模做成钢锭；另一种是浇入连续浇铸机做成钢坯。前者是传统的方法，所得钢锭需要经过初轧才能成为钢坯。后者是近年来迅速发展的新技术，浇铸和脱氧同时进行。铸锭过程中因脱氧程度不同，最终成为镇静钢、沸腾钢。镇静钢因浇铸时加入强脱氧剂，如硅，有时还加铝或钛，因而氧气杂质少且晶粒较细，偏析等缺陷不严重，所以钢材性能比沸腾钢好。

钢在冶炼和浇铸的过程中不可避免地产生冶金缺陷。常见的冶金缺陷有偏析、非金属杂质、气孔及裂纹等。偏析是指金属结晶后化学成分分布不均匀；非金属杂质是指钢中含有硫化物等杂质；气孔是指浇铸时有 FeO 与 C 作用所产生的 CO 气体因不能充分逸出而滞留在钢锭内形成的微小空洞，这些缺陷都将影响钢材的力学性能。

3. 轧制

通过轧钢机将加热至 1200～1300℃的钢锭轧制成所需形状和尺寸的钢材，称为热轧型钢。钢材的轧制能使金属的晶粒变细，使气泡、裂纹等弥合，从而使钢材内部组织密实。钢材的压缩比(钢坯与轧成钢材厚度之比)越大，其强度和冲击韧性也越高。因此，钢结构设计规范中针对不同厚度的钢材，采用不同的强度设计值。

4. 热处理

热处理是改善钢材性能的重要手段之一。热处理的方式是先淬火，后高温回火。淬火可提高钢的强度，但降低钢的塑性和韧性，再回火可恢复钢的塑性和韧性。建筑结构用钢材，一般以热轧状态交货，即不进行热处理。但是，屈服点超过 $400 \, \text{N/mm}^2$ 的低合金钢常常要进行调质处理或正火处理。①调质热处理包括淬火和高温回火两道工序。淬火是首先把钢材加热至 900℃以上，保温一定时间，然后放入水或油中快速冷却，高温回火是把淬火后的钢材在 500～650℃范围内进行回火，即升温后保持一段时间，然后在空气中冷却。回火可以减小脆性和淬火后造成的内应力，从而使钢材得到较好的综合力学性能，如高强度螺栓在制作中需进行调质处理来提高工作性能。②正火是热处理的另一种形式，把钢材加热至高于 900℃后保温一段时间，然后在空气中冷却。它可以改善钢材的组织和细化晶粒。普通热轧型钢和钢板以热轧状态交货，实际是轧后在空气中冷却的一种正火状态。

2.4.3 冷作硬化与时效硬化

钢材的硬化分冷作硬化和时效硬化。

1. 冷作硬化

冷拉、冷弯、冲孔、机械剪切等冷加工使钢材产生很大的塑性变形，从而提高了钢的屈服点，同时降低了钢的塑性和韧性，这种现象称为冷作硬化(或应变硬化)。

对于重型吊车梁和铁路桥梁等结构，为了消除因剪切钢板边缘和冲孔等引起的局部冷作硬化的不利影响，前者可将钢板边缘刨去 3～5mm，后者可先冲成小孔再用铰刀扩大 3～5mm，去掉冷作硬化部分。普通钢结构中不利用硬化现象所提高的强度。重要结构的构件，需要刨去因剪切产生的硬化边缘。

2. 时效硬化

在高温时熔化于铁中的少量碳和氮随着时间的流逝，逐渐从纯铁中析出，形成自由碳化物和氮化物，对纯铁体的塑性变形起限制作用，从而使钢材的强度提高，塑性、韧性下降，这种现象称为时效硬化，俗称老化。时效硬化的过程一般很长，但如在材料塑性变形后加热，可使时效硬化发展特别迅速，这种方法称为人工时效。此外，还有应变时效，是应变硬化(冷作硬化)后又加时效硬化，使屈服强度进一步提高，韧性随之下降。钢材的硬化降低了其塑性和韧性。在重要结构中，应对钢材进行人工时效后检验其冲击韧性，以保证结构具有足够的抗脆性破坏能力。另外，应将局部硬化部分用刨边或扩钻予以消除。

2.4.4 应力集中

在钢结构构件中不可避免地存在着孔洞、槽口、凹角、裂缝、厚度变化、形状变化、内部缺陷等现象，此时轴心压力构件在截面变化处应力不再保持均匀分布，而是在一些区域产生局部高峰应力，在另外一些区域则应力降低，形成应力集中现象，如图 2-5 所示。

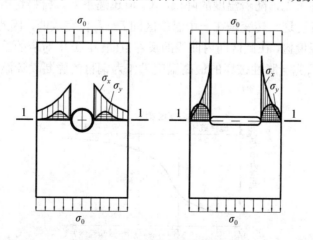

图 2-5 孔洞及槽孔处的应力集中

应力集中会使钢材变脆，但一般情况下由于结构钢材的塑性较好，当内力增大时，应力分布不均匀的现象会逐渐平缓，受静荷载作用的构件在常温下工作时，只要符合规范规定的有关要求，计算时可不考虑应力集中的影响。对承受动力荷载的结构，应力集中对疲劳强度的影响很大，应采取一些避免产生应力集中的措施，如对接焊缝的余高应磨平、对角焊缝打磨焊趾等。

2.4.5　温度的影响

钢材性能随温度变动而变化。总的趋势是：温度升高，钢材的强度降低，应变增大；反之，温度降低，钢材的强度会略有增加，塑性和韧性却会降低而变脆，如图 2-6 所示。

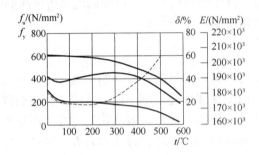

图 2-6　温度对钢材机械性能的影响

温度升高，在 200℃ 以内钢材性能变化不明显，在 250℃ 左右，钢材的强度略有提高，塑性和韧性下降，材料有转脆的倾向，钢材表面氧化膜呈现蓝色，称为蓝脆现象。当温度为 260～320℃ 时，在应力持续不变的情况下，钢材以很缓慢的速度继续变形，此种现象称为徐变现象。在 430～540℃ 时，在此区间钢材强度急剧下降，塑性变形很大。当达到 600℃ 时，钢材强度已经很低，不能再继续承受荷载。

当温度从常温开始下降，特别是在降到负温度范围内时，钢材强度虽有些提高，但其塑性和韧性降低，材料逐渐变脆，这种性质称为低温冷脆。图 2-7 所示为钢材冲击韧性与温度的关系曲线。由图可见，随着温度的降低，C_V 值迅速下降，材料将由塑性破坏转变为脆性破坏，同时可以发现这一转变是在一个温度区间 $T_1 \sim T_2$ 内完成的，因此温度区间 $T_1 \sim T_2$ 称为钢材的脆性转变温度区，在此区间内曲线的反弯点(最陡点)所对应的温度 T_0 称为脆性转变温度。如果把低于 T_0 完全脆性破坏的最高温度 T_1 作为钢材的脆断设计温度，即可保证钢结构低温工作的安全。

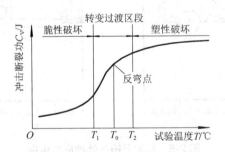

图 2-7　冲击韧性与温度的关系曲线

2.4.6 钢材的疲劳

钢材在连续反复荷载作用下，应力虽然还低于极限强度，甚至还低于屈服点，也会发生破坏，这种破坏称为疲劳破坏。钢材在疲劳破坏之前，并没有明显变形，是一种突然发生的断裂，断口平直。所以疲劳破坏属于反复荷载作用下的脆性破坏。

钢材的疲劳破坏是经过长时间的发展过程才出现的，破坏过程可分为 3 个阶段，即裂纹的形成、裂纹缓慢扩展与最后迅速断裂而破坏。由于钢结构总会有内在的微小缺陷，这些缺陷本身就起着裂纹的作用，所以钢结构的疲劳破坏只有后两个阶段。由此可见，钢材的疲劳破坏首先是由于钢材内部结构不均匀(微小缺陷)和应力分布不均所引起的。应力集中可以使个别晶粒很快出现塑性变形及硬化等，从而大大降低了钢材的疲劳强度。

荷载变化不大或不频繁反复作用的钢结构一般不会发生疲劳破坏，计算中不必考虑疲劳的影响。但长期承受连续反复荷载的结构，设计时就要考虑钢材的疲劳问题。

2.5 建筑钢材的种类、规格及选择

2.5.1 建筑钢材的种类

钢材的种类很多，性能也各异，在钢结构中常采用的是碳素结构钢和低合金高强度结构钢。低合金钢因含有锰、钒等合金元素而具有较高的强度。此外，有时还用到优质碳素结构钢和高强度钢丝和钢索。

1. 碳素结构钢

碳素结构钢冶炼比较简单，成本较低，并且具有各种良好的加工性能，因此应用较广泛。按质量等级，从低到高分为 A、B、C、D 四级，A 级钢只保证抗拉强度、屈服点、伸长率，必要时尚可附加冷弯试验的要求，在化学成分中对碳、锰可以不作为交货条件。B、C、D 级钢均保证抗拉强度、屈服点、伸长率、冷弯性能和不同温度下的冲击韧性(分别为 B 级 +20 ℃、C 级 0 ℃、D 级 –20 ℃)等力学性能。化学成分保证碳、硫、磷的极限含量。A、B 级钢可分为沸腾钢或镇静钢，C 级钢全为镇静钢，D 级钢全为特殊镇静钢。

钢材的牌号由代表屈服点的字母 Q、屈服点数值、质量等级符号(A、B、C、D)、脱氧方法符号四部分按顺序组成，钢结构牌号的表式方法，如 Q235-A·F 代表屈服点为 235 N/mm²，质量等级为 A 级的沸腾钢；Q235-B 代表屈服点为 235 N/mm²，质量等级为 B 级的镇静钢。

根据钢材厚度(直径)≤16 mm 时的屈服点数值,碳素结构钢的牌号有 Q195、Q215、Q235、Q255、Q275，现行《钢结构设计规范》(GB 50017—2003)推荐采用 Q235。

2. 低合金高强度结构钢

低合金高强度结构钢是在钢的冶炼过程中添加少量几种合金元素(合金元素的总量低于5%)，使钢的强度明显提高，故称为低合金高强度结构钢。采用与碳素结构钢相同的牌号表

示方法，即根据钢材厚度(直径)≤16 mm 时的屈服点数值，分为 Q295、Q345、Q390、Q420 和 Q460，其中 Q345、Q390、Q420 和 Q460 是《钢结构设计规范》(GB 50017—2003)推荐采用的牌号。

低合金高强度结构钢质量等级符号分为 A、B、C、D、E 5 个等级，E 级主要是要求 –40 ℃ 的冲击韧性。钢的牌号如 Q345B、Q390C 等。低合金高强度结构钢的 A、B 级属于镇静钢，C、D、E 级属于特殊镇静钢，因此钢的牌号中不注明脱氧方法。

低合金高强度结构钢与碳素结构钢相比，具有较高的强度，综合性能好，所以在相同使用条件下，可比碳素结构钢节省用钢 20%～30%，对减轻结构自重有利，同时还具有良好的塑性、韧性、可焊性、耐磨性、腐蚀性、耐低温性等性能。低合金高强度结构钢主要用于轧制各种型钢、钢板、钢管及钢筋。

3. 优质碳素结构钢

优质碳素结构钢是碳素钢经过热处理(如调质处理和正火处理)得到的优质钢。与普通碳素结构钢的主要区别在于钢中含杂质较少，硫、磷的含量都不大于 0.035%，并且严格限制其他缺陷。所以这种钢材具有较好的综合性能。如用于高强度螺栓的 45 号优质碳素结构钢。

4. 高强度钢丝和钢索

悬索结构和斜张(拉)结构的钢索、桅杆结构的钢丝绳等通常都采用由高强钢丝组成的钢丝束、钢绞线和钢丝绳。高强钢丝是由优质碳素钢经过多次冷拔而成，分为光面钢丝和镀锌钢丝两种类型。钢丝强度的主要指标是抗拉强度，其值一般在 1570～1700 N/mm² 范围内，而对屈服强度通常不作要求。根据国家有关标准，对钢丝的化学成分有严格要求，硫、磷的含量不得超过 0.03%，铜的含量不超过 0.2%，同时对铬、镍的含量也有控制要求。高强钢丝的伸长率较小，最低为 4%，但高强钢丝(和钢索)有一个不同于一般结构钢材的特点——松弛，即在保持长度不变的情况下所承受拉力随时间延长而略有降低。

2.5.2　建筑钢材的规格

钢材有热轧成型及冷轧成型两大类。热轧成型的有钢板和型钢两种，冷轧成型的有冷弯薄壁型钢和压型钢板两种。

1. 钢板

钢板有薄钢板(厚度为 0.35～4mm)、厚钢板(厚度为 4.5～60mm)、特厚板(板厚＞60mm)和扁钢(厚度为 4～60mm，宽度为 12～200mm)等。钢板用"—宽×厚×长"或"—宽×厚"表示(注：这里用—表示钢板的符号)，单位为 mm，如—450×8×3100、—450×8。

2. 热轧型钢

常用的热轧型钢主要有角钢、工字型钢、槽钢和 H 型钢、钢管等。除 H 型钢和钢管有热轧和焊接成型外，其余型钢均为热轧成型。热轧型钢截面如图 2-8 所示。

(1) 角钢。分等肢(边)角钢和不等肢(边)角钢两种。可以用来组成独立的受力构件，或作为受力构件之间的连接零件。等边角钢以"∟肢宽×肢厚"表示，不等边角钢以"∟长肢宽×短肢宽×肢厚"表示，单位为 mm，如∟110×10，表示等肢角钢，肢宽为 110mm，肢厚为 10mm；∟100×80×10,表示不等肢角钢,长肢宽 100mm,短肢宽为 80mm,肢厚为 10mm。

| 钢板 | 等边角钢 | 不等边角钢 | 钢管 | 槽钢 | 工字钢 | H 型钢 | T 型钢 |

图 2-8　热轧型钢截面

(2) 工字钢。工字钢有普通工字钢和轻型工字钢两种。它主要用于在其腹板平面内受弯的构件，或有几个工字钢组成的组合构件。由于两个主轴方向的惯性矩和回转半径相差较大，不宜单独用作轴心受压构件或承受斜弯曲和双向弯曲的构件。普通工字钢用"I 截面高度的厘米数"表示，高度 20mm 以上的工字钢，同一高度有 3 种腹板厚度，分别记为 a、b、c 三类，a 类腹板最薄、翼缘最窄，b 类较厚较宽，c 类最厚最宽，如 I32a 表示截面高度为 320mm，腹板较薄的普通工字钢。同样高度的轻型工字钢的翼缘要比普通工字钢的翼缘宽而薄，腹板也薄，轻型工字钢可用汉语拼音符号"Q"表示，QI32 表示截面高度为 320mm 的轻型工字钢。

(3) 槽钢。分普通槽钢和轻型槽钢两种。也是以截面高度的厘米数编号，如[30a 表示截面高度为 300mm，a 类(腹板较薄)。轻型槽钢的表示方法是在前述普通槽钢符号后加"Q"，即表示轻型。如 Q[25 表示截面高度为 250mm 的轻型槽钢。因轻型钢腹板均较薄，故不再按厚度划分。槽钢伸出肢较大，可用于屋盖檩条，承受斜弯曲或双向弯曲。另外，槽钢翼缘内表面的斜度较小，安装螺栓比工字钢容易。

(4) H 型钢。H 型钢是世界各国广泛使用的热轧型钢，与普通工字钢相比，其翼缘内外两侧平行，便于与其他构件相连。它可分为宽翼缘 H 型钢(代号 HW，翼缘宽度 B 与截面高度 H 相等)、中翼缘 [代号 HM，$B=(1/2\sim2/3)H$]、窄翼缘 (代号 HN，$B=(1/3\sim1/2)H$)]等三类。各种 H 型钢均可剖分为 T 型钢使用，代号分别为 TW、TM 和 TN。H 型钢和剖分 T 型钢的表示方法均采用：截面高度 H(mm)×翼缘宽度 B(mm)×腹板厚度 t_1(mm)×翼缘厚度 t_2(mm)，单位为 mm。例如，HW340×250×9×14，其剖分 T 型钢为 TM170×250×9×14，单位均为 mm。

(5) 钢管。钢管有热轧无缝钢管和焊接钢管两种。无缝钢管的外径为 32～630mm。钢管用"ϕ外径×壁厚"来表示，单位为 mm，如ϕ400×6，表示外径为 400mm，厚度为 6mm 的钢管。钢管常用于网架与网壳结构的受力构件，厂房和高层结构的柱子，有时在钢管内浇筑混凝土，形成钢管混凝土柱。

对普通钢结构的受力构件不宜采用厚度小于 5mm 的钢板、壁厚小于 3mm 的钢管、截面小于∟45×4 或∟56×36×4 的角钢。

3. 冷弯薄壁型钢和压型钢板

冷弯薄壁型钢是由厚度为 1.5～6mm 的钢板或钢带(成卷供应的薄钢板)经冷弯或模压成型，其截面各部分厚度相同，转角处均呈圆弧形。冷弯薄壁型钢有各种截面形式，与面积相同的热轧型钢相比，其截面惯性矩较大，能充分利用钢材的强度以节约钢材，在轻钢结构中得到广泛应用，但薄壁板材对锈蚀的影响比较敏感。冷弯薄壁型钢通常用于厂房的檩条、墙梁，也可用作承重柱和梁。

压型钢板是薄壁型钢的一种形式，用厚度为 0.4～2mm 的薄钢板、镀锌钢板或表面涂有彩色油漆的彩色涂层钢板压制而成的波纹状钢板，波纹高度在 10～200mm 范围内，其曲折外形大大增加了钢板在其平面外的惯性矩、刚度和抗弯能力，是近年发展起来的一种新型板材，多用作钢结构围护板材等。承重结构受力构件的壁厚不宜小于 2mm。

常用冷弯薄壁型钢截面形式如图 2-9 所示，有等边角钢、卷边等边角钢、Z 型钢、卷边Z 型钢、槽钢、卷边槽钢、向外卷边槽钢、方钢管、圆管、压型板等。

表示方法为：按字母 B、截面形状符号和长边宽度×短边宽度×卷边宽度×壁厚的顺序表示，单位为 mm，长、短边相等时，只标一个边宽，无卷边时不标卷边宽度，如 B[120×40×2.5、BC160×60×20×3。

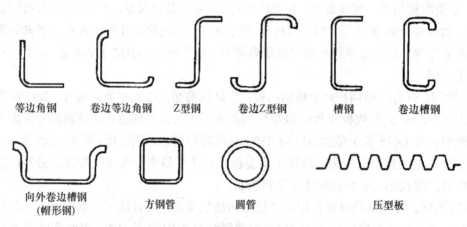

等边角钢　　卷边等边角钢　　Z 型钢　　卷边Z 型钢　　槽钢　　卷边槽钢

向外卷边槽钢
(帽形钢)　　方钢管　　圆管　　压型板

图 2-9　冷弯薄壁型钢的截面形式

2.5.3　建筑钢材的选择

建筑钢材的选择既要确定所用钢材的钢号，又要提出应有的力学性能和化学成分保证项目，选择的基本原则应既能使结构安全可靠和满足使用要求，又要最大可能节约钢材和降低造价。钢材的质量等级越高，其价格也越高。因此，应根据钢结构的具体情况，综合以下因素来选用合适的钢材牌号和材料性能保证项目。

1. 结构或构件的重要性

结构和构件按其用途、部位和破坏后果的严重性可以分为重要、一般和次要 3 类，不同类别的结构或构件应选用不同的钢材。例如，民用大跨度屋架、重级工作制吊车梁等属重要的结构，应选用质量好的钢材；一般屋架、梁和柱等属于一般的结构；楼梯、栏杆、平台等则是次要的结构,可采用质量等级较低的钢材。

2. 荷载性质

结构承受的荷载可分为静力荷载和动力荷载两种。对承受动力荷载的结构应选用塑性、冲击韧性好的质量高的钢材;对承受静力荷载的结构可选用一般质量的钢材。

3. 连接方法

钢结构的连接有焊接和非焊接之分,焊接结构由于在焊接过程中不可避免地会产生焊接应力、焊接变形和焊接缺陷。因此,应选择碳、硫、磷的含量较低,塑性、韧性和可焊性都较好的钢材。对非焊接结构,如高强度螺栓连接的结构,这些要求就可放宽。

4. 工作条件

结构所处的环境(如温度变化、腐蚀作用等)对钢材的影响很大。在低温下工作的结构,尤其是焊接结构,应选用具有良好抗低温脆断性能的镇静钢,结构可能出现的最低温度应高于钢材的冷脆转变温度。当周围有腐蚀性介质时,应对钢材的抗锈蚀性作相应要求。

5. 钢材厚度

厚度大的钢材不但强度低,而且塑性、冲击韧性和可焊性也较差,因此厚度大的焊接结构应采用材质较好的钢材。

综上所述,《钢结构设计规范》(GB 50017—2011)规定如下。

(1) 承重结构的钢材宜采用 Q235 钢、Q345 钢、Q390 钢、Q420 钢、Q460 钢以及 Q345GJ 钢,其质量应分别符合现行国家标准《碳素结构钢》(GB/T 700)、《低合金高强度结构钢》(GB/T 1591)和《建筑结构用钢板》(GB/T 19879)的规定。

(2) 对钢材质量的要求,一般来说,承重结构采用的钢材应具有较高的强度与良好的延性、韧性、冷弯性能和焊接性能,选用时应要求其具有屈服强度、伸长率、抗拉强度、冷弯试验和碳、硅、锰、硫、磷含量的合格保证,对焊接结构尚应具有碳含量(或碳当量)的合格保证。对直接承受动力荷载或需验算疲劳的构件所用钢材尚应具有常温冲击韧性合格保证。

(3) Q235A、B 级钢应选用镇静钢,Q235A 级钢仅可用于非焊接结构。

(4) 主要承重构件钢材宜选用 B 级,安全等级为一级的建筑结构中主要承重梁、柱、框架构件钢材宜选用 C 级。

(5) 需验算疲劳的焊接结构用钢材,应具有常温冲击韧性的合格保证。当工作环境温度高于 0℃时,其质量等级不应低于 B 级;不高于 0℃但高于 −20 ℃时,Q235 钢和 Q345 钢不应低于 C 级,Q390 钢、Q420 钢及 Q460 钢不应低于 D 级;不高于 −20 ℃时,Q235 钢和 Q345 钢不应低于 D 级,Q390 钢、Q420 钢、Q460 钢应选用 E 级。

需验算疲劳的非焊接结构,其钢材质量等级要求可较上述焊接结构降低一级但不应低于 B 级。

(6) 工作环境温度不高于 −20 ℃的受拉承重构件,所用钢板厚度或直径不宜大于 36mm,质量等级宜为 C 级。其主要承重结构的受拉板件厚度不小于 40mm 时,宜选建筑结构用钢板。

本 章 小 结

钢结构的材料关系到钢结构的计算理论,同时与钢结构的制造、安装、使用、造价、安全等均有直接联系。本章简要介绍钢材的生产过程和组织构成,重点介绍钢材的主要性能以及各种因素对钢材性能的影响;钢材的种类、规格及选择原则。

本章主要内容包括:①对钢结构用材的要求;②钢材的主要性能;③影响钢材性能的因素;④钢材的破坏;⑤建筑钢材的类别及选用。

习 题

一、名词解释

应力集中 残余应力 冷作硬化和时效硬化 蓝脆 塑性破坏 脆性破坏

二、单项选择题

1. 《钢结构设计规范》(GB 50017—2011)中推荐使用的承重结构钢材是下列(　　)组。
   A. Q235,Q275,Q345,Q420　　　　　　B. Q235,Q345,Q390、Q420
   C. Q235,Q295,Q345,Q420　　　　　　D. Q235,Q275,Q295、Q390

2. 在构件发生断裂破坏前,有明显先兆的情况是(　　)的典型特征。
   A. 脆性破坏　　　　B. 塑性破坏　　　　C. 强度破坏　　　　D. 失稳破坏

3. 钢材的设计强度是根据(　　)确定的。
   A. 比例极限　　　　B. 弹性极限　　　　C. 屈服点　　　　D. 极限强度

4. 钢材的抗拉强度 f_u 与屈服点 f_y 之比 f_u/f_y 反映的是钢材的(　　)。
   A. 强度储备　　　　　　　　　　　　　B. 弹塑性阶段的承载能力
   C. 塑性变形能力　　　　　　　　　　　D. 强化阶段的承载能力

5. 钢结构设计中钢材的设计强度为(　　)。
   A. 强度标准值　　　　　　　　　　　　B. 钢材屈服点
   C. 强度极限值　　　　　　　　　　　　D. 钢材的强度标准值除以抗力分项系数

6. 钢结构中使用钢材的塑性指标,目前最主要用(　　)表示。
   A. 流幅　　　　B. 冲击韧性　　　　C. 可焊性　　　　D. 伸长率

7. 钢材的 3 项主要力学性能为(　　)。
   A. 抗拉强度、屈服强度、伸长率　　　　B. 抗拉强度、屈服强度、冷弯性能
   C. 抗拉强度、冷弯性能、伸长率　　　　D. 冷弯性能、屈服强度、伸长率

8. 钢材的冲击韧性 C_V 值代表钢材的(　　)。
   A. 韧性性能　　　　B. 强度性能　　　　C. 塑性性能　　　　D. 冷加工性能

9. 钢中硫和氧的含量超过限量时,会使钢材(　　)。
   A. 变软　　　　B. 热脆　　　　C. 冷脆　　　　D. 变硬

10. 随着钢材中含碳量的提高，钢材的(　　)。

    A. 强度提高，而塑性和韧性下降　　　　B. 强度提高，塑性和韧性也同时提高

    C. 强度降低，塑性和韧性也同时降低　　D. 强度降低，而塑性和韧性提高

11. 一般情况下，应力集中对钢材(　　)无影响。

    A. 刚度　　　　　　　　B. 静力强度　　　　C. 疲劳强度　　　　D. 低温冷脆

12. 型钢中的 H 型钢和工字钢相比，(　　)。

    A. 两者所用的钢材不同　　　　　　　　B. 前者的翼缘相对较宽

    C. 前者的强度相对较高　　　　　　　　D. 两者的翼缘都有较大的斜度

13. 不适合用于主要焊接承重结构的钢材为(　　)。

    A. Q235A　　　　　　B. Q345E　　　　　C. Q345C　　　　　D. Q235D

14. 以下同种牌号 4 种厚度的钢板中，钢材设计强度最高的为(　　)。

    A. 12mm　　　　　　B. 24mm　　　　　C. 30mm　　　　　D. 50mm

15. 当钢板厚度较大时，为防止钢材在焊接或在厚度方向承受拉力而发生分层撕裂，钢材应满足的性能指标是(　　)。

    A. Z 向收缩率　　　　B. 冷弯性能　　　　C. 冲击韧性　　　　D. 伸长率

三、简答题

1. 简述钢结构对钢材性能的要求。

2. 影响结构钢材力学性能的因素有哪些？

3. 选用钢材时应考虑哪些主要因素？

4. 什么叫塑性破坏？塑性破坏的特征是什么？

5. 冲击韧性代表钢材的什么性能？单位是什么？什么情况下需提出冲击韧性的要求？

6. 钢材产生脆性破坏的特征及原因是什么？如何防止钢材发生脆性破坏？

7. 为什么说应力集中现象在构件和连接中普遍存在？应力集中带来哪些不良后果？如何处理？

第 3 章　钢结构的连接

【学习要点及目标】

◆　熟悉焊缝连接的构造要求。

◆　掌握对接焊缝连接、角焊缝连接在各种受力状态下的计算原理。

◆　熟悉螺栓连接的构造要求。

◆　掌握普通螺栓连接、高强螺栓连接的计算方法。

【核心概念】

对接焊缝　角焊缝　焊接残余应力　焊接残余变形　普通螺栓　高强螺栓

【引导案例】

在钢结构工程中，组成构件的板件之间、构件与构件之间都需要可靠地连接在一起。如某钢框架结构中，柱采用了组合工字形截面，即由 3 块钢板焊接而成；而梁与柱之间采用了栓-焊混合连接方法。连接方法的选择及其质量优劣直接影响钢结构的工作性能。本章主要讲述：钢结构连接的种类、特点；焊缝连接的构造和计算；螺栓连接的构造和计算。

3.1　钢结构的连接方法及其应用

钢结构的连接方法有焊缝连接、铆钉连接和螺栓连接 3 种，如图 3-1 所示。在钢结构工程中，焊缝连接、螺栓连接是最常用的连接方法。钢结构的连接必须符合安全可靠、传力明确、构造简单、制造方便和节约钢材的原则，同时连接接头应有足够的强度，有适宜于施行连接手段的足够空间。

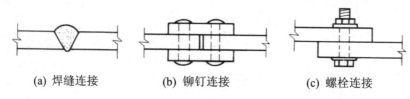

(a) 焊缝连接　　　　　(b) 铆钉连接　　　　　(c) 螺栓连接

图 3-1　钢结构的连接方法

3.1.1　焊缝连接

焊缝连接是当前钢结构的主要连接方式。其优点是：构造简单，任何形式的构件都可直接相连；用料经济、不削弱截面；制作加工方便，可实现自动化操作；连接的密闭性好，结构刚度大。其缺点是：在焊缝附近的热影响区内，钢材的金相组织发生改变，导致局部材质变脆；焊接残余应力和残余变形使受压构件承载力降低；焊接结构对裂纹很敏感，局部裂纹一旦发生，就容易扩展到整体，低温冷脆现象较为突出。

3.1.2　螺栓连接

螺栓连接是通过螺栓这种紧固件把被连接件连接成为一体，是钢结构的重要连接方式之一。其优点是：施工工艺简单、安装方便，特别适用于工地安装连接，工地进度和质量易得到保证；且由于装拆方便，适用于需装拆结构的连接和临时性连接。其缺点是：螺栓连接需制孔，拼装和安装需对孔，增加了工作量，且对制造的精度要求较高；此外，螺栓连接因开孔对截面有一定的削弱，有时在构造上还须增设辅助连接件，故用料增加，构造比较复杂。

3.1.3　铆钉连接

铆钉连接由于构造复杂，费钢费工，现已很少采用。但是铆钉连接的塑性和韧性较好，传力可靠，质量易于检查，在一些重型和直接承受动力荷载的结构中，有时仍然采用。

3.2　焊接方法、焊缝形式及符号标注

3.2.1　焊接方法

1. 焊接材料的种类和作用

不同的焊接工艺，所用的焊接材料不同，不同的焊件，对焊接材料的要求也不同，焊材有以下几种。

(1) 焊丝。焊丝的作用主要是供给填充金属及焊缝所需要的合金元素。在电弧焊中，焊丝还是传导电弧电流的一个电极。

(2) 焊剂。除气体保护焊外，都采用相应的焊剂，如埋弧焊焊剂、电渣焊焊剂等。焊剂是一种能在焊接过程中形成熔渣或气体，以对熔化金属进行保护和冶金处理作用的一种颗粒状的物质。

焊剂的作用如下。

① 保护熔池。防止空气中的氧、氮的侵入。

② 冶金作用。向焊缝金属加入某些合金元素，改善焊缝金属的性能。

③ 工艺作用。减慢填缝金属的冷却速度，以减少气孔、夹渣等缺陷。

(3) 气体。保护性气体主要有二氧化碳、氩气或它们的混合气体。燃烧用气体主要指氧气与乙炔气两种。

(4) 焊条及其药皮。在手工电弧焊中，并不直接使用裸状焊丝，而是使用涂有药皮的焊条。焊条选用应和焊件的钢材强度和性能相适应。焊条可分为碳钢焊条和低合金焊条两种类型。焊条型号根据熔敷金属的抗拉强度、药皮类型、焊接位置和电流种类来划分，用符号 E××× 来表示。对 Q235 钢用 E43 型焊条(E4300～E4316)，Q345 钢用 E50 型焊条(E5000～E5018)，Q390 钢和 Q420 钢均采用 E55 型焊条(E5500～E5518)。其中字母"E"表示焊条；前两位数字表示焊缝熔敷金属或对接焊缝的抗拉强度分别为 420N/mm²，490N/mm²×540N/mm²；第三位数字表示适宜的焊接位置，其中"0"和"1"表示适合于全位置焊接(平焊、横焊、立焊、仰焊)，"2"表示适合于平焊及水平角焊，"4"表示适合于向下立焊；第四位数字表示焊接电流(交、直流电源)和药皮类型。当不同强度的钢材连接时，可采用与低强度钢材相适应的焊接材料。

焊条所涂敷的药皮在焊接中所起的作用如下。

(1) 提高电弧的稳定性。药皮中的稳弧剂起着这一作用，常用的稳弧剂有碳酸钾、碳酸钠、大理石、钛白粉等。

(2) 防止空气进入熔池，造成对熔化金属的危害。在电弧燃烧区内，焊条药皮中造气剂会产生一定量的保护性气体，在电弧周围形成一个隔离保护罩，空气无法进入。常用的造气剂有大理石、白云石、纤维素等。

(3) 形成比焊缝金属熔点低的熔渣。这些熔渣可以改善焊缝金属熔化中的冶金过程，提高焊接质量。

(4) 带入焊缝金属所需要的合金元素。焊缝金属所需要的合金元素一部分从焊芯金属丝中带入，更主要的还是从焊条药皮中带入。常用的合金剂有铬、钼、锰、硅、钛、钨、钒的铁合金等。

2. 钢结构的焊接方法

钢结构的焊接方法有电弧焊、电阻焊和气焊。其中常用的是电弧焊，包括焊条电弧焊(见图 3-2)、自动(半自动)电弧焊、气体保护焊等。

1) 焊条电弧焊

焊条电弧焊的主要设备和材料有电焊机(交流电焊机、直流电焊机或交直流电焊机)、焊钳和焊条。在焊接过程中，焊条通过焊钳作为一个电极与电焊机相连。焊件作为另一个电极与电焊机相连。通电后，在涂有药皮的焊条与焊件之间产生电弧。电弧的温度可达 3000 ℃。在高温作用下，电弧周围的金属变成液态，形成熔池。同时，焊条中的焊丝很快熔化而形成熔滴，滴落熔池中，与焊件的熔融金属相互结合，冷却后即形成焊缝。

焊条电弧焊的设备简单，操作灵活方便，适合任意空间位置的焊接，特别适合于焊接短焊缝。但生产效率低，劳动强度大，焊接质量取决于焊工的技术水平。

焊条电弧焊所用焊条应与焊接钢材(或称主体金属)相适应：对 Q235 钢用 E43 型焊条(E4300～E4316)；对 Q345 钢用 E50 型焊条(E5000～E5018)；对 Q390 钢和 Q420 钢均采

用 E55 型焊条(E5500～E5518)。不同钢种的钢材相焊接时，如 Q235 钢材与 Q345 钢材相焊接，宜采用与低强度钢材相适应的焊条 E43 型。

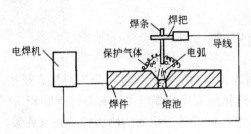

图 3-2　焊条电弧焊

2)　埋弧焊(自动或半自动焊)

埋弧焊是电弧在焊剂层下燃烧的一种电弧焊方法。焊丝送进和电弧按焊接方向的移动有专门机构控制完成的称为埋弧自动电弧焊，如图 3-3 所示；焊丝送进有专门机构，而电弧按焊接方向的移动靠人手工操作完成的称为埋弧半自动电弧焊。通过电弧后，由于电弧的作用，使埋于焊剂下的焊丝和附近的焊剂熔化，熔渣浮在熔化的焊缝金属上面，使熔化金属不与空气接触，并供给焊缝金属以必要的合金元素。随着焊机的自由移动，颗粒状的焊剂不断地由料斗漏下，电弧完全被埋在焊剂之内，同时焊丝也自动地边熔化边下降，这就是自动焊的原理。由于自动电弧焊有焊剂和熔渣覆盖保护，电弧热量集中，熔深大，适于厚板的焊接，具有较高的生产率。同时，由于采用了自动或半自动操作，焊接时的工艺条件稳定，焊缝的化学成分均匀，故形成的焊缝质量好，焊件变形小。较高的焊速也减少了热影响区的范围。但埋弧焊对焊件边缘的装配精度(如间隙)要求比焊条电弧焊高。

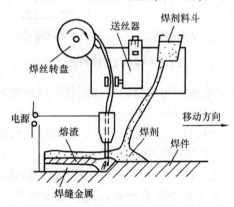

图 3-3　自动埋弧焊

埋弧焊所用焊丝和焊剂应与主体金属强度相适应，即要求焊缝与主体金属等强。

3)　气体保护焊

气体保护焊是利用二氧化碳气体或其他惰性气体作为保护介质的一种电弧熔焊方法。它直接依靠保护气体在电焊周围造成局部的保护层，以防止有害气体的侵入，并保证了焊接过程中的稳定性。

气体保护焊的焊缝熔化区没有熔渣，焊工能够清楚地看到焊缝成型的过程；由于保护气体是喷射的，有助于熔滴的过渡；又由于热量集中，焊接速度快，焊件熔深大，故所形

成的焊缝强度比手工电弧焊高，塑性和抗腐蚀性好，适用于全位置的焊接。但不适用于野外或有风的地方施焊。

3.2.2　焊缝连接的形式

焊缝连接的形式按被连接钢材的相互位置可分为对接、搭接、T形连接和角部连接 4 种，如图 3-4 所示。这些连接所采用的焊缝主要有对接焊缝和角焊缝。

对接连接主要用于厚度相同或接近相同的两构件的相互连接。图 3-4(a)所示为采用对接焊缝的对接连接，由于相互连接的两构件在同一平面内，因而传力均匀平缓，没有明显的应力集中，且用料经济，但是焊件边缘需要加工，对被连接两板的间隙有严格的要求。

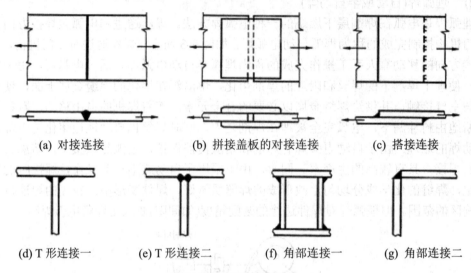

(a) 对接连接　　　　(b) 拼接盖板的对接连接　　　　(c) 搭接连接

(d) T 形连接一　　(e) T 形连接二　　(f) 角部连接一　　(g) 角部连接二

图 3-4　焊缝连接的形式

图 3-4(b)所示为采用双层盖板和角焊缝的对接连接，这种连接传力不均匀、费料，但施工简便，对所连接两钢板的间隙大小无须严格控制。

图 3-4(c)所示为采用角焊缝的搭接连接，适用于不同厚度构件的连接。这种连接作用力不在同一直线上，材料较费。但构造简单，施工方便。

T 形连接省工省料，常用于制作组合截面。当采用角焊缝连接时，如图 3-4(d)所示，焊件间存在缝隙，截面突变，应力集中现象严重，疲劳强度较低，可用于不直接承受动力荷载的结构中。对于直接承受动力荷载的结构，如重级工作制吊车梁，其上翼缘与腹板的连接，应采用如图 3-4(e)所示的 K 形坡口焊缝进行连接。

角部连接如图 3-4(f)、(g)所示，主要用于制作箱形截面。

3.2.3　焊缝连接的缺陷、质量检验和焊缝质量等级

1. 焊缝连接的缺陷

焊缝连接的缺陷是指焊接过程中产生于焊缝金属或附近热影响区钢材表面或内部的缺

陷。常见的缺陷有裂纹、焊瘤、烧穿、弧坑、气孔、夹渣、咬边、未熔合、未焊透等，如图 3-5 所示，以及焊缝尺寸不符合要求、焊缝成型不良等。

(1) 焊缝外表面形状高低不平，焊缝宽度不齐，尺寸过大或过小，均属焊缝尺寸不符合要求。尺寸过小的焊缝，使焊缝连接强度降低，尺寸过大的焊缝，既浪费了焊接材料，也增加了焊接结构的变形和残余应力。

(2) 裂纹是施焊过程中或冷却过程中，在焊缝内部及其热影响区内所出现的局部开裂现象。裂纹既可能发生在焊缝金属中，也可能发生在母材中；既可能存在于焊缝表面或焊缝内部，也可能与焊缝平行或与焊缝垂直。常见的裂纹形式有两种，即热裂纹和冷裂纹：当焊缝金属还是热塑性状态时，产生在焊缝金属内部的凝固裂纹称为热裂纹；焊缝连接冷却后，产生在热影响区材料中的裂纹称为冷裂纹。裂纹是焊缝连接中最危险的缺陷。产生裂纹的原因很多，如钢材的化学成分不当、焊接工艺条件(如电流、电压、焊速、施焊次序等)选择不合适和焊件表面油污未清除干净等。

(3) 未焊透是母材之间或母材与熔敷金属之间存在的局部未熔合现象。未焊透一般存在于单面焊缝连接的根部。焊件的坡口设计不当；焊条、焊丝角度不正确，电流过小，电压过低，焊速过快，电弧过长，坡口未清除干净等因素均可导致未焊透现象。对应力集中很敏感，对强度、疲劳、冷弯性能均有较大影响。采用双面焊可以避免未焊透。

(4) 气孔是在焊接过程中因气体未来得及逸出，而在焊缝金属内部或表面所形成的空穴，对疲劳强度的影响较大。

(5) 夹渣是在焊缝金属内部或熔合线内存在的非金属夹杂物。生成的原因为：多层焊道之间的清理不够完善；电流过小，焊速过小，且表面凹凸不平。故对焊缝连接的强度、冲击韧性及冷弯性能等均有不利影响。

(6) 咬边是在焊接过程中，沿着焊缝边缘的母材部分被熔去的沟槽，也可称为咬肉。咬边的存在削弱了焊缝的有效性，使接头强度下降，且宜形成应力集中。

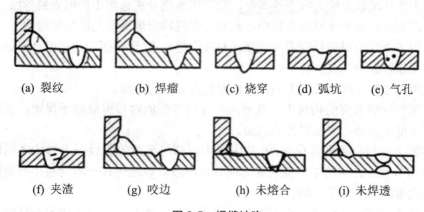

(a) 裂纹　　(b) 焊瘤　　(c) 烧穿　　(d) 弧坑　　(e) 气孔

(f) 夹渣　　(g) 咬边　　(h) 未熔合　　(i) 未焊透

图 3-5　焊缝缺陷

焊缝连接的缺陷将直接影响焊缝的质量和连接强度，使焊缝受力面积削弱，且在缺陷处引起应力集中，导致产生裂纹，并且裂纹扩展会引起断裂。因此，焊缝的质量检验极为重要。

2. 焊缝的质量检验

焊缝的质量检验包括焊前检验、焊接生产中检验和成品检验。前两种检验的目的是防止或减少焊接过程中产生缺陷的可能性。成品检验是在全部焊接工作完毕和焊缝清理干净后进行的一种检验。《钢结构焊接规范》(GB 50661—2011)中提出的焊缝质量检验方法有以下几种。

(1) 焊缝的外观质量与外形尺寸检测。这种检验方法一般以肉眼观察为主，有时可用5～20倍的放大镜进行观察。必要时可采用磁粉探伤或渗透探伤，其目的是发现焊缝的咬边、外部气孔、裂纹、弧坑、焊瘤、烧穿以及焊缝外形尺寸不符合要求等。焊缝尺寸的测量应用量具、卡规。

(2) 焊缝无损检测。

① 射线探伤。借助射线(X 射线、γ 射线或高能射线等)的穿透作用检查焊缝内部缺陷，通常用照相法。

② 超声波探伤。利用超声波的反射，探测焊缝内部缺陷的位置、种类和大小。无损检测目前广泛采用超声波探伤，该方法使用灵活、经济，对内部缺陷反应灵敏。

3. 焊缝质量检验的标准

《钢结构工程施工质量验收规范》(GB 50205—2001)规定焊缝按其检验方法和质量要求分为一级、二级和三级。三级焊缝只要求对全部焊缝作外观检查且符合三级质量标准；设计要求全焊透的一级、二级焊缝则除外观检查外，还要求用超声波探伤进行内部缺陷的检验，超声波探伤不能对缺陷做出判断时，应采用射线探伤检验，并应符合国家相应质量标准的要求。一级焊缝超声波和射线探伤的比例均为100%，二级焊缝超声波探伤和射线探伤的比例均为20%且均不小于200mm。当焊缝长度小于200mm时，应对整条焊缝探伤。

《钢结构设计规范》(GB 50017—2003)中规定，焊缝应根据结构的重要性、荷载特性、焊缝形式、工作环境以及应力状态等情况，按下述原则分别选用不同的质量等级。

(1) 在需要进行疲劳计算的构件中，凡对接焊缝均应焊透，其质量等级如下。

① 作用力垂直于焊缝长度方向的横向对接焊缝或 T 形对接与角接组合焊缝，受拉时应为一级，受压时应为二级。

② 作用力平行于焊缝长度方向的纵向对接焊缝应为二级。

(2) 不需要计算疲劳的构件中，凡要求与母材等强的对接焊缝应予焊透，其质量等级当受拉时应不低于二级，受压时宜为二级。

(3) 重级工作制和起重量 $Q \geqslant 50t$ 的中级工作制吊车梁的腹板与上翼缘之间以及吊车桁架上弦杆与节点板之间的 T 形接头焊缝均要求焊透。焊缝形式一般为对接与角接的组合焊缝，其质量等级不应低于二级。

(4) 不要求焊透的 T 形接头采用的角焊缝或部分焊透的对接与角接组合焊缝，以及搭接连接采用的角焊缝，其质量等级如下。

① 对直接承受动力荷载且需要验算疲劳的结构和吊车起重量不小于50t的中级工作制吊车梁，焊缝的外观质量标准应符合二级。

② 对其他结构，焊缝的外观质量标准可为三级。

钢结构中一般采用三级焊缝，可满足通常的强度要求，但其中对接焊缝的抗拉强度有较大的变异性，其设计值仅为主体钢材的 85％左右。因而，对有较大拉应力的对接焊缝，以及直接承受动力荷载的重要焊缝，可部分采用二级焊缝，对抗动力和疲劳性能有较高要求处可采用一级焊缝。焊缝质量等级须在施工图中标注，但三级焊缝不需标注。

3.2.4　焊缝符号及标注方法

为了简化图样上的焊缝，一般应采用《焊缝符号表示法》(GB/T 324—2008)规定的焊缝符号表示。

完整的焊缝符号包括基本符号、指引线、补充符号、尺寸符号及数据等。其中指引线和焊缝基本符号构成了焊缝的基本要素，属于必须标注的内容。

1. 指引线

指引线一般由箭头线和两条基准线(一条为实线，另一条为虚线)两部分组成，如图 3-6 所示。

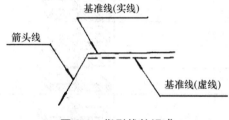

图 3-6　指引线的组成

2. 箭头线

箭头直接指向的接头侧为"接头的箭头侧"，与之相对的非箭头侧为"接头的非箭头侧"，如图 3-7 所示。箭头线相对焊缝的位置一般没有特殊要求，但是在标注带坡口的焊缝时，箭头线应指向带有坡口一侧的焊件，如图 3-8 所示。箭头线允许弯折一次，如图 3-9 所示。

3. 焊缝基本符号

焊缝基本符号是表示焊缝横断面形状的符号，表 3-1 中列出了常见的基本符号，其他详见《焊缝符号表示法》(GB/T 324—2008)。

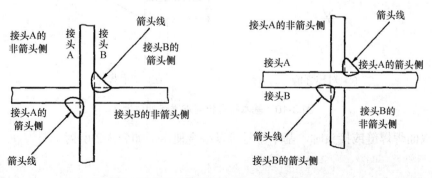

图 3-7　接头的"箭头侧"和"非箭头侧"示例

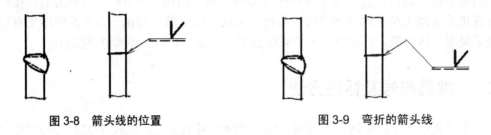

图 3-8　箭头线的位置　　　　　　图 3-9　弯折的箭头线

表 3-1　焊缝基本符号

序　号	名　　称	示　意　图	符　号
1	角焊缝		◺
2	V 形焊缝		∨
3	单边 V 形焊缝		⌴
4	带钝边 V 形焊缝		Y
5	带钝边单边 V 形焊缝		⅄
6	带钝边 U 形焊缝		⋃
7	I 形焊缝		‖
8	卷边焊缝		⎫⎩

　　如果焊缝在接头的箭头侧，则将基本符号标在基准线的实线侧，如图 3-10(a)所示；如果焊缝在接头的非箭头侧，则将基本符号标在基准线的虚线侧，如图 3-10(b)所示；标对称焊缝可不加虚线，如图 3-10(c)所示；明确焊缝分布位置的情况下，有些双面焊缝可不加虚线，如图 3-10(d)所示。

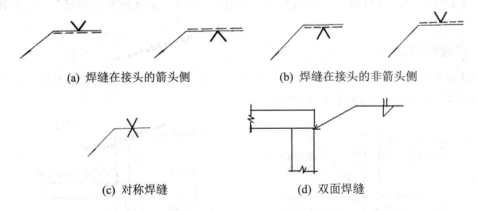

(a) 焊缝在接头的箭头侧　　　　　　(b) 焊缝在接头的非箭头侧

(c) 对称焊缝　　　　　　(d) 双面焊缝

图 3-10　基本符号相对基准线的位置

标注双面焊焊缝或接头时，基本符号可以组合使用，如表 3-2 所列。

表 3-2　基本符号的组合

序　号	名　　称	示　意　图	符　号
1	双面 V 形焊(X 形焊)		X
2	双面单边 V 形焊(K 形焊)	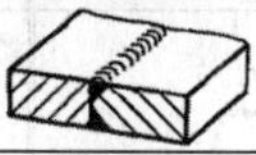	K
3	带钝边的双面 V 形焊		 X
4	带钝边的双面单边 V 形焊	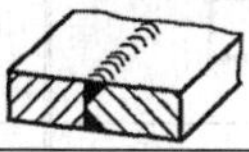	 K
5	双面 U 形焊		 Y

4. 补充符号

补充符号是为了补充说明焊缝或接头的某些特征而采用的符号，如表 3-3 所列。

表 3-3　补充符号

序　号	名　　称	符　　号	说　　明
1	平面	▬	焊缝表面通过加工后平整
2	凹面	⌣	焊缝表面凹陷
3	凸面	⌒	焊缝表面凸起
4	永久衬垫	M	衬垫永久保留
5	临时衬垫	MR	衬垫在焊接完成后拆除
6	三面焊缝	⊏	表示三面带有焊缝
7	周围焊缝	○	表示环绕工件周围的焊缝
8	现场符号	 ⚑	在现场进行焊接焊缝
9	尾部符号	<	可以表示所需要的信息

5. 焊缝尺寸符号

基本符号必要时可附带有尺寸符号及数据，这些尺寸符号见表 3-4。在标注时，焊缝横截面上的尺寸标在基本符号的左侧；焊缝的长度、方向、尺寸标在基本符号的右侧；坡口角度、坡口面角度、根部间隙等尺寸标在基本符号的上侧或下侧；相同焊缝数量符号标在尾部；当需要标注的尺寸数据较多又不易分辨时，可在数据前面增加相应的尺寸符号。当箭头线方向变化时，上述原则不变。

表3-4　焊缝的尺寸符号

符　号	名　称	示　意　图	符　号	名　称	示　意　图
δ	工件厚度		e	焊缝间距	
a	坡口角度		K	焊角尺寸	
b	根部间隙		d	点焊：熔核直径　塞焊：孔径	
p	钝边		S	焊缝有效厚度	
c	焊缝宽度		N	相同焊缝数量	
R	根部半径		H	坡口深度	
l	焊缝长度		h	余高	
n	焊缝段数		β	坡口面角度	

3.3　对接焊缝连接

3.3.1　对接焊缝的形式和构造

对接焊缝按所受力的方向分为正对接焊缝(见图3-11(a))和斜对接焊缝(见图3-11(b))。

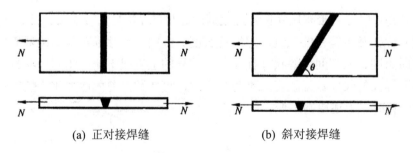

(a) 正对接焊缝　　　　　　(b) 斜对接焊缝

图3-11　焊缝形式

对接焊缝的坡口形式如图 3-12 所示。坡口形式取决于焊件厚度 t。当焊件厚度 $t \leqslant 10mm$ 时，可用直边缝；当焊件厚度 t 大于 10mm 且小于等于 20mm 时，可用斜坡口的单边 V 形或 V 形焊缝；当焊件厚度 $t > 20mm$ 时，则采用 U 形、K 形和 X 形坡口焊缝。对于 U 形焊缝和 V 形焊缝需对焊缝根部进行补焊，埋弧焊的熔深较大，同样坡口形式的适用板厚 t 可适当加大，对接间隙 C 可稍小些，钝边高度 p 可稍大。对接焊缝的坡口形式的选用，应根据板厚和施工条件按现行标准《气焊、焊条电弧焊、气体保护焊和高能束焊的推荐坡口》（GB/T 985.1—2008）和《埋弧焊的推荐坡口》（GB/T 985.2—2008）的要求进行。

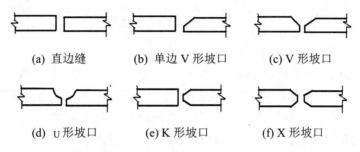

(a) 直边缝   (b) 单边 V 形坡口   (c) V 形坡口

(d) U 形坡口   (e) K 形坡口   (f) X 形坡口

图 3-12　对接焊缝的坡口形式

在焊缝的起灭弧处，常会出现弧坑等缺陷，此处极易产生应力集中和裂纹，对承受动力荷载尤为不利，故焊接时对直接承受动力荷载的焊缝，必须采用引弧板，如图 3-13 所示，焊后将它割除。对受静力荷载的结构设置引弧板有困难时，允许不设置引弧板，则每条焊缝的引弧及灭弧端各减去 t（t 为较薄焊件厚度）后作为焊缝的计算长度。

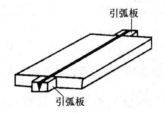

图 3-13　用引弧板焊接

当对接焊缝拼接处的焊件宽度不同或厚度在一侧相差 4mm 以上时，应分别在宽度方向或厚度方向从一侧或两侧做成坡度不大于 1:2.5 的斜坡以使截面过渡缓和，减小应力集中，如图 3-14(a)、(b)所示。如果两钢板厚度相差小于 4mm 时，也可不做斜坡，直接用焊缝表面斜坡来找坡，如图 3-14(c)所示，焊缝的计算厚度等于较薄板的厚度。

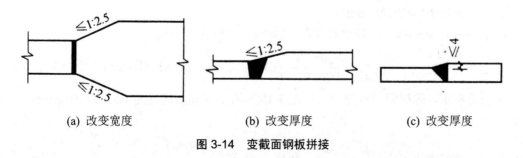

(a) 改变宽度   (b) 改变厚度   (c) 改变厚度

图 3-14　变截面钢板拼接

3.3.2　对接焊缝连接的计算

对接焊缝的截面与被焊构件截面相同，焊缝中的应力情况与被焊件原来的情况基本相同，故对接焊缝连接的计算方法与构件的强度计算相似。

1. 对接焊缝在轴心力作用下的计算

轴心受力的对接焊缝如图 3-15(a)所示，可按下式计算，即

$$\sigma = \frac{N}{l_w t} \leqslant f_t^w \text{ 或 } f_c^w \tag{3-1}$$

式中：N —— 轴心拉力或压力，N；

　　　l_w ——焊缝的计算长度，mm，当未采用引弧板时，取实际长度减去 $2t$；

　　　t ——在对接接头中连接件的较小厚度，mm；在 T 形接头中为腹板厚度；

　　　f_t^w ——对接焊缝的抗拉强度设计值，N/mm^2，按附录采用；

　　　f_c^w ——对接焊缝的抗压强度设计值，N/mm^2，按附录采用。

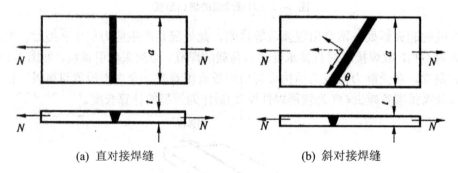

(a) 直对接焊缝　　　　　　　　　(b) 斜对接焊缝

图 3-15　轴心受力的对接焊缝

由于一、二级质量的焊缝与母材强度相等，故只有三级质量的焊缝才需按式(3-1)进行抗拉强度验算。如果用直缝不能满足强度要求时，可采用图 3-15(b)所示的斜对接焊缝。计算证明，焊缝与作用力间的夹角 θ 满足 $\tan\theta \leqslant 1.5$ 时，斜焊缝的强度不低于母材强度，可不再进行验算。

例 3-1　试验算图 3-15(a)所示钢板的对接焊缝的强度，图中 $a = 540mm$，$t = 22mm$，轴心力的设计值为 $N = 2150kN$。钢材为 Q235B，手工焊，焊条为 E43 型，三级质量标准的焊缝，施焊时加引弧板。

解　查表得 $f_t^w = 175N/mm^2$。

图 3-15(a)所示连接中，计算长度 $l_w = 54cm$。焊缝正应力为

$$\sigma = \frac{N}{l_w t} = \frac{2150 \times 10^3}{540 \times 22} = 181N/mm^2 > f_t^w = 175N/mm^2$$

不满足要求，改用斜对接焊缝，按图 3-15(b)所示取截割斜度为 1.5：1，即 $\theta = 56°$。焊缝长度为

$$l_w = \frac{a}{\sin\theta} = \frac{54}{\sin 56°} = 65(cm)$$

故此时焊缝的正应力为

$$\sigma = \frac{N \sin \theta}{l_w t} = \frac{2150 \times 10^3 \times \sin 56°}{650 \times 22} = 125 \text{N} / \text{mm}^2 < f_t^w = 175 \text{N} / \text{mm}^2$$

剪应力为

$$\tau = \frac{N \cos \theta}{l_w t} = \frac{2150 \times 10^3 \times \cos 56°}{650 \times 22} = 84 \text{N} / \text{mm}^2 < f_v^w = 120 \text{N} / \text{mm}^2$$

这就说明，当 $\tan \theta \leqslant 1.5$ 时，焊缝强度能够满足，可不必计算。

2. 对接焊缝在弯矩和剪力共同作用下的计算

如图 3-16(a)所示，对接焊缝受到弯矩和剪力的共同作用，焊缝截面是矩形，正应力与剪力图形分别为三角形与抛物线形，其最大值不在同一点出现，应分别满足下列强度条件，即

$$\sigma = \frac{M}{W_w} = \frac{6M}{l_w^2 t} \leqslant f_t^w \tag{3-2}$$

$$\tau = \frac{VS_w}{I_w t} = \frac{3}{2} \cdot \frac{V}{l_w t} \leqslant f_v^w \tag{3-3}$$

式中：　M, V ——弯矩设计值、剪力设计值；

　　　　W_w ——焊缝截面抵抗矩，mm^3；

　　　　S_w ——受拉部分截面到中和轴的面积矩，mm^3；

　　　　I_w ——焊缝截面惯性矩，mm^3；

　　　　f_v^w ——对接焊缝的抗剪强度设计值，N / mm^2，按附录采用。

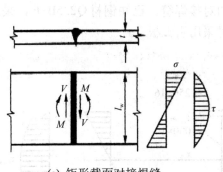
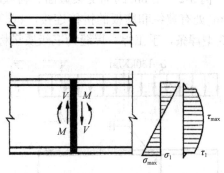

(a) 矩形截面对接焊缝　　　　　　　　(b) 工字形截面对接焊缝

图 3-16　对接焊缝受弯矩和剪力共同作用

如图 3-16(b)所示，工字形截面梁的接头采用对接焊缝，焊缝截面是工字形，除应按式(3-2)、式(3-3)分别验算最大正应力和剪应力外，对于同时受有较大正应力和较大剪应力处，如腹板与翼缘的交接点，还应按以下几式验算折算应力，即

$$\sqrt{\sigma_1^2 + 3\tau_1^2} \leqslant 1.1 f_t^w \tag{3-4}$$

$$\sigma_1 = \sigma_{max} \frac{h_0}{h} = \frac{M}{W_w} \cdot \frac{h_0}{h} \tag{3-5}$$

$$\tau_1 = \frac{VS_{w1}}{I_w \cdot t_w} \tag{3-6}$$

式中： σ_1——验算点处的焊缝正应力， N/mm ；

$\quad\quad \tau_1$——验算点处的焊缝剪应力， N/mm^2 ；

$\quad\quad I_w$——工字形截面的惯性矩， mm^4 ；

$\quad\quad W_w$——工字形截面的抵抗矩， mm^3 ；

$\quad\quad S_{w1}$——工字形截面受拉翼缘对中和轴的面积矩， mm^3 ；

$\quad\quad t_w$——腹板厚度， mm ；

$\quad\quad 1.1$——考虑到最大折算应力只在局部出现，而将强度设计值适当提高的系数。

3. 矩形截面对接焊缝在弯矩、剪力和轴心力共同作用下的计算

当轴心力与弯矩、剪力共同作用时，对接焊缝的最大正应力应为轴心力和弯矩引起的应力之和，即

$$\sigma_{max} = \frac{N}{l_w t} + \frac{M}{W_w} \leqslant f_t^w \quad\quad (3-7)$$

剪应力按式(3-8)验算，即

$$\tau_{max} = \frac{V S_w}{I_w t} \leqslant f_v^w \quad\quad (3-8)$$

折算应力仍按式(3-4) 验算，即

$$\sqrt{\sigma_1^2 + 3\tau_1^2} \leqslant 1.1 f_t^w$$

式中， σ_1 为验算点处轴心力和弯矩产生的应力之和。

例 3-2 某 8m 跨简支梁截面和荷载(含梁自重在内的)设计值如图 3-17 所示，在距支座 2.4m 处有翼缘和腹板的拼接连接，试验算其拼接的对接焊缝。已知钢材 Q235B·F ，采用 E43 型焊条，手工焊。焊缝为三级质量标准，施焊时采用引弧板。

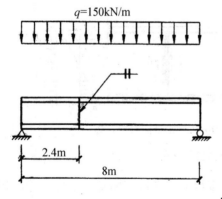
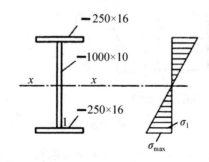
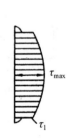

图 3-17 例 3-2 图

解 (1) 距支座 2.4m 处的内力计算：

$$M = \frac{150 \times 8}{2} \times 2.4 - \frac{150 \times 2.4^2}{2} = 1008(kN \cdot m)$$

$$V = \frac{150 \times 8}{2} - 150 \times 2.4 = 240(kN)$$

(2) 焊缝计算截面的几何特征值计算：

$$I_{\mathrm{w}} = \frac{250 \times 1032^3}{12} - \frac{250 \times 1000^3}{12} + \frac{10 \times 1000^3}{12} = 2898 \times 10^6 (\mathrm{mm}^4)$$

$$W_{\mathrm{w}} = \frac{2898 \times 10^6}{1032 / 2} = 5.6163 \times 10^6 (\mathrm{mm}^3)$$

$$S_{\mathrm{w1}} = 250 \times 16 \times \left(\frac{1000}{2} + \frac{16}{2} \right) = 2.032 \times 10^6 (\mathrm{mm}^3)$$

$$S_{\mathrm{w}} = 2.032 \times 10^6 + 500 \times 10 \times \frac{500}{2} = 3.282 \times 10^6 (\mathrm{mm}^3)$$

(3) 焊缝强度计算：

查表得 $f_{\mathrm{t}}^{\mathrm{w}} = 185 \mathrm{N/mm}^2$，$f_{\mathrm{v}}^{\mathrm{w}} = 125 \mathrm{N/mm}^2$

$$\sigma_{\max} = \frac{M}{W_{\mathrm{w}}} = \frac{1008 \times 10^6}{5.6163 \times 10^6} = 179.5 (\mathrm{N/mm}^2) < 185 \mathrm{N/mm}^2$$

$$\tau_{\max} = \frac{VS_{\mathrm{w}}}{I_{\mathrm{w}} t_{\mathrm{w}}} = \frac{240 \times 10^3 \times 3.282 \times 10^6}{2898 \times 10^3 \times 10} = 27.2 (\mathrm{N/mm}^2) < 125 \mathrm{N/mm}^2$$

$$\sigma_{\mathrm{l}} = \sigma_{\max} \cdot \frac{h_0}{h} = 179.5 \times \frac{1000}{1032} = 173.9 (\mathrm{N/mm}^2)$$

$$\tau_{\mathrm{l}} = \frac{VS_{\mathrm{w1}}}{I_{\mathrm{w}} t_{\mathrm{w}}} = \frac{240 \times 10^3 \times 2.032 \times 10^6}{2898 \times 10^6 \times 10} = 16.8 (\mathrm{N/mm}^2)$$

$$\sqrt{\sigma_{\mathrm{l}}^2 + 3\tau_{\mathrm{l}}^2} = \sqrt{173.9^2 + 3 \times 16.8^2} = 176.3 (\mathrm{N/mm}^2) < 1.1 \times 185 = 203.5 (\mathrm{N/mm}^2)$$

所以满足要求。

3.4 角焊缝连接

3.4.1 角焊缝的形式

角焊缝是最常用的焊缝形式。角焊缝按其与作用力的关系可分为焊缝长度方向与作用力垂直的正面角焊缝、焊缝长度方向与作用力平行的侧面角焊缝以及斜焊缝，如图 3-18 所示。

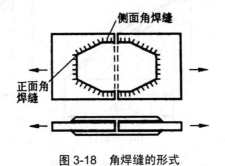

图 3-18 角焊缝的形式

　　侧面角焊缝主要承受剪力，塑性较好，强度较低。应力沿焊缝长度方向的分布不均匀，呈两端大而中间小的状态。焊缝越长，应力分布的不均匀性越显著。

　　正面角焊缝的受力复杂，其破坏强度高于侧面角焊缝，但塑性变形能力差。

　　斜焊缝的受力性能和强度值介于正面角焊缝和侧面角焊缝之间。

　　角焊缝按沿长度方向的布置分为连续角焊缝和间断角焊缝，如图 3-19 所示。连续角焊缝的受力性能较好，为主要的角焊缝形式。间断角焊缝的起、灭弧处容易引起应力集中，重要结构应避免采用，只能用于一些次要构件的连接或受力很小的连接中。间断角焊缝的间断距离 l 不宜过长，以免连接不紧密，潮气侵入引起构件锈蚀。一般在受压构件中，应满足 $l \leqslant 15t$；在受拉构件中，$l \leqslant 30t$（t 为较薄焊件的厚度）。

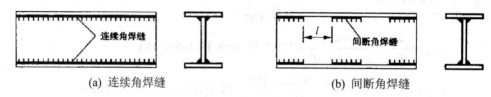

(a) 连续角焊缝　　　　　　　　　　　(b) 间断角焊缝

图 3-19　连续角焊缝和间断角焊缝

　　按施焊时焊缝在焊件之间的相对空间位置，焊缝连接可分为平焊、横焊、立焊及仰焊，如图 3-20 所示。平焊(又称俯焊)施焊方便，质量最好；横焊和立焊的质量及生产效率比平焊差；仰焊的操作条件最差，焊缝质量不易保证，因此设计和制造时应尽量避免。

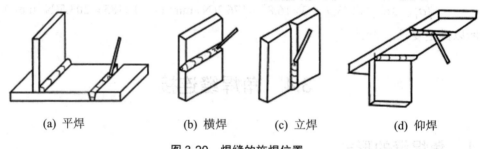

(a) 平焊　　　　(b) 横焊　　　　(c) 立焊　　　　(d) 仰焊

图 3-20　焊缝的施焊位置

　　角焊缝按截面形式可分为直角角焊缝(见图 3-21)和斜角角焊缝(见图 3-22)。

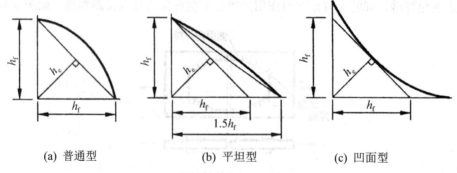

(a) 普通型　　　　　　(b) 平坦型　　　　　　(c) 凹面型

图 3-21　直角角焊缝截面

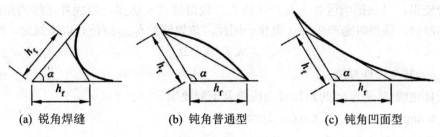

(a) 锐角焊缝　　　　　(b) 钝角普通型　　　　　(c) 钝角凹面型

图 3-22　斜角角焊缝截面

直角角焊缝通常做成表面微凸的等腰直角三角形截面，如图 3-21(a)所示。在直接承受动力荷载的结构中，为了减小应力集中，正面角焊缝的截面常采用如图 3-21(b)所示的平坦型截面，侧面角焊缝的截面则做成如图 3-21(c)所示的凹面型截面。

两焊脚边的夹角 $\alpha > 90°$ 或 $\alpha < 90°$ 的焊缝称为斜角角焊缝，如图 3-22 所示。斜角角焊缝常用于钢漏斗和钢管结构中，对于夹角 $\alpha > 135°$ 或 $\alpha < 60°$ 的斜角角焊缝，除钢管结构外，不宜用作受力焊缝。

试验表明，等腰直角角焊缝常沿 45° 左右方向的截面破坏，所以计算时是以 45° 方向的最小截面为危险截面，如图 3-21(a)所示，此危险截面称为角焊缝的计算截面或有效截面。平坦型、凹面型角焊缝的有效截面如图 3-21(b)、(c)所示。

直角角焊缝的有效厚度为

$$h_e = h_f \cos 45° = 0.7h_f$$

上式中略去了焊缝截面的圆弧形加高部分。式中 h_f 是角焊缝的焊脚尺寸。

如图 3-23 所示，斜角角焊缝的有效厚度按下列规定采用。

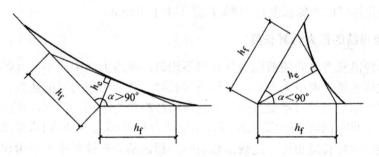

图 3-23　斜角角焊缝的有效厚度

当 $\alpha > 90°$ 时，　$h_e = h_f \cdot \cos\dfrac{\alpha}{2}$。

当 $\alpha < 90°$ 时，　$h_e = 0.7h_f$。

3.4.2　角焊缝的构造要求

1. 最大焊脚尺寸 $h_{f,max}$

角焊缝的焊脚尺寸过大，焊接时热量输入过大，焊缝收缩时将产生较大的焊接残余应

力和残余变形，且热影响区扩大易产生脆裂，较薄焊件易烧穿。当板件边缘的角焊缝与板件边缘等厚时，施焊时易产生咬边现象。因此，角焊缝的 $h_{f,max}$ 应符合以下规定，即

$$h_{f,max} \leqslant 1.2t_{min}$$

式中：t_{min} 为较薄焊件厚度。

对板件边缘(厚度为 t_1)的角焊缝尚应符合下列要求。

当 $t_1 > 6mm$ 时，$h_{f,max} \leqslant t_1 - (1-2)mm$；

当 $t_1 \leqslant 6mm$ 时，$h_{f,max} \leqslant t_1$。

2. 最小焊脚尺寸 $h_{f,min}$

如果板件厚度较大而焊缝焊脚尺寸过小，则施焊时焊缝冷却速度过快，可能产生淬硬组织，易使焊缝附近主体金属产生裂纹。因此，《钢结构设计规范》(GB 50017—2011)规定角焊缝的最小焊脚尺寸 $h_{f,min}$ 应满足下式要求，即

$$h_{f,min} \geqslant 1.5\sqrt{t_{max}}$$

此处 t_{max} 为较厚焊件的厚度。自动焊的热量集中，因而熔深较大，故最小焊脚尺寸 $h_{f,min}$ 可较上式减小 1mm。T 形连接单面角焊缝的可靠性较差，应增加 1mm。当焊件厚度不大于 4mm 时，$h_{f,min}$ 应与焊件同厚。

3. 最小焊缝长度

角焊缝的焊缝长度过短，焊件局部受热严重，且施焊时起落弧坑相距过近，再加上一些可能产生的缺陷使焊缝不够可靠。因此，《钢结构设计规范》(GB 50017—2011)规定侧面角焊缝或正面角焊缝的计算长度 $l_w \geqslant 8h_f$，且不小于 40mm。

4. 侧面角焊缝的最大计算长度

侧面角焊缝沿长度方向的剪应力分布很不均匀，两端大而中间小，且随焊缝长度与其焊脚尺寸之比值的增大而更为严重。当焊缝过长时，其两端应力可能达到极限，而中间焊缝却未充分发挥承载力。对承受直接动力荷载的结构更为不利。因此，侧面角焊缝的计算长度应满足 $l_w \leqslant 60h_f$(承受静力荷载或间接承受动力荷载)或 $l_w \leqslant 40h_f$(直接承受动力荷载)。当侧面角焊缝的实际长度超过上述规定数值时，超过部分在计算中不予考虑。若内力沿侧面角焊缝全长分布时则不受此限制，如工字形截面柱或梁的翼缘与腹板的角焊缝连接等。

5. 搭接长度要求

在搭接连接中，为减小因焊缝收缩产生过大的焊接残余应力及因偏心产生的附加弯矩，要求搭接长度 $l \geqslant 5t_1$(t_1 为较薄焊件的厚度)，且不小于 25mm，如图 3-24 所示。

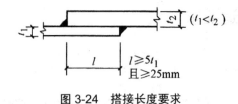

图 3-24 搭接长度要求

6. 焊接长度

板件的端部仅用两侧面角焊缝连接时，如图 3-25 所示，为避免应力传递过于弯折而致使板件应力过分不均匀，应使 $l_w \geqslant b$（b 为两侧面角焊缝的距离，l_w 为侧面角焊缝长度）；同时为避免因焊缝收缩引起板件变形拱曲过大，尚应使 $b \leqslant 16t$（当 $t > 12mm$ 时）或 190mm（当 $t \leqslant 12mm$ 时），t 为较薄焊件的厚度。若不满足此规定则应加焊端缝。

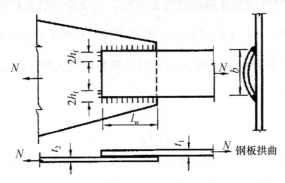

图 3-25　焊接长度及两侧焊缝间距

7. 两侧焊缝间距

当角焊缝的端部在构件的转角处时，为避免起落弧缺陷发生在此应力集中较严重的转角处，宜作长度为 $2h_f$ 的绕角焊，如图 3-25 所示，且转角处必须连续施焊，以改善连接的受力性能。

3.4.3　角焊缝连接的计算

角焊缝的应力状态十分复杂，要对角焊缝精确计算十分困难，实际计算中采用简化的方法，做以下假定：假定角焊缝的破坏均发生在沿 45°线的喉部截面处，并略去焊缝截面的圆弧形加高部分，沿焊缝截面的 45° 方向的最小截面称为角焊缝的有效截面，如图 3-21 所示。并假定有效截面上的应力沿焊缝计算长度均匀分布，同时不分抗拉、抗压或抗剪，都采用同一强度设计值 f_f^w。

1. 角焊缝受轴心力作用时的计算

当作用力(拉力、压力、剪力)通过角焊缝群形心时，认为焊缝沿长度方向的应力均匀分布。当作用力与焊缝长度方向间关系不同时，角焊缝的强度计算表达式分别如下。

(1) 侧面角焊缝或作用力平行于焊缝长度方向的角焊缝，即

$$\tau_f = \frac{N}{h_e \sum l_w} \leqslant f_f^w \tag{3-9}$$

式中：N——轴心力设计值；

$\quad\quad\tau_f$——按焊缝有效截面计算，平行于焊缝长度方向的应力；

$\quad\quad h_e$——角焊缝的有效厚度，对直角角焊缝，$h_e = 0.7h_f$；对斜角角焊缝，当 $\alpha > 90°$ 时，$h_e = h_f \cos(\alpha/2)$，当 $\alpha < 90°$ 时，$h_e = 0.7h_f$（α 为两焊脚边的夹角）；

$\quad\quad\sum l_w$——连接一侧角焊缝的总计算长度，mm，考虑起灭弧缺陷，按各条焊缝的实际长度每端减去 h_f 计算；

f_f^w——角焊缝的强度设计值，按附录采用。

(2) 正面角焊缝或作用力垂直于焊缝长度方向的角焊缝，即

$$\sigma_f = \frac{N}{h_e \sum l_w} \leqslant \beta_f f_f^w \tag{3-10}$$

式中：σ_f——按焊缝有效截面计算，垂直于焊缝长度方向的应力；

β_f——正面角焊缝的强度设计值提高系数，承受静力荷载和间接动力荷载的结构中

的角焊缝，$\beta_f = 1.22$；直接承受动力荷载结构中的角焊缝，$\beta_f = 1.0$。

(3) 两方向力综合作用的角焊缝，应分别计算各焊缝在两方向力作用下的 σ_f 和 τ_f，然后按式(3-11)计算其强度，即

$$\sqrt{\left(\frac{\sigma_f}{\beta_f}\right)^2 + \tau_f^2} \leqslant f_f^w \tag{3-11}$$

(4) 由侧面、正面和斜向各种角焊缝组成的周围角焊缝，假设破坏时各部分角焊缝都达到各自的极限强度，则有

$$\frac{N}{\sum(\beta_f h_e l_w)} \leqslant f_f^w \tag{3-12}$$

例 3-3 试设计图 3-26(a)所示一双盖板的对接接头。已知钢板截面为－200×14，盖板截面为 2－150×10，承受轴心力设计值为 550kN (静力荷载)，钢材为 Q235，焊条为 E43 型，手工焊。

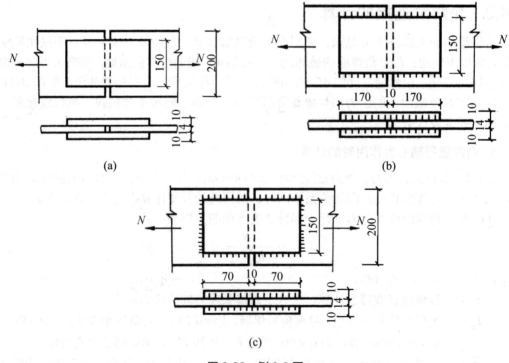

(a)

(b)

(c)

图 3-26 例 3-3 图

解 根据角焊缝的最大、最小焊脚尺寸要求，确定焊脚尺寸 h_f：

$$1.2t_{min}=1.2\times10mm=12mm$$
$$1.5\sqrt{t_{max}}=1.5\times\sqrt{14}\ mm=5.6mm$$
$$t-(1\sim2)mm=10-(1\sim2)mm=8\sim9mm$$

取 $h_f=8mm$，查得角焊缝强度设计值 $f_f^w=160N/mm^2$。

(1) 采用侧面角焊缝(见图 3-26(b))。

因采用双盖板，接头一侧共有 4 条焊缝，每条焊缝所需的计算长度为

$$l_w=\frac{N}{4h_e f_f^w}=\frac{550\times10^3}{4\times0.7\times8\times160}=153(mm)$$

取 $l_w=160mm$
$\begin{cases} <60h_f=60\times8mm=480mm \\ >8h_f=8\times8\ mm=64mm \\ >b=150mm \end{cases}$

每条焊缝所需的实际长度为

$$l=l_w+2h_f=153+2\times8=169mm，取 l=170mm$$

被连接板件间留出间隙 10mm，则盖板总长为 $l'=170\times2+10=350(mm)$。

(2) 采用三面围焊(见图 3-26(c))。

正面角焊缝所能承受的内力 N' 为

$$N'=2\times0.7h_f l_w'\beta_f f_f^w = 2\times0.7\times8\times150\times1.22\times160=327936(N)$$

接头一侧所需侧缝的计算长度为

$$l_w=\frac{N-N'}{4h_e f_f^w}=\frac{550000-327936}{4\times0.7\times8\times160}=61.96(mm)$$

接头一侧所需侧缝的实际长度为

$$l=l_w+h_f=61.96+8=69.96(mm)，取 l=70(mm)$$

盖板总长：$l'=70\times2+10=150(mm)$

2. 角钢连接的角焊缝受轴心力作用时的计算

钢桁架中角钢腹杆与节点板的连接焊缝一般采用两面侧焊或三面围焊，特殊情况也可采用 L 形围焊，如图 3-27 所示。腹杆受轴心力作用，为了避免焊缝偏心受力，应使焊缝传递的合力作用线与角钢杆件的轴线相重合。

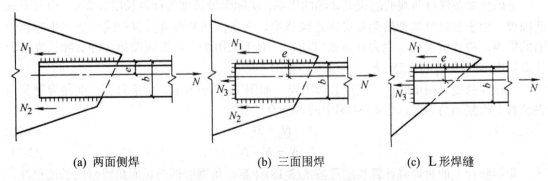

(a) 两面侧焊　　　　　　(b) 三面围焊　　　　　　(c) L 形焊缝

图 3-27　桁架腹杆与节点板的连接

对于三面围焊，如图 3-27(b)所示，可先假定正面角焊缝的焊脚尺寸 h_{f3}，求出正面角焊缝所分担的轴心力 N_3。当腹杆为双角钢组成的 T 形截面，且肢宽为 b 时，有

$$N_3 = 2 \times 0.7 h_{f3} b \beta_f f_f^w \tag{3-13}$$

由平衡条件($\sum M = 0$)可得

$$N_1 = \frac{N(b-e)}{b} - \frac{N_3}{2} = k_1 N - \frac{N_3}{2} \tag{3-14}$$

$$N_2 = \frac{Ne}{b} - \frac{N_3}{2} = k_2 N - \frac{N_3}{2} \tag{3-15}$$

式中：N_1，N_2——角钢肢背和肢尖上的侧面角焊缝所分担的轴力，N；

e ——角钢的形心矩，mm；

k_1, k_2——角钢肢背和肢尖焊缝的内力分配系数，可按表 3-5 的近似值采用。

表 3-5　角钢焊缝内力分配系数

角钢类型	连接形式	图　形	分配系数	
			角钢肢背 k_1	角钢肢尖 k_2
等肢			0.70	0.30
不等肢	长肢相连		0.65	0.35
	短肢相连		0.75	0.25

对于两面侧焊，如图 3-27 (a)所示，因 $N_3 = 0$，得

$$N_1 = k_1 N \tag{3-16}$$

$$N_2 = k_2 N \tag{3-17}$$

求得各条焊缝所受的内力后，按构造要求(角焊缝的尺寸限制)假定肢背和肢尖焊缝的焊脚尺寸，即可求出焊缝的计算长度。例如，对双角钢组成的 T 形截面，有

$$l_{w1} = \frac{N_1}{2 \times 0.7 h_{f1} f_f^w} \tag{3-18}$$

$$l_{w2} = \frac{N_2}{2 \times 0.7 h_{f2} f_f^w} \tag{3-19}$$

式中：h_{f1}，l_{w1} —— 一个角钢肢背上的侧面角焊缝的焊脚尺寸及计算长度，mm；

h_{f2}，l_{w2} —— 一个角钢肢尖上的侧面角焊缝的焊脚尺寸及计算长度，mm。

考虑到每条焊缝两端的起灭弧缺陷的影响，实际焊缝长度为计算长度加 $2h_f$；但对于三面围焊，由于在杆件端部转角处必须连续施焊，每条侧面角焊缝只有一端可能产生起弧缺陷的影响，故焊缝实际长度为计算长度加 h_f；对于采用绕角焊的侧面角焊缝实际长度等于计算长度(绕角焊缝的长度 $2h_f$，不进入计算)。

当杆件的受力很小时，可采用 L 形围焊，如图 3-27(c)所示。由于只有正面角焊缝和角钢肢背上的侧面角焊缝，令式(3-15)中的 $N_2 = 0$，得

$$N_3 = 2k_2 N \tag{3-20}$$

$$N_1 = N - N_3 \tag{3-21}$$

角钢肢背上的角焊缝计算长度可按式(3-18)计算，角钢端部的正面角焊缝的长度已知，可按式(3-22)计算其焊脚尺寸，即

$$h_{f3} = \frac{N_3}{2 \times 0.7 l_{w3} \beta_f f_f^w} \tag{3-22}$$

其中：
$$l_{w3} = b - h_{f3}$$

例 3-4　试确定图 3-28 所示承受轴心力(静载)作用下的三面围焊连接的承载力及肢尖焊缝的长度。已知角钢为 2∟125×10，并以长肢与厚度为 8mm 的节点板连接，其搭接长度为 300mm，焊脚尺寸 h_f=8mm，钢材为 Q235B·F，手工焊，焊条为 E43 型。

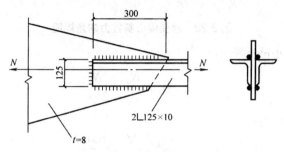

图 3-28　例 3-4 图

解　《钢结构设计规范》(GB 50017—2003)中规定角焊缝强度设计值 $f_f^w = 160 \text{N}/\text{mm}^2$。焊接内力分配系数为 $k_1 = 0.7$、$k_2 = 0.3$。

正面角焊缝的长度等于相连角钢肢的宽度，即 $l_{w3} = b = 125 \text{mm}$，则正面角焊缝所承受的内力 N_3 为

$$N_3 = h_e l_{w3} \beta_f f_f^w = 2 \times 0.7 \times 8 \times 125 \times 1.22 \times 160 \text{N} = 273.3 \text{kN}$$

肢背角焊缝所能承受的内力 N_1 为

$$N_1 = 2 h_e l_{w1} f_f^w = 2 \times 0.7 \times 8 \times (300 - 8) \times 160 \text{N} = 523.3 \text{kN}$$

由式(3-14)知

$$N_1 = k_1 N - \frac{N_3}{2} = 0.7 N - \frac{273.3}{2} = 523.3 \text{(kN)}$$

则连接的承载力为

$$N = \frac{523.3 + 273.3/2}{0.7} = 942.8 \text{(kN)}$$

由式(3-15)计算肢尖焊缝承受的内力 N_2 为

$$N_2 = k_2 N - \frac{N_3}{2} = 0.3 \times 942.8 - 273.3/2 = 146.2 \text{(kN)}$$

由此可算出肢尖焊缝的计算长度为

$$l_{w2} = \frac{N_2}{2 h_e f_f^w} = \frac{146.2 \times 10^3}{2 \times 0.7 \times 8 \times 160} = 81.6 \text{(mm)}$$

肢尖焊缝的实际长度为 $81.6 + 8 = 89.6 \text{(mm)}$，取 90mm。

3. 承受弯矩、轴心力和剪力作用的角焊缝连接计算

如图 3-29 所示的双面角焊缝连接承受偏心斜拉力 N 作用，计算时，可将作用力 N 分解为 N_x 和 N_y 两个分力。角焊缝同时承受轴心力 N_x、剪力 N_y 和弯矩 $M = N_x \cdot e$ 的共同作用。焊缝计算截面上的应力分布如图 3-29 所示。图中 A 点应力最大为控制设计点。此处垂直于

焊缝长度方向的应力由两部分组成，即由轴心拉力 N_x 产生的应力和由弯矩 M 产生的应力。

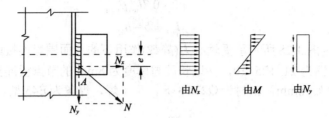

图 3-29　承受偏心斜拉力的角焊缝

由轴心拉力 N_x 产生的应力为

$$\sigma_f^N = \frac{N_x}{A_e} = \frac{N_x}{2h_e l_w} \tag{3-23}$$

由弯矩 M 产生的应力：

$$\sigma_f^M = \frac{M}{W_e} = \frac{6M}{2h_e l_w^2} \tag{3-24}$$

这两部分应力由于在 A 点处的方向相同，可直接叠加，故 A 点垂直于焊缝长度方向的应力为

$$\sigma_f = \sigma_f^N + \sigma_f^M = \frac{N_x}{2h_e l_w} + \frac{6M}{2h_e l_w^2} \tag{3-25}$$

剪力 N_y 在 A 点处产生平行于焊缝长度方向的应力为

$$\tau_f^V = \frac{N_y}{A_e} = \frac{N_y}{2h_e l_w} \tag{3-26}$$

式中：l_w——焊缝的计算长度。

则焊缝的强度计算式为

$$\sqrt{\left(\frac{\sigma_f}{\beta_f}\right)^2 + (\tau_f^V)^2} \leqslant f_f^w \tag{3-27}$$

当连接直接承受动力荷载时，取 $\beta_f = 1.0$。

例 3-5　图 3-30 所示角钢与柱用角焊缝连接，焊脚尺寸 $h_f = 10\text{mm}$，钢材为 Q345，焊条为 E50 型，手工焊。试计算焊缝所能承受的最大静力荷载设计值 F。

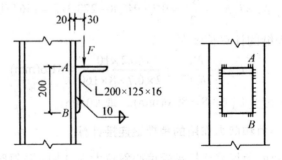

图 3-30　例 3-5 图

解　查得角焊缝强度设计值 $f_f^w = 200\text{N}/\text{mm}^2$

将偏心力 F 向焊缝群形心简化，则焊缝同时承受弯矩 $M = 30F$ 及剪力 $V = F$；因转角处绕角焊，故焊缝计算长度不考虑弧坑影响，$l_w = 200\text{mm}$。

(1) 焊缝计算截面的几何参数：

$$A_w = 2 \times 0.7 \times 10 \times 200 = 2800(\text{mm}^2)$$

$$W_w = 2 \times \frac{0.7 \times 10 \times 200^2}{6} = 93333(\text{mm}^3)$$

(2) 求应力分量：

$$\sigma_f^M = \frac{M}{W_e} = \frac{30F \times 10^3}{93333} = 0.3214F$$

$$\tau_f = \frac{N_y}{A_e} = \frac{F \times 10^3}{2800} = 0.3571F$$

(3) 求 F：

$$\sqrt{\left(\frac{0.3214F}{1.22}\right)^2 + (0.3571F)^2} \leqslant f_f^w = 200\text{N}/\text{mm}^2$$

解得　$F \leqslant 450.7\text{kN}$。

因此，该连接所能承受的最大静力荷载设计值 F 为 450.7kN。

3.5　焊接残余应力和残余变形

3.5.1　焊接应力的分类和产生的原因

焊件在施焊过程中，由于受到不均匀的电弧高温作用，在焊件中将产生变形和应力，称为热变形和热应力。冷却后，焊件中将残存反向的应力和变形，称为焊接应力和焊接变形。由于这种应力和变形是焊件经焊接并冷却到室温以后残留于焊件中的，故又称为焊接残余应力和焊接残余变形。它们是焊缝及其附近金属塑性变形的结果。焊接应力包括焊缝长度方向的纵向应力、垂直于焊缝长度方向的横向应力和沿厚度方向的焊接应力。

1. 纵向焊接应力

在施焊时，焊件上产生不均匀的温度场，焊缝及其附近温度最高，而邻近区域温度则急剧下降。不均匀的温度场产生不均匀的膨胀。温度高的钢材膨胀大，但受到两侧钢材限制而产生纵向拉应力，如图 3-31(b)所示。在低碳钢和低合金钢中，这种应力经常达到钢材的屈服点。焊接应力是一种无荷载作用下的应力，因此会在焊件内部自相平衡，这就必然在距焊缝稍远区段内产生压应力。

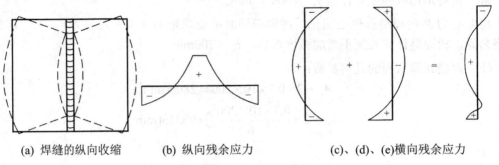

(a) 焊缝的纵向收缩　　(b) 纵向残余应力　　(c)、(d)、(e)横向残余应力

图 3-31　焊接残余应力

2. 横向焊接应力

产生横向焊接应力的原因可分为焊缝的横向收缩和焊缝的纵向收缩(见图 3-31(a))两个方面。现以两块钢板对焊连接为例来说明，如图 3-31 所示。

由于焊缝的纵向收缩，两块钢板有相向弯曲的趋势，但焊缝已将其连成整体，不能分开，而使两块板沿焊缝长度方向的中部产生横向拉应力，两端则产生压应力，如图 3-31(c)所示。

由于焊缝先后冷却时间的不同，先焊的焊缝先冷而凝固，且有一定强度，阻止后焊的焊缝在横向自由膨胀，使其发生横向热塑性压缩变形。冷却时，后焊的焊缝的横向收缩受到阻止，而产生横向拉应力，而先焊部分则产生横向压应力，如图 3-31(d)所示。总的横向焊接应力为上述两种原因产生横向焊接应力的合应力，如图 3-31(e)所示。

3. 厚度方向的焊接应力

在厚钢板的焊接连接中，焊缝需要多层施焊。因此，除有纵向和横向焊接应力外，还存在着沿钢板厚度方向的焊接应力，如图 3-32 所示。这 3 种应力形成同号三轴应力，将大大降低连接的塑性性能。

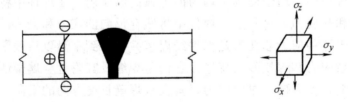

图 3-32　沿厚度方向残余应力

3.5.2　焊接应力对结构性能的影响

1. 对结构静力强度的影响

在常温下工作并具有一定塑性的钢材，在静荷载作用下，焊接应力不影响结构的静力强度。

2. 对结构刚度的影响

焊接残余应力的存在会增大结构的变形，从而降低结构的刚度。

3. 对受压构件稳定承载力的影响

焊接残余应力使构件的有效面积和有效惯性矩减小，即构件的刚度减小，从而必定降低其稳定承载能力。

4. 对低温冷脆的影响

在厚板或具有交叉的焊缝中，将产生三向焊接拉应力，阻碍了塑性变形的发展，增加了钢材在低温下的脆断倾向。因此，降低或消除焊缝中的残余应力是改善结构低温冷脆性能的重要措施。

5. 对疲劳强度的影响

在焊缝及其附近的主体金属残余拉应力通常达到钢材的屈服点，而此部位正是形成和发展疲劳裂纹最为敏感的区域。故焊接残余应力会降低结构的疲劳强度。

3.5.3　焊接变形

在焊接过程中，由于不均匀的加热和冷却，焊接区在纵向和横向收缩时，势必导致构件产生局部鼓起、弯曲、屈曲和扭转等。焊接变形如图 3-33 所示，包括纵横向收缩、弯曲变形、角变形、波浪变形和扭曲变形等，通常是几种变形的组合。任一焊接变形超过《钢结构工程施工质量验收规范》(GB 50205—2001)的规定时，必须进行校正，以免影响构件在正常使用条件下的承载力。

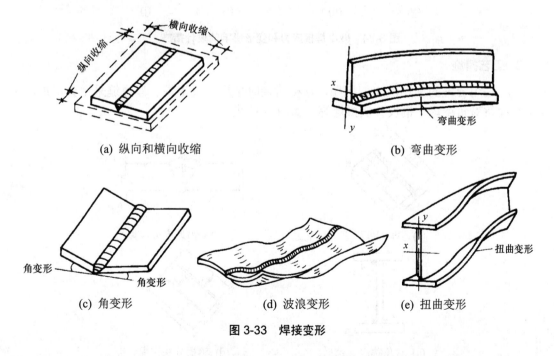

(a) 纵向和横向收缩　　　　　　　　　　(b) 弯曲变形

(c) 角变形　　　　　(d) 波浪变形　　　　　(e) 扭曲变形

图 3-33　焊接变形

3.5.4 减小焊接应力和焊接变形的措施

1. 设计措施

(1) 焊接位置的安排要合理。尽可能使焊缝对称于构件截面的中性轴，以减小焊接变形，如图 3-34(a)、(b)所示。

(2) 采用适宜的焊脚尺寸和焊缝长度，如图 3-34(c)、(d)所示。

(3) 焊缝不宜过分集中，当几块钢板交汇一处进行连接时，应采取如图 3-34(e)所示的形式。如果采取如图 3-34(f)所示的形式，由于热量高度集中，会引起过大的焊接变形，同时焊缝及主体金属也会发生组织改变。

(4) 尽量避免两条或 3 条焊缝垂直交叉。例如，梁腹板加劲肋与腹板及翼缘的连接焊缝应中断，以保证主要焊缝(翼缘与腹板的连接焊缝)连续通过，如图 3-34(g)、(h)所示。

(5) 尽量避免在母材厚度方向的收缩应力，如图 3-34(j)所示，应采取如图 3-34(i)所示的形式。

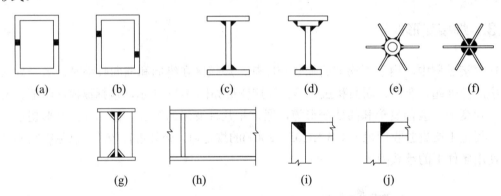

(a)　　(b)　　(c)　　(d)　　(e)　　(f)

(g)　　(h)　　(i)　　(j)

图 3-34　减小焊接应力和变形影响的设计措施

2. 工艺措施

(1) 采用合理的施焊次序。例如，钢板对接时采用分段退焊，厚焊缝采用分层焊，工字形截面按对角跳焊，钢板分块拼焊等，如图 3-35 所示。

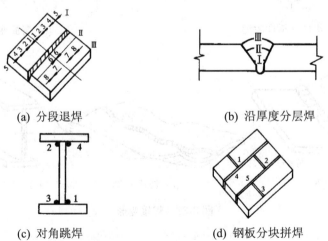

(a) 分段退焊　　　　(b) 沿厚度分层焊

(c) 对角跳焊　　　　(d) 钢板分块拼焊

图 3-35　合理的施焊顺序

（2）　采用反变形。施焊前给构件一个与焊接变形反方向的预变形，使之与焊接所引起的变形相抵消，从而达到减小焊接变形的目的。

（3）　对于小尺寸焊件，焊前预热，或焊后回火加热至 600℃左右，然后缓慢冷却，可以消除焊接应力和焊接变形。也可以采用刚性固定法将构件加以固定来限制焊接变形，但增加了焊接残余应力。

3.6　普通螺栓连接

3.6.1　螺栓连接的特点、类型

螺栓连接分为普通螺栓连接和高强度螺栓连接两种。普通螺栓通常采用 Q235 钢材制成，安装时用普通扳手拧紧；高强度螺栓则用高强度钢材经热处理制成，用能控制螺栓杆的扭矩或拉力的特制扳手，拧紧到预定的预拉力值，把被连接件高度夹紧。

1. 普通螺栓连接

普通螺栓分为 A、B、C 三级。C 级为粗制螺栓，由未经加工的圆钢压制而成，制作精度差，螺栓孔的直径比螺栓杆的直径大1.5～3mm，见表 3-6。对于采用 C 级螺栓的连接，由于螺栓杆与螺栓孔之间有较大的间隙，受剪力作用时，将会产生较大的剪切滑移，连接的变形大，但安装方便，且能有效地传递拉力，故可用于沿螺栓杆轴心受拉的连接以及次要结构的抗剪连接或安装时的临时固定。

C 级螺栓材料的性能等级为 4.6 级或 4.8 级。小数点前的数字表示螺栓成品的抗拉强度不小于$400N/mm^2$，小数点及小数点后的数字表示其屈强比(屈服点与抗拉强度之比)为 0.6 和 0.8。

A、B 级精制螺栓是由毛坯在车床上经过切削加工精制而成，表面光滑，尺寸准确，螺栓直径与螺栓孔径之间的缝隙只有 0.3～0.5mm。由于有较高的精度，因而受剪性能好，但制作和安装复杂，价格较高，已很少在钢结构中采用。

A 级和 B 级螺栓材料的性能等级为 8.8 级，其抗拉强度不小于$800N/mm^2$，屈强比为 0.8。

表 3-6　C 级螺栓孔径

螺栓杆公称直径/mm	12	16	20	(22)	24	(27)	30
螺栓孔公称直径/mm	13.5	17.5	22	(24)	26	(30)	33

2. 高强度螺栓连接

高强度螺栓连接有两种类型：一种是摩擦型连接，只依靠摩擦阻力传力，并以剪力不超过接触面摩擦力作为设计准则；另一种是承压型连接，允许接触面滑移，以连接达到破坏的极限承载力作为设计准则。

摩擦型连接的剪切变形小，弹性性能好，施工较简单，可拆卸，耐疲劳，特别适用于承受动力荷载的结构。承压型连接的承载力高于摩擦型，连接紧凑，但剪切变形大，故不得用于承受动力荷载的结构中。

3.6.2 普通螺栓连接的构造

1. 螺栓的规格

钢结构采用的普通螺栓形式为大六角头型,其代号用字母 M 和公称直径的毫米数表示。为制造方便,一般情况下,同一结构中宜尽可能采用一种螺栓直径和孔径的螺栓,需要时也可采用 2～3 种螺栓直径。

螺栓直径 d 根据整个结构及其主要连接的尺寸和受力情况选定,受力螺栓一般采用 M16 以上,建筑工程中常用 M16、M20、M24 等。

钢结构施工图的螺栓和孔的制图应符合表 3-7。其中细"+"线表示定位线,同时应标注或统一说明螺栓的直径和孔径。

表 3-7　螺栓及孔眼示例

名　称	永久螺栓	高强度螺栓	安装螺栓	圆形螺栓孔	长圆形螺栓孔
图　例					

2. 螺栓的排列

螺栓的排列有并列和错列两种基本形式,如图 3-36 所示。并列较简单,但栓孔对截面削弱较多;错列较紧凑,可减少截面削弱,但排列较繁杂。

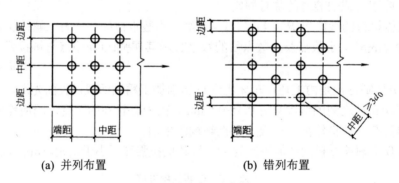

(a) 并列布置　　　　　　　　(b) 错列布置

图 3-36　螺栓的排列

螺栓在构件上的排列,螺栓间距及螺栓至构件边缘的距离不应太小,否则螺栓之间的钢板以及边缘处螺栓孔前的钢板可能沿作用力方向被剪断;同时,螺栓间距及边距太小,也不利于扳手操作。另外,螺栓的间距及边距也不应太大,否则连接钢板不易夹紧,潮气容易侵入缝隙引起钢板锈蚀。对于受压构件,螺栓间距过大还容易引起钢板鼓起弯曲。为此,《钢结构设计规范》(GB 50017—2003)根据螺栓孔直径、钢材边缘加工情况(轧制边、切割边)及受力方向,规定了螺栓中心间距及边距的最大、最小限制,见表 3-8。

表 3-8　螺栓的最大、最小允许距离

名　　称	位置和方向			最大容许距离 (取两者的较小值)	最小容许 距离
中心间距	外排(垂直内力方向或顺内力方向)			$8d_0$ 或 $12t$	3d_0
	中间排	垂直内力方向		$16d_0$ 或 $24t$	
		顺内力方向	压力	$12d_0$ 或 $18t$	
			拉力	$16d_0$ 或 $24t$	
	沿对角线方向			—	
中心至构件边缘距离	顺内力方向			4d_0 或 8t	2d_0
	垂直内力方向	剪切边或手工气割边			1.5d_0
		轧制边自动精密气割 或锯割边	高强度螺栓		
			其他螺栓或铆钉		1.2d_0

注：1. d_0 为螺栓孔或铆钉孔直径，t 为外层较薄板件的厚度。

2. 钢板边缘与刚性构件(如角钢、槽钢等)相连的螺栓或铆钉的最大间距，可按中间排的数值采用。

对于角钢、工字钢和槽钢上的螺栓排列(见图 3-37)，除应满足表 3-8 的要求外，还应注意不要在靠近截面倒角和圆角处打孔，为此，还应分别符合表 3-9～表 3-11 的要求。

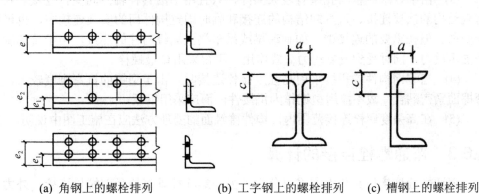

(a) 角钢上的螺栓排列　　　　(b) 工字钢上的螺栓排列　　　(c) 槽钢上的螺栓排列

图 3-37　型钢的螺栓排列

表 3-9　角钢上螺栓或铆钉线距表(mm)

单行排列	角钢肢宽	40	45	50	56	63	70	75	80	90	100	110	125
	线距 e	25	25	30	30	35	40	40	45	50	55	60	70
	钉孔最大直径	11.5	13.5	13.5	15.5	17.5	20	22	22	24	24	26	26

双行错排	角钢肢宽	125	140	160	180	200	双行并列	角钢肢宽	160	180	200
	e_1	55	60	70	70	80		e_1	60	70	80
	e_2	90	100	120	140	160		e_2	130	140	160
	钉孔最大直径	24	24	26	26	26		钉孔最大直径	24	24	26

表 3-10 工字钢和槽钢腹板上的螺栓线距表(mm)

工字钢型号	12	14	16	18	20	22	25	28	32	36	40	45	50	56	63
线距 C_{min}	40	45	45	45	50	50	55	60	60	65	70	75	75	75	75
槽钢型号	12	14	16	18	20	22	25	28	32	36	40	—	—	—	—
线距 C_{min}	40	45	50	50	55	55	55	60	65	70	75	—	—	—	—

表 3-11 工字钢和槽钢翼缘上的螺栓线距表(mm)

工字钢型号	12	14	16	18	20	22	25	28	32	36	40	45	50	56	63
线距 a_{min}	40	40	50	55	60	65	65	70	75	80	80	85	90	95	95
槽钢型号	12	14	16	18	20	22	25	28	32	36	40	—	—	—	—
线距 a_{min}	30	35	35	40	40	45	45	45	50	56	60	—	—	—	—

3. 螺栓连接的构造要求

螺栓连接除了满足上述螺栓排列的允许距离外，根据不同情况尚应满足下列构造要求。

(1) 为了使连接可靠，每一杆件在节点上以及拼接接头的一端，永久性螺栓数不宜少于两个。根据实践经验，对于组合构件的缀条，其端部连接可采用一个螺栓。

(2) 对直接承受动力荷载的普通螺栓连接，应采用双螺帽或其他防止螺帽松动的有效措施，如采用弹簧垫圈或将螺帽和螺杆焊死等方法。

(3) 由于 C 级螺栓与孔壁有较大间隙，只宜用于沿其杆轴方向受拉连接。在承受静力荷载结构的次要连接、可拆卸结构的连接和临时固定构件用的安装连接中，也可用 C 级螺栓受剪。但在重要的连接中，如制动梁或吊车梁上翼缘与柱的连接，由于传递制动梁的水平支承反力，同时受到反复动力荷载作用，不得采用 C 级螺栓。

(4) 当型钢构件的拼接采用高强度螺栓连接时，由于型钢的抗弯刚度较大，不能保证摩擦面紧密贴合，故不能用型钢作为拼接件，而应采用钢板。

(5) 在高强度螺栓连接范围内，构件接触面的处理方法应在施工图中说明。

3.6.3 普通螺栓连接的计算

普通螺栓连接按其传力方式可分为外力与螺栓杆垂直的受剪螺栓连接、外力与螺栓杆平行的受拉螺栓连接、同时受剪和受拉的螺栓连接，如图 3-38 所示。

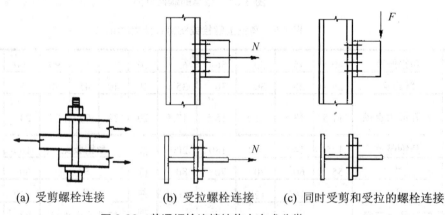

(a) 受剪螺栓连接　　　(b) 受拉螺栓连接　　　(c) 同时受剪和受拉的螺栓连接

图 3-38 普通螺栓连接按传力方式分类

1. 受剪普通螺栓连接的计算

1) 受剪普通螺栓连接的破坏形式

受剪普通螺栓连接达到极限承载力时，可能的破坏形式有以下几种。

(1) 当螺栓杆直径较小，板件较厚时，螺栓杆可能先被剪断，如图 3-39(a)所示。

(2) 当螺栓杆直径较大，板件可能先被挤压破坏，如图 3-39(b)所示。

(3) 板件可能因螺栓孔削弱太多而被拉断，如图 3-39(c)所示。

(4) 螺栓间距及边距太小，板件有可能被螺栓杆冲剪破坏，如图 3-39(d)所示。

(5) 当板件太厚，螺栓杆较长时，可能发生螺栓杆受弯破坏，如图 3-39(e)所示。

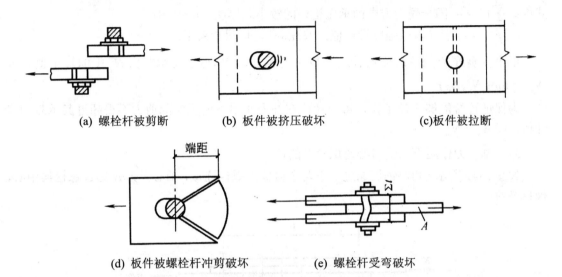

(a) 螺栓杆被剪断　　(b) 板件被挤压破坏　　　(c)板件被拉断

(d) 板件被螺栓杆冲剪破坏　　(e) 螺栓杆受弯破坏

图 3-39　抗剪螺栓连接的破坏形式

为保证螺栓连接能够安全承载，对于上述类型(1)、(2)的破坏，通过计算单个螺栓承载力来控制；对于类型(3)的破坏，通过验算构件净截面强度来控制；对于类型(4)的破坏，通过限制螺栓间距及边距不小于规定值来控制；对于类型(5)的破坏，通过限制螺栓连接的板叠总厚度 $\sum t \leqslant 5d$（d 为螺栓杆直径）避免螺栓杆受弯破坏。

2) 单个受剪螺栓的抗剪承载力计算

普通螺栓连接的抗剪承载力，应考虑螺栓杆受剪和孔壁承压两种情况。假定螺栓受剪面上的剪应力是均匀分布的，孔壁承压应力换算为沿螺栓杆直径投影宽度内板件面上均匀分布的应力，则一个受剪螺栓的承载力设计值如下。

抗剪承载力设计值为

$$N_v^b = n_v \cdot \frac{\pi d^2}{4} \cdot f_v^b \tag{3-28}$$

式中：n_v——受剪面数目，单剪时 $n_v = 1$，双剪时 $n_v = 2$，四剪时 $n_v = 4$，如图 3-40 所示；

　　　d ——螺栓杆直径，mm；

　　　f_v^b——螺栓抗剪强度设计值，N/mm^2，按附录采用。

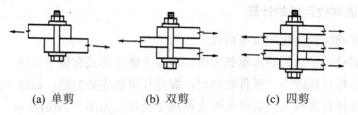

(a) 单剪   (b) 双剪   (c) 四剪

图 3-40　受剪螺栓连接的受剪面

承压承载力设计值为

$$N_c^b = d\sum t \cdot f_c^b \tag{3-29}$$

式中：$\sum t$ ——同一受力方向的承压构件的较小总厚度，mm；

f_c^b ——螺栓承压强度设计值，N/mm^2，按附录采用。

单个受剪螺栓的承载力设计值应取抗剪承载力 N_v^b 与承压承载力 N_c^b 中的较小值，即 $N_{min}^b = \min(N_v^b, N_c^b)$。

为保证连接能够正常工作，每个螺栓在外力作用下所受实际剪力不得超过其承载力设计值，即 $N_v < N_{min}^b$。

3)　轴心力作用下的受剪普通螺栓群的计算

如图 3-41 所示，两块钢板通过上下两个盖板用螺栓连接，轴心拉力 N 通过螺栓群中心，螺栓受剪。

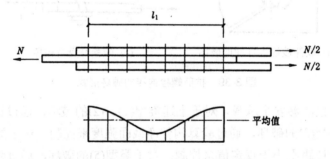

图 3-41　受剪螺栓连接受轴心力作用的内力分布

(1)　连接所需螺栓数目的计算。

试验证明，螺栓群的抗剪连接承受轴心力 N 时，螺栓群在长度方向受力不均匀，如图 3-41 所示，两端受力大，而中间受力小。当连接长度 $l_1 \leqslant 15d_0$（d_0 为螺孔直径）时，由于连接工作进入弹塑性阶段后，内力发生重分布，螺栓群中各螺栓受力逐渐接近，故可认为轴心力 N 由每个螺栓平均承担，则连接一侧所需螺栓数 n 为

$$n = \frac{N}{N_{min}^b} \tag{3-30}$$

式中，N_{min}^b 为单个螺栓抗剪承载力设计值与承压承载力设计值的较小值。

当 $l_1 > 15d_0$ 时，连接强度明显下降，开始下降较快，以后逐渐缓和，并趋于常值。连接工作进入弹塑性阶段后，各螺杆所受内力也不易均匀，端部螺栓首先达到极限强度而破坏，随后由外向里依次破坏。我国现行《钢结构设计规范》(GB 50017—2011)对长连接抗剪螺栓的强度给予降低，折减系数为

$$\eta = 1.1 - \frac{l_1}{150d_0} \geqslant 0.7 \tag{3-31}$$

则对长连接，连接一侧所需螺栓数 n 为

$$n = \frac{N}{\eta N_{\min}^{b}} \tag{3-32}$$

(2)　构件净截面强度验算。

由于螺栓孔削弱了构件的截面，为防止构件在净截面上被拉断，因此尚应按下式验算构件的强度，即

$$\sigma = \frac{N}{A_n} \leqslant f \tag{3-33}$$

式中：A_n——构件的净截面面积，mm^2；

f——钢材的抗拉强度设计值，N/mm^2，按附录采用。

例 3-6　两截面为－360×8 的钢板，采用双盖板和 C 级普通螺栓拼接，螺栓采用 M20，钢材采用 Q235，承受轴心拉力设计值 $N = 325kN$，试设计此连接。

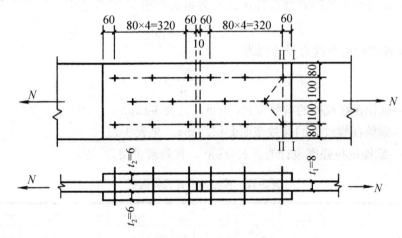

图 3-42　例 3-6 图

解　(1)　螺栓连接的计算。查得 $f_v^b = 140N/mm^2$，$f_c^b = 305N/mm^2$。

单个螺栓的抗剪承载力设计值为

$$N_v^b = n_v \frac{\pi d^2}{4} f_v^b = \left(2 \times \frac{3.14 \times 20^2}{4} \times 140 \right)N = 87900N = 87.9kN$$

单个螺栓的承压承载力设计值为

$$N_c^b = d \sum t \cdot f_c^b = (20 \times 8 \times 305)N = 48800N = 48.8kN$$

连接一侧所需的螺栓数为

$$n = \frac{325}{48.8} = 6.7(个)$$

采用错列排列，每侧用 8 个螺栓，按表 3-8 的规定排列，如图 3-42 所示。

(2) 构件强度验算。查得钢材的抗拉强度设计值 $f = 215\text{N}/\text{mm}^2$。

取螺栓孔径 $d_0 = 21.5\text{mm}$。由于是错列排列，构件强度验算应验算最小净截面。

直线截面 Ⅰ—Ⅰ 的净截面面积

$$A_{\text{n}\text{I}} = (360 \times 8 - 2 \times 21.5 \times 8)\text{mm}^2 = 2536\text{mm}^2$$

锯齿状截面 Ⅱ—Ⅱ 的净截面面积

$$A_{\text{n}\text{II}} = \left[(2 \times 80 + 2\sqrt{100^2 + 80^2}) \times 8 - 3 \times 21.5 \times 8\right]\text{mm}^2 = 2813\text{mm}^2$$

$$\sigma = \frac{N}{A_{\text{n,min}}} = \frac{325 \times 10^3}{2536}\text{N}/\text{mm}^2 = 128\text{N}/\text{mm}^2 \leqslant f = 215\text{N}/\text{mm}^2$$

故构件强度满足要求。

2. 受拉普通螺栓连接的计算

1) 单个受拉螺栓的承载力设计值

图 3-43 受拉螺栓

如图 3-43 所示，受拉螺栓连接在外力作用下，构件的接触面有脱开的趋势。此时螺栓受到沿杆轴方向的拉力作用，受拉螺栓连接的破坏形式为螺栓杆被拉断，拉断的部位通常在螺纹削弱的截面处。所以，计算时应根据螺纹削弱处的有效直径 d_{e} 或有效截面面积 A_{e} 来确定其承载力。

故单个抗拉螺栓的承载力设计值为

$$N_{\text{t}}^{\text{b}} = \frac{\pi d_{\text{e}}^2}{4} f_{\text{t}}^{\text{b}} = A_{\text{e}} f_{\text{t}}^{\text{b}} \tag{3-34}$$

式中： d_{e}——螺栓在螺纹处的有效直径，mm，见表 3-12；

A_{e}——螺栓在螺纹处的有效截面面积，mm，见表 3-12；

f_{t}^{b}——螺栓抗拉强度设计值，N/mm^2，按附录采用。

表 3-12　螺栓的有效截面面积

公称直径/mm	12	14	16	18	20	22	24	27	30
螺纹间距 p /mm	2	2.0	2.0	2.5	2.5	2.5	3.0	3.0	3.5
螺栓有效直径 d_{e} /mm	10.36	12.12	14.12	15.65	17.65	19.65	21.19	24.19	26.72
螺栓有效截面面积 A_{e} /mm²	84	115	157	193	245	303	353	459	561

2) 受拉螺栓连接受轴心力作用的计算

当外力通过螺栓群中心使螺栓受拉时，通常假定每个螺栓所受拉力相等，则连接所需螺栓数为

$$n \geqslant \frac{N}{N_{\text{t}}^{\text{b}}} \tag{3-35}$$

式中，N_{t}^{b} 为单个螺栓的抗拉承载力设计值，按式(3-34)计算。

3) 受拉螺栓连接受弯矩作用的计算

图 3-44 所示为螺栓群在弯矩作用下的抗拉连接(图中的剪力 V 通过承托板传递)。在弯矩作用下,距离中和轴越远的螺栓所受拉力越大,而压应力则由弯矩指向一侧的部分端板承受,设中和轴至端板受压边缘的距离为 c(见图 3-44(c))。实际计算时可近似地取中和轴位于最下排螺栓 O 处(弯矩作用方向如图 3-44(a)所示),即认为连接变形为绕 O 处水平轴转动,螺栓拉力与 O 点算起的纵坐标 y 成正比。对 O 点处水平轴列弯矩平衡方程时,偏偏安全地忽略力臂很小的端板受压区部分的力矩,而只考虑受拉螺栓部分的力矩,则得(各 y 均自 O 点算起)

$$\frac{N_1}{y_1} = \frac{N_2}{y_2} = \cdots = \frac{N_i}{y_i} = \frac{N_n}{y_n}$$

$$\frac{M}{m} = \frac{N_1}{y_1} + \frac{N_2}{y_2} + \cdots + \frac{N_i}{y_i} + \frac{N_n}{y_n}$$

$$= \left(\frac{N_1}{y_1}\right)y_1^2 + \left(\frac{N_2}{y_2}\right)y_2^2 + \cdots + \left(\frac{N_i}{y_i}\right)y_i^2 + \left(\frac{N_n}{y_n}\right)y_n^2$$

$$= \left(\frac{N_i}{y_i}\right)\sum y_i^2$$

故得螺栓 i 的拉力为

$$N_i = \frac{My_i}{m\sum y_i^2} \tag{3-36}$$

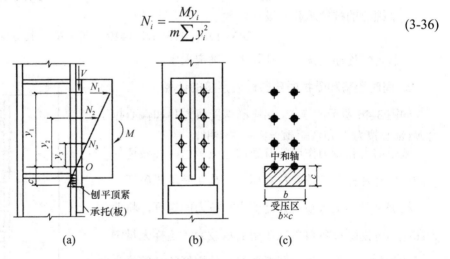

图 3-44 普通螺栓群弯矩受拉

设计时要求受力最大的最外排螺栓 1 的拉力不超过一个螺栓的抗拉承载力设计值,则

$$N_1 = \frac{My_1}{m\sum y_i^2} \leqslant N_t^b \tag{3-37}$$

式中, m 为螺栓纵向列数,图 3-44 中, $m = 2$。

例 3-7 牛腿与柱用 C 级普通螺栓和承托连接,如图 3-45 所示,承受竖向荷载(设计值) $F = 220\text{kN}$,偏心距 $e = 200\text{mm}$ 。试设计其螺栓连接。已知构件和螺栓均用 Q235A·F 钢材,螺栓为 M20,孔径为 21.5mm 。

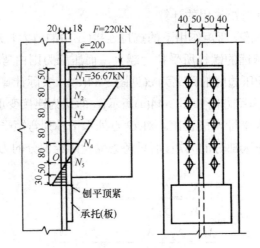

图 3-45 例 3-7 图

解 牛腿的剪力 $V = F = 220\text{kN}$ 由端板刨平顶紧于承托来传递；弯矩 $M = Fe = 220 \times 200\text{kN} \cdot \text{mm} = 44 \times 10^3 \text{kN} \cdot \text{mm}$，由螺栓连接传递，使螺栓受拉。初步假定螺栓布置如图 3-45 所示。对最下排螺栓 O 轴取矩，最大受力螺栓(最上排 1)的拉力为

$$N_1 = \frac{My_1}{m\sum y_i^2} = \frac{44 \times 10^3 \times 320}{2 \times (80^2 + 160^2 + 240^2 + 320^2)} = 36.67\text{kN}$$

一个螺栓的抗拉承载力设计值为

$$N_t^b = A_e f_t^b = 245 \times 170 = 41650\text{N} = 41.65\text{kN} > N_1 = 36.67\text{kN}$$

即假定螺栓连接满足设计要求，确定采用。

3. 同时受剪和受拉的普通螺栓连接的计算

如图 3-46 所示的连接，螺栓群承受剪力 V 和偏心拉力 N(轴心拉力 N 和弯矩 $M = Ne$)的作用。

承受剪力和拉力作用的普通螺栓应考虑两种破坏的可能：一是螺栓受剪兼受拉破坏；二是孔壁承压破坏。

根据试验结果可知，兼受剪力和拉力的螺杆，将剪力和拉力分别除以各自单独作用的承载力，这样无量纲化后的相关关系近似为一圆弧曲线。故螺杆的计算式为

$$\left(\frac{N_v}{N_v^b}\right)^2 + \left(\frac{N_t}{N_t^b}\right)^2 \leqslant 1 \quad\quad (3\text{-}38)$$

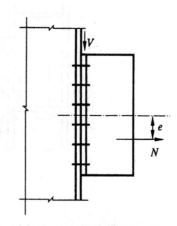

图 3-46 螺栓群承受剪力和拉力作用

$$\sqrt{\left(\frac{N_v}{N_v^b}\right)^2 + \left(\frac{N_t}{N_t^b}\right)^2} \leqslant 1 \quad\quad (3\text{-}39)$$

式中： N_v ——单个螺栓承受的剪力设计值，一般假定剪力 V 有每个螺栓平均承担，即 $N_v = \dfrac{V}{n}$，n 为螺栓个数；

N_v^b ，N_t^b ——单个螺栓的抗剪和抗拉承载力设计值。

孔壁承压的计算式为

$$N_v \leqslant N_c^b \tag{3-40}$$

3.7　高强度螺栓连接的构造与计算

3.7.1　高强度螺栓连接的构造

高强度螺栓连接按其受力特征分为摩擦型连接和承压型连接两种。高强度螺栓摩擦型连接是依靠连接件之间的摩擦阻力传递内力，设计时以剪力达到板件接触面间可能发生的最大摩擦阻力为极限状态；而高强度螺栓承压型连接在受剪时允许摩擦力被克服并发生相对滑移，之后外力可继续增加，以螺栓杆抗剪或孔壁承压的最终破坏为极限状态。它的承载力比摩擦型高得多，但变形较大，不适用于承受动力荷载结构的连接。在受拉时，两者没有区别。

高强度螺栓的构造和排列要求，除螺栓杆与孔径的差值较小外，与普通螺栓相同。

1. 高强度螺栓的材料和性能等级

目前，我国采用的高强度螺栓性能等级，按热处理后的强度分为 10.9 级和 8.8 级两种。其中整数部分(10 和 8)表示螺栓成品的抗拉强度 f_u 不低于 $1000\text{N}/\text{mm}^2$ 和 $800\text{N}/\text{mm}^2$，小数部分(0.9 和 0.8)则表示其屈强比为 0.9 和 0.8。

高强度螺栓摩擦型连接因受力时不产生滑移，其孔径比螺栓公称直径可稍大些，一般采用 $1.5\text{mm}\,(\leqslant\text{M16})$ 或 $2\text{mm}\,(\geqslant\text{M20})$；高强度螺栓承压型连接则应比摩擦型连接减少 0.5mm，一般为 $1.0\text{mm}(\leqslant\text{M16})$ 或 $1.5\text{mm}(\geqslant\text{M20})$。

2. 高强度螺栓的预拉力

高强度螺栓是通过拧紧螺帽，使螺杆受到拉伸，产生预拉力，而被连接板件之间则产生很大的预压力。高强度螺栓的预拉力值应尽可能高些，但需保证螺栓在拧紧过程中不会发生屈服或断裂，所以控制预拉力是保证连接质量的一个关键性因素。预拉力值 P 与螺栓的材料强度 f_u 和有效截面 A_e 等因素有关，按下式计算得到

$$P = \frac{0.9 \times 0.9 \times 0.9 f_u \cdot A_e}{1.2} = 0.6075 f_u A_e \tag{3-41}$$

式中：f_u——螺栓材料经热处理后的最低抗拉强度，N/mm^2；

　　　　A_e——螺栓的有效截面面积，mm^2。

3 个 0.9 系数则分别考虑如下。

(1) 材料的不均匀性。

(2) 补偿螺栓紧固后有一定松弛引起预拉力损失。

(3) 为安全起见而引入的一个附加安全系数。

系数 1.2 是考虑拧紧螺栓时扭矩对螺杆的不利影响。

各种规格高强度螺栓预应力的取值见表 3-13。

表 3-13　一个高强度螺栓的设计预拉力值(kN)

螺栓的性能等级	螺栓公称直径/mm					
	M16	M20	M22	M24	M27	M30
8.8 级	80	125	150	175	230	280
10.9 级	100	155	190	225	290	355

3. 高强度螺栓的紧固法

我国现有大六角头型(见图 3-47(a))和扭剪型(见图 3-47(b))两种形式的高强度螺栓。它们的预拉力是安装螺栓时通过紧固螺帽来实现的,为确保其数值准确,施工时应严格控制螺母的紧固程度。通常有转角法、力矩法和扭掉螺栓尾部的梅花卡头 3 种紧固方法。大六角头型用前两种,扭剪型用后者。

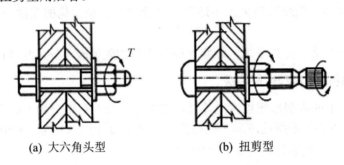

(a) 大六角头型　　　　　　　(b) 扭剪型

图 3-47　高强度螺栓

1) 转角法

先用普通扳手进行初拧,使被连接板件相互紧密贴合,再以初拧位置为起点,按终拧角度,用长扳手或风动扳手旋转螺母,拧至该角度值时,螺栓的拉力即达到施工控制预拉力。此法实际上是通过螺栓的应变来控制预拉力,不须专用扳手,工具简单但不够精确。

2) 力矩法

先用普通扳手初拧(不小于终拧扭矩值的50%),使连接件紧贴,然后按100%拧紧力矩用电动扭矩扳手终拧。拧紧力矩可由试验确定,务必使施工时控制的预拉力为设计预拉力的 1.1 倍。此法简单、易实施、费用少,但由于连接件和被连接件的表面质量和拧紧速度的差异,测得的预拉力值误差大且分散,一般误差为±25%。

3) 扭掉螺栓尾部梅花卡头法

利用特制电动扳手的内外套,分别套住螺杆尾部的卡头和螺母,通过内外套的相对旋转,对螺母施加扭矩,最后螺杆尾部的梅花卡头被剪断扭掉。由于螺栓尾部连接一个截面较小的带槽沟的梅花卡头,而槽沟的深度是按终拧扭矩和预拉力之间的关系确定的,故当带槽沟的梅花卡头被扭掉时,即达到规定的预拉力值。此法安装简便,强度高,质量易于保证,可单面拧,对操作人员无特殊要求。

3.7.2　高强度螺栓连接的计算

1. 高强度螺栓摩擦型连接的计算

1)　受剪高强度螺栓摩擦型连接的计算

高强度螺栓摩擦型连接主要用于抗剪连接。每个螺栓产生的摩擦力大小与摩擦面的抗滑移系数 μ、螺栓杆中的预拉力 P 及摩擦面数 n_f 成正比，再考虑材料分项系数 $\gamma_R = 1.111$，即得单个高强度螺栓摩擦型连接的抗剪承载力为

$$N_v^b = \frac{1}{1.111}n_f\mu P = 0.9n_f\mu P \tag{3-42}$$

式中：n_f —— 传力摩擦面的个数：单剪时 $n_f = 1$，双剪时 $n_f = 2$；

　　　P —— 高强度螺栓的设计预拉力，kN，按表 3-13 采用；

　　　μ ——摩擦面的抗滑移系数，按表 3-14 采用；

　　　0.9——螺栓抗拉力分项系数 γ_R 的倒数，即取 $\gamma_R = \frac{1}{0.9} = 1.111$。

一个高强度螺栓摩擦型连接的承载力求得后，则连接一侧所需的螺栓数可按式(3-43)计算，即

$$n \geqslant \frac{N}{N_v^b} \tag{3-43}$$

式中，N 为连接承受的轴向拉力。

表 3-14　摩擦面的抗滑移系数 μ 值

在连接处构件接触面的处理方法	构件的钢号		
	Q235 钢	Q345 钢、Q390 钢	Q420 钢
喷砂(丸)	0.45	0.50	0.50
喷砂(丸)后涂无机富锌漆	0.35	0.40	0.40
喷砂(丸)后生赤锈	0.45	0.50	0.50
钢丝刷清除浮锈或未经处理的干净轧制表面	0.30	0.35	0.40

高强度螺栓摩擦型连接的净截面强度计算与普通螺栓连接不同，应特别注意。

由于高强度螺栓摩擦型连接是依靠连接件之间的摩擦阻力传递剪力，假定每个螺栓所传递的内力相等，且接触面间的摩擦力均匀地分布于螺栓孔的四周，如图 3-48 所示，则每个螺栓所传递的内力在螺栓孔中心线的前面和后面各传递一半。这种通过螺栓孔中心线以前板件接触面间的摩擦力传递现象称为"孔前传力"。试验表明，每个高强度螺栓孔前传力为50%，即孔前传力系数为 0.5。如图 3-48 所示，最外列螺栓截面Ⅲ—Ⅲ已传递 $0.5n_1/n$（n 和 n_1 分别为构件一端和截面Ⅲ—Ⅲ处的高强度螺栓数目），故该截面的内力为

$$N' = N - 0.5\frac{n_1}{n}N = \left(1 - 0.5\frac{n_1}{n}\right)N \tag{3-44}$$

则连接开孔截面Ⅲ—Ⅲ的净截面强度应按式(3-45)验算，即

$$\sigma = \frac{N'}{A_{\mathrm{n}}} = \left(1 - 0.5\frac{n_1}{n}\right)\frac{N}{A_{\mathrm{n}}} \leqslant f \tag{3-45}$$

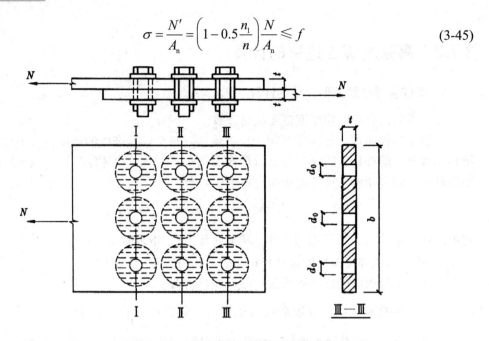

图 3-48 高强度螺栓摩擦型连接的净截面强度计算

通过以上分析可以看出，最外列以后各列螺栓处的构件内力显著减小，只有在螺栓数目显著增多(净截面面积显著减小)的情况下，才有必要验算。通常只需验算最外列螺栓处有孔构件的净截面强度。

此外，由于 $N' < N$ ，所以除对有孔截面进行验算外，还应对毛截面进行验算，即

$$\sigma = \frac{N}{A} \leqslant f$$

2) 受拉高强度螺栓摩擦型连接的计算

为了避免发生螺栓的松弛并使连接板件间始终保持压紧，规范中规定：摩擦型连接中每个高强度螺栓的抗拉承载力设计值为

$$N_{\mathrm{t}}^{\mathrm{b}} = 0.8P \tag{3-46}$$

受拉高强度螺栓摩擦型连接受轴心力 N 作用时，与普通螺栓连接一样，假定每个螺栓均匀受力，则连接所需要的螺栓数 n 为

$$n \geqslant \frac{N}{N_{\mathrm{t}}^{\mathrm{b}}} \tag{3-47}$$

受拉高强度螺栓摩擦型连接受弯矩 M 作用时，如图3-49所示，只要确保螺栓所受最大外拉力不超过 $N_{\mathrm{t}}^{\mathrm{b}} = 0.8P$ ，被连接件接触面将始终保持密切贴合。因此，可以认为螺栓群在弯矩 M 作用下将绕螺栓群中心轴转动。最外排螺栓所受力最大，其值 N_{t}^{M} 可按式(3-48)计算，即

$$N_{\mathrm{t}}^{M} = \frac{My_1}{m\sum y_i^2} \leqslant N_{\mathrm{t}}^{\mathrm{b}} = 0.8P \tag{3-48}$$

式中： y_1 ——最外排螺栓至螺栓群中心的距离；

y_i ——第 i 排螺栓至螺栓群中心的距离；

m ——螺栓纵向列数。

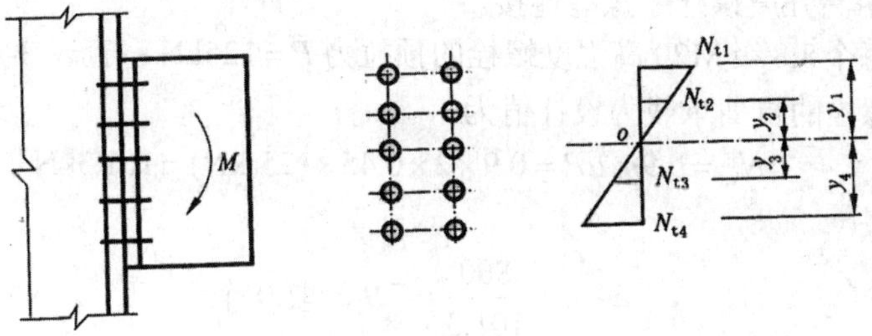

图 3-49　受拉高强度螺栓摩擦型连接受弯矩 *M* 作用

2. 高强度螺栓承压型连接的计算

受剪高强度螺栓承压型连接以螺栓杆受剪破坏和孔壁承压破坏为极限状态，因此，计算方法基本上与普通螺栓连接相同。受拉高强度螺栓承压型连接则与受拉高强度螺栓摩擦型连接相同。各种高强度螺栓承压型连接计算列于表 3-15 中。

对于同时受剪和受拉的高强度螺栓承压型连接，要求螺栓所受剪力 N_v 不得超过孔壁承压承载力设计值除以 1.2。这是考虑到由于螺栓同时承受外拉力，使连接件之间压紧力减小，导致孔壁承压强度降低的缘故。

表 3-15　高强度螺栓承压型连接的计算公式

连接种类	单个螺栓的承载力设计值	承受轴心力时所需螺栓数目	附　注
受剪螺栓	抗剪 $N_v^b = n_v \cdot \dfrac{\pi d^2}{4} f_v^b$ 承压 $N_c^b = d \cdot \sum t \cdot f_c^b$	$n \geqslant \dfrac{N}{N_{min}^b}$	N_{min}^b 取 N_v^b、N_c^b 中的较小值
受拉螺栓	$N_t^b = 0.8P$	$n \geqslant \dfrac{N}{N_t^b}$	
同时受剪和受拉的螺栓	$\sqrt{\left(\dfrac{N_v}{N_v^b}\right)^2 + \left(\dfrac{N_t}{N_t^b}\right)^2} \leqslant 1$ $N_v \leqslant N_c^b / 1.2$		N_v、N_t 分别为每个高强度螺栓所受的剪力和拉力

注：在抗剪连接中，当剪切面在螺纹处时，采用螺杆的有效直径 d_e，即按螺纹处的有效面积计算。

例 3-8　一双盖板拼接的钢板连接，如图 3-50 所示，分别采用高强度螺栓摩擦型连接和承压型连接进行设计此连接。采用钢材 Q235B，8.8 级 M20 高强度螺栓，连接处构件接触面用喷砂处理，作用在螺栓群形心处的轴心拉力设计值 $N = 800\text{kN}$。

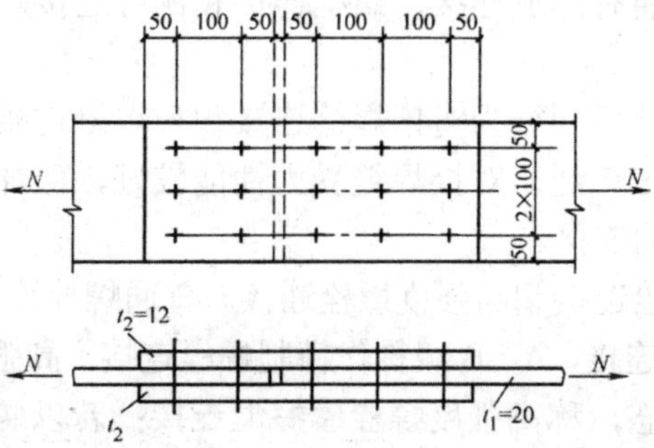

图 3-50　例 3-8 图

解　(1)　采用高强度螺栓摩擦型连接。

查表 3-13，每个 8.8 级 M20 高强度螺栓的预拉力 $P=125\text{kN}$；查表 3-14，$\mu=0.45$。

一个高强度螺栓的抗剪承载力设计值为

$$N_v^b = 0.9n_f\mu P = 0.9\times2\times0.45\times125(\text{kN})=101.3\text{kN}$$

所需螺栓数

$$n=\frac{800}{101.3}=7.9，\text{取 9 个}$$

螺栓排列如图 3-49 中所示。

净截面面积为

$$A_n=(300\times20-3\times22\times20)\text{mm}^2=4680\text{mm}^2$$

净截面强度为

$$\sigma=\frac{N'}{A_n}=\left(1-0.5\frac{n_1}{n}\right)\frac{N}{A_n}=\left(1-0.5\times\frac{3}{9}\right)\times\frac{800\times10^3}{4680}=143\text{N}/\text{mm}^2<f=205\text{N}/\text{mm}^2$$

满足要求。

(2)　采用高强度螺栓承压型连接。

一个螺栓的承载力设计值为

$$N_v^b=n_v\cdot\frac{\pi d^2}{4}f_v^b=1\times\frac{3.14\times20^2}{4}\times250=157(\text{kN})$$

$$N_c^b=d\cdot\sum t\cdot f_c^b=20\times20\times470=188(\text{kN})$$

则所需螺栓数为

$$n=\frac{N}{N_{\min}^b}=\frac{800}{157}=5.1，\text{取 6 个}$$

螺栓排列如图 3-50 所示。

净截面强度验算

$$\sigma=\frac{N}{A_n}=\frac{800\times10^3}{4680}=171\text{N}/\text{mm}^2<205\text{N}/\text{mm}^2$$

所以满足要求。

本 章 小 结

　　钢结构的连接方法主要有焊缝连接、螺栓连接和铆钉连接。以焊缝连接和螺栓连接应用最广。

　　焊缝连接依据计算方法不同分为对接焊缝连接和角焊缝连接。角焊缝受力性能虽然较差，但加工方便，故应用很广泛。对接焊缝受力性能较好，但加工要求精度高，只用于制造中材料拼接及重要部位的连接。

　　螺栓连接分为普通螺栓连接和高强度螺栓连接。普通螺栓连接又分为 A、B、C 三级，C 级连接也称作粗制螺栓连接，A、B 级称作精制螺栓连接。高强度螺栓连接以摩擦阻力被克服作为承载能力极限状态，称高强度螺栓摩擦型连接；若以螺栓杆被剪坏或者孔壁被压坏作为承载能力极限状态，称为高强度螺栓承压型连接。高强度螺栓本身并无差别，只是计算方式不同而已。螺栓连接多用于安装连接，其中普通螺栓宜用于受拉螺栓连接或次要螺栓连接中，用作受剪螺栓；高强螺栓连接中摩擦型连接应用较多，可用于结构主要部位安装连接和直接受动力荷载部位的安装连接。

本章主要内容包括：焊缝连接的构造与计算(对接焊缝连接和角焊缝连接的构造与计算)，螺栓连接的构造与计算(普通螺栓连接和高强度螺栓连接构造与计算)，焊接残余应力和残余变形的概念及防止和减少焊接残余应力和残余变形的措施。

习　题

一、填空题

1. 高强度螺栓根据其螺栓材料性能分为两个等级，即 8.8 级和 10.9 级，其中 10.9 表示_____。

2. 性能等级为 4.6 级和 4.8 级的 C 级普通螺栓连接，_____级的安全储备更大。

3. 根据施焊时焊工所持焊条与焊件之间的相互位置的不同，焊缝可分为_____、_____、_____和_____4 种，其中仰焊施焊的质量最易保证。

4. 当对接焊缝无法采用引弧板施焊时，计算每条焊缝的长度时应减去_____。

5. 普通螺栓受剪连接是通过_____来传力的；高强螺栓摩擦型受剪连接是通过_____来传力的。

6. 单个螺栓承受剪力时，螺栓承载力应取_____和_____的较小值。

二、选择题

1. 钢结构中，一般用图形符号表示焊缝的基本形式，如角焊缝用(　　)表示。
    A. ▼ 　　　　　　　　B. ▽ 　　　　　　　　C. ∨ 　　　　　　　　D. ⊿

2. 摩擦型高强度螺栓抗剪时依靠(　　)承载。
    A. 螺栓预应力 　　　B. 螺栓杆的抗剪 　　　C. 孔壁承压 　　　D. 板件间摩阻力

3. 承压型连接的高强度螺栓的预拉力 P 应与摩擦型高强度螺栓(　　)。
    A. 不相同；高强度螺栓承压型连接不应用于直接承受动力荷载的结构
    B. 相同；高强度螺栓承压型连接可应用于直接承受动力荷载的结构
    C. 相同；高强度螺栓承压型连接不应用于直接承受动力荷载的结构
    D. 不相同；高强度螺栓承压型连接可应用于直接承受动力荷载的结构

4. 侧面角焊缝或正面角焊缝的计算长度不得小于(　　)。
    A. $60h_f$ 　　　B. $8h_f$ 　　　C. 60mm 　　　D. $1.5\sqrt{t}$ (mm)

5. 对于焊缝质量检查，下列说法正确的是(　　)。
    A. 质量检查标准分为三级 　　　　B. 三级要求在外观检查的基础上通过无损检查
    C. 三级只要求通过外观检查 　　　D. 三级要求用超声波检查每条焊缝的 50% 长度

6. 对于普通螺栓连接，限制端距 $e \geq 2d_0$ 的目的是避免(　　)。
    A. 螺栓杆受剪破坏 　　　　　　　B. 螺栓杆受弯破坏
    C. 板件受挤压破坏 　　　　　　　D. 板件端部冲剪破坏

7. 在搭接连接中，为了减小焊接残余应力，其搭接长度不得小于较薄焊件厚度的(　　)。

    A. 5 倍　　　　　　　B. 10 倍　　　　　　C. 15 倍　　　　　　D. 20 倍

8. 承压型高强度螺栓连接比摩擦型高强度螺栓连接(　　)。

    A. 承载力低，变形大　　　　　　　　B. 承载力高，变形大

    C. 承载力低，变形小　　　　　　　　D. 承载力高，变形小

9. 对于直接承受动力荷载的结构，宜采用 (　　)。

    A. 焊接连接　　　　　　　　　　　　B. 普通螺栓连接

    C. 摩擦型高强度螺栓连接　　　　　　D. 承压型高强度螺栓连接

三、简答题

1. 钢结构的连接方式有几种？各有何特点？目前哪些方法比较常用？

2. 对接焊缝的坡口形式主要由什么条件决定？通常用的坡口形式有哪几种？并绘制示意图。

3. 对接焊缝在哪种情况下才需要进行抗拉强度计算？

4. 引弧板起什么作用？

5. 焊缝的起弧、落弧对焊缝有何影响？计算中如何考虑？

6. 为什么要规定角焊缝的最小计算长度和侧面角焊缝的最大计算长度？

7. 角焊缝的最大焊脚尺寸、最小焊脚尺寸有哪些规定？

8. 普通螺栓与高强度螺栓有哪些不同之处？

9. 螺栓在构件上的排列有几种形式？各有何特点？

10. 为什么要规定螺栓排列的最大和最小间距？

11. 受剪普通螺栓连接的破坏形式有哪些？在设计中应如何避免这些破坏(用计算方法还是构造方法)？

12. 高强度螺栓的紧固方法有哪些？

13. 高强度螺栓连接按其受力特征有几种类型？有何区别？

14. 在抗剪连接中，普通螺栓连接与摩擦型高强度螺栓连接的工作性能有何不同？

四、计算题

1. 如图 3-51 所示的两块钢板的对接连接，钢板宽度 $B = 300\text{mm}$，厚度 $t = 12\text{mm}$，静力荷载设计值 $N = 700\text{kN}$，钢材为 Q345，焊条为 E50 型，采用手工焊，施焊时不用引弧板，焊缝质量标准为三级，施焊时未加引弧板。试验算焊缝是否满足要求。

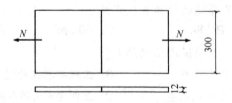

图 3-51　计算题第 1 题图

2. 计算如图 3-52 所示的由 3 块钢板焊成的工字形截面的对接焊缝连接，截面尺寸为：翼缘宽度 $b = 100\text{mm}$，厚度 $t = 12\text{mm}$，腹板高度 $h_0 = 200\text{mm}$，厚度 $t_w = 12\text{mm}$，作用在焊

缝上的计算弯矩 $M = 50\text{kN} \cdot \text{m}$，计算剪力 $V = 240\text{kN}$。钢材为 Q345，焊条为 E50 型，采用手工焊，施焊时采用引弧板，焊缝检验质量标准为三级。

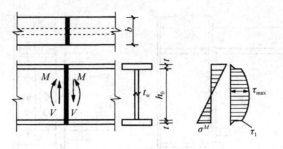

图 3-52　计算题第 2 题图

3. 如图 3-53 所示，钢板与柱用角焊缝连接。已知承受静力荷载设计值 $F = 420\text{kN}$，钢材为 Q235，手工焊，焊条为 E43 型，$f_f^w = 160\text{N}/\text{mm}^2$。试设计此连接。

4. 图 3-54 所示为一双盖板的对接接头，试分别采用两面侧焊和三面围焊设计此连接。已知被连接钢板截面为—200×14，盖板截面为 2—170×10，承受轴心拉力设计值 620kN (静载)，板件及其拼接连接板均为 Q235 钢，手工焊，焊条为 E43 型。

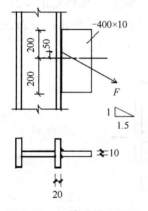

图 3-53　计算题第 3 题图

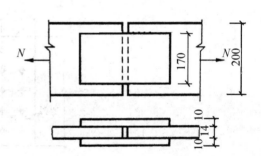

图 3-54　计算题第 4 题图

5. 如图 3-55 所示，一双角钢(等肢相连)和节点板用两面侧焊缝相连，轴心拉力设计值 $N = 660\text{kN}$ (静力荷载)，钢材采用 Q235，手工焊，焊条为 E43 型，试设计此连接。

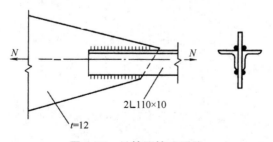

图 3-55　计算题第 5 题图

6. 两截面为—340×20 的钢板，采用双盖板普通螺栓拼接。钢材采用 Q235，螺栓采用 C 级，M22，承受轴心拉力设计值 $N = 900\text{kN}$，试设计此连接。

7. 如图 3-56 所示，一牛腿用普通螺栓与柱连接，构件与螺栓的材料均为 Q235，螺栓直径 $d = 16\text{mm}$，荷载设计值 $F = 60\text{kN}$。试验算此连接是否安全。

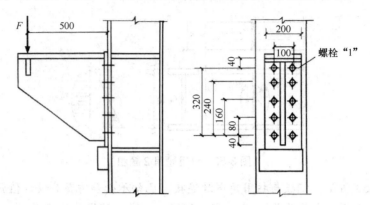

图 3-56　计算题第 7 题图

8. 图 3-57 所示为双盖板拼接的钢板连接。构件钢号为 Q235，承受轴心拉力设计值 $N = 750\text{kN}$，构件接触面经喷砂后涂无机富锌漆。试按下列情况验算此连接。

(1) 采用高强度螺栓摩擦型连接，螺栓采用 10.9 级，M20，螺栓孔 $d_0 = 21.5\text{mm}$。

(2) 采用高强度螺栓承压型连接，螺栓采用 8.8 级，M20，螺栓孔 $d_0 = 21.5\text{mm}$。

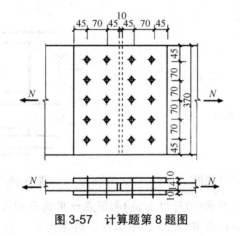

图 3-57　计算题第 8 题图

第4章 轴心受力构件

【学习要点及目标】

◆ 了解轴心受力构件的应用及截面形式。
◆ 掌握轴心受力构件强度及刚度问题。
◆ 了解稳定的概念、分类及稳定承载力的公式。
◆ 掌握轴心受压构件局部稳定的问题。
◆ 掌握实腹式和格构式轴心受压构件截面设计方法。
◆ 了解轴心受压柱脚的设计过程。

【核心概念】

轴心受力 强度 刚度 整体稳定 局部稳定 截面设计 柱脚

【引导案例】

简单来讲，钢结构就是由钢材制作而成的承重骨架。进一步来讲，钢结构首先是由型钢及板件经过连接制作而成各种基本构件；其次，将这些基本构件按照一定的连接方式组合成各种承重结构。所以在钢结构的设计中，基本构件的截面设计和钢结构的连接设计是钢结构设计中最基本的部分，是整个结构设计的基础，对于后面章节涉及钢结构(框架、排架、屋架等)的设计起到不可替代的作用，在第3章已讲述了钢结构的连接，本章主要研究基本构件的设计原理。

本章重点是轴心受压构件问题，难点是轴心受压构件稳定问题。由于这些构件压应力的存在，当荷载加到一定程度时，由于受压变形过大，会导致突然坍塌，而丧失整体稳定；同时这些构件的组成板件变形过大，也有可能出现局部失去稳定而部分截面退出工作，导致整体稳定性降低。

4.1 概　　述

轴心受力构件包括轴心受压杆和轴心受拉杆。轴心受力构件广泛应用于各种钢结构中，如网架与桁架的杆件、钢塔的主体结构构件、双跨轻钢厂房的铰接中柱、带支撑体系的钢平台柱等，如图4-1所示。

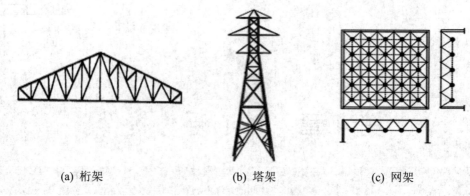

(a) 桁架   (b) 塔架   (c) 网架

图 4-1   轴心受力构件在工程中的应用

实际上，纯粹的轴心受力构件是很少的，大部分轴心受力构件在不同程度上也受偏心力的作用，如网架弦杆受自重作用、塔架杆件受局部风力作用等。但只要这些偏心力作用非常小(一般认为偏心力作用产生的应力仅占总体应力的 3%以下)，就可以将其作为轴心受力构件。 轴心受力的构件可采用图 4-2 及图 4-3 所示的各种形式。

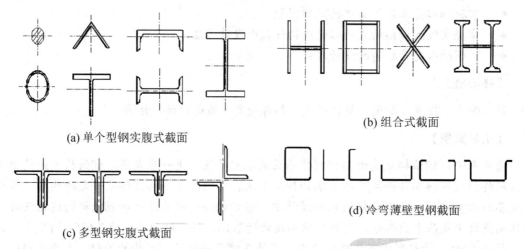

(b) 组合式截面

(a) 单个型钢实腹式截面

(d) 冷弯薄壁型钢截面

(c) 多型钢实腹式截面

图 4-2   实腹式轴心受力的构件截面形式

其中图 4-2(a)所示为单个型钢实腹式截面，一般用于受力较小的杆件。其中圆钢回转半径最小，多用作拉杆，作压杆时用于格构式压杆的弦杆。钢管的回转半径较大、对称性好、材料利用率高，拉、压均可。大口径钢管一般用作压杆。型钢的回转半径存在各向异性，作压杆时有强轴和弱轴之分，材料利用率不高，但连接较为方便，单价低。图 4-2(b)所示为组合式截面，其回转半径大且各向均匀，用于较长、受力较大的轴心受力构件，特别是压杆，但其制作复杂，辅助材料用量多。图 4-2(c)所示为多型钢实腹式截面，改善了单型钢截面的稳定各向异性特征，受力较好，连接也较方便。图 4-2(d)所示为冷弯薄壁型钢截面。

格构式轴心受力构件(见图 4-3)由肢件和缀材组成。肢件就是受力件，一般是型钢。缀材是把肢件连成整体，并能承担剪力，分为缀条、缀板。缀条由角钢组成横、斜杆；缀板由钢板组成。

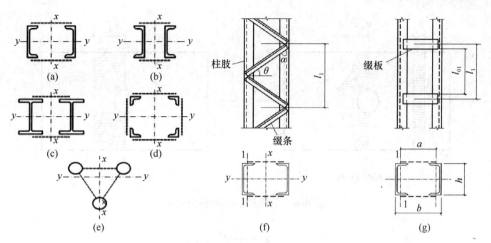

图 4-3　格构式构件常用截面形式及缀条柱、缀板柱

格构式轴心受力构件根据肢件数量常分为 2 肢(工字钢或槽钢)件、4 肢(角钢)件、3 肢(圆管)件。格构式构件截面的虚实轴：与肢件腹板相交的主轴为实轴，否则是虚轴。

4.2　轴心受力杆件强度和刚度

4.2.1　强度计算

从钢材的应力—应变关系可知，当轴心受力构件的截面平均应力达到钢材的抗拉强度 f_u 时，构件达到强度极限承载力。但当构件的平均应力达到钢材的屈服强度 f_y 时，由于构件塑性变形的发展，将使构件的变形过大以致达到不适于继续承载的状态。因此，轴心受力构件是以截面的平均应力达到钢材的屈服强度作为强度计算准则的。

对无孔洞等削弱的轴心受力构件，以全截面平均应力达到屈服强度为强度极限状态，应按下式进行毛截面强度计算，即

$$\sigma = \frac{N}{A} \leq f \tag{4-1}$$

式中：N——构件的轴心力设计值；

　　　f——钢材抗拉强度设计值或抗压强度设计值；

　　　A——构件的毛截面面积。

对有孔洞等削弱的轴心受力构件(见图 4-4)，在孔洞处截面上的应力分布是不均匀的，靠近孔边处将产生应力集中现象。在弹性阶段，孔壁边缘的最大应力 σ_{max} 可能达到构件毛截面平均应力 σ_0 的 3 倍(见图 4-4(a))。若轴心力继续增加，当孔壁边缘的最大应力达到材料的屈服强度以后，应力不再继续增加而截面发展塑性变形，应力渐趋均匀。到达极限状态时，净截面上的应力为均匀屈服应力。因此，对于有孔洞削弱的轴心受力构件，以其净截面的平均应力达到屈服强度为强度极限状态，应按式(4-2)进行净截面强度计算，即

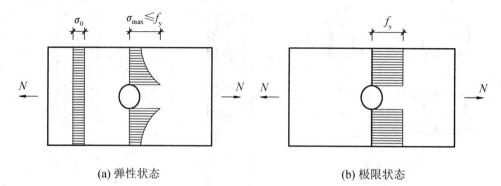

(a) 弹性状态　　　　　　　　　　　(b) 极限状态

图 4-4　截面削弱处的应力分布

$$\sigma = \frac{N}{A_n} \leqslant f \tag{4-2}$$

式中，A_n 为构件的净截面面积。

对有螺纹的拉杆，A_n 取螺纹处的有效截面面积。当轴心受力构件采用普通螺栓(或铆钉)连接时，若螺栓(或铆钉)为并列布置(见图 4-5(a))，A_n 按最危险的正交截面(I—I 截面)计算。若螺栓错列布置(见图 4-5(b))，构件既可能沿正交截面 I—I 破坏，也可能沿齿状截面 II—II 或 III—III 破坏。截面 II—II 或 III—III 的毛截面长度较大但孔洞较多，其净截面面积不一定比截面 I—I 的净截面面积大。A_n 应取 I—I、II—II 或 III—III 截面的较小面积计算。

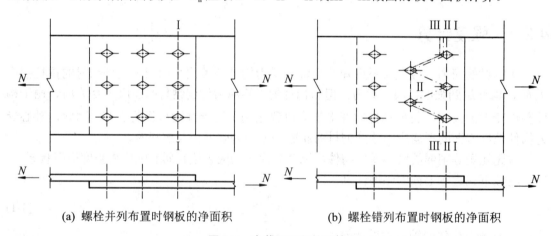

(a) 螺栓并列布置时钢板的净面积　　　　　(b) 螺栓错列布置时钢板的净面积

图 4-5　净截面面积的计算

对于高强度螺栓摩擦型连接的构件，可以认为连接传力所依靠的摩擦力均匀分布于螺孔四周，故在孔前接触面已传递一半的力(见图 4-6)。因此，最外列螺栓处危险截面的净截面强度应按式(4-3)计算，即

$$\sigma = \frac{N'}{A_n} \leqslant f \tag{4-3}$$

$$N' = N(1 - 0.5n_1/n)$$

式中：n ——连接一侧的高强度螺栓总数；

　　　n_1 ——计算截面(最外列螺栓处)上的高强度螺栓数目；

　　　0.5——孔前传力系数。

对于高强度螺栓摩擦型连接的构件，除按式(4-3)验算净截面强度外，还应按式(4-1)验算毛截面强度。

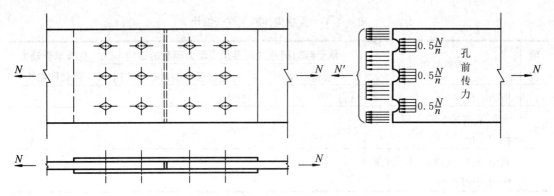

图 4-6　轴心力作用下的摩擦型高强度螺栓连接

对于单面连接的单角钢轴心受力构件，实际处于双向偏心受力状态(见图 4-7)。试验表明，其极限承载力约为轴心受力构件极限承载力的 85%左右。因此，单面连接的单角钢按轴心受力计算强度时，钢材的强度设计值 f 应乘以折减系数 0.85。

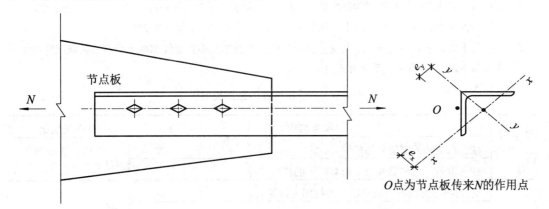

O点为节点板传来N的作用点

图 4-7　单面连接的单角钢轴心受压构件

焊接构件和轧制型钢构件均会产生残余应力，但残余应力在构件内是自相平衡的内应力，在轴力作用下，除了使构件部分截面较早地进入塑性状态外，并不影响构件的极限承载力。所以，在验算轴心受力构件强度时，不必考虑残余应力的影响。

4.2.2　刚度计算

为了避免拉杆在使用条件下出现刚度不足、横向振动造成过大的附加应力，拉杆设计时应保证具有一定的刚度。普通拉杆的刚度按式(4-4)用长细比 λ 来控制，即

$$\lambda_{\max} = \left(\frac{l_0}{i}\right)_{\max} \leqslant [\lambda] \tag{4-4}$$

式中：$\lambda_{\max}$——拉杆按各方向计算得的最大长细比；

　　　l_0——计算拉杆长细比时的计算长度；

i——截面的回转半径(与l_0相对应);

$[\lambda]$——容许长细比，按规范采用，见表 4-1。

表 4-1(a)　受拉构件的允许长细比

项次	构件名称	承受静力荷载或间接承受动力荷载的结构		直接承受动力荷载和结构
		一般建筑结构	有重级工作制吊车的厂房	
1	桁架的杆件	350	250	250
2	吊车梁或吊车桁架以下的柱间支撑	300	200	—
3	其他拉杆、支撑、系杆等(张紧的圆钢除外)	400	350	—

注：1. 承受静力荷载的结构中，可仅计算受拉构件在竖向平面内的长细比。

2. 在直接或间接承受动力荷载的结构中，单角钢受拉构件长细比应采用角钢的最小回转半径，但在计算交叉杆件平面外的长细比时，可采用与角钢肢边平行轴的回转半径。

3. 中、重级工作制吊车桁架下弦杆的长细比不宜超过 200。

4. 在设有夹钳或刚性料耙等硬钩吊车的厂房中，支撑(表中第 2 项除外)的长细比不宜超过 300。

5. 受拉构件在永久荷载与风荷载组合作用下受压时，其长细比不宜超过 250。

6. 跨度等于或大于 60m 的桁架，其受拉弦杆和腹杆的长细比不宜超过 300(承受静力荷载或间接承受动力荷载)或 250(直接承受动力荷载)。

表 4-1(b)　受压构件的允许长细比

项次	构件名称	允许长细比
1	柱、桁架和天窗架中的杆件	150
	柱的缀条、吊车梁或吊车桁架以下的柱间支撑	
2	支撑(吊车梁或吊车桁架以下的柱间支撑除外)	200
	用以减少受压构件长细比的杆件	

注：1. 桁架(包括空间桁架)的受压腹杆，当其内力等于或小于承载能力的 50%时，允许长细比值可取为 200。

2. 计算单角钢受压构件的长细比时，采用角钢的最小回转半径，但在计算交叉杆件平面外的长细比时，可采用与角钢肢边平行轴的回转半径。

3. 跨度等于或大于 60m 的桁架，其受压弦杆和端压杆的允许长细比值宜取为 100，其他受压腹杆可取为 150(承受静力荷载或间接承受动力荷载)或 120(直接承受动力荷载)。

从表 4-1 中可以看出，受压构件的允许长细比要小于受拉构件的允许长细比，对于受力比较小由刚度控制的截面，在杆件长度相同的情况下，受压构件计算所需构件的截面面积和截面的惯性矩要大于受拉构件。例如，在屋盖支撑体系中，其中柔性系杆(承受拉力)，设计时可按允许$[\lambda]=400$ 控制，常采用单角钢或圆钢截面；而刚性系杆(承受压力)，设计时可按允许$[\lambda]=200$ 控制，常采用双角钢组成 T 形截面或十字形截面。

对于施加预拉力的拉杆，其容许长细比可放宽到 1000。

4.3　实腹式轴心受压杆件

轴心压杆的破坏形式有强度破坏、整体失稳破坏和局部失稳破坏 3 种。

4.3.1　整体稳定

1. 轴心受压杆的整体稳定概述

整体失稳破坏是轴心受压构件的主要破坏形式。有关轴心压杆的整体稳定问题的理论经历了由理想状态杆件的单曲线函数关系到实际状态杆件多曲线函数关系的沿革。

传统的理想状态压杆的单曲线稳定理论认为轴压杆是理想状态的，它在达到临界压力 N_E 之前没有横向位移 Δ，达到临界压力之后 $N-\Delta$ 曲线出现分支。此理论先由欧拉(Euler)提出，后由香莱(Shanley)用切线模量理论完善了分支后的曲线。由传统的理论得出的杆件长细比与临界压应力的关系图 λ-σ_{cr} 为单曲线。20 世纪 60 年代以后，新的压杆整体稳定理论在大量的试验基础上提出。实际情况说明，压杆不可能完全处于理想状态，有初弯曲、初偏心、残余应力等多种不利因素的影响。试验曲线表明，压杆在承受轴压力的整个过程中都有侧向位移，只是开始侧向位移较小而接近极限承载力时侧向位移较大，到最后甚至不能收敛。且试验表明，压杆的 λ-σ_{cr} 关系并非像传统理论那样可以用一根曲线概括。

经分析，轴压构件的稳定极限承载力受到以下多方面因素的影响：构件不同方向的长细比、截面的形状和尺寸、材料的力学性能、残余应力的分布和大小、构件的初弯曲和初扭曲、荷载作用点的初偏心、支座并非理想状态的弹性约束力、构件失稳的方向等。

由此提出以具有初始缺陷的实际轴心压杆作为力学模型，用开口薄壁轴心压杆的弹性微分方程来研究轴压杆的稳定问题。

2. 弯曲失稳的极限承载力

1)　弯曲失稳极限承载力的准则

按弹性微分方程求解轴压杆的弯曲失稳极限承载力，目前常用的准则有两种。第一种失稳一般称分支点失稳，也称质变失稳；第二类失稳一般称极值点失稳，也称量变失稳。

第一类稳定问题只是一种理想情况，实际构件总是存在着一些缺陷，因此第一类稳定问题是不存在的。尽管如此，但第一类稳定解决问题比较简单，理论也比较成熟，因此目前工程上解决受弯构件、偏心受力等受力较复杂的构件计算中，仍然按照第一类稳定为其临界荷载，再将实际构件存在的缺陷通过半经验及半理论的各种系数加以修正。第二类稳定问题是一种实际情况，但由于影响稳定承载力的因素很多，通常要涉及几何上和物理上的非线性关系，虽然近年来在其数值方面取得了一些突破性的进展，但目前只能解决一些简单的受力构件，如实际轴心受压构件。总之，不论采用何种稳定理论来研究稳定问题，其主要目的就是如何计算临界荷载，以及采取何种有效措施来提高临界荷载。

2) 临界应力 σ_{cr} 按稳定极限承载力理论的计算方法

考虑残余应力和初弯曲以挠屈矢高为杆长 $l/1000$ 影响后(《钢结构工程施工质量验收规范》(GB 50205—2001)(以下简称《规范》)规定,初弯曲不得大于 $l/1000$),其基本思路是:①选出十多种柱截面残余应力的模型,由此定出不同截面及残余应力的杆件 200 多种;②对每一种截面,假设以弯曲屈曲为主,采用不同长细比 λ,利用电子计算机,采用有限元概念,根据内力、外力平衡条件,用数值分析方法,分别模拟计算出不同长细比 λ 对应的临界荷载 N_u (即轴心受压构件的稳定极限承载力)及相应的系数 $\varphi = \dfrac{N_u}{Af_y}$ (《规范》将 φ 叫作稳定系数);③根据上述 φ-λ 的关系,可绘出该柱子曲线(φ-λ 曲线)。

利用上述原理,200 多种杆件形成 200 多条柱子曲线。通过分析表明,这些柱子曲线均分布在一个很宽的带状范围内(见图 4-8)。

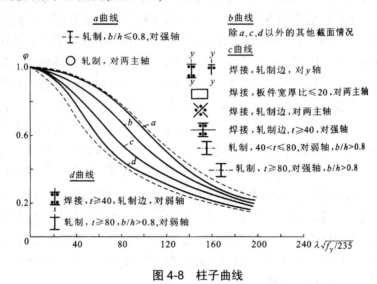

图 4-8　柱子曲线

钢结构设计规定采用将各种截面分成 a、b、c 3 组,各柱子曲线如下。

当 $\bar{\lambda} \leqslant 0.215$ 时,有

$$\varphi = 1 - \alpha_1 \bar{\lambda}^2 \tag{4-5}$$

当 $\bar{\lambda} > 0.215$ 时,有

$$\varphi = [(1 + \varepsilon_0 + \bar{\lambda}^2) - \sqrt{(1 + \varepsilon_0 + \bar{\lambda}^2)^2 - 4\bar{\lambda}^2}]/2\bar{\lambda}^2$$
$$= [(\alpha_2 + \alpha_3 \bar{\lambda} + \bar{\lambda}^2) - \sqrt{(\alpha_2 + \alpha_3 \bar{\lambda} + \bar{\lambda}^2)^2 - 4\bar{\lambda}^2}]/2\bar{\lambda}^2 \tag{4-6}$$

式中,α_1、α_2、α_3 为系数,根据不同曲线类别按表 4-2 取用。

这一方法及以上参数可用于计算机编程计算,而实际计算则是用更简便的查表法。

对于弯扭失稳的稳定极限承载力,经过大量的计算和比较,《规范》认定可以按 c 曲线计算。这是轴压杆弯扭失稳的简化计算方法。一组截面类型见表 4-3(a)及表 4-3(b)。

表 4-2　系数 α_1、α_2、α_3

曲线类别		α_1	α_2	α_3
a		0.41	0.986	0.152
b		0.65	0.965	0.300
c	$\bar{\lambda} \leqslant 1.05$	0.73	0.906	0.595
	$\bar{\lambda} > 1.05$		1.216	0.302

从表 4-3(a)中可以看出以下两点。

① 大部分截面和对应轴为 b 类。如格构柱均为 b 类，轧制 $h/b > 0.8$ 工字钢和轧制 H 型钢为 b 类。

② 实腹式截面，当强轴及弱轴不是同一个截面分类时，其强轴残余应力影响要小于弱轴。例如，轧制 $h/b \leqslant 0.8$ 工字钢和轧制 H 型钢对强轴(x 轴)，属于 a 类，对弱轴(y 轴)为 b 类；又如，焊接，翼缘为轧制或剪切边的工字形或 T 形截面对强轴(x 轴)，属于 b 类，对弱轴(y 轴)为 c 类。

表 4-3(a)　轴心受压构件截面分类(板厚<40mm)

序号	截面形式	对 x 轴	对 y 轴
1	轧制	a 类	b 类
2	轧制，$b/h \leqslant 0.8$	a 类	b 类
3	轧制，$b/h > 0.8$；焊接，翼缘为焰切边；焊接	b 类	b 类
4	轧制；轧制，等边角钢	b 类	b 类
5	轧制，焊接（板件宽厚比大于20）；轧制或焊接	b 类	b 类
6	焊接；轧制截面和翼缘为焰切边的焊接截面	b 类	b 类
7	格构式；焊接，板件边缘为焰切边	b 类	b 类
8	焊接，翼缘为轧制或剪切边	b 类	c 类

续表

序 号	截面形式		对 x 轴	对 y 轴
9	焊接，板件边缘轧制或剪切	焊接，板件宽厚比≤20	c 类	c 类

表 4-3(b)　轴心受压构件截面分类(板厚≥40mm)

序 号	截面形式			对 x 轴	对 y 轴
1		轧制工字形或H形截面	$t<80$mm	b 类	c 类
			≥80mm	c 类	d 类
2		焊接工字形截面	翼缘为焰切边	b 类	b 类
			翼缘为轧制或剪切边	b 类	d 类
3		焊接箱形截面	板件宽厚比>20	b 类	b 类
			板件宽厚比≤20	c 类	c 类

为了便于计算，《规范》根据 4 种截面分类和构件对应的长细比 $\lambda\sqrt{235/f_y}$ (为了适用不同钢种，构件的长细比 λ 改用 $\lambda\sqrt{235/f_y}$)，编制出稳定系数 φ 表可供设计选用(见本书后面的附录 2)。

3. 实腹式轴心压杆整体稳定的实用计算公式

通过上述分析，实腹式轴心受压构件考虑材料分项系数后，其整体稳定验算公式为

$$N \leqslant \frac{N_u}{\gamma_R} = \frac{\varphi f_y A}{\gamma_R} = \varphi f A \tag{4-7a}$$

或

$$\sigma = \frac{N}{A} \leqslant \frac{N_u}{\gamma_R A} = \frac{N_u}{A f_y} \cdot \frac{f_y}{\gamma_R} = \varphi f \tag{4-7b}$$

或

$$\frac{N}{\varphi A} \leqslant f \tag{4-7c}$$

式中：　N——轴向压力设计值；

A——构件毛截面面积；

f_y，γ_R——分别为钢材屈服强度和钢材的抗力分项系数；

f——钢材的抗压强度设计值；

φ——轴心受压构件稳定系数(取截面两主轴方向稳定系数 φ_x 和 φ_y 中的最小值)，应分别根据构件两个主轴方向的长细比、对应主轴截面的分类并按附录 2 采用。

对于杆件长细比 λ 的计算，《规范》有以下规定。

(1) 截面为双轴对称或极对称的杆件，有

$$\lambda_x = \frac{l_{0x}}{i_x} \tag{4-8a}$$

$$\lambda_y = \frac{l_{0y}}{i_y} \tag{4-8b}$$

式中：l_{0x}，l_{0y}——杆件对主轴(x 和 y 轴)的计算长度；

i_x，i_y——杆件截面对主轴(x 和 y 轴)的回转半径。

对双轴对称的十字形截面，λ_x 或 λ_y 的取值不得小于 $5.07b/t$ (b/t 为板件伸出肢的宽厚比)。

(2) 截面为单轴对称的杆件，绕非对称轴的长细比 λ_x 仍按式(4-8a)计算。但是绕对称轴方向由于是弯扭失稳，应取计扭转效应的下列换算长细比 λ_{yz} 代替 λ_y，其计算复杂，在此略，参见有关书籍。

(3) 单角钢截面和双角钢截面组合的 T 形截面绕对称轴的换算长细比 λ_{yz} 可采用表 4-4 中的简化方法确定。

表 4-4　换算长细比 λ_{yz} 可采用下列简化方法确定

组合形式	截面形式	计算公式
等边单角钢截面		当 $\dfrac{b}{t} \leq 0.54\dfrac{l_{0y}}{b}$ 时，$\lambda_{yz} = \lambda_y\left(1 + \dfrac{0.85b^4}{l_{0y}^2 t^2}\right)$　(4-9a)
		当 $\dfrac{b}{t} > 0.54\dfrac{l_{0y}}{b}$ 时，$\lambda_{yz} = 4.78\dfrac{b}{t}\left(1 + \dfrac{l_{0y}^2 t^2}{13.5b^4}\right)$　(4-9b)
等边双角钢截面		当 $\dfrac{b}{t} \leq 0.58\dfrac{l_{0y}}{b}$ 时，$\lambda_{yz} = \lambda_y\left(1 + \dfrac{0.475b^4}{l_{0y}^2 t^2}\right)$　(4-10a)
		当 $\dfrac{b}{t} > 0.58\dfrac{l_{0y}}{b}$ 时，$\lambda_{yz} = 3.9\dfrac{b}{t}\left(1 + \dfrac{l_{0y}^2 t^2}{18.6b^4}\right)$　(4-10b)
长肢相并的不等边角钢		当 $\dfrac{b_2}{t} \leq 0.48\dfrac{l_{0y}}{b_2}$ 时，$\lambda_{yz} = \lambda_y\left(1 + \dfrac{1.09b^4}{l_{0y}^2 t^2}\right)$　(4-11a)
		当 $\dfrac{b_2}{t} > 0.48\dfrac{l_{0y}}{b_2}$ 时，$\lambda_{yz} = 5.1\dfrac{b_2}{t}\left(1 + \dfrac{l_{0y}^2 t^2}{17.4b_2^4}\right)$　(4-11b)
短肢相并的不等边角钢		当 $\dfrac{b_1}{t} \leq 0.56\dfrac{l_{0y}}{b_1}$ 时，可近似取 λ_{yz} 等于 λ_y　(4-12a)
		当 $\dfrac{b_1}{t} > 0.56\dfrac{l_{0y}}{b_1}$ 时，$\lambda_{yz} = 3.7\dfrac{b_1}{t}\left(1 + \dfrac{l_{0y}^2 t^2}{52.7b_1^4}\right)$　(4-12b)

注：b 为等边角钢的肢宽，b_1、b_2 为不等边角钢肢宽，t 为角钢肢厚度。

此外，无任何对称轴且又非极对称的截面(单面连接的不等边单角钢除外)不宜用作轴心受压杆件。

对单面连接的单角钢轴心受压杆件，考虑折减系数(见缀条设计)后，可不考虑弯扭效应。当槽形截面用于格构式构件的分肢，计算分肢绕对称轴(y 轴)的稳定性时，不必考虑弯扭效应，直接用 λ_y 查出 φ 值。

4.3.2　局部稳定

为了提高轴心受压构件的刚度及整体稳定性，同时也为节约材料，在设计截面时，尽可能选用宽肢薄壁的截面，以达到提高截面惯性矩的目的。例如，焊接组合的工字形截面、箱形截面多由一些板件组成，但当板件过薄，翼缘的宽厚比和腹板的高厚比过大时，则截面在压应力作用下，就可能在丧失整体稳定性之前，由于局部凹凸挠曲而失稳，这种现象称为组合构件板件的局部失稳。图 4-9 所示为工字形截面局部屈曲情况。

轧制型钢如工字钢、槽钢、角钢等截面中的板厚一般都比较大，局部稳定问题不严重。但焊接截面则不同，板件的宽厚比可以很大，这时必须考虑局部稳定问题。

图 4-9　实腹式受压构件局部屈曲

板件失稳破坏对应的临界力就是局部失稳破坏时板件极限稳定承载力。为了保证构件的整体稳定承载力，需要保证局部稳定承载力不小于整体稳定承载力，因为局部板件失去稳定后，部分截面退出工作，使截面的有效面积降低，甚至使截面变得不对称，将导致构件整体稳定承载力降低，提前破坏。

1. 板件的临界力 σ_{cr}

图 4-10(a)是四边简支、两对边承受均布压力作用下的板件变形示意图，图中虚线表示板的凹凸变形。

根据弹性稳定理论，可得临界应力为 $\sigma_{cr} = k\dfrac{\pi^2 E}{12(1-\mu^2)}\left(\dfrac{t}{b}\right)^2$ (式中：t 为板件的厚度、b 为垂直受压方向板的宽度、E 为钢的弹性模量、μ 为钢材的泊松比)；考虑板件失稳破坏时，截面已进入弹塑性阶段，根据弹塑性稳定理论：求得临界应力 $\sigma_{cr} = \sqrt{\eta}\,k\dfrac{\pi^2 E}{12(1-\mu^2)}\left(\dfrac{t}{b}\right)^2$ (变形模量系数 $\eta \approx 0.4$)。

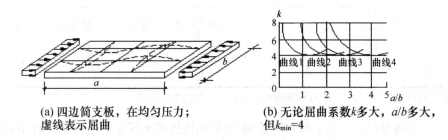

(a) 四边简支板，在均匀压力；　　　(b) 无论屈曲系数k多大，a/b多大，
　　虚线表示屈曲　　　　　　　　　　　但$k_{min}=4$

图 4-10　屈曲系数 k 与 a/b 的关系

其中 k 是板的屈曲系数与板的边长比例 a/b (a 为受压方向板的长度)与板的变形曲线的形式有关。从图 4-10(b)可知，根据板的变形大小，图中绘出 4 条 k 与 a/b 曲线，无论曲线变化如何，但是曲线中的 $k_{min}=4$。另外，上述 σ_{cr} 的表达式也适用于其他支承情况，只是板的屈曲系数 k 取值不同而已。例如，三边简支，一边自由，$k_{min} \approx 0.425$。

影响板件稳定临界力的因素通过上述理论分析表明以下两点。

(1) 板件的稳定临界力与屈曲系数 k 有关，而屈曲系数 k 的大小又与板件在四周的支承情况和四周边长比例 a/b 大小有关(一般情况下，$a > b$)，板四周约束作用越强，其临界力越大；反之越小。轴心受压构件，板件与板件有相互弹性约束作用，其稳定临界力要高于四边简支板件的临界力。

(2) 板件的稳定临界力与板件厚宽比 t/b 的平方成正比。所以，提高板件抵抗凹凸变形能力的关键是减小板件的宽厚比 b/t 或增大板的屈曲系数 k。

2. 工字钢截面板件宽厚比的限值

1) 翼缘的宽厚比的限值

图 4-11(a)所示的柱子两侧的竖向翼缘板受到周围板件的约束作用，其纵向由腹板作支承，横向由横向加劲肋、柱顶板和柱脚底板作支承。所以每侧翼缘板被分割为三边支承的若干个区格板，每一区格板可简化为三边支承，一边自由；设翼缘的厚度为 t 和翼缘的外伸宽度为 b_1。

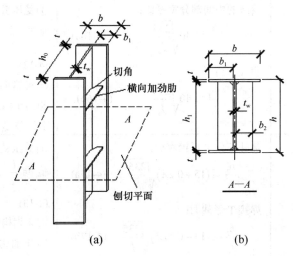

图 4-11 工字形截面横向加劲肋对柱翼缘、腹板约束示意

根据上述计算板件局部稳定临界力 σ_{cr} 公式，并满足不小于构件整体稳定条件的原则，即 $\sigma_{cr} \geqslant \varphi_{min} f$，将有关数据代入后，经过简化计算后可得 b_1/t 的限值，即

$$\frac{b_1}{t} \leqslant (10 + 0.1\lambda) \sqrt{\frac{235}{f_y}} \tag{4-13}$$

式中：b_1, t——翼缘板的外伸宽度及翼缘板的厚度，对于焊接结构，b_1 取腹板边至翼缘边缘的距离；

λ——构件的长细比，取两个主轴方向长细比的最大值，当 $\lambda < 30$ 时，取 $\lambda = 30$；当 $\lambda > 100$ 时，取 $\lambda = 100$。

2) 腹板高厚比的限值

图 4-11 所示的柱子的竖向腹板，两侧由纵向翼缘板支承，横向由柱两端的柱顶板、横向加劲肋和柱脚底板作支承，所以柱腹板简化为四边支承的板件，临界力公式中的 b 就是腹板的高度 h_0，t_w 就是临界公式中的 t。

根据腹板局部稳定临界条件不小于构件整体稳定的原则，即 $\sigma_{cr} \geq \varphi_{min} f$，将有关数据代入后，经过简化计算后可得 h_0/t_w 的限值为

$$\frac{h_0}{t_w} \leq (25 + 05\lambda)\sqrt{\frac{235}{f_y}} \tag{4-14}$$

对于轧制的工字钢截面的翼缘和腹板均较厚，可不验算局部稳定。同理，根据上述原理可得，其他截面的板件满足局部稳定条件时，板件宽厚比的限值。

其他截面局部稳定性板件宽厚比限值见表 4-5。

表 4-5　板件宽厚比的限值

截面形式	计算公式	备　注
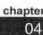	$\dfrac{b_1}{t} \leq (10 + 0.1\lambda)\sqrt{\dfrac{235}{f_y}}$　　(4-15)	λ 为构件的长细比，取两个方向长细比的最大值，当 $\lambda < 30$ 时取 $\lambda = 30$，当 $\lambda = 100$ 时取 $\lambda = 100$
	翼缘的中间部分宽厚比： $\dfrac{b_0}{t} \leq 40\sqrt{\dfrac{235}{f_y}}$　　(4-16a) 腹板的高厚比： $\dfrac{h_0}{t_w} \leq 40\sqrt{\dfrac{235}{f_y}}$　　(4-16b)	①受压翼缘自由外伸宽厚比限值 $\dfrac{b_1}{t}$ 工字形截面即公式 (4-13) ②翼缘的中间部分和腹板一样相当于四边简支均匀受压板件，其限值是一样的
	热轧部分 T 形钢腹板： $\dfrac{b_2}{t_2} \leq (15 + 0.2\lambda)\sqrt{\dfrac{235}{f_y}}$　　(4-17a) 焊接 T 形截面： $\dfrac{b_2}{t_2} \leq (13 + 0.17\lambda)\sqrt{\dfrac{235}{f_y}}$　　(4-17b)	①受压翼缘自由外伸宽厚比限值 $\dfrac{b_1}{t}$ 工字形截面即公式 (4-13) ②λ 为构件的长细比，取两个方向长细比的最大值，当 $\lambda < 30$ 时，取 $\lambda = 30$；当 $\lambda > 100$ 时，取 $\lambda = 100$
	其外径与壁厚之比的限值： $\dfrac{D}{t} \leq 100\left(\dfrac{235}{f_y}\right)$　　(4-18)	

注：b_1、b_2 为翼缘板(或 T 形截面的腹板)自由外伸长度；对焊接结构，取腹板边(肢)边缘的距离；对轧制构件，取内圆弧至翼缘边缘的距离。

在一些截面高度较大箱形截面和工字形截面的柱子中，因腹板高度 h_0 较大，即按板件临界力与构件整体稳定性相等的等稳定条件确定腹板的厚度 t_w 过大，显然是不经济的，可采取以下措施来保证腹板的局部稳定要求。

(1) 如果经计算比较认为经济合理时，也可设置一对沿纵向焊接于腹板中央两侧的纵向加劲肋，见图 4-12(a)、(b)(其一侧外伸宽度不应小于 $10 t_w$，厚度不小于 $0.75 t_w$)，它能有效提高腹板的凹凸变形，因此能提高腹板的局部稳定性，这时验算公式中 h_0 变为 $h_0/2$，可

以将 t_w 降低。

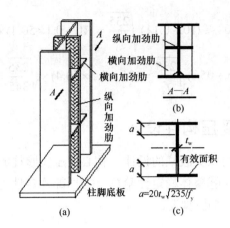

图 4-12　腹板纵向加劲肋及有效面积

(2)　但是不能认为设置纵向加劲肋对整个构件用料来讲一定是经济的，因为纵向加劲肋设在截面中心位置，对工字钢的抗弯刚度提高不多，故整体稳定性提高不多，要经过综合分析确定。另外，为了提高纵向加劲肋的刚度，还要设置一定数量的横向加劲肋。

(3)　可以认为腹板不完全参加工作，而只考虑边缘各 $a = 20t_w\sqrt{235/f_y}$ 的腹板参加工作，见图 4-12(c)，而忽略了腹板的中央部分，按有效面积计算构件的强度和整体稳定性，但在求 φ 时，其 λ 仍按全截面考虑。

例 4-1　两端铰接的轴心受压柱，由上部结构传来的轴向力(包括自重)y，柱高 6m，设绕弱轴(y 轴)设有侧向支撑点，其计算长度 $l_{0x} = 600$mm，$l_{0y} = 300$mm，柱截面为焊接工字形截面，翼缘为轧制边，截面尺寸见图 4-13，钢材 Q345、E50 焊条。

要求：验算该截面的刚度、整体稳定性、局部稳定性。

解　(1)　截面几何特性计算。

$A = 25 \times 1.2 \times 2 + 25 \times 0.8 = 80(\text{cm}^2)$

$I_x = \dfrac{1}{12}(25 \times 27.4^3 - 24.2 \times 25^3) = 11345(\text{cm}^4)$　　$I_y = \dfrac{1}{12}(1.2 \times 25^3 \times 2 + 25 \times 0.8^3) = 3126(\text{cm}^4)$

$i_x = \sqrt{\dfrac{I_x}{A}} = \sqrt{\dfrac{11345}{80}} = 11.91(\text{cm})$　　$i_y = \sqrt{\dfrac{I_y}{A}} = \sqrt{\dfrac{3126}{80}} = 6.25(\text{cm})$

(2)　刚度。

$\lambda_x = \dfrac{l_{0x}}{i_x} = \dfrac{600}{11.91} = 50.4 < [\lambda] = 150$　　$\lambda_y = \dfrac{l_{0y}}{i_y} = \dfrac{300}{6.25} = 48 < [\lambda] = 150$

(3)　整体稳定性验算。

对 x 轴为 b 类，由　$\varphi_x = 0.802$，查表 $\varphi_x = 0.802$；

对 y 轴为 c 类，由 $\lambda_y\sqrt{\dfrac{f_y}{235}} = 48\sqrt{\dfrac{345}{235}} = 58$，查表 $\varphi_y = 0.722$，

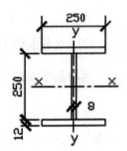

图 4-13　例题 4-1 图

$\dfrac{N}{\varphi_{\min}A} = \dfrac{1500 \times 10^3}{0.722 \times 80 \times 10^2} = 260(\text{N/mm}^2) < f = 315\,\text{N/mm}^2$，满足要求。

(4) 局部稳定性验算。

$$\frac{b_1}{t} = \frac{(250-8)\div 2}{12} = 10.08 \leqslant (10+0.1\lambda)\sqrt{\frac{235}{f_y}} = (10+0.1\times 50.4)\times\sqrt{\frac{235}{345}} = 12.4$$，满足要求。

$$\frac{h_0}{t_w} = \frac{250}{8} = 31.25 \leqslant (25+05\lambda)\sqrt{\frac{235}{f_y}} = (25+0.5\times 50.4)\times\sqrt{\frac{235}{345}} = 41.43$$，满足要求。

4.3.3 实腹式轴心受压构件设计

本小节主要介绍轴心受压实腹柱的设计。轴心受压实腹柱的设计包括以下主要内容：①截面选择；②强度验算；③整体稳定性验算；④局部稳定性验算；⑤刚度验算；⑥其他构件与柱的连接节点设计；⑦柱脚设计。

1．截面选择

1) 截面形式

轴心受压实腹柱宜采用双轴对称截面。不对称截面的轴心压杆会发生弯扭失稳，往往很不经济。轴心受压实腹柱常用的截面形式有工字形、管形、箱形等。确定轴心受压实腹柱的截面形式时，应考虑以下原则：①面积的分布应适当远离轴线，以增加截面的惯性矩和回转半径。在保证局部稳定的条件下，提高柱的整体稳定性和刚度；②在两个主轴方向的长细比应尽可能接近，即 $\lambda_x \approx \lambda_y$，以达到经济效果；③便于与其他构件连接；④构造简便、制造省工；⑤选用能够供应的钢材规格等。

2) 截面的初步选择

设计截面时，首先要根据使用要求和上述原则选择截面形式，确定钢号，然后根据轴力设计值 N 和两个主轴方向的计算长度(l_{0x} 和 l_{0y})初步选定截面尺寸。具体步骤如下。

(1) 假定柱的长细比 λ，一般在 60～100 范围内，当轴力大而计算长度小时，λ 取较小值；反之取较大值。如轴力很小，λ 可取容许长细比。根据 λ 及截面分类查得 φ 值，按下式计算所需的截面面积，即

$$A_s = \frac{N}{\varphi f}$$

(2) 求截面两个主轴方向所需的回转半径 $i_x = \frac{l_{0x}}{\lambda}$，$i_y = \frac{l_{0y}}{\lambda}$。

再根据截面的近似回转半径求截面轮廓尺寸，即求高度 h 和宽度 b，即

$$h \approx \frac{i_x}{\alpha_1}, \ b_1 = \frac{i_y}{\alpha_2}$$

式中：α_1, α_2——均为系数，表示 h、b_1 和回转半径 i_x、i_y 间的近似数值关系，如由 3 块钢板组成的工字形截面有 α_1=0.43、α_2=0.24。

(3) 由 A_s 和 h、b_1，根据构造要求、局部稳定和钢材规格等条件，确定截面所有其余尺寸。

2. 截面验算

1) 强度验算

$$\alpha = \frac{N}{A_n} \leqslant f$$

式中：N——轴心压力设计值；

A_n——压杆的净截面面积；

f——钢材的抗压强度设计值。

当轴压杆与其他杆件连接采用螺栓或高强度螺栓时，连接处的强度验算应按有关公式进行。

2) 整体稳定验算

整体验算公式为 $\dfrac{N}{\varphi A} \leqslant f$，验算整体稳定时，应对截面的两个主轴方向进行验算。

3) 局部稳定验算

局部稳定验算应根据截面形式按表 4-5 进行。

4) 刚度验算

刚度验算公式为

$$\lambda_{max} = \left(\frac{l_0}{i} \right)_{max} \leqslant [\lambda]$$

式中：$[\lambda]$——容许长细比。

压杆长细比过大，在杆件运输、安装和使用过程中易变形，故需加以限制。

3. 构造要求

1) 钢材强度及质量等级的选择

(1) 轴心受拉构件。

主要由受拉控制，钢材强度宜高，但不能过高，应满足刚度要求。根据拉力的大小，宜选用 Q235、Q345、Q390；Q345、Q390 可较 Q235 节约钢材 15%～25%。

(2) 轴心受压构件。

主要由稳定性控制，对于细长杆一般失稳破坏时，钢材在弹性状态工作，破坏时钢材应力不大，稳定承载力与强度基本无关，宜选用 Q235 钢。对于中、短长度的杆件失稳破坏时，钢材在弹塑性状态工作，稳定承载力与强度有关，宜选用 Q345 钢或强度等级较高的钢，但须考虑局部稳定的影响，因为强度等级越高，板件宽厚比限制越小，不一定有利，要综合考虑。

《钢结构设计规范》(GB 50017—2011)用强制条文规定：承重结构的钢材应具有抗拉强度、伸长率、屈服点(通称 3 项保证)和硫、磷含量合格检验，对焊接结构尚应具有碳含量和冷弯试验(合称 4 项保证)的合格保证。对于承受静力荷载或间接动力荷载的结构，如一般屋架、托架、柱、天窗架、檩条、支承、操作平台以及类似的结构钢材，如对 Q235 钢，可选 Q235-BF、Q235-B。Q235-A 由于含碳量不作为交货条件，因此只能用于非焊接的结构，使用时除应具有抗拉强度、伸长率、屈服点(通称 3 项保证)合格检验，还应有冷弯试验合格保证。

《钢结构设计规范》(GB 50017—2011)还进一步规定，对于需要验算疲劳的焊接结构和吊车其重量 $Q \geqslant 50t$ 的中级工作制吊车梁，以及承受静力荷载的重要的受拉及受弯焊接结构的钢材，应具有常温(20℃)冲击韧性的合格保证(合成 5 项)，即应选用各钢号 B 级。当结构温度-20℃<T≤0℃，对 Q235、Q345 钢应具有 0℃冲击韧性合格保证，可选用 Q235-C、Q345-C；对 Q390、420 钢具有-20℃冲击韧性合格保证，可选用 Q390-D、Q420-D。

2) 截面形式的选择

(1) 对桁架、网架、塔架等杆件体系。

宜选用型钢，如双角钢组成的 T 形截面、单角钢，热轧 T 型钢、H 型钢以及圆管、方管或矩管。

较长时间以来，由于材料供应等条件，受力较大的杆件，常采用组合 T 形截面。对于次要杆件，由于受力小，如再分式屋架的再分杆，可选用单角钢。由于角钢组合截面中，存在节点板、填板浪费，双角钢之间缝隙不易除锈和涂刷等缺点，所以在材料供应可能的条件下，考虑荷载轻重和综合技术经济性能的合理性，也可选择热轧 T 型钢(代替组合 T 形截面)、H 型钢。另外，管截面由于刚度大、受力性能好、连接简便，在节点处构件可以直接焊接，省去节点板、填板，防锈性能好，可用于节点少的屋架中，在网架结构中正得到较多应用。冷弯薄壁方管及矩形管(矩管)、C 型钢组合的管截面，由于连接简便、刚度大、耗钢低，正得到较多的应用。目前冷弯薄壁型钢壁厚已超过 10mm，我国钢管(矩管)规格已生产出 ϕ500×14 和 □600×400×14。

(2) 轴心受压柱。

宜采用双轴对称截面，当受力不大时，宜采用型钢截面，如工字钢、H 型钢和钢管等型钢截面。当用型钢截面受到限制时，可根据需要设计成组合截面，如组合工字形截面、箱形截面、十字形截面。

当两个方向计算高度相同时，可采用管截面，易满足等稳定条件。但钢管柱与其他相邻构件连接时，构造复杂，价格要高。若两个方向计算长度相差较大，并且荷载不大时，可采用热轧工字形截面，弱轴方向刚度较小(仅为强轴的1/7～1/4)，用于轻型平台柱。最常用的截面是 H 型钢截面和焊接工字钢截面。

为了提高构件的抗扭性能，进一步提高构件的刚度、稳定承载力，在高层建筑底部轴压柱，可采用焊接箱形截面。另外，在高层建筑中轴压柱，当受力较大，但层高不大时，若采用十字形截面柱已能满足刚度、稳定性要求，为了减小空间占用面积，最好采用此截面形式，如图 4-14 所示。

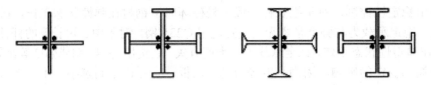

图 4-14　高层钢结构十字形截面柱

4. 其他构造要求

1) 一般规定

(1) 钢结构的构造应便于制作、运输、安装、围护，并使结构受力简单明确，减少应力集中，避免材料三向受拉，以风荷载为主的空腹结构，应尽量减少受风面积。

(2) 在结构受力构件及其连接中，不宜采用厚度小于 4mm 的钢板，壁厚不小于 3mm 的钢管；截面面积小于∟45×4 或∟56×36×4 的角钢(对焊接结构，这里以∟表示角钢符号)，或截面小于∟50×5 的角钢(对螺栓连接和铆钉连接结构)。

2) 柱加劲肋及横隔构造

(1) 实腹柱横向加劲肋及横隔的布置。

为了提高构件的抗扭刚度，防止构件在施工和运输过程中发生变形，当 $h_0/t_w > 80$ 时，应在一定间距设置成对的横向加劲肋，如图 4-15(a)、(b)所示。横向加劲肋的间距不得大于 $3h_0$，其外伸宽度 $b_s \geqslant (h_0/30 + 40)$mm，厚度不小于 $b_s/15$mm，如图 4-15(c)所示。

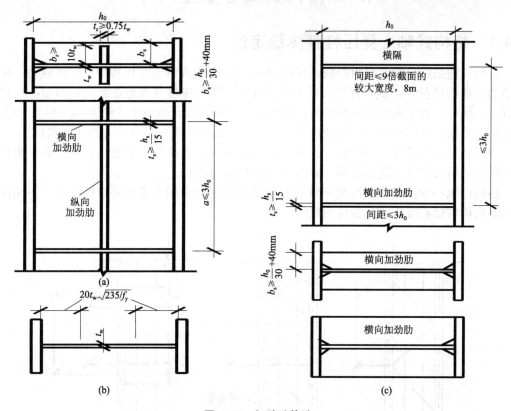

图 4-15 加劲肋构造

对于大型实腹柱，为了增加其抗扭刚度和传递水平集中力作用，在受有较大水平荷载的支承处(如梁与该柱节点连接处、柱与桁架水平支承杆件的连接处)，以及运输单元的端部，应设置横隔(即加宽的横向加劲肋)，横隔的间距不大于柱截面较大宽度的 9 倍或 8m。

横向加劲肋要与柱腹板焊接，为了保证柱腹板与翼缘焊缝连续通过，横向加劲肋与柱腹板和翼缘交接处，横向加劲肋要切角，其切角构造和加劲肋尺寸同梁。

(2) 实腹柱纵向加劲肋。

当腹板局部稳定性不满足要求，通过经济技术分析需要设纵向加劲肋时，纵向加劲肋宜对称布置在腹板的两

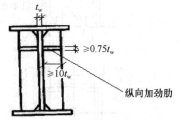

图 4-16 纵向加劲肋构造

侧，纵向加劲肋的间距按计算确定，但加劲肋的外伸部分宽度不应小于 $10t_w$，厚度不宜小于 $0.75t_w$，纵向加劲肋支承于横向加劲肋上，因此应在横向加劲肋处切断，并与横向加劲肋及柱腹板焊接，见图 4-16。

为了提高构件的抗扭刚度，防止构件在施工和运输过程中发生变形，在受有较大水平

荷载的支承处(如梁与该柱节点连接处、柱与桁架水平支承杆件的连接处)，以及运输单元的端部，应设置横隔，横隔的间距不大于柱截面较大宽度的 9 倍或 8m。

横隔可用钢板或交叉角钢制成。

4.4　格构式轴心受压构件

4.4.1　格构式轴心受压柱整体稳定性

格构式柱是由分肢和缀材组成，见图 4-17。为了提高轴心受压构件稳定承载力，应在不增加材料的情况下，尽可能增大截面的惯性矩，所以将柱肢布置在距离截面形心一定的位置上。另外，为了进一步节约材料，格构式柱尽可能设计成两个主轴方向(x 轴及 y 轴)，具有相等的稳定性和刚度，所以通过调整柱肢的间距来实现两方向具有相等的惯性矩。

为保证格构柱整体工作性能，应进行整体稳定承载力计算、单肢稳定性计算、缀材的设计以及缀材与分肢的连接计算，并满足一定的构造要求。

格构柱轴心受压构件整体稳定性计算包括对实轴和虚轴的整体稳定性计算。下面仅介绍双肢格构柱轴心受压构件整体稳定性。

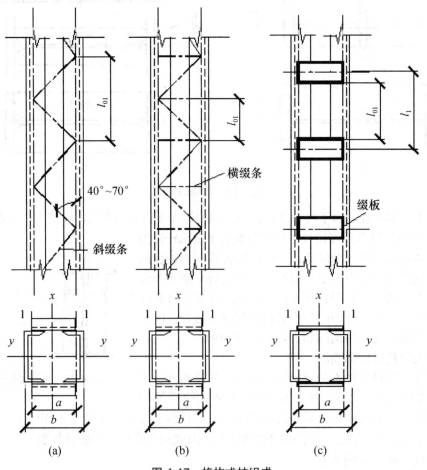

图 4-17　格构式柱组成

1. 对实轴($y-y$轴)的整体稳定性

格构柱轴心受压构件对实轴的整体稳定性同实腹柱，因为它由相当于两个并列的实腹柱组成，其整体稳定性验算条件为

$$\frac{N}{\varphi_y A} \leqslant f \tag{4-19}$$

式中： A——两个分肢的截面面积之和；

φ_y——对y轴的稳定系数，由$\lambda_y \sqrt{f_y/235}$及 b 类截面查表得出。

2. 对虚轴($x-x$轴)的整体稳定性

当$\lambda_x = \lambda_y$时，格构柱对虚轴的稳定性要比对实轴的稳定性小，因为虚轴是穿过缀材的轴，而缀材是通过一定间距与柱肢连接，缀材的屈曲助长了柱子的屈曲，增大了柱子的附加变形，所以与实轴相比，虚轴方向的临界力要降低。为了考虑这一不利影响《规范》采用换算长细比λ_{0x}的办法使计算大为简化，其稳定验算条件为

$$\frac{N}{\varphi_x A} \leqslant f \tag{4-20}$$

式中： φ_x——对x轴的稳定系数，由$\lambda_{0x}\sqrt{f_y/235}$及 b 类截面查表得出。

根据《规范》双肢格构柱对虚轴的换算长细比λ_{0x}按下列公式计算。

对于缀条格构柱，有

$$\lambda_{0x} = \sqrt{\lambda_x^2 + 27\frac{A}{A_{1x}}} \tag{4-21a}$$

对于缀板格构柱，有

$$\lambda_{0x} = \sqrt{\lambda_x^2 + \lambda_1^2} \tag{4-21b}$$

$$\lambda_x = \frac{l_{0x}}{i_x}, \quad i_x = \sqrt{I_x/A}$$

式中： λ_x——整个构件(两分肢)对虚轴的长细比；

I_x——整个截面对虚轴x轴的惯性矩，与柱肢的规格及两柱肢之间的距离有关，通过计算可得；

A_{1x}——构件截面中，垂直于x轴各斜缀条的毛截面面积之和；

λ_1——单个分肢对最小刚度轴 1—1 的长细比，即缀条平面内的分肢的长细比；

$$\lambda_1 = \frac{l_{01}}{i_1} \tag{4-22}$$

i_1——单个分肢的最小回转半径，即对轴 1—1 的回转半径；

l_{01}——单肢的计算长度，对缀条柱：取缀条节点之间的距离；对缀板柱：焊接时取缀板之间的净距离，螺栓连接时，取相邻两缀板边缘螺栓间的距离，见图 4-17。

三肢柱和四肢柱对虚轴的换算长细比计算公式见《规范》。

4.4.2 格构式轴心受压柱分肢稳定性

为了保证格构式柱整体稳定性，每个分肢不能因局部屈曲过大而先于整体失稳。格构柱

的每个分肢可以看作是竖向连续的轴心受压实腹柱,缀材就是单肢的侧向支承点。钢结构《规范》是控制分肢在缀条平面内的长细比 λ_1(式(4-22))来保证其稳定性的,限制条件如下。

缀条格构柱: λ_1 不应大于构件两方向长细比(对虚轴取换算长细比)较大值的 0.7 倍。

缀板格构柱: λ_1 不应大于构件两方向长细比(对虚轴取换算长细比)较大值的 0.5 倍并不应大于 40,当 $\lambda < 50$ 时,取 $\lambda = 50$。

4.4.3　格构式轴心受压柱缀材设计

1. 缀材

例如,两端铰接的格构式轴心受压构件,在轴向压力作用下,当柱保持直立状态时,任一截面上只有压力,剪力为零。随着荷载的增加,当绕虚轴方向发生弯曲时,弯曲变形任一截面上的轴力 N 分解为切向力和法向剪力 V (缀材面的横向剪力)见图 4-18(a),横向剪力 V 是构件产生弯曲变形的主要原因。横向剪力 V 分布是在构件两端大,中间小,假设按余弦曲线分布,见图 4-18(b)。

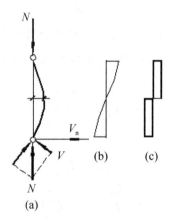

图 4-18　轴压构件截面剪力

为计算方便,偏于安全,其剪力简化为图 4-18(c)所示,此剪力有缀材体系承受。

通过理论分析并结合实际情况,《规范》规定轴心受压格构柱剪力 V 为按式(4-23)计算,即

$$V = \frac{Af}{85}\sqrt{\frac{f_y}{235}} \tag{4-23}$$

对于双肢格构柱,每侧缀件承担的剪力 $V_1 = V/2$。

2. 缀条设计

1) 缀条内力

由于缀条刚度不大,为计算方便,在确定缀条体系计算简图时,将其简化为竖向的平行弦桁架,对于双肢缀条柱,取对称一侧的缀条体系为研究对象,见图 4-19(a)、(b),缀条看作平行弦桁架的腹杆(缀条一般是斜缀条,但有时为了提高分肢的稳定性及刚度,根据需要也可增加横缀条),分肢看作是桁

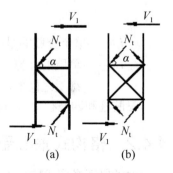

图 4-19　缀条计算简图

架的弦杆。图 4-19(a)所示为单缀条体系，同一截面处其斜缀条数量 $n=1$；图 4-19(b)所示为双缀条体系，同一截面处其斜缀条数量 $n=2$。

通过计算，可得斜缀条的轴力为

$$N_t = \frac{V_1}{n\cos\alpha} \tag{4-24}$$

式中：α——斜缀条与构件轴线之间的夹角，一般 $\alpha=(40°\sim70°)$。

由于构件弯曲变形方向是左、右随机变化，所以剪力方向可能向左或向右，因此同一根缀条的轴力可能受拉，也可能受压。为安全起见，不论横缀条还是斜缀条，均按轴心受压杆件设计。

2) 缀条截面设计

(1) 强度、刚度、稳定计算。

将每根缀条看作两端铰接于柱肢的轴心受压腹杆。由于是单角钢，考虑到受力偏心和可能发生的弯扭屈曲的影响，《规范》规定：强度、稳定计算时，其材料的强度设计值乘以折减系数 γ_r，并规定当计入 γ_r 后，其刚度、稳定性计算可不计扭转效应(即不再用换算长细比)。

稳定计算式为

$$\frac{N_t}{A\varphi} \leqslant \gamma_r f \tag{4-25}$$

式中：A——单缀条的截面面积；

φ——稳定影响系数，又 $\lambda_t\sqrt{f_y/235}$ 及 b 类截面查表可得；

γ_r——稳定计算强度折减系数，计算如下。

对于单边角钢，有

$$\gamma_r = 0.6 + 0.0015\lambda_t \text{ 且 } \gamma_r \leqslant 1.0$$

对于短边相并的不等肢角钢，有

$$\gamma_r = 0.5 + 0.0025\lambda_t \text{ 且 } \gamma_r \leqslant 1.0$$

对于长边相并的不等肢角钢，有

$$\gamma_r = 0.7$$

λ_t 为缀条的长细比并满足刚度要求，有

$$\lambda_t = \frac{l_t}{i_{min}} \leqslant [\lambda] = 150 \tag{4-26}$$

式中：l_t——缀条的计算长度，其端点从两肢中心线算起；

i_{min}——缀条回转半径取 $i_v = i_{min}$ (见型钢表)。

当缀条截面有削弱时，还应进行强度计算，其强度折减系数 $\gamma_r=0.85$。

(2) 缀条与分肢连接焊缝计算。

轴向力作用下，角钢连接角焊缝计算(见钢结构连接)。由于是单面角钢，角焊缝强度 f_f^w 要乘以 0.85 系数。

3. 缀板设计

图 4-20(a)是缀板柱，由于缀板的刚度较大，将缀板与柱肢连接处简化为刚节点，在确

定缀板体系计算简图时，将其简化为多层的框架结构，取对称一侧的缀板体系为研究对象，如图 4-20(b)所示，框架结构在水平荷载 V_1 下，利用反弯点法的原理，可求得缀板上作用的剪力 T 和弯矩 M 分别为

$$T = V_1 l_1 / a \tag{4-27a}$$
$$M = T \cdot a/2 = V_1 l_1 / 2 \tag{4-27b}$$

式中：l_1——相邻两缀板轴线之间的距离；

$\quad\quad a$——分肢轴线之间的距离。

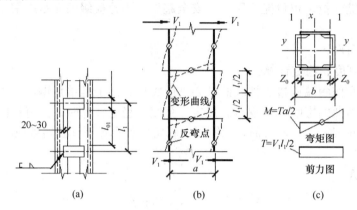

图 4-20　缀板计算简图

　　缀板的受力相当于受弯构件，如图 4-20(c)所示，其构件设计原理见 4.4.5 小节。缀板与分肢的角焊缝连接处，在承受剪力 T 和弯矩 M 作用下，连接角焊缝的计算见钢结构连接一章，且搭接长度一般为 20～30mm。

　　为了保证缀板有一定的刚度，减少分肢弯矩，《规范》规定在构件同一截面处两侧缀板的线刚度之和 I_b/a 不得小于分肢线刚度 I_1/l_1 的 6 倍，其中 $I_b = 2 \times \dfrac{1}{12} t_p b_p^3$；缀板宽度 $b_p \geqslant 2a/3$，厚度 $t_p \geqslant a/40$ 及 $\geqslant 6$mm，对于端缀板板宽取 $b_p = a$。

　　综上分析可知，保证格构式受压构件的整体稳定性，必须要求有一定刚度和稳定性的柱肢做保证，而柱肢的刚度、稳定性与侧向支承点有关，即与侧面连接的缀材的刚度、缀材强度等有关，所以缀材虽小，但是绝对不能忽视，一旦小小的疏忽就会酿成大祸。至今影响最大的还是 1907 年加拿大魁北克一座跨度 548m 大桥在施工中遭到破坏，9000t 钢结构全部坠入河中，桥上施工的人员 75 人遇难。该桥梁的悬臂部分的杆系结构，因其下弦是通过缀条将分肢组合起来的格构式组合受压截面，事故原因是缀条过于柔细，不能有效给分肢提供支承点，分肢屈曲过大，提前失稳，降低了整体稳定性，最终导致格构式下弦整体失稳。

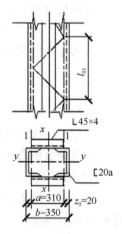

图 4-21　例题 4-2

　　例 4-2　图 4-21 所示为轴心受压缀条柱，格构柱截面由两个槽钢 2 [20a 组成，柱肢之间距离 $a = 310$mm，缀条采用单角钢 ∟45×4，荷载设计值 $N = 1350$ kN，柱计算长度 $l_{0x} = 3$m，$l_{0y} = 6$m，钢材 Q345、E50 焊条，$f = 315$ N/mm²，$f_f^w = 200$ N/mm²，截面无削弱。

要求: (1) 验算柱子的刚度、整体稳定性、分肢稳定性。

(2) 验算缀条刚度、稳定性。

(3) 缀条与柱肢连接角焊缝计算(设只有侧焊缝,焊角尺寸 $h_f = 4\text{mm}$)。

解 (1) 截面几何特征值。

① 柱肢:查型钢表得 $A = 2 \times 28.84 = 57.68(\text{cm}^2)$

$i_y = 7.86\text{cm}$ $i_1 = 2.11\text{cm}$ $I_1 = 128\text{cm}^4$ $z_0 = 2.01\text{cm} \approx 2.00\text{cm}$

计算绕虚轴的特征值

$$I_x = 2\left(I_1 + \frac{1}{2}a^2 \cdot \frac{1}{2}A_{1x}\right) = 2 \times (128 + 15.5^2 \times 28.84) = 14113.6(\text{cm}^4)$$

$$i_x = \sqrt{\frac{I_x}{A}} = \sqrt{\frac{14113.6}{57.68}} = 15.6(\text{cm})$$

② 缀条: $A_{1x} = 2 \times 3.49 = 6.98\text{cm}^2$, $i_{\min} = 0.89\text{cm}$。

(2) 验算柱子的刚度、整体稳定性、分肢稳定性。

① 对实轴的刚度、整体稳定性。

$$\lambda_y = \frac{l_{0y}}{i_y} = \frac{300}{7.86} = 38.2 < [\lambda] = 150$$

由 $\lambda_y\sqrt{\dfrac{f_y}{235}} = 38.2\sqrt{\dfrac{345}{235}} = 46.3$ 及 b 类截面,查附表得 $\varphi_y = 0.873$。

$$\frac{N}{\varphi_y A} = \frac{1350 \times 10^3}{0.873 \times 57.68 \times 10^2} = 268.1(\text{N/mm}^2) < f = 315\,\text{N/mm}^2$$

② 对虚轴的刚度、整体稳定性。

$$\lambda_x = \frac{l_{0x}}{i_x} = \frac{600}{15.6} = 38.4$$

换算长细比 $\lambda_{0x} = \sqrt{\lambda_x^2 + 27\dfrac{A}{A_{1x}}} = \sqrt{38.4^2 + 27 \times \dfrac{57.68}{6.98}} = 41.2 < [\lambda] = 150$

$\lambda_{0x}\sqrt{\dfrac{f_y}{235}} = 41.2\sqrt{\dfrac{345}{235}} = 49.9$ 及 b 类截面查附表得 $\varphi_x = 0.857$

$$\frac{N}{\varphi_x A} = \frac{1350 \times 10^3}{0.857 \times 57.68 \times 10^2} = 273.1(\text{N/mm}^2) < f = 315\,\text{N/mm}^2$$

通过计算刚度、整体稳定性,满足要求。

③ 分肢稳定验算,即

$$\lambda_1 = \frac{l_{01}}{i_1} = 310 \times \frac{2}{21.1} = 29 < 0.7\lambda_{\max} = 0.7(\lambda_{0x}, \lambda_y)_{\max} = 0.7 \times 49.9 = 35$$

满足要求。

(3) 验算缀条的刚度、稳定性。

① 剪力计算,即

$$V_1 = \frac{Af}{2 \times 85}\sqrt{\frac{f_y}{235}} = \frac{57.68 \times 10^2 \times 315}{170}\sqrt{\frac{315}{235}} = 12950(\text{N})$$

② 斜缀条轴力,即

$$N_t = \frac{V_1}{\cos\alpha} = \frac{12950}{\cos45°} = 18314(\text{N})$$

③ 刚度、整体稳定性,即

$$\lambda_t = \frac{l_t}{i_{\min}} = 310 \times \frac{\sqrt{2}}{0.89} = 49.3 \leqslant [\lambda] = 150 \quad (满足要求)$$

由 $\lambda_t\sqrt{\dfrac{f_y}{235}} = 49.3\sqrt{\dfrac{345}{235}} = 59.7$, b 类截面查附表得 $\varphi = 0.809$ 。

$\gamma_r = 0.6 + 0.0015\lambda_t = 0.6 + 0.0015 \times 49.3 = 0.67$ 且 $\gamma_r \leqslant 1.0$ 。

$$\frac{N_t}{A\varphi} = \frac{18314}{0.809 \times 3.49 \times 10^2} = 64.9(\text{N}/\text{mm}^2) < \gamma_r f = 0.67 \times 315 = 211.1\text{N}/\text{mm}^2 \ (满足)$$

(4) 缀条与柱肢连接角焊缝计算(设只有侧焊缝,焊角尺寸 $h_f = 4\text{mm}$)

肢背焊缝长度: $l_1 \geqslant \dfrac{K_1 N}{0.7h_f\gamma_r f_f^w} + 2h_f = \dfrac{0.7 \times 18314}{0.7 \times 4 \times 0.85 \times 200} + 2 \times 4 = 35(\text{mm})$

肢尖焊缝长度: $l_2 \geqslant \dfrac{K_2 N}{0.7h_f\gamma_r f_f^w} + 2h_f = \dfrac{0.3 \times 18314}{0.7 \times 4 \times 0.85 \times 200} + 2 \times 4 = 20(\text{mm})$

取肢背、肢尖焊缝长度 50mm 并且大于 $8h_f$ 及 40mm,满足要求。

4.4.4　格构式轴心受压构件的横隔

为了提高格构式构件的抗扭刚度,保证运输和安装过程中截面几何形状不变,以及传递必要的内力,在受有较大水平力处和每个运送单元的两端,应设置横隔,构件较长时还应设置中间横隔。横隔的间距不得大于构件截面较大宽度的 9 倍或 8m。格构式构件的横隔可用钢板或交叉角钢做成,如图 4-22 所示。

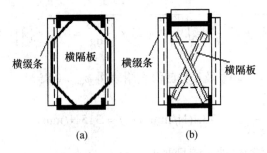

图 4-22　格构式构件横隔

4.4.5　构件设计

1. 截面选择

1) 截面形式

轴心受格构柱一般采用双轴对称截面。常用的截面形式是用两根槽钢或工字钢作为肢件,有时也采用 4 个角钢或 3 个圆管作为肢件。格构柱的优点是肢件间的距离可以调整,能使构件对两个主轴的稳定性相等。工字钢作为肢件的截面,一般用于受力较大的构件。

用 4 个角钢作肢件的截面形式往往用于受力较小而长细比较大的构件。肢件采用槽钢时，宜采用翼缘朝内相对的形式，在轮廓尺寸相同的情况下，可得到较大的惯性矩 I_z，比较经济且外观平整，便于和其他构件连接。

缀条式格构柱常采用角钢作为缀条。缀条可布置成不带横杆的三角形体系或带横杆的三角形体系。

缀板式格构柱常采用钢板作为缀板。

2) 截面的初步选择

设计截面时，首先应根据使用要求、受力大小和材料供应情况等选择柱的形式。中、小型柱可用缀条柱或缀板柱，大型柱宜采用缀条柱。然后根据轴力 N 和两个主轴方向的计算长度(l_{0x} 和 l_{0y})初步选定截面尺寸。具体步骤如下。

(1) 计算对实轴的整体稳定，用与实腹柱相同的方法和步骤选出肢件的截面规格。

(2) 计算对虚轴的整体稳定以确定两肢间的距离。

为了获得等稳定性，应使 $\lambda_{0x} = \lambda_y$ (x 为虚轴、y 为实轴)。用换算长细比的计算公式，即可解得格构柱的 λ_x，对于双肢格构柱则有以下公式。

对于缀条柱，有

$$\lambda_x = \sqrt{\lambda^2_y - 27\frac{A}{A_{1x}}}$$

对于缀板柱，有

$$\lambda_x = \sqrt{\lambda^2_y - \lambda_1^2}$$

由 λ_x 求出对虚轴所需的回转半径 $\lambda_x = l_{0x}/\lambda_x$，可得柱的 $h \approx i_x/\alpha_1$。

2. 截面验算

1) 强度验算

强度验算公式与实腹柱相同。柱的净截面面积 A_n 不应计入缀条或缀板的截面面积。

2) 整体稳定验算

分别对实轴和虚轴验算整体稳定性。对实轴作整体稳定性验算时与实腹柱相同。对虚轴作整体稳定性验算时，轴心受压构件稳定系数 φ 应按换算长细比 λ_{0x} 查出。换算长细比 λ_{0x}，则按相关知识表中的有关公式计算。

3) 单肢验算

格构柱在两个缀条或缀板相邻节点之间的单肢是一个单独的轴心受压实腹构件。它的长细比为 $\lambda_1 = l_{01}/i_1$，其中 l_{01} 为计算长度，对缀条柱取缀条节点间的距离，对缀板柱焊接时取缀板间的净距离(见图 4-17)；螺栓连接时，取相邻两缀板边缘螺栓的最近距离；i_1 为单肢的最小回转半径，即图 4-17 中单肢绕 1—1 轴的回转半径。为了保证单肢的稳定性不低于柱的整体稳定性，对于缀条柱应使 λ_1 不大于整个构件最大长细比 λ_{max}(即 λ_y 和 λ_{0x} 中的较大值)的 0.7 倍；对于缀板柱，由于在失稳时单肢会受弯矩，所以对单肢 λ_1 应控制得更严格些，应不大于 40，也不大于整个构件最大长细比 λ_{max} 的 0.5 倍(当 $\lambda_{max} < 50$ 时取 $\lambda_{max} = 50$)。

4) 缀条、缀板设计

格构柱的缀条和缀板的实际受力情况不容易确定。柱受力后的压缩、构件的初弯曲、荷载和构造上的偶然偏心，以及失稳时的挠曲等均使缀条和缀板受力。通常可先估算柱挠

曲时产生的剪力，然后计算由此剪力引起的缀条和缀板的内力。

轴心压杆在受力弯曲后任意截面上的剪力为

$$V = N\frac{\mathrm{d}y}{\mathrm{d}z} \tag{4-28}$$

因此，只要求出轴心压杆的挠曲线 y，即可求得截面上的剪力 V。考虑杆件的初始弯曲和荷载作用点的偶然偏心等因素，可求出挠曲线 y。我国钢结构设计规范根据对不同钢号压杆做了计算结果，经分析后得到计算剪力 V 的实用计算公式，即

$$V = \frac{Af}{85}\sqrt{\frac{f_y}{235}} \tag{4-29}$$

所得到的 V 假定沿构件全长不变，如图 4-18 所示。

有了剪力后，即可进行缀条和缀板的计算。

(1) 缀条的计算。

缀条的内力可与桁架的腹杆一样计算。如图 4-19 所示，一个斜缀条的内力 N_t 为

$$N_t = \frac{V_1}{n\cos\alpha} \tag{4-30}$$

式中：V_1——分配到一个缀条面上的剪力；

n——承受剪力 V_1 的斜缀条数，对单缀条 $n=1$，对交叉缀条 $n=2$；

α——缀条的倾角。

由于剪力方向不定，单角钢缀条按轴心受压构件计算稳定性时，钢材的强度设计值应乘以折减系数 γ_0，以考虑偏心的不利影响。γ_0 按以下情况分别考虑。

对于等边角钢，有

$$\gamma_0 = 0.6 + 0.0015\lambda \tag{4-31a}$$

对于短边相连的不等边角钢，有

$$\gamma_0 = 0.5 + 0.0025\lambda \tag{4-31b}$$

对于长边相连的不等边角钢，有

$$\gamma_0 = 0.7$$

当按式(4-31a)和式(4-31b)算得的 $\gamma_0 > 1.0$ 时，取 $\gamma_0 = 1.0$。式中的 λ 为按角钢的最小回转半径计算的长细比。当 $\lambda < 20$ 时，取 $\lambda = 20$。

计算缀条与柱的连接时，连接强度设计值的折减系数应采用 0.85。

横缀条主要用来减小单肢的计算长度，其受力可取 V_1，截面一般与斜缀条相同。

(2) 缀板的计算。

缀板柱犹如一多层刚架，当它弯曲时，可假定缀板中点以及缀板之间各肢件的中点为反弯点(见图 4-20)，从柱中取出脱离体(见图 4-20(b))，则可得缀板所受的剪力 T 和端部弯矩 M 为

$$T = \frac{V_1 l_1}{a} \tag{4-32a}$$

$$M = T \cdot \frac{a}{2} = V_1 \cdot \frac{l_1}{2} \tag{4-32b}$$

式中：l_1——相邻两缀板轴线之间的距离；

a——分肢轴线之间的距离。

缀板的强度以及缀板与肢件连接处的角焊缝应按上述内力验算。缀板的尺寸应使同一截面处缀板的线刚度之和不小于柱较大单肢线刚度的 6 倍。

5) 刚度验算

为了避免拉杆在使用条件下出现刚度不足、横向振动造成过大的附加应力，拉杆设计时应保证具有一定的刚度。普通拉杆的刚度按式(4-33)用长细比 λ 来控制，即

$$\lambda_{\max} = \left(\frac{l_0}{i}\right)_{\max} \leqslant [\lambda] \tag{4-33}$$

式中：$\lambda_{\max}$——拉杆按各方向计算得的最大长细比；

l_0——计算拉杆长细比时的计算长度；

i——截面的回转半径(与 l_0 相对应)；

$[\lambda]$——容许长细比，按规范采用。

对于施加预拉力的拉杆，其容许长细比可放宽到 1000。

4.5 柱　　脚

1. 柱脚类型及构造

为了将柱子上的荷载有效传给基础，并和基础牢固地连接起来，一般情况下，就需要将柱子的下端焊接柱脚底板及其他的板件后，再用锚栓(地脚螺栓)将基础与柱子连接起来，就形成了柱脚。柱脚是柱与基础的交点，起着柱与基础连接的桥梁作用。

1) 柱脚的受力类型

根据受力特性分为铰接柱脚和刚接柱脚。铰接柱脚只能承受轴向压力作用，因其构造简单，在单层刚架结构或在轴心受压中其柱脚常采用铰接柱脚。刚接柱脚构造复杂，在承受轴向力的同时，还能承受弯矩、剪力作用，主要应用于框架及排架结构中。本节只讲轴心受力构件用得较多的铰接柱脚。其常见的铰接柱脚构造形式见表 4-6。

2) 柱脚的构造形式

按其构造有整体式柱脚(见表 4-6)、埋入式柱脚(见图 4-23)、分离式柱脚(见图 4-24)。一般实腹柱采用整体式柱脚。当施工安装有保证时也可将柱肢埋入基础杯口形成埋入式柱脚。格构柱柱肢间距较大时，为节约材料，宜采用分离式柱脚。

埋入式柱脚其构造如下。

(1) 埋入杯口深度 H_1 不宜小于 500mm，尚不宜小于柱长的 1/20，还不应小于柱截面高度的 1.5 倍(工字形及箱形柱)。

(2) 工字形截面柱一般不设底板，以保证施工方便。但箱形、管形、格构柱宜设置底板，可减少柱的埋入深度。

(3) 二次浇筑混凝土是保证柱脚正常工作的关键，应不低于 C30 的专用混凝土，浇筑前要将表面打毛并清理干净，埋入混凝土内的钢柱表面不能刷油漆，并对钢柱表面要进行适当的处理。

(4) 柱脚底板要设排气孔。

埋入式柱脚利用混凝土与钢筋之间的黏结力保证柱子的稳定，故对混凝土控制较严格，柱就位浇灌混凝土后，钢柱几乎不能矫正，故在沉降较大的软弱地基中不宜采用，但其构造简单，并可减少柱脚用量。

表 4-6　铰接柱脚构造

名称	平板式铰接柱脚	靴梁式铰接柱脚	格构柱靴梁式铰接柱脚
图例	基础混凝土　锚筋　柱脚底板	二次浇筑混凝土厚度　≤50mm　靴梁　隔板　柱脚底板　基础顶板厚度12～14mm　基础混凝土　隔板　靴梁　柱脚底板	靴梁　柱脚底板 δ≤14mm　隔板　h　δ　靴梁　柱脚底板　隔板
组成及构造	①柱身与底板以水平角焊缝连接，柱脚底板厚度不小于 14mm ②底板与基础用锚栓连接。底板锚栓孔直径 $d_0=(1.5\sim2)d$，d 为栓杆直径。待安装就位后，再用垫板套住锚栓并与底板焊牢 ③锚栓数量不少于 2 个，并锚入基础混凝土具有一定的锚固长度	①、②、③同平板式铰接柱脚 ④对于受力较大的结构，基础顶面也要预埋 12～14mm 厚的钢板 ⑤在柱子安装前，在基础顶面标高处设不小于高度 50mm 的垫块，待柱子吊装就位后，再二次浇筑混凝土 ⑥靴梁与柱身以垂直角焊缝连接，隔板与靴梁以垂直角焊缝连接，隔板、靴梁与底板以水平角焊缝连接	①柱肢、靴梁与底板水平角焊缝连接 ②靴梁与柱肢以垂直角焊缝连接 ③底板顶面与基础用锚栓连接底板锚栓孔直径 $d_0=(1.5\sim2)d$，d 为栓杆直径。待安装就位后。再用垫板套住锚栓并与底板焊牢。锚栓应放在垂直于柱子的轴线上，为安装方便，在底板上可开个缺口 ④、⑤、⑥同实腹柱靴梁式铰接柱脚
传力途径	传力途径： 柱身荷载 N→通过水平角焊缝→底板→基础 特点：构造简单，施工方便，适用于荷载不大，底板面积及厚度不大情况	传力途径： ① N→柱子靴梁(大部分荷载)→底板→基础 ② N→柱子靴梁(少部分荷载)→隔板→底板→基础 特点：构造较复杂，传力可靠，适用于荷载大，底板面积大，底板刚度好	传力途径： N 通过柱肢→靴梁→底板→基础 特点：构造较复杂，施工不太方便，传力可靠，适用于格构柱柱脚，底板面积较大，底板刚度较好

另一种形式分离式柱脚，当柱肢间距过大时，可对每个柱肢单独设实腹柱脚后，并用水平连杆和缀材连接。

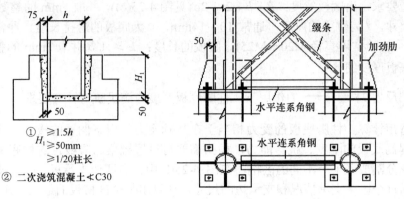

① H_1 ≥1.5h
　　≥50mm
　　≥1/20柱长

② 二次浇筑混凝土＜C30

图 4-23　埋入式柱脚　　　　　图 4-24　分离式柱脚

2. 轴心受压柱脚的计算

首先根据柱身的截面形式、规格、受力特性及力大小，初步选择柱脚的构造形式；其次为保证柱脚的强度、刚度以及基础强度的要求进行柱脚的计算，包括确定底板尺寸、靴梁及隔板尺寸、连接焊缝计算。为了进一步明确柱脚的设计原理，下面通过示例说明柱脚的设计内容(见图 4-25)。

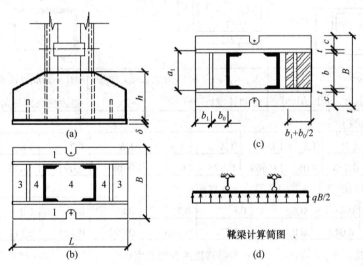

靴梁计算简图

图 4-25　柱脚计算简图

1)　柱脚底板计算

(1) 底板面积 A 及底板平面尺寸 $L \times B$ 的确定。

柱脚底板面积应满足基础混凝土轴心抗压设计强度 f_c 的要求，即

$$L \times B = A = A_n + A_0 \geqslant \frac{N}{f_c} + A_0 \tag{4-34}$$

式中：A_n、A_0——分别表示底板的净面积和底板上锚栓孔的面积；锚栓孔径一般为锚栓孔径的 1.5～2 倍；

N——作用在柱脚上部荷载传来的轴向压力设计值；

L，B——分别表示底板的长边和短边尺寸，一般取 $L/B=1\sim2$。

由构造要求定出底板宽度：$B=b+2t+2c$（见图 4-25(c)），并取 5mm 的整数倍(其中 b 为柱截面的尺寸，t 为靴梁的厚度，通常 10～14mm，c 为底板的悬挑长度，通常取锚栓直径的 3～4 倍，锚栓常用直径 M20～M25)；底板的长度：$L\geqslant A/B$ 并取 5mm 的整数倍。

(2) 底板厚度的计算。

在基础反力 $q=\dfrac{N}{BL-A_0}$ 的作用下，柱脚底板厚度应满足抗弯计算要求。

① 弯矩计算。柱脚底板的受力相当于在基础反力作用下倒置的楼盖，为了减小底板的弯矩，提高底板的刚度、抗弯能力，根据需要可设置靴梁、隔板；这样底板就被靴梁、隔板、柱身分割成若干个不同的区格，在图 4-25(b)中，有四边支承板、三边支承板、悬挑部分，根据每个区格支承情况和支承边的尺寸，计算出每个区格板的最大弯矩 M_i，并取最大弯矩 $M_{\max}=\max(M_1,M_2,\cdots,M_i)$，则 $M_{\max}$ 为柱脚底板作用的最大弯矩。每个区格板的最大弯矩 M_i 计算见表 4-7。

表 4-7　不同支承底板的弯矩 M_i 计算

图例	四边简支										三边简支，一边自由	两邻边支承，另两邻边自由
弯矩计算	$M_4=\alpha qa^2$（a 短边尺寸，b 长边尺寸）										$M_3=\beta qa_1^2$（a_1 自由边长度，b_1 邻边的长度）	$M_2=\beta qa_1^2$（a_1 对角线长度，b_1 相邻边交点到对角线的距离）

四边简支弯矩系数

α	1.0	1.1	1.2	1.3	1.4	1.5	1.6	1.7	1.8	1.9	2.0
α	0.048	0.055	0.063	0.069	0.075	0.081	0.086	0.091	0.095	0.099	0.101

三边简支，一边自由弯矩系数和两邻边支承弯矩系数

β	0.3	0.4	0.5	0.6	0.7	0.8	0.9	1.0	1.2	$\geqslant1.4$
β	0.026	0.042	0.058	0.072	0.085	0.092	0.104	0.111	0.120	0.125

备注	一边悬挑：$M_1=\dfrac{1}{2}qc^2$　（c 为悬臂板的外伸长度）

② 底板厚度 δ 计算。通过抗弯计算可得底板厚度 δ 应满足

$$\delta\geqslant\sqrt{\frac{6M_{\max}}{f}} \tag{4-35}$$

底板的厚度除满足计算外，尚应符合构造要求：一般为 20～40mm，为了保证底板有足够的刚度也不宜小于 14mm，同时为了节约材料一般不应大于 80mm。底板面积较大时，为便于施工，底板下的二次浇筑混凝土层，可在底板上开设直径为 100mm 的排气孔，排气孔的间距可采用 600～800mm。

施工中二次浇筑混凝土有专用浇筑料，其特点是微膨胀、自排气，快硬早强。

2) 靴梁设计

(1) 靴梁内力计算。

柱脚在基础反力作用下，其主要传力途径为：基础反力 $q = \dfrac{N}{BL - A_0}$ 传给柱脚底板再传给靴梁，然后传给柱身。

为了简化计算，每侧靴梁看作是在均布线荷载 $\dfrac{1}{2}qB$ 倒置的两边悬挑的外伸梁，图4-25(d)为靴梁计算简图，其中间支座就是柱肢，挑出长度为 $l = b_1 + b_0$，其最大弯矩就是支座处的弯矩，支座处弯矩及剪力分别为

$$M = \frac{1}{4}qBl^2 \tag{4-36a}$$

$$V = \frac{1}{2}qBl \tag{4-36b}$$

(2) 截面设计。

靴梁的高度在满足截面抗弯计算要求的同时，还应满足靴梁与柱身垂直角焊缝计算要求。此外还应满足构造要求，一般高度不宜小于 400mm，其厚度不宜小于 10mm(还应满足截面抗剪计算要求)，靴梁的长度应与底板尺寸相协调。

3) 隔板设计

为方便计算并偏于安全，将隔板简化为简支于靴梁两端的简支板，图 4-25(c)中阴影部分为隔板的受荷面积，则承受均布线荷载为 $q(b_1 + b_0)$。其弯矩及剪力分别

$$M = \frac{1}{8}[q(b_1 + b_0)]a_1^2 \tag{4-37a}$$

$$V = \frac{1}{2}[q(b_1 + b_0)]a_1 \tag{4-37b}$$

同理，隔板截面根据弯矩及剪力的大小按受弯构件设计。

隔板厚度从构造上不宜小于 10mm，同时不宜小于隔板跨长的 1/50，隔板的高度一般为靴梁高度的 2/3 并不大于 650mm，其间距一般为 500mm 左右。

4) 连接焊缝计算

(1) 靴梁与柱身连接的 4 条垂直角焊缝(理解为侧焊缝)计算。

在轴向压力 N 应满足

$$\frac{N}{0.7h_f \times 4 \times l_w} \leqslant f_f^w \tag{4-38}$$

$$l_w = h - 2h_f$$

式中：l_w——焊缝计算长度；

h——梁的高度。

(2) 隔板与靴梁连接按外侧两条垂直角焊缝计算。

与上述类同，其每条角焊缝承受外力就是隔板的支座反力或隔板的剪力 $V = \dfrac{1}{2}[q(b_1 + b_0)]a_1$，其计算应满足

$$\frac{V}{0.7h_\mathrm{f}l_\mathrm{w}} \leqslant f_\mathrm{f}^\mathrm{w} \tag{4-39}$$

$$l_\mathrm{w} = h - 2h_\mathrm{f}$$

式中：l_w——焊缝计算长度；

h——隔板高度。

(3) 靴梁、柱身与底板连接的水平角焊缝计算(理解为端焊缝)。

靴梁、柱身与底板连接的水平角焊缝总长度为 $\sum l_{\mathrm{w}i}$，在轴向压力 N 作用下应满足

$$\frac{N}{0.7h_\mathrm{f}\beta_\mathrm{f}\sum l_{\mathrm{w}i}} \leqslant f_\mathrm{f}^\mathrm{w} \tag{4-40}$$

以上连接符号及原理见钢结构的焊缝连接计算。

3. 绘制轴心受压构件的施工图

轴心受压构件的结构施工图仅体现整个结构施工图的局部，但在绘制及计算时，应从整个结构的全局出发，明确该构件在整个图中所在的位置(包括平面定位位置、标高)，与其他构件的节点连接情况，预埋件的位置、形状、规格以及预留孔的位置、孔径，还要从受力角度，结合当地的施工条件、生产能力、运输能力和技术能力做好构件拼接接头的位置，采取的相应措施，要进行深入调查研究，绘出构件的施工图。

施工图主要包括说明、构件的立面图、断面图、节点详图及材料表等。

本 章 小 结

本章介绍了轴心受力构件的应用及截面形式；轴心受力构件强度及刚度问题；稳定的概念、分类及稳定承载力；轴心受压构件局部稳定的问题；实腹式和格构式轴心受压构件截面设计方法以及轴心受压柱脚的设计过程。

习 题

一、选择题

1. 轴心受拉构件按强度极限状态是( )。
    A. 净截面的平均应力达到钢材的抗拉强度
    B. 毛截面的平均应力达到钢材的抗拉强度
    C. 净截面的平均应力达到钢材的屈服强度
    D. 毛截面的平均应力达到钢材的屈服强度
2. 实腹式轴心受拉构件计算的内容有( )。
    A. 强度   B. 强度和整体稳定性
    C. 强度、局部稳定和整体稳定   D. 强度、刚度(长细比)

3. 轴心受力构件的强度计算，一般采用轴力除以净截面面积，这种计算方法对下列(   )连接方式是偏于保守的。

    A. 摩擦型高强度螺栓连接

    B. 承压型高强度螺栓连接

    C. 普通螺栓连

    D. 铆钉连接

4. 工字型组合截面轴压杆局部稳定验算时，翼缘与腹板宽厚比限值是根据(   )导出的。

    A. $\sigma_{cr局} < \sigma_{cr整}$

    B. $\sigma_{cr局} \geq \sigma_{cr整}$

    C. $\sigma_{cr局} < \sigma_{cr整}$

    D. $\sigma_{cr局} \geq \sigma_{cr整}$

5. 工字型截面受压构件的腹板高度与厚度之比不能满足按全腹板进行计算的要求时，(   )。

    A. 可在计算时仅考虑腹板两边缘各 $20t_w\sqrt{\dfrac{235}{f_y}}$ 的部分截面参加承受荷载

    B. 必须加厚腹板

    C. 必须设置纵向加劲肋

    D. 必须设置横向加劲肋

6. 在下列因素中，(   )对压杆的弹性屈曲承载力影响不大。

    A. 压杆的残余应力分布

    B. 构件的初始几何形状偏差

    C. 材料的屈服点变化

    D. 荷载的偏心大小

7. 实腹式轴压杆绕 x、y 轴的长细比分别为 λ_x、λ_y，对应的稳定的系数分别为 f_x、f_y，若 $\lambda_x = \lambda_y$，则(   )。

    A. $f_x > f_y$

    B. $f_x = f_y$

    C. $f_x < f_y$

    D. 需要根据稳定性分类判别

二、计算题

一钢柱长 6m，两端铰接，承受轴心压力设计值 5000 kN。柱子截面由 [40a 和钢板组成，钢材均为 Q235，每隔 15cm 用螺栓连接，螺栓孔径为 20mm。

已知[40a 的截面积 $A_1 = 75.05\,\text{cm}^2$，$I_{x1} = 17577.9\,\text{cm}^4$，$I_{y1} = 592\,\text{cm}^4$，翼缘宽度为 100mm，钢材强度设计值 $f = 215\,\text{N}/\text{mm}^2$，螺栓连接已经验算。

考虑柱子的强度、整体稳定和局部稳定，讨论该柱是否可用。

第 5 章 受 弯 构 件

【学习要点及目标】

◆ 熟悉梁的强度、刚度、整体稳定和局部稳定的概念及构造要求。

◆ 了解梁的拼接、连接。

◆ 掌握型钢梁和组合梁设计方法和设计步骤。

【核心概念】

型钢梁 组合梁 强度 刚度 整体稳定 局部稳定

【引导案例】

受弯构件在土木工程中应用很广泛，如桁架中的部分构件、房屋建筑中的楼盖梁、工作平台梁、吊车梁、屋面檩条和墙架横梁以及桥梁、水工闸门、起重机、海上采油平台中的梁等。本章主要讲述型钢梁和组合梁的设计方法和设计步骤，梁的拼接和连接设计，同时简要讲述梁的整体稳定和局部稳定的基本概念和计算方法。

某跨度为 3m 的简支梁，承受均布荷载，其中永久荷载标准值为 15kN/m，各可变荷载标准值共为 18kN/m，整体稳定性满足要求，结构安全等级为二级，试选择普通工字钢截面，怎么设计这个型钢梁？已知一工作平台主梁的计算简图，次梁传来的集中荷载标准值为 $F_k = 253kN$，设计值为 323kN，钢材为 Q235，焊条为 E43 型，怎么来设计这个组合梁？这是本章要解决的问题。

5.1 概　　述

承受横向荷载的构件称为受弯构件，其形式有实腹式和格构式两个系列。

5.1.1 实腹式受弯构件——梁

梁是钢结构中的常用构件，如铁路桥梁中的钢板梁、箱形梁以及工业与民用建筑中的吊车梁、屋盖梁、工作平台梁、檩条、墙架梁等。

钢梁按制作方法的不同，可以分为型钢梁和组合梁两大类，如图 5-1 所示。

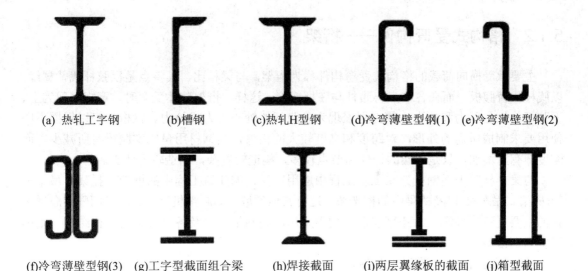

(a) 热轧工字钢　　(b)槽钢　　(c)热轧H型钢　　(d)冷弯薄壁型钢(1)　　(e)冷弯薄壁型钢(2)

(f)冷弯薄壁型钢(3)　(g)工字型截面组合梁　　(h)焊接截面　　(i)两层翼缘板的截面　　(j)箱型截面

图 5-1　梁的截面形式

　　型钢梁又分为热轧型钢梁和冷轧薄壁型钢梁。型钢梁构造简单，制造省工，成本较低，因而应优先采用。热轧型钢梁的截面有热轧工字钢(见图 5-1(a))、热轧 H 型钢(见图 5-1(c))和槽钢(见图 5-1(b))3 种。其中，工字型钢、H 型钢常用于单向受弯构件，而槽钢、Z 型钢常用于墙梁、檩条等双向受弯构件。从受力上考虑，H 型钢的截面分布最合理，且翼缘内外边缘平行，与其他构件连接较方便，应予以优先采用。用于梁的 H 型钢宜为窄翼缘型(HN型)。槽钢因其截面扭转中心在腹板外侧，弯曲时将同时产生扭转，受荷不利，故只有在构造上使荷载作用线接近扭转中心，或能适当保证截面不发生扭转时才被采用。由于轧制条件的限制，热轧型钢腹板的厚度较大，用钢量较多。当所受荷载较小、跨度不大时某些受弯构件(如檩条)可采用冷弯薄壁 C 型钢(见图 5-1(d)～(f))做梁，可以有效地节约钢材，如檩条和墙梁等。

　　当荷载和跨度较大时，型钢梁受到尺寸和规格的限制，往往不能满足承载力和刚度的要求，此时应采用组合梁。它的截面组成比较灵活，可使材料在截面上的分布更为合理。按其连接方法和使用材料的不同，组合梁可以分为焊接组合梁(简称为焊接梁)、铆接组合梁(简称为铆接梁)、异种钢组合梁和钢与混凝土组合梁等几种。最常应用的组合梁一般采用 3块钢板焊接而成的工字型截面组合梁(见图 5-1(g))或由 T 型钢(用 H 型钢剖分而成)中间加板的焊接截面(见图 5-1(h))。当焊接组合梁翼缘板需要很厚时，可采用两层翼缘板的截面(见图 5-1(i))。荷载很大而高度受到限制或梁的抗扭要求较高时，可采用箱形截面(见图 5-1(j))。组合梁的截面组成比较灵活，可使材料在截面上的分布更为合理，节省钢材。

　　根据梁的支承情况，钢梁可做成简支梁、连续梁、悬伸梁等。简支梁的用钢量虽然较多，但由于制造、安装、修理、拆换都比较方便，而且不受温度变化和支座沉陷的不利影响，因而使用最为广泛。

　　根据荷载受力情况，梁又分为仅在一个主平面内受弯的单向受弯梁和在两个主平面内受弯的双向受弯梁。双向弯曲梁也称为斜弯曲梁。

5.1.2 格构式受弯构件——桁架

主要承受横向荷载的格构式受弯构件称为桁架，与梁相比，其特点是以弦杆代替翼缘，以腹杆代替腹板，而在各节点将腹杆与弦杆连接。这样，桁架整体受弯时，弯矩表现为上、下弦杆的轴心压力和拉力，剪力则表现为各腹杆的轴心压力或拉力。钢桁架可以根据不同使用要求制成所需的外形，对跨度和高度较大的构件，其钢材用量比实腹梁有所减少，而刚度却有所增加。只是桁架的杆件和节点较多，构造较复杂，制造较为费工。

与梁一样，平面钢桁架在土木工程中应用广泛，如建筑工程中的屋架、托架、吊车桁架(桁架式吊车梁)以及桥梁中的桁架桥，还有其他领域，如起重机臂架、水工闸门和海洋平台的主要受弯构件等。大跨度屋盖结构中采用的钢网架，以及各种类型的塔桅结构，则属于空间钢桁架。

钢桁架的结构类型有以下几种。

(1) 简支梁式(见图 5-2(a)~(d))(其中，图 5-2(a)的 $i \leqslant 1/10$，图 5-2(b)的 $i \geqslant 1/3$，图 5-2(c)的 $i \leqslant 1/10$)。简支梁式钢桁架受力明确，杆件内力不受支座沉陷的影响，施工方便，使用最广。如图 5-2(a)~(c)所示为用作屋架的钢桁架，其中 i 为屋面坡度。

(2) 钢架横梁式。钢架横梁式的桁架端部上下弦与钢柱相连，组成单跨或多跨刚架，可提高其水平刚度，常用于单层厂房结构。

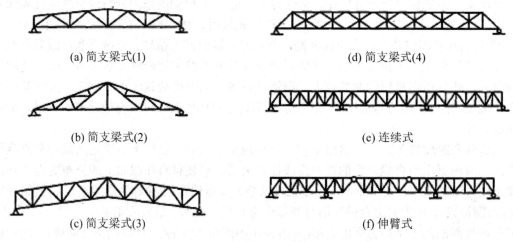

(a) 简支梁式(1)

(d) 简支梁式(4)

(b) 简支梁式(2)

(e) 连续式

(c) 简支梁式(3)

(f) 伸臂式

图 5-2　梁式桁架的形式

(3) 连续式(见图 5-2(e))。跨越较大的桥架常用多跨连续的桁架，可增加刚度并节约材料。

(4) 伸臂式(见图 5-2(f))。伸臂式钢桁架既有连续式桁架节约材料的优点，又有静定桁架不受支座沉陷影响的优点，只是铰接处的构造较复杂。

(5) 悬臂式。悬臂式钢桁架用于塔架等，主要承受水平风荷载引起的弯矩。

5.2　受弯构件的强度和刚度

为了确保安全使用、经济合理，在设计钢梁时必须同时考虑承载力极限状态和正常使用极限状态。其中，承载力极限状态包括强度、整体稳定和局部稳定 3 个方面。它要求在荷载设计值作用下，梁的弯曲正应力、剪应力、局部压应力和折算应力均不超过规范规定的相应强度设计值；整个梁不会侧向弯扭屈曲；组成梁的板件不会出现波状的局部屈曲。而正常使用极限状态主要考虑梁的刚度。设计时要求梁有足够的抗弯刚度，即在荷载标准值作用下，梁的最大挠度不大于《钢结构设计规范》(GB 50017—2011)规定的允许挠度。

1. 梁的强度

梁的强度分抗弯强度、抗剪强度、局部承压强度、在复杂应力作用下的强度，其中抗弯强度的计算又是首要的。

1)　梁的抗弯强度

梁截面的弯曲应力随弯矩增加而变化。在屈服点之前其性质接近理想的弹性体，而在屈服点之后又接近于理想的塑性体，因此钢材可以视为理想的弹塑性体。在弯矩作用下，梁截面上的正应力发展过程可分为 3 个阶段。

(1) 弹性工作阶段。当作用于梁上的弯矩 M 较小时，梁全截面弹性工作，如图 5-3(a)所示。即应力与应变成正比，且最外边缘的应力不超过屈服点。

(2) 弹塑性工作阶段。当弯矩 M 继续增加，截面边缘区域出现塑性变形，然而中间部分区域仍保持弹性，应力与应变成正比，如图 5-3(b)所示。

(3) 塑性工作阶段。当弯矩 M 再继续增加，梁截面的塑性区便不断向内发展，弹性核心便不断变小。当弹性核心几乎完全消失，如图 5-3(c)所示时，弯矩 M_x 不再增加，而变形却继续发展，形成"塑性铰"，梁的承载能力达到极限。

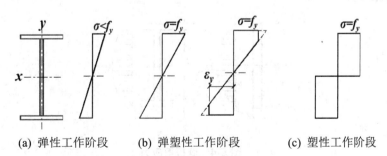

(a) 弹性工作阶段　　　(b) 弹塑性工作阶段　　　(c) 塑性工作阶段

图 5-3　梁受弯时各阶段正应力的分布情况

把边缘纤维达到屈服强度视为梁的极限状态的标志，叫弹性设计。在一定条件下，考虑塑性变形的发展称为塑性设计。显然，塑性设计比弹性设计更充分地发挥了材料的作用，但为了使梁的塑性变形不致过大发生早期破坏，保证塑性设计的正确性，《钢结构设计规范》(GB 50017—2001)在弹性设计的基础上引入塑性发展系数。

这样，梁的抗弯强度按下列规定计算。

双向弯曲时，有

$$\frac{M_x}{\gamma_x W_{nx}} + \frac{M_y}{\gamma_y W_{ny}} \leq f \tag{5-1}$$

式中：M_x，M_y——同一截面处绕 x 轴和 y 轴的弯矩设计值(对工字形截面：x 轴为强轴，y 轴为弱轴)；

W_{nx}，W_{ny}——对 x 轴和 y 轴的净截面模量；

γ_x，γ_y——截面塑性发展系数：对工字形截面，$\gamma_x = 1.05$，$\gamma_y = 1.20$；对箱形截面 $\gamma_x = \gamma_y = 1.05$；对其他截面，可按附录 3 中的附表 3-1 采用；

f——钢材的抗弯强度设计值。

单向弯曲时，有

$$\frac{M}{\gamma W_n} \leq f \tag{5-2}$$

但是对于下面两种情况，《钢结构设计规范》(GB 50017—2011)取 $\gamma = 1.0$，即不允许截面有塑性发展，仅以边缘纤维屈服作为极限状态的弹性设计。

◆ 当梁受压翼缘的自由外伸宽度与其厚度之比大于 $13\sqrt{235/f_y}$ 而不超过 $15\sqrt{235/f_y}$ 时，考虑塑性发展对翼缘局部稳定的不利影响，应取 $\gamma_x = 1.0$。f_y 为钢材牌号所指屈服点。

◆ 对于直接承受动力荷载且需计算疲劳的梁，考虑塑性发展会使钢材硬化，促使疲劳断裂提早出现，这时宜取 $\gamma_x = \gamma_y = 1.0$。

当梁的抗弯强度不够时，增加梁截面的任一尺寸均可，但以梁的高度最有效。

2) 梁的抗剪强度

一般情况下，梁既承受弯矩又承受剪力。对于工字形和槽形截面，它腹板上的剪应力分布如图 5-4 所示，其最大剪应力在腹板中和轴处。因此，在主平面受弯的实腹构件，其抗剪强度应按式(5-3)计算，即

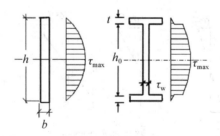

图 5-4　腹板剪应力

$$\tau = \frac{VS}{It_w} \leq f_v \tag{5-3}$$

式中：V——计算截面沿腹板平面作用的剪力；

S——计算剪应力处以上(或下)毛截面对中和轴的面积矩；

I——毛截面惯性矩；

t_w——腹板厚度；

f_v——钢材的抗剪强度设计值。

当梁的抗剪强度不足时，最有效的办法是增大腹板的面积，但腹板高度 h_w 一般由梁的刚度条件和构造要求确定，故设计时常采用加大腹板厚度 t_w 的办法来增大梁的抗剪强度。

3) 梁的局部承压强度

当梁的翼缘受有沿腹板平面作用的固定集中荷载(包括支座反力)且该荷载处又未设置支撑加劲肋(见图 5-5(a))，或受有移动的集中荷载(如吊车的轮压)(见图 5-5(b))时，应验算腹板计算高度边缘的局部承压强度。

在集中荷载作用下，翼缘(在吊车梁中还包括轨道)类似支承于腹板的弹性地基梁。腹板计算高度边缘的压力分布如图 5-5(b)的曲线所示。假定集中荷载从作用处以 $1:2.5$(在 h_y 高度范围)和 $1:1$(在 h_R 高度范围)扩散，均匀分布于腹板计算高度边缘。

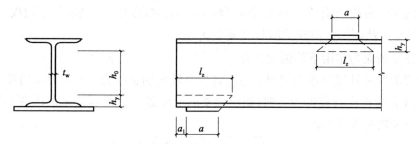

(a) 固定集中荷载处未设置支撑加劲肋

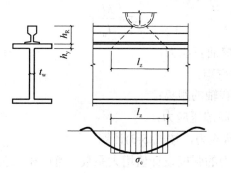

(b) 有移动的集中荷载作用

图 5-5　局部压应力

按这种假定计算的均布压应力 σ_c 与理论的局部压应力的最大值十分接近。这样，《钢结构设计规范》(GB 50017—2001)规定腹板计算高度 h_0 的边缘局部压应力 σ_c 应满足

$$\sigma_c = \frac{\psi F}{t_w l_z} \leqslant f \tag{5-4}$$

式中：F ——集中荷载，对动力荷载应考虑动力系数；

ψ ——集中荷载增大系数：对重级工作制吊车梁，$\psi = 1.35$；对其他荷载，$\psi = 1.0$；

l_z ——集中荷载在腹板计算高度上边缘的假定分布长度，按下式计算。

对于跨中集中荷载，有

$$l_z = a + 5h_y + 2h_R$$

对于梁端支反力，有

$$l_z = a + a_1 + 2.5h_y + 2h_R$$

式中：a——集中荷载沿梁跨度方向的支承长度，对钢轨上的轮压可取 $a = 50\text{mm}$；

h_y——自梁顶面至腹板计算高度上边缘的距离；

h_R——轨道的高度，对梁顶无轨道的梁 $h_R = 0$；

a_1——梁端到支座板外边缘的距离，按实取，但不得大于 $2.5h_y$。

腹板计算高度 h_0 的边缘处是指：对于轧制型钢梁为腹板与翼缘相接处内圆弧起点处(见图 5-5(b))；对于焊接组合梁为腹板边缘处(见图 5-5(a))。

对于固定集中荷载(包括支座反力)，若 σ_c 不满足式(5-4)的要求，应在集中荷载处设置加劲肋。这时集中荷载考虑全部由加劲肋传递，腹板压应力可以不再计算。

对于移动集中荷载(如吊车轮压)，若 σ_c 不满足式(5-4)的要求，则应加厚腹板，或采取各种措施使 l_z 增加，从而加大荷载扩散长度减小 σ_c 值。

4) 梁在复杂应力作用下的强度计算

在组合梁的腹板计算高度边缘处，当同时受有较大的正应力、剪应力和局部压应力时，或同时受有较大的正应力和剪应力时(如连续梁的支座处或梁的翼缘截面改变处等)，应按式(5-5)验算该处的折算应力，即

$$\sigma_{eq} = \sqrt{\sigma^2 + \sigma_c^2 - \sigma\sigma_c + 3\tau^2} \leqslant \beta_1 f \tag{5-5}$$

$$\sigma = \frac{M}{I_n}y_1$$

式中：σ——验算点处的弯曲正应力；

M——验算截面的弯矩；

y_1——验算点至中和轴的距离；

σ_c——计算点处的局部压应力；

τ——验算点处的剪应力，按式(5-3)计算；

β_1——验算折算应力的强度设计值增大系数。当 σ 和 σ_c 异号时，取 $\beta_1 = 1.2$；当 σ 与 σ_c 同号或 $\sigma_c = 0$ 时，取 $\beta_1 = 1.1$。

式(5-5)中的 σ、τ、σ_c 是指腹板计算高度边缘同一点上同时产生的正应力、剪应力和局部压应力。σ 和 σ_c 均以拉应力为正值，压应力为负值。

在式(5-5)中，将强度设计值乘以增大系数 β_1，是考虑到所验算部位是腹板边缘的局部区域，且几种应力皆以其较大值出现在同一点上的概率很小，故将强度设计值乘以 β_1 予以提高。当 σ 与 σ_c 异号时，其塑性变形能力比 σ 与 σ_c 同号时大，因此前者的 β_1 值大于后者。

2. 梁的刚度

梁的刚度用荷载作用下挠度的大小来衡量。梁的刚度不足，不但会影响正常使用，同时也会造成不利的工作条件。如楼盖梁的挠度超过正常使用的某一限值时，一方面给人们一种不舒服和不安全的感觉，另一方面可能使其上部的楼面及下部的抹灰开裂，影响结构的功能；如吊车梁的挠度过大，会加剧吊车运行时的冲击和振动，甚至使吊车运行困难，

等等。梁的截面一般常由抗弯强度决定，但对于截面大、跨度小的梁可能由抗剪强度控制，而对于细长的梁可能由刚度条件控制，因此刚度一般在截面强度验算后进行。验算公式为

$$v \leqslant [v] \tag{5-6a}$$

或

$$\frac{v}{l} \leqslant \frac{[v]}{l} \tag{5-6b}$$

式中：v——由荷载标准值(不考虑荷载分项系数和动力系数)产生的最大挠度；

　　　$[v]$——梁的容许挠度值，对某些常用的受弯构件，规范规定实践经验规定的容许挠度值$[v]$见附录 3 中的附表 3-2。

梁的挠度可按材料力学和结构力学的方法计算，也可由结构静力计算手册取用。取用的荷载标准值应与附表 3-2 规定的容许挠度值$[v]$相对应。例如，对吊车梁，挠度v应按自重和起重量最大的一台吊车计算；对楼盖或工作平台梁，应分别验算全部荷载产生挠度和仅有可变荷载产生的挠度。等截面简支梁的最大挠度计算公式为

$$\frac{v}{l} = \frac{5q_k l^3}{384EI_x} = \frac{M_k l}{10EI_x} \leqslant \frac{[v]}{l} \tag{5-7}$$

式中：q_k——均布线荷载标准值；

　　　M_k——荷载标准值产生的最大弯矩；

　　　I_x——跨中毛截面惯性矩；

　　　E——梁截面弹性模量；

　　　l——梁的长度。

5.3　受弯构件的整体稳定

5.3.1　梁的整体稳定的概念

梁的强度计算时，认为荷载作用于梁截面的垂直对称轴(如图 5-6 所示的y轴)平面，即最大刚度平面，且它只产生沿y轴方向的弯曲变形。但实际上荷载不可能准确对称作用于梁的垂直平面，同时不可避免地也会有各种偶然因素所产生的横向作用，所以梁不但产生沿y轴的垂直变形，同时也会产生沿x轴的水平位移。梁在x轴的水平位移一般不大，但由于设计时为了提高抗弯与抗剪强度、节约钢材，钢梁截面一般做成高而窄的形式，即受荷方向刚度大而侧向刚度较小，所以x轴方向的位移虽小，影响却很大。试验表明，在最大刚度平面内受弯的梁，当荷载较小时，梁的弯曲平衡状态是稳定的。虽然外界各种因素会使梁产生微小的侧向弯曲和扭转变形，但外界影响消失后，梁仍能恢复原来的弯曲平衡状态。然而，当荷载增大到某一数值后，梁在向下弯曲的同时，将突然发生侧向弯曲和扭转变形而破坏，这种现象称为梁的侧向弯扭屈曲或整体失稳。梁维持其稳定平衡状态所承担的最大荷载或最大弯矩，称为临界荷载或临界弯矩。此时，受压翼缘相应的最大应力就叫临界应力。

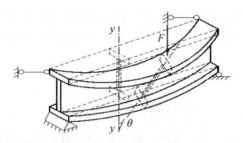

图 5-6　梁的整体失稳

梁整体失稳是突发的，并无明显预兆，因此比强度破坏更为危险，在设计、施工中要特别注意。整体稳定计算就是要保证梁在荷载作用下产生的最大正应力不超过丧失稳定时的临界应力。梁整体稳定的临界应力与梁的侧向抗弯刚度、抗扭刚度、荷载沿梁跨分布情况及其在截面上的作用点位置有关。一般来说，梁的抗弯刚度 EI_y、抗扭刚度 GI_t 越大，相应梁的整体稳定临界应力越高；纯弯构件、承受均布荷载的构件以及承受集中荷载的梁的临界应力依次递增；在均布荷载和集中荷载情况下，荷载作用于上翼缘比作用在下翼缘时临界应力要小；梁受压翼缘的自由长度 l_1 越大，临界弯矩 M_{cr} 越小。最后值得注意的是，设计梁时必须从构造上保证梁的支座及侧向支撑能有效地阻止梁的侧向弯曲和扭转。

5.3.2　梁整体稳定的保证

《钢结构设计规范》(GB 50017—2011)规定，当符合下列情况之一时，梁的整体稳定可以得到保证，不必计算。

(1) 有刚性铺板密铺在梁的受压翼缘上并与其牢固连接，能阻止梁受压翼缘的侧向位移；

(2) H 型钢或等截面工字型简支梁受压翼缘的自由长度 l_1 与其宽度 b_1 之比不超过表 5-1 所规定的数值。

表 5-1　工字型截面简支梁不需计算整体稳定性的最大 l_1/b_1 值

钢　号	跨中无侧向支承点的梁		跨中受压翼缘有侧向支承点的梁，不论荷载作用在何处
	荷载作用在上翼缘	荷载作用在下翼缘	
Q235	13.0	20.0	16.0
Q345	10.5	16.5	13.0
Q390	10.0	15.5	12.5
Q420	9.5	15.0	12.0

注：其他钢号的梁不需计算整体稳定性的最大 l_1/b_1 值，应取 Q235 钢的数值乘以 $\sqrt{235/f_y}$。

梁整体稳定的计算方法。当不满足前述不必计算整体稳定条件时，应对梁的整体稳定进行计算。计算时根据梁整体稳定临界弯矩 M_{cr}，可求出相应的临界应力 $\sigma_{cr}=M_{cr}/W_x$，并考虑钢材抗力分项系数 γ_R，对于在最大刚度主平面内单向弯曲的构件，其整体稳定条件为

$$\sigma = \frac{M_x}{W_x} \leqslant \frac{\sigma_{cr}}{\gamma_R} = \frac{\sigma_{cr} f_y}{f_y \gamma_R} \tag{5-8}$$

令 $\sigma_{cr} / f_y = \varphi_b$，则在最大刚度主平面内受弯的构件，其整体稳定性应按式(5-9)计算，即

$$\frac{M_x}{\varphi_b W_x} \leqslant f \tag{5-9}$$

$$\varphi_b = \sigma_{cr} / f_y$$

式中：M_x——绕强轴作用的最大弯矩；

W_x——按受压纤维确定的梁毛截面模量；

φ_b——梁的整体稳定系数。

在整体稳定计算中，整体稳定系数 φ_b 的确定非常关键。根据试验与理论推导，它主要与梁的刚度、跨度或侧向支承点的距离、荷载的性质和作用位置等因素有关。因而，《钢结构设计规范》(GB 50017—2003)给出了相应的计算公式。对于常用的普通轧制工字钢简支梁，其截面几何尺寸有一定的比例关系，所以可将其整体稳定系数 φ_b 按工字钢型号和受压翼缘自由长度 l_1 制成表格直接查用，详见附表。

应当指出，上述整体稳定系数是按弹性稳定理论求得的，且未考虑残余应力的影响，故只适用于弹性工作阶段。而研究证明，当求得的 $\varphi_b > 0.6$ 时，梁已进入非弹性工作阶段，整体稳定临界应力有明显的降低，必须对 φ_b 进行修正。《钢结构设计规范》(GB 50017—2003)规定，当按上述公式或表格确定的 $\varphi_b > 0.6$ 时，用下式求得的 φ_b' 代替 φ_b 进行梁的整体稳定计算，即

$$\varphi_b' = 1.07 - 0.282 / \varphi_b \leqslant 1.0 \tag{5-10}$$

当梁的整体稳定承载力不足时，可采用加大梁的截面尺寸或增加侧向支承的办法予以解决，前一种办法中尤其是增大受压翼缘的宽度最有效。此外，不论梁是否需要计算整体稳定性，梁的支承处均应采取构造措施以阻止其端截面的扭转。

例 5-1 某平台梁格，荷载标准值为：恒载(不包括梁自重)1.5 kN/m，活荷载 9 kN/m²。试按：两种情况，分别选择次梁的截面：①平台铺板与次梁连牢；②平台铺板不与次梁连牢。设次梁跨度为 5m，间距为 2.5m，钢材为 Q235 钢。

解 ① 平台铺板与次梁连牢时，不必计算整体稳定。假设次梁自重为 0.5 kN/m，次梁承受的线荷载标准值为

$$q_k = (1.5 \times 2.5 + 0.5) + 9 \times 2.5 = 4.25 + 22.5$$
$$= 26.75 (kN / m) = 26.75 N / mm$$

荷载设计值为(按可变荷载效应控制的组合：恒荷载分项的系数为 1.2，活荷载分项的系数为 1.3)

$$q = 4.25 \times 1.2 + 22.5 \times 1.3 = 34.35 (kN / m)$$

最大弯矩设计值为

$$M_x = \frac{1}{8} q l^2 = \frac{1}{8} \times 34.35 \times 5^2 = 107.3 (kN \cdot m)$$

根据抗弯强度选择截面，需要的截面模量为

$$W_{nx} = M_x / (\gamma_x f) = 107.3 \times 10^6 / (1.05 \times 215) = 475 \times 10^3 (mm^3)$$

选用 HN300×150×6.5×9，其截面模量为490cm³，跨中无孔眼削弱，此截面模量大于需要的475cm³，梁的抗弯强度已足够。由于型钢的腹板较厚，一般不必验算抗剪强度；若将次梁连于主梁的加劲肋上，也不必验算次梁支座处的局部承压强度。

其他截面特性，$I_x = 7350 \text{cm}^4$；自重为37.3kg/m=0.37kN/m，略小于假设自重，不必重新计算。

验算挠度。在全部荷载标准值作用下，有

$$\frac{\upsilon_T}{l} = \frac{5}{384} \times \frac{26.75 \times 5000^3}{206 \times 10^3 \times 7350 \times 10^4} = \frac{1}{348} < \frac{[\upsilon_T]}{l} = \frac{1}{250}$$

在可变荷载标准值作用下，有

$$\frac{\upsilon_Q}{l} = \frac{1}{348} \times \frac{22.5}{26.75} = \frac{1}{414} < \frac{[\upsilon_Q]}{l} = \frac{1}{300}$$

(注：若选用普通工字钢，则需 I28a，自重为43.4kg/m，比 H 型钢重16%)。

② 若平台铺板不与次梁连牢，则需要计算其整体稳定。

假设次梁自重为0.5kN/m，按整体稳定要求试选截面。参考普通工字钢的整体稳定系数，假设 $\varphi_b = 0.73$，已大于0.6，故 $\varphi_b' = 1.07 - 0.282/\varphi_b$。

需要的截面模量为

$$W_x = M_x /(\varphi_b' f) = 107.3 \times 10^6 /(0.68 \times 215) = 734 \times 10^3 (\text{mm}^3)$$

选用 HN350×175×7×11，$W_x = 782 \text{cm}^4$；自重为50kg/m=0.49kN/m；与假设相符。另外，截面的 $i_y = 3.93 \text{cm}$，$A = 63.66 \text{cm}^2$。

由于试选截面时，整体稳定系数是参考普通工字钢假定的，对 H 型钢应按下式进行计算，即

$$\xi = \frac{l_1 t_1}{b_1 h} = \frac{5000 \times 11}{175 \times 350} = 0.898$$

$$\beta_b = 0.69 + 0.13 \times 0.898 = 0.807$$

$$\lambda_y = \frac{500}{3.93} = 127$$

$$\varphi_b = \beta_b \frac{4320}{\lambda_y^2} \cdot \frac{Ah}{W_x} \sqrt{1 + \left(\frac{\lambda_y t_1}{4.4h}\right)^2} \cdot \frac{235}{f_y}$$

$$= 0.807 \times \frac{4320}{127^2} \times \frac{63.66 \times 35}{782} \sqrt{1 + \left(\frac{127 \times 1.1}{4.4 \times 35}\right)^2} = 0.83 > 6$$

$$\varphi_b' = 1.07 - 0.282/0.83 = 0.73$$

验算整体稳定，即

$$\frac{M_x}{\varphi_b' W_x} = \frac{107.3 \times 10^6}{0.73 \times 782 \times 10^3} = 188 \text{N/mm}^2 < f = 215 \text{N/mm}^2$$

兼作为平面支撑桁架横向腹杆的次梁，有

$$\lambda_y = 127 < [\lambda] = 200$$

满足要求，其他验算从略。

(若选用普通工字钢则需 I36a，自重为59.9kg/m，比 H 型钢重19.8%)。

5.4　组合截面受弯构件的局部稳定

从用材经济的角度出发，选择组合梁截面时总是力求采用高而薄的腹板以增大截面的惯性矩和抵抗矩，同时也希望采用宽而薄的翼缘以提高梁的稳定性，但是，如果将这些板件不适当地减薄加宽，板中压应力或剪应力尚未达到强度限值或在梁未丧失整体稳定前，腹板或受压翼缘有可能偏离其平面位置，出现波形鼓曲(起弯)，如图 5-7 所示，这种现象称为梁局部失稳或称失去局部稳定。

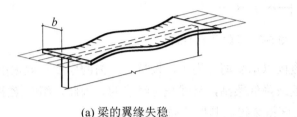

(a) 梁的翼缘失稳　　　　　　　　　　　(b) 梁的腹板失稳

图 5-7　梁的局部失稳

如果梁的腹板或翼缘局部失稳，整体构件一般不至于立即丧失承载能力，但由于对称截面转化为非对称截面而产生扭转、部分截面退出工作等原因，大大降低了构件的承载能力。所以，虽说局部失稳的危险性小于整体失稳，但它往往导致了钢结构早期破坏。

热轧型钢由于轧制条件，其板件的宽厚比较小，都能满足局部稳定的要求，不需要计算。对冷弯薄壁型钢梁的受压或受弯板件，宽厚比不超过规定的限制时，认为板件全部有效；当超过此限制时，则只考虑一部分宽度有效(称为有效宽度)，应按现行《冷弯薄壁型钢结构技术规范》(GB 50018—2002)计算。这里主要叙述一般钢结构组合梁中翼缘和腹板的局部稳定。为了避免组合梁出现局部失稳的现象，主要采用以下两种措施：①限制板件的宽厚比或高厚比；②在垂直于钢板平面方向设置加劲肋。

(1) 受压翼缘的局部稳定。对于梁的受压翼缘，为了充分发挥材料强度，只能通过限制其自由外伸宽度 b 与其厚度 t 之比来保证翼缘板的局部稳定，即

$$\frac{b}{t} \leqslant 13\sqrt{\frac{235}{f_y}} \tag{5-11a}$$

当梁在绕强轴的弯矩 M_x 作用下的强度按弹性设计(即取 $\gamma_x = 1.0$)时，b/t 值可放宽为

$$\frac{b}{t} \leqslant 15\sqrt{\frac{235}{f_y}} \tag{5-11b}$$

翼缘板自由外伸宽度 b 的取值为：对焊接构件，取腹板边至翼缘板(肢)边缘的距离；对轧制构件，取内圆弧起点至翼缘板(肢)边缘的距离。

箱形梁翼缘板(见图 5-8)在两腹板之间的部分，相当于四边简支单向均匀受压板，《钢结构设计规范》(GB 50017—2011)要求两腹板之间的无支承宽度 b_0 与其厚度 t 之比，应符合

式(5-12)要求，即

$$\frac{b_0}{t_1} \leqslant 40\sqrt{\frac{235}{f_y}} \tag{5-12}$$

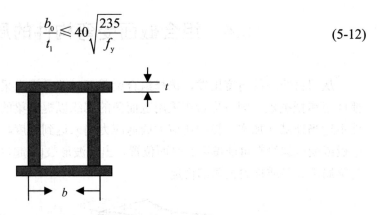

图 5-8 梁的受压翼缘板

(2) 腹板的局部稳定。梁的腹板以承受剪力为主，按抗剪所需的厚度一般很小，此时如果仅为保证局部稳定而加厚腹板或降低梁高，显然是不经济的。因此，组合梁主要是通过采用加劲肋将腹板分割成较小的区格来提高其抵抗局部屈曲的能力。

一般情况下，沿垂直梁的轴线方向每隔一定间距设置加劲肋，称为横向加劲肋。当 h_0/t_w 较大时，还应在腹板受压区顺梁跨度方向设置纵向加劲肋。必要时在腹板受压区还要设置短加劲肋，不过这种情况较为少见。加劲肋一般用钢板成对焊于腹板两侧。由于它有一定的刚度，能阻止它所在地点腹板的凹凸变形，这样它的作用就是将腹板分成许多小的区格，每个区格的腹板支承在翼缘及加劲肋上，减小了板的周界尺寸，使临界力提高，从而满足局部稳定要求。

该规范对梁腹板加劲肋布置的规定如下。

① 当 $\dfrac{h_0}{t_w} \leqslant 80\sqrt{\dfrac{235}{f_y}}$，可不设加劲肋，有局部压应力按构造设置横向加劲肋。

② 当 $\dfrac{h_0}{t_w} > 80\sqrt{\dfrac{235}{f_y}}$，应设置横向加劲肋，并满足构造要求和计算要求。

③ 当 $\dfrac{h_0}{t_w} > 170\sqrt{\dfrac{235}{f_y}}$ 且受压翼缘扭转受约束、$\dfrac{h_0}{t_w} > 150\sqrt{\dfrac{235}{f_y}}$ 且受压翼缘扭转无约束或计算需要时，应在弯应力较大区格的受压区增加配置纵向加劲肋，并满足构造要求和计算要求。

④ 局部压应力很大时，必要时宜在受压区配置短加劲肋，并满足构造要求和计算要求。

⑤ 在梁支座处或上翼缘有较大集中荷载处，宜设置支承加劲肋，并满足构造要求和计算要求。

⑥ 任何情况下，$\dfrac{h_0}{t_w}$ 不应超过 $250\sqrt{\dfrac{235}{f_y}}$。

5.5 型钢梁的设计

5.5.1 单向弯曲型钢梁

单向弯曲型钢梁的设计比较简单，通常先按抗弯强度(当梁的整体稳定有保证时)或整体稳定(当需要计算整体稳定时)求出需要的截面模量，即

$$W_{nx} = \frac{M_{max}}{\gamma_x f} \tag{5-13}$$

或

$$W_x = \frac{M_{max}}{\varphi_b f} \tag{5-14}$$

式中的整体稳定系数 φ_b 可估计假定。由截面模量选择合适的型钢(一般为 H 型钢或普通工字钢)，然后验算其他项目。由于型钢截面的翼缘和腹板厚度较大，不必验算局部稳定；端部无大的削弱时，也不必验算剪应力。而局部压应力也只在有较大集中荷载或支座反力处才验算。

5.5.2 双向弯曲型钢梁

双向弯曲型钢梁承受两个主平面方向的荷载，设计方法与单向弯曲型钢梁相同，应考虑抗弯刚度、整体稳定、挠度等的计算，而剪应力和局部稳定一般不必计算，局部压应力只是在有较大集中荷载或支座反力的情况下，有必要时才验算。

双向弯曲梁的整体稳定的理论分析较为复杂，一般按近似公式计算，规范规定双向弯曲的 H 型钢或工字钢截面应按式(5-15)计算其整体稳定，即

$$\frac{M_{max}}{\varphi_b W_x} + \frac{M_y}{\gamma_y W_y} \leqslant f \tag{5-15}$$

式中，φ_b 为绕强轴(x 轴)弯曲所确定的梁的整体稳定系数。

设计时应尽量满足不需要计算整体稳定的条件，这样可按抗弯强度条件选择型钢截面，由式(5-1)可得

$$W_{nx} = \left(M_x + \frac{\gamma_x}{\gamma_y} \frac{W_{nx}}{W_{ny}} M_y \right) \frac{1}{\gamma_x f} = \frac{M_x + \alpha M_y}{\gamma_x f} \tag{5-16}$$

对于小型号的型钢，可近似取 $\alpha = 6$ (窄翼缘 H 型钢和工字钢)或 $\alpha = 5$ (槽钢)。

例 5-2 跨度为 3m 的简支梁，承受均布荷载，其中永久荷载标准值为 15 kN/m，各可变荷载标准值共为 18 kN/m，整体稳定满足要求。试选普通工字钢截面，结构安全等级为二级(型钢梁设计问题)。

分析：解题步骤(按塑性设计)

荷载组合→计算弯矩→选择截面→ 验算强度、刚度。

解 (1) 荷载组合。

标准荷载为

$$q = q_g + q_k = 15 + 18 = 33(\text{kN}/\text{m})$$

设计荷载为

$$q = \gamma_0(\gamma_G q_g + \psi \gamma_Q q_k)$$

式中：γ_0——结构重要性系数。安全等级二级，取 1.0。

γ_G——永久荷载分项系数，一般取 1.2。

γ_Q——可变荷载分项系数，一般取 1.4。

ψ——荷载组合系数，取 1.0。

荷载设计值：$q=1.0\times(1.2\times15+1.0\times1.4\times18)=43.2\,(\text{kN/m})$

荷载标准值：$q=1.0\times(15+18)=33\,(\text{kN/m})$ (未包括梁的自重)

(2) 计算最大弯矩(跨中截面)。

在设计荷载下(暂不计自重)的最大弯矩为

$$M = ql^2/8 = 43.2 \times 3^2/8 = 48.6(\text{kN}\cdot\text{m})$$

(3) 选择截面。

需要的净截面抵抗矩为

$$W_{nx} = \frac{M}{\gamma_x f} = \frac{48.6 \times 10^3}{1.05 \times 215} = 215(\text{cm}^3)，\text{选用 I20a。}$$

$I_x = 2369\text{cm}^4$，$W_x = 237\text{cm}^3$，$I_x/S_x = 17.4\text{cm}$，$t_w = 7\text{mm}$，g=0.27kN/m

加上梁的自重，重算最大弯矩：

$$M = ql^2/8 = (43.2 + 1.2 \times 0.27) \times 3^2/8 = 49.0(\text{kN}\cdot\text{m})$$

(4) 强度验算。

① 抗弯强度验算，即

$$\sigma = \frac{M}{W_{nx}} = \frac{49 \times 10^6}{237 \times 10^3 \times 1.05} = 197(\text{N}/\text{mm}^2) < f = 215\text{N}/\text{mm}^2$$

② 抗剪强度验算，即

$$\tau = \frac{VS_x}{I_x t_w} = \frac{1}{2} \times (43.5 \times 3) \times \frac{10^3}{174 \times 7} = 53.5(\text{N}/\text{mm}^2) < f_v = 125\text{N}/\text{mm}^2$$

③ 局部压应力验算。

在支座处有局部压应力，在荷载作用处设置加劲肋。这时考虑荷载全部由加劲肋承担，局部压应力可不再验算。

5.6 组合梁的设计

5.6.1 试选截面

选择组合梁截面时，所需确定的截面尺寸有截面高度、腹板厚度、翼缘宽度及厚度。

1. 梁的截面高度

确定梁的截面高度，应该考虑建筑高度、刚度条件和经济条件。

建筑高度是指按使用要求所允许梁的最大高度h_{max}，给定了建筑高度也就决定了梁的最大高度h_{max}。

刚度条件决定了梁的最小高度h_{min}，刚度条件要求梁在全部荷载标准值作用下挠度v不大于允许挠度$[v_T]$。梁的最小跨高比的计算式为

$$\frac{h_{min}}{l} = \frac{\sigma_k l}{5E[v_T]} = \frac{f}{1.34 \times 10^6} \frac{l}{[v_T]} \tag{5-17}$$

从经济条件可以定出梁的经济高度。梁的经济高度是指满足一切条件(强度、刚度、整体稳定和局部稳定)的、梁用钢量最少的高度。经济高度h_e可用式(5-18)计算，即

$$h_e = 7\sqrt[3]{W_x} - 300 = 2W_x^{0.4} \tag{5-18}$$

式中，W_x为梁所需的截面模量，可按式(5-19)计算，即

$$W_x = \frac{M_{max}}{\alpha f} \tag{5-19}$$

式中，α为系数。对一般单向弯曲梁：当最大弯矩处无孔眼削弱时$\alpha = \gamma_x = 1.05$；有孔眼时$\alpha = 0.85 \sim 0.9$。对吊车梁，考虑横向水平荷载的作用可取$\alpha = 0.7 \sim 0.9$。

根据上述条件，实际所取梁高h应该满足

$$h_{min} \leqslant h \leqslant h_{max}, \quad h \approx h_e$$

腹板高度h_w与梁高接近(因为与梁高相比，翼缘厚度很小)，因此腹板高度h_w可按h取稍小数值，同时应考虑钢板的规格尺寸，并应取50mm的整数。

2. 腹板厚度

腹板主要承担梁的剪力，腹板厚度应满足抗剪强度要求。可用式(5-20)估算，即

$$t_w = \frac{\sqrt{h_w}}{3.5} \tag{5-20}$$

t_w和h_w均以毫米(mm)来计。选用腹板厚度时还应符合钢板现有规格，一般不宜小于8mm，跨度较小时，不宜小于6mm，轻钢结构可适当减小。

3. 翼缘尺寸

腹板尺寸确定后，可按抗弯强度条件确定翼缘面积。对于工字形截面，有

$$A_f \geqslant \frac{W_x}{h_w} - \frac{h_w t_w}{6} \tag{5-21}$$

计算出A_f后，再选定b、t其中一个数值，即可确定另一个数值。

选定b、t时应注意下列要求。

翼缘宽度b不宜过大，否则翼缘上应力分布不均匀。b值过小，不利于整体稳定，与其他构件连接也不方便。b值一般在$(1/5 \sim 1/3)h$范围内选取，同时要求$b \geqslant 180$mm(对于吊车梁要求$b \geqslant 300$mm)。另外，考虑局部稳定，要求$b/t \leqslant 26/\sqrt{f_y/235}$ (不考虑塑性发展，即$\gamma_x = 1$时，可取$b/t \leqslant 30/\sqrt{f_y/235}$)。翼缘厚度$t$一般不应小于8mm，同时应符合钢板规格。

5.6.2 截面验算

截面尺寸确定后，按实际选定尺寸计算各截面的几何特性，然后验算抗弯强度、抗剪强度、局部压应力、折算应力、整体稳定、刚度及翼缘局部稳定。腹板局部稳定一般由设置加劲肋来保证。如果梁截面尺寸沿跨长有变化，应在截面改变设计之后进行抗剪强度、刚度、折算应力的验算。

5.6.3 组合梁截面沿长度的改变

梁的弯矩是沿梁的长度变化的，当梁的跨度较大时，如在跨间随弯矩减小将截面改小，做成变截面梁，则可节约钢材、减轻自重。当跨度较小时，改变截面节省钢材不多，制造工作量却增加很多，因此跨度较小的梁多做成等截面梁。

单层翼缘板的焊接梁改变截面时，宜改变翼缘板的宽度(见图 5-9(a))而不改变其厚度。因为改变厚度时，此处应力集中严重，且使梁顶部不平，有时使梁支承其他构件不便。

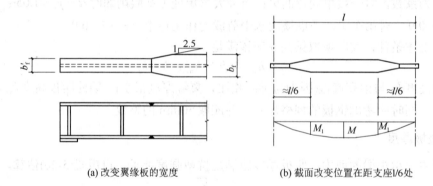

(a) 改变翼缘板的宽度   (b) 截面改变位置在距支座l/6处

图 5-9 梁翼缘宽度的改变

梁改变一次截面可节约钢材 10%～20%。如再多改变一次，可再多节约 3%～4%，效果不显著。为了便于制造，一般只改变一次截面。

对于承受均布荷载的梁，截面改变位置在距支座 $l/6$ 处(见图 5-9(b))最有利。较窄翼缘板宽度 b_f' 应由截面改变处的弯矩 M_1 确定。为了减少应力集中，宽板应从截面开始改变处向弯矩减小的一方以不大于 $1:2.5$ 的斜度倾斜延长，然后与窄板对接。

多层翼缘板的梁，可用切断外层板的方法来改变梁的截面(见图 5-10)。理论切断点的位置可由计算确定。为了保证被切断的翼缘板在理论切断处能正常参加工作，其外伸长度应满足下列要求。

① 端部有正面角焊缝。

当 $h_f \geq 0.75t_1$ 时，有

$$l_1 \geq b_1$$

当 $h_f < 0.75t_1$ 时，有

$$l_1 \geq 1.5b_1$$

② 端部无正面角焊缝，有

$$l_1 \geqslant 2b_1$$

b_1 和 t_1 分别为被切断翼缘板的宽度和厚度；h_f 为侧面角焊缝和正面角焊缝的焊脚尺寸。

有时为了降低梁的建筑高度，简支梁可以在靠近支座处减小其高度，而使翼缘截面保持不变(见图 5-11)，其中图 5-11(a)所示结构构造简单、制作方便。梁端部高度应根据抗剪强度要求确定，但不宜小于跨中高度的 1/2。

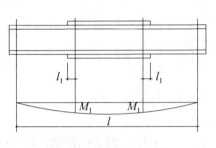

图 5-10　翼缘板的切断

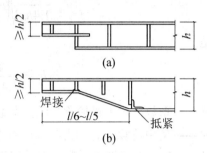

图 5-11　变高度梁

5.6.4　焊接组合梁翼缘焊缝的计算

当梁弯曲时，由于相邻截面中作用在翼缘截面的弯曲正应力有差值，翼缘与腹板间将产生水平剪应力(见图 5-12)。沿梁单位长度的水平剪应力为

$$v_1 = \tau_1 t_w = \frac{VS_1}{I_x t_w} \cdot t_w = \frac{VS_1}{I_x}$$

式中：τ_1——腹板与翼缘交界处的水平剪应力(与竖向剪应力相等)；

S_1——翼缘截面对梁中和轴的面积矩。

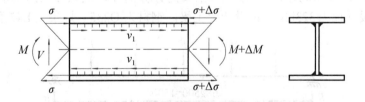

图 5-12　翼缘焊缝的水平剪力

当腹板与翼缘板用角焊缝连接时，角焊缝有效截面上承受的剪应力 τ_1 不应超过角焊缝强度设计值，即

$$\tau_f = \frac{v_1}{2 \times 0.7 h_f} = \frac{VS_1}{1.4 h_f I_x} \leqslant f_f^w$$

需要的焊脚尺寸为

$$h_f \geqslant \frac{VS_1}{1.4 I_x f_f^w} \tag{5-22}$$

当梁的翼缘上受有固定集中荷载而未设置支承加劲肋，或受有移动集中荷载(如吊车轮

压)时，上翼缘与腹板之间的连接焊缝，除承受沿焊缝长度方向的剪应力外，还承受垂直于焊缝长度方向的局部压应力，即

$$\sigma_f = \frac{\psi F}{2h_e l_z} = \frac{\psi F}{1.4 h_f l_z}$$

因此，受有局部压应力的上翼缘与腹板之间的连接焊缝应按下式计算强度，即

$$\frac{1}{1.4 h_f} \sqrt{\left(\frac{\psi F}{\beta_f l_z}\right) + \left(\frac{VS_1}{I_x}\right)} \leqslant f_f^w$$

于是

$$h_f \geqslant \frac{1}{1.4 f_f^w} \sqrt{\left(\frac{\psi F}{\beta_f l_z}\right) + \left(\frac{VS_1}{I_x}\right)} \tag{5-23}$$

式中：β_f——系数，对于直接承受动力荷载的梁取 1.0，对其他梁取 1.22。

F——集中荷载，对动力荷载应考虑动力系数；

ψ——集中荷载增大系数：对重级工作制吊车梁，$\psi = 1.35$；对其他荷载，$\psi = 1.0$；

l_z——集中荷载在腹板计算高度上边缘的假定分布长度。

对跨中集中荷载，有

$$l_z = a + 5h_y + 2h_R$$

对梁端支反力，有

$$l_z = a + a_1 + 2.5h_y + 2h_R$$

式中：a——集中荷载沿梁跨度方向的支承长度，对钢轨上的轮压可取为 50mm；

h_y——自梁顶面至腹板计算高度上边缘的距离；

h_R——轨道的高度，对梁顶无轨道的梁 $h_R = 0$；

a_1——梁端到支座板外边缘的距离，按实际取，但不得大于 $2.5h_y$。

例 5-3　图 5-13 所示为一工作平台主梁的计算简图，次梁传来的集中荷载标准值为 $F_k = 253\text{kN}$，设计值为 323kN。试设计此主梁，钢材为 Q235，焊条为 E43 型。

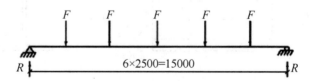

图 5-13　工作平台主梁

解　根据经验，假设此主梁自重标准值为 3kN/m，设计值为 $1.2 \times 3 = 3.6(\text{kN/m})$。

支座处最大剪力为

$$V_1 = R = 323 \times 2.5 + \frac{1}{2} \times 3.6 \times 15 = 834.5(\text{kN})$$

跨中最大弯矩为

$$M_x = 834.5 \times 7.5 - 323 \times (5 + 2.5) - \frac{1}{2} \times 3.6 \times 7.5^2 = 3735\text{kN} \cdot \text{m}$$

采用焊接组合梁，估计翼缘板厚度不小于 16mm，故抗弯强度设计值 $f = 205\text{N/mm}^2$，需要的截面模量为

$$W_x \geq \frac{M_x}{af} = \frac{3735 \times 10^6}{1.05 \times 205} = 17350 \times 10^3 (\text{mm}^3)$$

最大的轧制型钢也不能提供如此大的截面模量，可见此梁需选用组合梁。

(1) 试选截面。

查表知，$[\upsilon_T] = l/400$

$$M = 834.5 \times 7.5 - 323 \times (5 + 2.5) - \frac{1}{2} \times 3.6 \times 7.5^2$$
$$= 3735(\text{kN} \cdot \text{m})$$

按刚度条件，$h_{\min} = \frac{f}{1.34 \times 10^6} \frac{l^2}{[\upsilon_T]} = \frac{205}{1.34 \times 10^6} \times 400 \times 15000 = 918(\text{mm})$

梁的经济高度为

$$h_e = 2W_x^{0.4} = 2 \times (17350 \times 10^3)^{0.4} = 1573(\text{mm})$$

取梁的腹板高度为

$$h_w = h_0 = 1500\text{mm}$$

按抗剪要求的腹板厚度为

$$t_w \geq 1.2 \frac{V_{\max}}{h_w f_v} = 1.2 \times \frac{834.5 \times 10^3}{1500 \times 125} = 5.3(\text{mm})$$

按经验公式，有

$$t_w = \frac{\sqrt{h_w}}{3.5} = \frac{\sqrt{1500}}{3.5} = 11.0(\text{mm})$$

考虑腹板屈曲后强度，取腹板厚度 $t_w = 8\text{mm}$。

每个翼缘所需截面积为

$$A_f = \frac{W_x}{h_w} - \frac{t_w h_w}{6} = \frac{17350 \times 10^3}{1500} - \frac{8 \times 1500}{6} = 9567(\text{mm}^2)$$

翼缘宽度为

$$b_f = h/5 \sim h/36 = 1500/5 \sim 1500/3 = 300 \sim 500, \quad b_f = 420\text{mm}$$

翼缘厚度为

$$t_f = A_f/b_f = 9567/420 = 22.8\text{mm}, \quad t_f = 24\text{mm}$$

翼缘板外伸宽度为

$$b = \frac{b_f}{2} - \frac{h_w}{2} = \frac{420}{2} - \frac{8}{2} = 206(\text{mm})$$

翼缘板外伸宽度与厚度之比为 206/24=8.6<$13\sqrt{235/f_y}$=13

满足局部稳定要求。

此组合梁的跨度并不很大，为了施工方便，不沿梁长度改变截面。所选截面如图 5-14 所示。

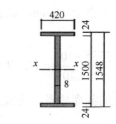

图 5-14 所选择的截面

(2) 强度验算。

梁的截面几何常数为

$$I_x = \frac{1}{12} \times (42 \times 154.8^2 - 41.2 \times 150^3) = 1395675(\text{cm}^4)$$

$$A = 150 \times 0.8 + 2 \times 42 \times 2.4 = 322(\text{cm}^2) , \quad W_x = \frac{2I_x}{h} = \frac{2 \times 1395675}{154.8} = 18032(\text{cm}^3)$$

梁自重(钢材质量密度为 7850kg/m^3，重量集度为 77kN/m^3)

$$g_k = 0.0322 \times 77 = 2.5(\text{kN/m})$$

考虑腹板加劲肋等增加的重量，原假设的梁自重为 3kN/m 比较合适。

验算抗弯强度(无孔眼 $W_{nx} = W_x$)，即

$$\sigma = \frac{M_x}{\gamma_x W_{nx}} = \frac{3735 \times 10^6}{1.05 \times 18032 \times 10^3} = 197.3(\text{N/mm}^2) < f = 205\,\text{N/mm}^2$$

验算抗剪强度，即

$$\tau = \frac{V_{max}S}{I_x t_w} = \frac{834.5 \times 10^3}{1395675 \times 10^4 \times 8} \times (420 \times 24 \times 762 + 750 \times 8 \times 375)$$

$$= 74.2(\text{N/mm}^2) < f_v = 125\,\text{N/mm}^2$$

主梁的支承处以及支承次梁处均配置支承加劲肋，故不验算局部承压强度。

(3) 梁整体稳定验算。

次梁可视为主梁受压翼缘的侧向支承，主梁受压翼缘自由长度与宽度之比为

$$l_1/b_1 = 250/42 = 6.0 < 16\sqrt{\frac{235}{f_y}}$$

故不需验算主梁的整体稳定性。

(4) 刚度验算。

查表知，挠度允许值为 $[\upsilon_T] = l/400$ (全部荷载标准值作用)或 $[\upsilon_Q] = l/500$ (仅有可变荷载标准值作用)。

全部荷载标准值在梁跨中产生的最大弯矩为

$$R_k = 253 \times 2.5 + 3 \times 15/2 = 655(\text{kN})$$

$$\frac{\upsilon_T}{l} \approx \frac{M_k l}{10EI_x} = \frac{2930.6 \times 10^6 \times 15000}{10 \times 206000 \times 1395675 \times 10^4} = \frac{1}{654} < \frac{[\upsilon_T]}{l} = \frac{1}{400}$$

$$M_k = 655 \times 7.5 - 253 \times (5 + 2.5) - 3 \times 7.5^2/2 = 2930.6(\text{kN} \cdot \text{m})$$

小于 1/500，故不必再验算仅有可变荷载作用下的挠度。

(5) 翼缘和腹板的连接焊缝计算。

翼缘和腹板之间采用角焊缝连接，即

$$h_f \geq \frac{VS_1}{1.4I_x f_t^w} = \frac{834.5 \times 10^3 \times 420 \times 24 \times 762}{1.4 \times 1395675 \times 10^4 \times 160} = 2.1(\text{mm})$$

取 $h_f = 8\text{mm} > 1.5\sqrt{t_{max}} = 1.5\sqrt{24} = 7.3(\text{mm})$ 。

5.7 梁的拼接和连接

5.7.1 梁的拼接

梁的拼接有工厂拼接和工地拼接两种。

如果梁的长度、高度大于钢材的尺寸，常需要先将腹板和翼缘用几段钢材拼接起来，然后焊接起来。这些工作一般在工厂进行，称为工厂拼接。

跨度大的梁，可能由于运输和吊装条件限制，需将梁分成几段运至工地或吊至高空就位后再拼接起来。由于这种拼接是在工地进行，称为工地拼接。

型钢梁的拼接可采用对接焊缝连接(见图 5-15(a))，但由于翼缘与腹板连接处不易焊透，故有时采用拼接板拼接(见图 5-15(b))。上述拼接位置宜放在弯矩较小处。

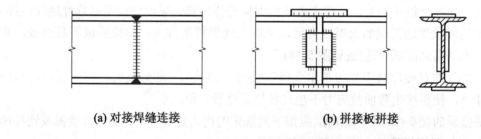

(a) 对接焊缝连接　　　　　　　　**(b) 拼接板拼接**

图 5-15　型钢梁的拼接

焊接组合梁的工厂拼接，翼缘和腹板的拼接位置最好错开并用直对接焊缝相连。腹板的拼接焊缝与横向加劲肋之间至少应相距 $10t_w$ (见图 5-16)。对接焊缝施焊时宜加引弧板，这样当采用一级或二级焊缝时，拼接处与钢材截面可以达到强度相等。但是，当采用三级焊缝时，由于焊缝抗拉强度比钢材抗拉强度低，这时应将拼接布置在梁弯矩较小的位置，或采用斜焊缝。

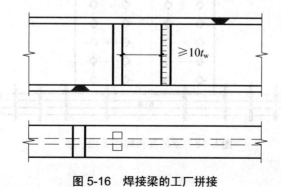

图 5-16　焊接梁的工厂拼接

　　工地拼接一般布置在梁弯矩较小的地方，并且常将腹板和翼缘在同一截面断开(见图 5-17(a))，以便于运输和吊装。拼接处一般采用对接焊缝，上下翼缘做成向上的 V 形坡口，以方便工地实施俯焊(见图 5-17(a))。同时，为了减小焊接应力，应将工厂焊的翼缘焊缝端部留出 500mm 左右不焊，留到工地拼接时按施焊顺序最后焊接。这样可以使焊接时有较多的自由收缩余地，从而减小焊接应力。有时将翼缘和腹板的接头略微错开一些(见图 5-17(b))，这样受力情况较好，但这种方式在运输、吊装时需要对端部凸出的部分加以保护，以免碰损。

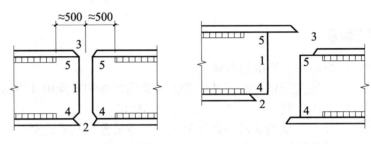

(a) 将腹板和翼缘在同一截面断开　　　　(b) 翼缘和腹板的接头略微错开

图 5-17　焊接梁的工地拼接

　　对于需要在高空拼接的梁，常常考虑高空焊接操作困难，采用摩擦型高强度螺栓连接。对于较重要的或承受动荷载的大型组合梁，考虑工地焊接条件差，焊接质量不易保证，也可以采用摩擦型高强度螺栓连接(见图 5-18)。

　　当梁拼接处的对接焊缝不能与基本金属等强时，如采用三级焊缝时，应对受拉区翼缘焊缝进行计算，使拼接出弯曲拉应力不超过抗拉强度设计值。

　　对用拼接板的接头(见图 5-15(b))，应按下列规定的内力进行计算：翼缘拼接板及连接所承受的内力 N 为翼缘板的最大承载力，即

$$N = A_{fn} f \tag{5-24}$$

式中，A_{fn} 为被拼接的翼缘板净截面面积。

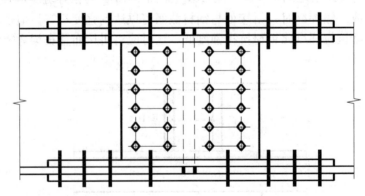

图 5-18　梁的高强螺栓工地拼接

腹板拼接板及其连接，主要承受梁截面上的全部剪力 V，以及按刚度分配到腹板的弯矩 $M = M \cdot I_w / I$ (式中 I_w 为腹板截面惯性矩，I 为整个梁截面的惯性矩)。

5.7.2　次梁与主梁的连接

次梁与主梁的连接形式有叠接和平接两种。

叠接(见图 5-19)是将次梁直接搁置在主梁上面，用螺栓或焊缝连接，构造简单，但需要的结构高度大，其使用常受到限制。图 5-19(a)所示是次梁为简支梁时与主梁连接的构造，图 5-19(b)所示则是次梁为连续梁与主梁连接的构造示例。如次梁截面较大时，应另采取构造措施防止支承处截面的扭转。

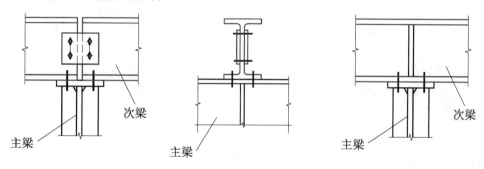

(a) 次梁为简支梁时与主梁连接　　　　(b) 次梁为连续梁时与主梁连接

图 5-19　次梁与主梁的叠接

平接(见图 5-20)是使次梁顶面与主梁相平或略高、略低于主梁顶面，从侧面与主梁的加劲肋或在腹板上专设的短角钢或支托相连接。图 5-20(a)、(b)、(c)所示是次梁为简支梁时与主梁连接的构造，图 5-20(d)所示则是次梁为连续梁时与主梁连接的构造。平接虽然复杂，但可降低结构高度，故在实际工程中应用广泛。

每一种连接构造都要将次梁支座的压力传给主梁，实质上这些支座压力就是梁的剪力。而梁腹板的主要作用是抗剪，所以应将次梁腹板连于主梁的腹板上，或连于与主梁腹板相连的竖直方向抗剪刚度较大的加劲肋上或支托的竖直板上。在次梁支座压力作用下，按传力的大小计算连接焊缝或螺栓的强度。由于主梁、次梁翼缘及支托水平板外伸部分在竖直方向的抗剪强度较小，分析受力时不考虑它们传递给次梁的支座压力。具体计算时，在形式上可不考虑偏心作用，而将次梁支座压力增大 20%～30%，以考虑实际上存在的偏心影响。

对于刚接构造，次梁与次梁之间还要传递支座弯矩。图 5-20(b)所示的次梁本身是连续的，支座弯矩可以直接传递，不必计算。图 5-20(d)所示的主梁两侧次梁是断开的，支座弯矩靠焊缝连接的次梁上翼缘盖板、下翼缘支托水平顶板传递。由于梁的翼缘承受弯矩的大部分，所以连接盖板的截面及其焊缝可按承受水平力偶 $H=M/h$ 计算(M 为次梁支座弯矩，h 为次梁高度)。支托顶板与主梁腹板的连接焊缝也按力 H 计算。

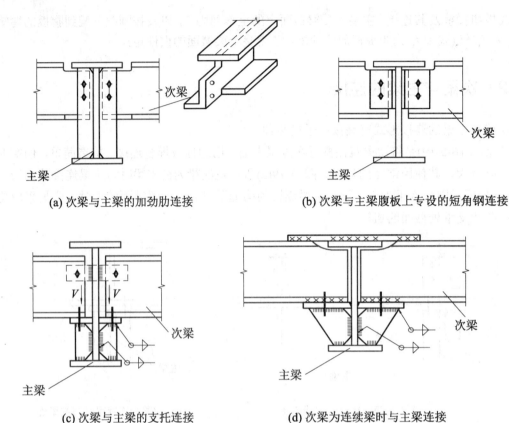

(a) 次梁与主梁的加劲肋连接　　　　　　　　　(b) 次梁与主梁腹板上专设的短角钢连接

(c) 次梁与主梁的支托连接　　　　　　　　　　(d) 次梁为连续梁时与主梁连接

图 5-20　次梁与主梁的平接

本 章 小 结

(1) 钢结构中最常用的梁有型钢梁和组合梁。其计算包括强度(抗弯强度 σ、抗剪强度 τ、局部承压强度 σ_c 和折算应力 σ_{eq})、刚度、整体稳定和局部稳定。

(2) 型钢梁截面若无太大削弱可不计算 τ 和 σ_{eq}，同时若无较大集中荷载或支座反力时，可不计算 σ_c，局部稳定也不必验算。因此，一般情况下，型钢梁只需计算抗弯强度 σ、刚度和整体稳定。

(3) 组合梁在固定集中荷载处如设有支承加劲肋时可不计算 σ_c，折算应力 σ_{eq} 只有在同时受有较大正应力 σ 和剪应力 τ 或还有局部应力 σ_c 的部位(如截面改变处的腹板靠近边缘处)才作计算。此外，其余各项均需计算。

(4) 以下情况不需验算梁的整体稳定：当有刚性铺板密铺在梁的受压翼缘上并与其牢固连接，能阻止梁受压翼缘的侧向位移时；H 型钢或等截面工字型简支梁受压翼缘的自由长度 l_1 与其宽度 b_1 之比不超过表 5-1 所规定的数值时。

(5) 组合梁的翼缘板局部稳定由控制翼缘板的宽厚比来保证。

(6) 对于直接承受动荷载的吊车梁及类似构件，或不考虑腹板屈曲后强度的组合梁，由控制腹板宽厚比、设置加劲肋以及必要时还要进行计算来保证腹板局部稳定。

(7) 梁的拼接分为工厂拼接和工地拼接；次梁与主梁的连接有叠接和平接两种。

习　题

一、选择题

1. 关于梁的临界弯矩，以下说法正确的是(　　)。
   A. 梁的侧向抗弯刚度和抗扭刚度愈高，梁的临界弯矩愈小
   B. 梁受压翼缘自由长度愈小，梁的临界弯矩愈高
   C. 在均布荷载和纯弯情况下，均布荷载作用下比纯弯时的临界弯矩小
   D. 在均布荷载和集中荷载情况下，荷载作用在梁的上翼缘时，临界弯矩比作用在下翼缘要小

2. 梁的刚度按正常使用状态下，荷载标准值引起的(　　)来衡量。
   A. 长细比　　　　　　B. 挠度　　　　　　C. 弯矩　　　　　　D. 剪力

3. 关于加劲肋的构造要求，下列说法错误的是(　　)。
   A. 腹板同时设横肋和纵肋，相交处切断纵肋，横肋连续
   B. 支承加劲肋可以成对布置，也可以单侧布置
   C. 对于梁腹板加劲肋，支座及上翼缘有较大集中荷载处设支承加劲肋
   D. 横向加劲肋两端内侧切角，避免焊缝交汇在一起

二、填空题

1. 梁截面的弯曲应力随弯矩增加而变化，可分为_____、_____和_____3 个工作阶段。

2. 考虑到梁达到塑性弯矩形成塑性铰时，梁的变形过大，受压翼缘可能过早失去局部稳定，因此《钢结构设计规范》以_____作为设计极限状态。

3. 当腹板局部压应力不满足要求时，对于固定集中荷载，应_____，这样腹板局部压应力可不进行计算；对于移动集中荷载可以采取_____措施。

4. 梁的抗剪强度不足，用_____方法解决。梁抗弯强度不足，用_____方法解决。

5. 受弯构件的设计应满足_____、_____、_____和_____4 个方面的要求。_____、_____属于承载能力极限状态计算，采用荷载的设计值；_____为正常使用极限状态的计算。

6. 计算折算应力时，将强度设计值乘以增大系数 β_1 是考虑到_____
_____。

7. 进行组合梁设计时，梁的截面高度应根据_____、_____和_____确定。

8. 梁的拼接分为_____和_____两种。简支次梁和主梁的连接

有_____和_____两种。

三、简答题

1. 钢梁的强度计算包括哪些内容？什么情况下需计算梁的局部压应力和折算应力？

2. 什么情况下不需要验算梁的整体稳定？

3. 梁的整体稳定 φ_b 是如何确定的？当 $\varphi_b > 0.6$ 时为什么要用 φ_b' 代替？

4. 组合梁的腹板和翼缘可能会发生局部失稳，《钢结构设计规范》采取哪些措施防止发生局部失稳？

四、计算题

工作平台的主梁为等截面简支梁(见图 2-21)，承受由次梁传来的集中荷载，标准值为 20kN，钢材为 Q235 钢，焊条为 E43 系列，手工焊。在次梁连接处设置有支承加劲肋。验算该梁强度、刚度、整体稳定、局部稳定是否满足要求。

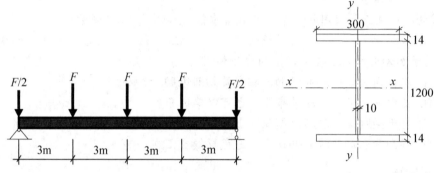

图 5-21　工作平台的等截面简支梁

第 6 章　拉弯和压弯构件

【学习要点及目标】

◆　了解拉弯和压弯构件的截面形式。

◆　能够进行拉弯或压弯构件的强度、刚度和稳定性的计算。

◆　能进行简单压弯构件的设计。

◆　掌握拉弯和压弯构件的构造要求。

【核心概念】

强度　刚度　平面内稳定性　平面外稳定性　局部稳定性

【引用案例】

拉弯和压弯构件广泛地应用于高层钢结构、钢框架结构、厂房钢结构中，在承受拉力或压力的同时，还承受侧向荷载，其破坏形式往往表现为强度和稳定性的破坏。而对于稳定性破坏，构件还没有发生屈服就向侧向发生失稳而倾覆，对结构破坏尤为严重，因此在结构设计或施工过程中要引起足够的重视。

某 6 层钢框架结构，层高为 3m，宽度为 18m，长度为 54m，柱距为 6m，采用 Q235B钢，焊条采用 E43 型，该钢框架结构的柱子承受有轴向压力的同时两端还受有弯矩，是典型的压弯构件，那么该压弯构件的截面如何选择？构件要满足两种极限状态如何计算其强度、刚度和稳定性？

6.1　概　　述

6.1.1　概念

同时承受轴向力和弯矩的结构称为压弯(或拉弯)构件(见图 6-1、图 6-2)。弯矩可能由轴向力的偏心作用、弯矩作用或横向荷载作用等因素形成。当弯矩作用在截面的一个主轴平面内时称为单向压弯(或拉弯)构件，作用在两主轴平面的称为双向压弯(或拉弯)构件。

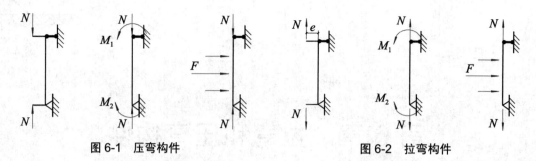

图 6-1 压弯构件   图 6-2 拉弯构件

钢结构中，压弯和拉弯构件的应用十分广泛，如由节间荷载作用的桁架上下弦杆、受风荷载作用的墙架柱以及天窗架的侧立柱等。

压弯构件广泛地应用于工业建筑中的厂房框架柱(见图 6-3)、多层(或高层)建筑中的框架柱(见图 6-4)以及海洋平面的立柱等。它们不仅要承受上部结构传下来的轴向压力，同时还承受弯矩和剪力。

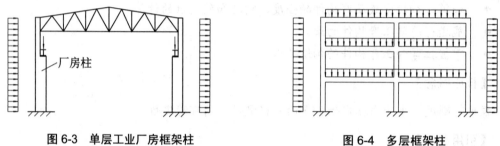

图 6-3 单层工业厂房框架柱   图 6-4 多层框架柱

与轴心受力构件一样，在进行拉弯和压弯构件设计时，应同时满足承载能力极限状态和正常使用极限状态的要求。拉弯构件需要计算其强度和刚度(限制长细比)；压弯构件则需要计算强度、整体稳定(弯矩作用平面内稳定和弯矩作用平面外稳定)、局部稳定和刚度(限制长细比)。

拉弯构件的容许长细比与轴心拉杆相同；压弯构件的容许长细比与轴心压杆相同。

6.1.2 截面形式

拉弯、压弯构件的截面可采用型钢截面和组合截面两类，而组合截面又分实腹式和格构式两种截面，如图 6-5 所示。

同轴心受力构件一样，拉弯、压弯构件也需同时满足正常使用极限状态和承载能力极限状态的要求。对于压弯构件在考虑强度的同时还需考虑稳定性，其中整体失稳破坏又可能有弯曲失稳破坏和弯扭失稳破坏两种，应注意，由于组成压弯构件的板件有一部分受压，它同轴心受压构件与受弯构件一样也存在着局部屈曲的问题。对于格构式压弯构件还有分肢失稳的问题。若板件发生局部屈曲或分肢发生失稳，都会导致压弯构件提前发生整体失稳破坏。

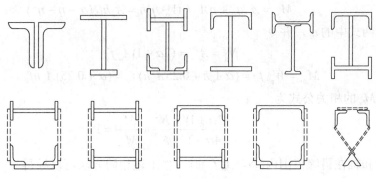

图6-5 拉弯、压弯构件的截面形式

6.2 拉弯构件和压弯构件的强度和刚度

6.2.1 强度

考虑钢结构的塑性性能，拉弯和压弯构件是以截面出现塑性铰作为强度极限。在轴心压力及弯矩的共同作用下，工字形截面上应力的发展过程如图 6-6 所示(拉力及弯矩共同作用下与此类似，仅应力图形上下相反)。

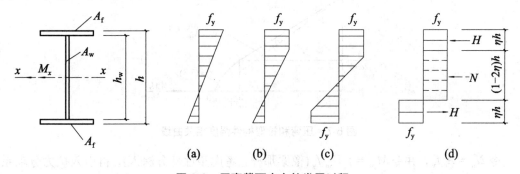

图6-6 压弯截面应力的发展过程

假设轴向力不变而弯矩不断增加，截面上应力的发展过程如下。

① 边缘纤维的最大应力达屈服点(见图 6-6(a))。

② 最大应力一侧塑性部分深入截面(见图 6-6 (b))。

③ 两侧均有部分塑性深入截面(见图 6-6 (c))。

④ 全截面进入塑性(见图 6-6 (d))，此时达到承载能力的极限状态。

由全塑性应力图形(见图 6-6 (d))，根据内外力的平衡条件，即由一对水平力 H 所组成的力偶应与外力矩 M_x 平衡，合力 N 应与外轴力平衡，可以获得轴心力 N 和弯矩 M_x 的关系。为了简化，取 $h \approx h_w$。令 $A_f = \alpha A_w$，则全截面面积 $A = (2\alpha + 1)A_w$。

内力的计算分为以下两种情况。

(1) 当中和轴在腹板范围内($N \leqslant A_w f_y$)时，有

$$N = (1-2\eta)ht_w f_y = (1-2\eta)A_w f_y \tag{6-1}$$

$$M_x = A_f h f_y + \eta A_w f_y (1-\eta)h = A_w h f_y(\alpha + \eta - \eta^2) \tag{6-2}$$

消去以上两式中的 η ，并令

$$N_p = A f_y = (2\alpha + 1)A_w f_y$$

$$M_{px} = W_{px} f_y = (\alpha A_w h + 0.25 A_w h) f_y = (\alpha + 0.25) A_w h f_y$$

则得 N 与 M_x 的相关公式为

$$\frac{(2\alpha+1)^2}{4\alpha+1} \cdot \frac{N^2}{N_p^2} + \frac{M_x}{M_{px}} = 1 \tag{6-3}$$

(2) 当中和轴在翼缘范围内($N > A_w f_y$)时，按上述相同方法可以导得

$$\frac{N}{N_p} + \frac{4\alpha+1}{2(2\alpha+1)} \cdot \frac{M_x}{M_{px}} = 1 \tag{6-4}$$

式(6-3)和式(6-4)均为曲线，图 6-6 中的实线即为工字型截面构件在弯矩绕强轴作用时的相关曲线。此曲线是外凸的，但腹板面积 A_w 较小(即 $\alpha = A_f / A_w$ 较大)时，外凸不多。为了便于计算，同时分析中没有考虑附加挠度的不利影响，规范采用了直线式相关公式，即用斜直线代替曲线(图 6-7 中的虚线)：

$$\frac{N}{N_p} + \frac{M_x}{M_{px}} = 1 \tag{6-5}$$

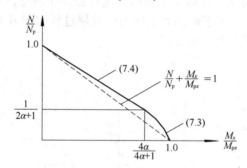

图 6-7 压弯和拉弯构件强度相关曲线

令 $N_p = A_n f_y$ ，并令 $M_{px} = \gamma_x W_{nx} f_y$ (像梁那样，考虑塑性部分深入)，再引入抗力分项系数后，得规范规定的拉弯和压弯构件的强度计算式为

$$\frac{N}{A_n} + \frac{M_x}{\gamma_x W_{nx}} \leqslant f \tag{6-6}$$

承受双向弯矩的拉弯或压弯构件，规范采用了与式(6-6)相衔接的线性公式，即

$$\frac{N}{A_n} + \frac{M_x}{\gamma_x W_{nx}} + \frac{M_y}{\gamma_y W_{ny}} \leqslant f \tag{6-7}$$

式中： A_n ——净截面面积；

W_{nx} , W_{ny} ——对 x 轴和 y 轴的净截面模量，取值应和正负弯曲应力相适应；

γ_x , γ_y ——截面塑性发展系数，其取值的具体规定见附录 3 中的附表 3-1。

注：当压弯构件受压翼缘的自由外伸宽度与其厚度之比 $b/t > 13\sqrt{235/f_y}$ (但不超过 $15\sqrt{235/f_y}$)时，取 $\gamma_x = 1.0$ 。

对需要计算疲劳的拉弯和压弯构件，宜取 $\gamma_x = \gamma_y = 1.0$，即不考虑截面塑性发展，按弹性应力状态(图 6-6(a))计算。

例 6-1 图 6-8 所示的拉弯构件，间接承受动力荷载，轴向拉力的设计值为800kN，横向荷载的设计值为7kN/m。试选择其截面，设截面无削弱，材料为Q345 钢。

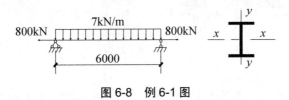

图 6-8 例 6-1 图

解 采用普通工字钢 I22a，自重 0.33kN/m，截面积 $A=42.1\text{cm}^2$，$W_x = 310\text{cm}^3$，$i_x = 8.99\text{cm}$，$i_y = 2.23\text{cm}$。

验算强度为

$$M_x = \frac{1}{8} \times (7 + 0.33 \times 1.2) \times 6^2 = 33.3\text{kN} \cdot \text{m}$$

$$\frac{N}{A_n} + \frac{M_x}{\gamma_x W_{nx}} = \frac{800 \times 10^3}{42.1 \times 10^2} + \frac{33.3 \times 10^6}{1.05 \times 310 \times 10^3}$$

$$= 292\text{N}/\text{mm}^2 < f = 310\text{N}/\text{mm}^2$$

验算长细比，即

$$\lambda_x = \frac{600}{8.99} = 66.7, \quad \lambda_y = \frac{600}{2.32} = 259 < [\lambda] = 350$$

6.2.2 刚度

拉弯和压弯构件的允许长细比 $[\lambda]$ 同轴心受力构件计算公式相同，可参考前述章节。

6.3 压弯构件的计算长度

6.3.1 压弯构件框架柱的计算长度

单根受压构件的计算长度可根据构件端部的约束条件按弹性稳定理论确定。对于端部约束条件比较简单的单根压弯构件，利用计算长度系数 μ 可直接得到计算长度。但对于框架柱，框架平面内的计算长度需通过对框架的整体稳定分析得到，框架平面外的计算长度则需根据支承点的布置情况确定。

1. 单层等截面框架柱在框架平面内的计算长度

在进行框架的整体稳定分析时，一般取平面框架作为计算模型，不考虑空间作用。框架的可能失稳形式有两种，一种是有支撑框架，其失稳形式一般为无侧移的(见图 6-9(a)、(b))，另一种是无支撑的纯框架，其失稳形式为有侧移失稳(见图 6-9(c)、(d))。有侧移失稳的框架，其临界力比无侧移失稳的框架低得多。因此，除非有阻止框架侧移的支撑体系(包括支撑架、剪力墙等)，框架的承载能力一般以有侧移失稳时的临界力确定。

框架柱的上端与横梁刚性连接。横梁对柱的约束作用取决于横梁的线刚度 I_1/l 与柱的线刚度 I/H 的比值 K_1，即

$$K_1 = \frac{\dfrac{I_1}{l}}{\dfrac{I}{H}} \tag{6-8}$$

对于单层多跨框架，K_1 值为与柱相邻的两根横梁的线刚度之和 $I_1/l_1 + I_2/l_2$ 与柱线刚度 I/H 之比为

$$K_1 = \frac{\dfrac{I_1}{l_1} + \dfrac{I_2}{l_2}}{\dfrac{I}{H}} \tag{6-9}$$

确定框架柱的计算长度通常根据弹性稳定理论，并作了以下近似假定。

(1) 框架只承受作用于节点的竖向荷载，忽略横梁荷载和水平荷载产生弯矩的影响。分析比较表明，在弹性工作范围内，此种假定带来的误差不大，可以满足设计工作的要求。但需要注意，此假定只能用于确定计算长度，在计算柱的截面尺寸时必须同时考虑弯矩和轴心力。

(2) 所有框架柱同时丧失稳定，即所有框架柱同时达到临界荷载。

(3) 失稳时横梁两端的转角相等。

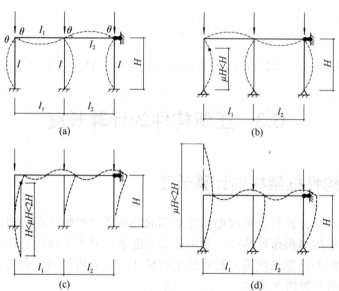

图 6-9　单层框架的失稳形式

框架柱在框架平面内的计算长度 H_0 可用式(6-10)表达，即

$$H_0 = \mu H \tag{6-10}$$

式中：H——柱的几何长度；

　　　μ——计算长度系数，显然，μ 值与框架柱柱脚和基础的连接形式及 K_1 值有关。

表 6-1 所列为当采用一阶弹性分析计算内力时单层等截面框架柱的计算长度系数 μ 值，它是在上述近似假定的基础上用弹性稳定理论求得的。

从表 6-1 可以看出，有侧移的无支撑纯框架失稳时，框架柱的计算长度系数等于 1.0。柱脚刚接的有侧移无支撑纯框架柱，μ 值在 1.0～2.0 之间(见图 6-9(c))。柱脚铰接的有侧移无支撑纯框架柱，μ 值总是大于 2.0，其实际意义可通过图 6-9(d)所示的变形情况来理解。

对于无侧移的有支撑框架柱，柱子的计算长 μ 将小于 1.0(见图 6-9(a)、(b))。

表 6-1　有侧移单层等截面无支撑纯框架柱的计算长度系数 μ

柱与基础的连接	相交于上端的横梁线刚度之和与柱线刚度之比									
	0	0.05	0.1	0.2	0.3	0.4	0.5	1.0	2.0	5.0	≥10
铰接	—	6.02	4.46	3.42	3.01	2.78	2.64	2.33	2.17	2.07	2.03
刚性固定	2.03	1.83	1.70	1.52	1.42	1.35	1.30	1.17	1.10	1.05	1.03

注：1. 线刚度为截面惯性矩与构件长度之比。

2. 与柱铰接的横梁取其线刚度为零。

3. 计算框架的等截面格构式柱和桁架式横梁的线刚度时，应考虑缀件(或腹杆)变形的影响，将其惯性矩乘以 0.9。

当桁架式横梁高度有变化时，其惯性矩宜按平均高度计算。

2. 多层等截面框架柱在框架平面内的计算长度

多层多跨框架的失稳形式也分为有侧移失稳(见图 6-10(b))和无侧移失稳(见图 6-10(a))两种情况，计算时的基本假定与单层框架相同。对于未设置支撑结构(支撑架、剪力墙、抗剪筒体等)的纯框架结构，属于有侧移失稳。对于有支撑框架，根据抗侧移刚度的大小，又可分为强支撑框架和弱支撑框架。

(1) 当支撑结构的侧移刚度(产生单位侧移角的水平力) S_b 满足式(6-11)要求时，为强支撑框架，属于无侧移失稳，框架柱的计算长度系数 μ 值按无侧移框架柱的计算长度系数确定，即

$$S_b \geqslant 3\left(1.2\sum N_{bi} - \sum N_{oi}\right) \tag{6-11}$$

式中：$\sum N_{bi}$、$\sum N_{oi}$——第 i 层层间所有框架柱用无侧移框架和有侧移框架柱计算长度系数算得的轴压杆稳定承载力之和。

(2) 当支撑结构的侧移刚度 S_b 不满足式(6-11)的要求时，为弱支撑框架。

有支撑框架在一般情况下均能满足式(6-11)的要求，因而可按无侧移失稳计算。

多层框架无论在哪一类形式下失稳，每一根柱都要受到柱端构件以及远端构件的影响。因多层多跨框架的未知节点位移数较多，需要展开高阶行列式和求解复杂的超越方程，计算工作量大且很困难。故在实用工程设计中，引入了简化杆端约束条件的假定，即将框架简化为图 6-10(c)、(d)所示的计算单元，只考虑与柱端直接相连构件的约束作用。在确定柱的计算长度时，假设柱子开始失稳时相交于上下两端节点的横梁对于柱子提供的约束弯矩，按其与上下两端节点柱的线刚度之和的比值 K_1 和 K_2 分配给柱子。这里，K_1 为相交于柱上端节点的横梁线刚度之和与柱线刚度之和的比值；K_2 为相交于柱下端节点的横梁线刚度之和与柱线刚度之和的比值。以图 6-10 中的 1—2 杆为例，即

$$K_1 = \frac{\dfrac{I_1}{l_1} + \dfrac{I_2}{l_2}}{\dfrac{I'''}{H_3} + \dfrac{I''}{H_2}} \tag{6-12}$$

$$K_1 = \frac{\dfrac{I_3}{l_1} + \dfrac{I_4}{l_2}}{\dfrac{I''}{H_2} + \dfrac{I'}{H_1}} \tag{6-13}$$

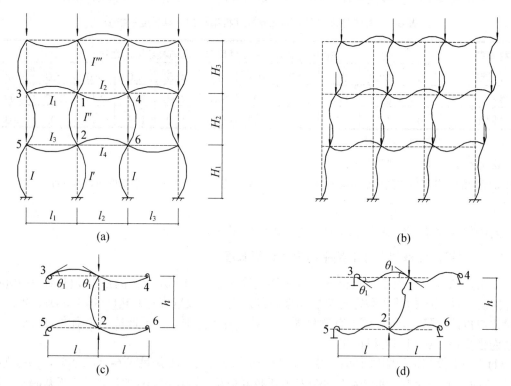

图 6-10　多层框架的失稳形式

多层框架的计算长度系数 μ 见附表 4-1(有侧移框架)和附表 4-2(无侧移框架)。实际上，表 6-1 中单层框架柱的 μ 值已包括在附表 4-1 中，令附表 4-1 中的 $K_2 = 0$，即表 6-1 中与基础铰接的 μ 值。柱与基础刚接时，从理论上来说 $K_2 = \infty$，但考虑到实际工程情况，取 $K_2 \geqslant 10$ 时的 μ 值。μ 也可采用下列近似公式计算。

(1) 无侧移失稳，即

$$\mu = \frac{3 + 1.4(K_1 + K_2) + 0.64K_1K_2}{3 + 2(K_1 + K_2) + 1.28K_1K_2} \tag{6-14}$$

对无侧移单层框架柱或多层框架的底层柱，则式(6-14)的变化如下。

柱脚刚性嵌固时，$K_2 = 10$，即

$$\mu = \frac{0.74 + 0.34K_1}{1 + 0.643K_1} \tag{6-15}$$

柱脚铰支时，$K_2 = 0$，即

$$\mu = \frac{3 + 1.4K_1}{3 + 2K_1} \tag{6-16}$$

(2) 有侧移失稳，即

$$\mu = \sqrt{\frac{7.5K_1K_2 + 4(K_1 + K_2) + 1.6}{7.5K_1K_2 + K_1 + K_2}} \tag{6-17}$$

对单层有侧移框架柱或多层框架的底层柱，则式(6-17)的变化如下。

柱脚刚性嵌固时，$K_2 = 10$，即

$$\mu = \sqrt{\frac{7.9K_1 + 4.6}{7.6K_1 + 1}} \tag{6-18}$$

柱脚铰支时，$K_2 = 0$，即

$$\mu = \sqrt{4 + \frac{1.6}{K_1}} \tag{6-19}$$

如将理论式和近似式的计算结果进行比较，可以看出误差很小。

(3) 对于支撑结构的侧移刚度 S_b 不满足式(6-11)的弱支撑框架，框架柱的轴压杆稳定系数 φ 按式(6-20)计算，即

$$\varphi = \varphi_0 + (\varphi_1 + \varphi_0)\frac{S_b}{3\left(1.2\sum N_{bi} - \sum N_{oi}\right)} \tag{6-20}$$

式中：φ_1，φ_0——框架柱按无侧移框架柱和有侧移框架柱计算长度系数算得的轴心压杆稳定系数。

3. 框架柱在框架平面外的计算长度

框架柱在框架平面外的计算长度一般由支撑构件的布置情况确定。支撑体系提供柱在平面外的支承点，柱在平面外的计算长度即取决于支撑点间的距离。这些支撑点应能阻止柱沿厂房的纵向发生侧移，如单层厂房框架柱，柱下段的支撑点常常是基础的表面和吊车梁的下翼缘处，柱上段的支撑点是吊车梁上翼缘的制动梁和屋架下弦纵向水平支撑或者托架的弦杆。

例 6-2　图 6-11 所示为有侧移双层框架，图中圆圈内的数字为横梁或柱子的线刚度。试求出各柱在框架平面内的计算长度系数 μ。

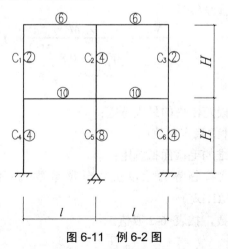

图 6-11　例 6-2 图

解 根据附表 4-1，得各柱的计算长度系数如下。

对于柱 C_1、C_3，有

$$K_1 = \frac{6}{2} = 3 ， \quad K_2 = \frac{10}{2+4} = 1.67 ， \quad 得 \mu = 1.16$$

对于柱 C_2，有

$$K_1 = \frac{6+6}{4} = 3 ， \quad K_2 = \frac{10+10}{4+8} = 1.67 ， \quad 得 \mu = 1.16$$

对于柱 C_4、C_6，有

$$K_1 = \frac{10}{2+4} = 1.67 ， \quad K_2 = 10 ， \quad 得 \mu = 1.13$$

对于柱 C_5，有

$$K_1 = \frac{10+10}{4+8} = 1.67 ， \quad K_2 = 0 ， \quad 得 \mu = 2.22$$

6.3.2 实腹式压弯构件的整体稳定性

在前述确定轴心受压构件的整体稳定承载能力时，也考虑初弯曲、初偏心等初始缺陷的影响，但是主要还是承受轴心压力，弯矩的存在带有偶然性。

对于压弯构件来说，弯矩和轴力都是主要荷载，其截面尺寸通常由稳定性来控制。轴心受压构件的失稳是在两个主轴方向中长细比较大的方向发生，而压弯构件失稳有两种可能：①由于弯矩通常绕截面的强轴作用，故构件可能在弯矩作用平面内发生弯曲屈曲，简称平面内失稳；②也可能像梁一样由于垂直于弯矩作用平面内的刚度不足，而发生由侧向弯曲和扭转引起的弯扭屈曲，即弯矩作用平面外失稳，简称平面外失稳。所以，压弯构件要分别计算弯矩作用平面内和弯矩作用平面外的稳定性。

1. 弯矩作用平面内的稳定

目前确定压弯构件弯矩作用平面内极限承载力的方法很多，可分为两大类：一类是边缘屈服准则的计算方法，另一类是精度较高的数值计算方法。

《钢结构设计规范》(GB 50017—2003)规定的实腹式压弯构件整体稳定计算式如下。

弯矩作用平面内的稳定计算式为

$$\frac{N}{\varphi_x A} + \frac{\beta_{mx} M_x}{\gamma_x W_{1x} \left(1 - 0.8 \dfrac{N}{N'_{Ex}} \right)} \leqslant f \tag{6-21}$$

式中： N——轴向压力；

M_x——所计算构件段范围内的最大弯矩；

φ_x——轴心受压构件的稳定系数；

W_{1x}——受压最大纤维的毛截面抵抗矩；

N'_{Ex}——参数，为欧拉临界力除以抗力分项系数 γ_R (不分钢种，取 $\gamma_R = 1.1$)，

$\qquad N'_{Ex} = \pi^2 EA/(1.1\lambda_x^2)$ ；

β_{mx}——等效弯矩系数，按表 6-2 取值。

表 6-2 等效弯矩系数 β_{mx}

构件类别	构件上荷载作用情况		β_{mx}
框架柱和两端支承的构件	无横向荷载作用时	M_1 和 M_2 为端弯矩,使构件产生同向曲率(无反弯点)时取同号,使构件产生反向曲率(有反弯点)时取异号, $\|M_1\| \geqslant \|M_2\|$	$\beta_{mx}=0.65+0.35\dfrac{M_2}{M_1}$
	有端弯矩和横向荷载同时作用时	使构件产生同向曲率时	$\beta_{mx}=1.0$
		使构件产生反向曲率时	$\beta_{mx}=0.85$
	无端弯矩但有横向荷载作用		$\beta_{mx}=1.0$
悬臂构件	各种荷载条件		$\beta_{mx}=1.0$

对于 T 型钢、双角钢 T 形截面等单轴对称截面压弯构件,当弯矩作用于对称轴平面且使较大翼缘受压时,构件失稳时出现的塑性区除存在前述受压区屈服和受压、受拉区同时屈服两种情况外,还可能在受拉区首先出现屈服而导致构件失去承载能力,故除了按式(6-21)计算外,还应按式(6-22)计算,即

$$\left| \frac{N}{A} - \frac{\beta_{mx}M_x}{\gamma_x W_{2x}\left(1-1.25\dfrac{N}{N'_{Ex}}\right)} \right| \leqslant f \tag{6-22}$$

式中: W_{2x}——受拉侧最外纤维的毛截面模量;

γ_x——与 W_{2x} 相应的截面塑性发展系数。

其余符号同式(6-21),式(6-22)第二项分母中的 1.25 也是经过与理论计算结果比较后引进的修正系数。

2. 弯矩作用平面外的稳定

当压弯构件的弯矩作用于截面最大刚度的平面内时,构件将可能在弯矩作用平面内发生弯曲屈曲破坏,即平面内失稳。但是,当构件在弯矩作用平面外的刚度较小时,构件就有可能在平面外发生侧向弯扭屈曲而破坏,如图 6-12 所示。

规范采用式(6-23)计算压弯构件在弯矩作用平面外的稳定,即

$$\frac{N}{\varphi_y A} + \eta \frac{\beta_{tx}M_x}{\varphi_b W_{1x}} \leqslant f \tag{6-23}$$

式中: φ_b——均匀弯曲梁的整体稳定系数;对压弯构件,可按受弯构件相应公式计算,公式中已考虑了构件的弹塑性问题,当 $\varphi_b > 0.6$ 时不需再换算;

φ_y——弯矩作用平面外的轴心受压构件稳定系数;

η——无翼截面影响系数,闭口截面取 $\eta=0.7$,其他截面取 $\eta=1.0$;

M_x——所计算构件段范围内(侧向支承之间)弯矩的最大值;

β_{tx}——弯矩作用平面外等效弯矩系数,取值方法与弯矩作用平面内的等效弯矩系数 β_{mx} 相同,按表 6-3 取值。

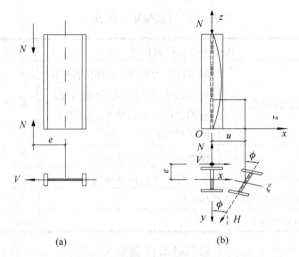

图 6-12 平面外弯扭失稳

表 6-3 等效弯矩系数 β_{tx}

构件类别	构件上荷载作用情况		β_{tx}
在弯矩作用平面外有支承的构件	无横向荷载作用时	M_1 和 M_2 为端弯矩,使构件产生同向曲率(无反弯点)时取同号,使构件产生反向曲率(有反弯点)时取异号,$\lvert M_1 \rvert \geq \lvert M_2 \rvert$	$\beta_{tx}=0.65+0.35\dfrac{M_2}{M_1}$
	有端弯矩和横向荷载同时作用时	使构件产生同向曲率时	$\beta_{tx}=1.0$
		使构件产生反向曲率时	$\beta_{tx}=0.85$
	无端弯矩但有横向荷载作用时		$\beta_{tx}=1.0$
弯矩作用平面外为悬臂构件	各种荷载条件		$\beta_{tx}=1.0$

为了设计上的方便,规范对压弯构件的整体稳定系数 φ_b 采用了近似计算公式,这些公式已考虑了构件的弹塑性失稳问题,因此当 $\varphi_b>0.6$ 时不必再换算,见表 6-4。

表 6-4 整体稳定系数 φ_b

截面类型		整体稳定系数 φ_b
工字型截面 (含 H 型钢)	双轴对称时	$\varphi_b=1.07-\dfrac{\lambda_y^2}{44000}\cdot\dfrac{f_y}{235}$,但不大于 1.0
	单轴对称时	$\varphi_b=1.07-\dfrac{W_{1x}}{(2\alpha_b+0.1)Ah}\cdot\dfrac{\lambda_y^2}{14000}\cdot\dfrac{f_y}{235}$,但不大于 1.0 注:$\alpha_b=I_1/(I_1+I_2)$,$I_1$、$I_2$ 分别为受压翼缘和受拉翼缘对 y 轴的惯性矩

续表

截面类型		整体稳定系数 φ_b
T 形截面	弯矩使翼缘受压时	双角钢 T 形截面：$\varphi_b = 1 - 0.0017\lambda_y\sqrt{f_y/235}$
		两板组合 T 形截面(含 T 型钢)：$\varphi_b = 1 - 0.0022\lambda_y\sqrt{f_y/235}$
	弯矩使翼缘受拉时	$\varphi_b = 1.0 - 0.0005\lambda_y\sqrt{f_y/235}$
箱形截面		$\varphi_b = 1.0$

例 6-3　某天窗架的侧腿由不等边双角钢组成，见图 6-13。角钢间的节点板厚度为 10mm，杆两端铰接，杆长为 3.5m，杆承受轴线压力 $N = 3.5\text{kN}$ 和横向均布荷载 $q = 2\text{kN/m}$。Q235 钢。

解　经试算初选截面：2∟90×56×6 双角钢

(1) 截面几何特性：$A = 1711.4\text{mm}^2$

$$i_x = 28.8\text{mm}，\quad i_y = 23.9\text{mm}$$

$$W_{x1} = 24060 \times 2 = 48120(\text{mm}^3)，\quad W_{x2} = 11740 \times 2 = 23480(\text{mm}^3)$$

(2) 验算整体稳定。

$$\lambda_x = 3500/28.8 = 121.5 < 150$$

$$\lambda_y = 3500/23.9 = 146.4 < 150$$

截面对两轴都属于 b 类，查附表得

$$\varphi_x = 0.429，\quad \varphi_y = 0.32$$

$N_{Ex} = \pi^2 EA/(1.1\lambda_x^2) = 3.14^2 \times 2.06 \times 10^5 \times 1711.4/(1.1 \times 121.5^2) = 2.14 \times 10^5(\text{N})$，$\beta_{mx} = 1.0$，

$\beta_{tx} = 1.0$，$\eta = 1.0$

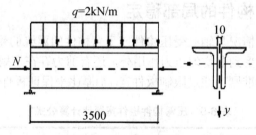

图 6-13　例 6-3 图

工字形截面的 $\gamma_{x1} = 1.05$，$\gamma_{x2} = 1.2$。

$$M_{\max} = ql^2/8 = 3.06 \times 10^6(\text{N} \cdot \text{mm})$$

① 弯矩作用平面内的整体稳定。

$$\frac{N}{\varphi_x A} + \frac{\beta_{mx}M_x}{\gamma_{x1}W_{1x}(1 - 0.8N/N'_{Ex})}$$

$$= \frac{3.5 \times 10^3}{0.429 \times 1711.4} + \frac{1.0 \times 3.06 \times 10^6}{1.05 \times 4.812 \times 10^4 \times (1 - 0.8 \times 3.5 \times 10^3/2.14 \times 10^5)}$$

$$= 66.1\text{N/mm}^2 < 215\text{N/mm}^2$$

$$\left| \frac{N}{A} - \frac{\beta_{mx}M_x}{\gamma_x W_{2x}\left(1-1.25N/N'_{Ex}\right)} \right|$$

$$= \frac{3.5 \times 10^3}{1711.4} - \frac{1.0 \times 3.06 \times 10^6}{1.2 \times 2.348 \times 10^4 \times \left(1-1.25 \times 3.5 \times 10^3/2.14 \times 10^5\right)}$$

$$= 110.9 \text{N/mm}^2 < 215 \text{N/mm}^2$$

② 弯矩作用平面外的稳定性。

当 $\lambda_y \le 120\sqrt{235/f_y}$ 时，φ_b 可按下式近似计算；当 $\varphi_b > 1.0$ 时，取 $\varphi_b = 1.0$。

$$\varphi_b = 1-0.0017\lambda_y \cdot \sqrt{f_y/235} = 0.75$$

$$\frac{N}{\varphi_y A} + \eta\frac{\beta_{tx}M_x}{\varphi_b W_x} = \frac{3.5 \times 10^3}{0.32 \times 1711.4} + \frac{1.0 \times 3.06 \times 10^6}{0.75 \times 2.14 \times 10^5} = 25.5 < 215(\text{N/mm}^2)$$

杆件的整体稳定性满足。

③ 局部稳定验算。

翼缘：$\dfrac{b_1}{t} = \dfrac{56-6}{6} = 8.3 < 15\sqrt{\dfrac{235}{235}}$，满足要求。

腹板：规范没有明确指出当杆内弯矩沿轴向变化时弯矩应如何取值，偏安全地按弯矩为零的杆端截面进行验算。此时 $\sigma_{max} = \sigma_{min}$，故 $\alpha_0 = 0 < 1.0$，所以应满足

$$\frac{h_0}{t_w} \le 15\sqrt{\frac{235}{f_y}}$$

而 $\dfrac{h_0}{t_w} = \dfrac{90-6}{6} = 14 < 15\sqrt{\dfrac{235}{235}}$，满足要求。

6.3.3 实腹式压弯构件的局部稳定

压弯构件的翼缘受力情况与轴心受压构件或受弯构件的翼缘的受力情况基本相同，但腹板的受力情况较复杂，除受到非均匀压力作用外，还有剪力存在。规范对压弯构件的局部稳定计算仍以板件的屈曲为准则，通过限制板件宽(高)厚比来保证板件的稳定性，见表 6-5。

表 6-5 压弯构件板件宽厚比计算公式

截面形式	翼缘板	腹板高厚比	符号说明
工字形截面的腹板	$\dfrac{b_1}{t} \le 13\sqrt{\dfrac{235}{f_y}}$ 当强度和稳定计算中取截面塑性发展系数 $\gamma_x = 1.0$ 时，b_1/t 可放宽至 $\dfrac{b_1}{t} \le 15\sqrt{\dfrac{235}{f_y}}$	$\alpha_0 = \dfrac{\sigma_{max} - \sigma_{min}}{\sigma_{max}}$ 当 $0 \le \alpha_0 \le 1.6$ 时 $\dfrac{h_0}{t_w} \le (16\alpha_0 + 0.5\lambda + 25)\sqrt{\dfrac{235}{f_y}}$ 当 $1.6 < \alpha_0 \le 2.0$ 时 $\dfrac{h_0}{t_w} \le (48\alpha_0 + 0.5\lambda - 26.2)\sqrt{\dfrac{235}{f_y}}$	σ_{max}——腹板计算高度边缘的最大压应力，计算时不考虑构件的稳定系数和截面塑性发展系数 σ_{min}——腹板计算高度另一边缘相应的应力，压应力为正，拉应力为负

截面形式	翼 缘 板	腹板高厚比	符号说明
T 形截面的腹板	$\dfrac{b_1}{t} \leqslant 13\sqrt{\dfrac{235}{f_y}}$	(1) 弯矩使腹板自由边受压的压弯构件 当 $\alpha_0 \leqslant 1.0$ 时 $\dfrac{h_0}{t_w} \leqslant 15\sqrt{\dfrac{235}{f_y}}$ 当 $\alpha_0 > 1.0$ 时 $\dfrac{h_0}{t_w} \leqslant 18\sqrt{\dfrac{235}{f_y}}$ (2)弯矩使腹板自由边受拉 热轧剖分 T 型钢 $\dfrac{h_0}{t_w} \leqslant (15 + 0.2\lambda)\sqrt{\dfrac{235}{f_y}}$ 焊接 T 型钢 $\dfrac{h_0}{t_w} \leqslant (13 + 0.17\lambda)\sqrt{\dfrac{235}{f_y}}$	λ ——构件在弯矩作用平面内的长细比，当 $\lambda \leqslant 30$ 时，取 30，当 $\lambda > 100$ 时，取 100 当工字型、箱形截面 h_0 / t_w 不能满足要求时，腹板截面应仅考虑计算高度边缘范围内两侧宽度 $20t_w\sqrt{\dfrac{235}{f_y}}$ 的部分或用纵向加劲肋加强
箱形截面的腹板	$\dfrac{b_0}{t} \leqslant 40\sqrt{\dfrac{235}{f_y}}$	当 $0 \leqslant \alpha_0 \leqslant 1.6$ 时 $\dfrac{h_0}{t_w} \leqslant 0.8(16\alpha_0 + 0.5\lambda + 25)\sqrt{\dfrac{235}{f_y}}$ 当 $1.6 < \alpha_0 \leqslant 2.0$ 时 $\dfrac{h_0}{t_w} \leqslant 0.8(48\alpha_0 + 0.5\lambda - 26.2)\sqrt{\dfrac{235}{f_y}}$	若计算值如小于 $40\sqrt{\dfrac{235}{f_y}}$，取 $40\sqrt{\dfrac{235}{f_y}}$
圆管截面		$\dfrac{D}{t} \leqslant 100\left(\dfrac{235}{f_y}\right)$	外径 D，壁厚 t

例 6-4 某车间多层钢框架，其横向为框架，纵向为支撑抗侧力体系；框架梁柱均为焊接 H 型钢截面，材质为 Q235 钢，梁柱节点采用现场焊接连接，不考虑地震作用，经计算底层边柱承受内力为 M=94.3kN，N=750.6kN，底层边柱采用，柱计 H400×300×10×16 算长度 l_{0x}=807cm，l_{0y}=600cm。试验算该柱承载力是否满足要求。

解 (1) 截面特性，有

$$A = 132.8\text{cm}^2 \qquad I_x = 39563\text{cm}^2$$
$$i_x = 17.26\text{cm} \qquad W_x = 1978\text{cm}^3$$
$$I_y = 7203\text{cm}^2 \qquad i_y = 7.36\text{cm}$$

(2) 验算强度，即

$$\frac{N}{A_n} + \frac{M_x}{\gamma_x W_{nx}} = \frac{750.6 \times 10^3}{132.8 \times 10^2} + \frac{94.3 \times 10^6}{1.05 \times 1978 \times 10^3}$$
$$= 110(\text{N}/\text{mm}^2) < f = 215\text{N}/\text{mm}^2$$

(3) 验算弯矩作用平面内的稳定，即

$$\lambda_x = \frac{807}{17.26} = 40.8 < [\lambda] = 150$$

刚度条件满足要求。

查附表(b 类截面)，$\varphi_x = 0.870$

$$N'_{Ex} = \frac{\pi^2 EA}{1.1\lambda_x^2} = \frac{\pi^2 \times 206000 \times 132.8 \times 10^2}{1.1 \times 46.8^2} = 11207(\text{kN})$$

$$\beta_{mx} = 1.0$$

$$\frac{N}{\varphi_x A} + \frac{\beta_{mx} M_x}{\gamma_x W_{1x}\left(1 - 0.8\dfrac{N}{N_{Ex}}\right)}$$

$$= \frac{750.6 \times 10^3}{0.87 \times 132.8 \times 10^2} + \frac{1.0 \times 94.3 \times 10^6}{1.05 \times 1978 \times 10^3 \times \left(1 - 0.8 \times \dfrac{750.6}{11207}\right)}$$

$$= 65.0 + 48.0 = 113(\text{N}/\text{mm}^2) < f = 215\text{N}/\text{mm}^2$$

(4) 验算弯矩作用平面外的稳定，即

$$\lambda_y = \frac{600}{7.36} = 81.5 < [\lambda] = 150$$

查附表 (b 类截面)，$\varphi_y = 0.678$，$\varphi_b = 1.07 - \dfrac{\lambda_y^2}{44000} = 1.07 - \dfrac{81.5^2}{44000} = 0.92$

$$\beta_{tx} = 1.0，\quad \eta = 1.0$$

$$\frac{N}{\varphi_y A} + \eta\frac{\beta_{tx} M_x}{\varphi_b W_{1x}} = \frac{750.6 \times 10^3}{0.678 \times 132.8 \times 10^2} + 1 \times \frac{1.0 \times 94.3 \times 10^6}{0.92 \times 1978 \times 10^3}$$

$$= 83.4 + 51.8 = 135(\text{N}/\text{mm}^2) < f = 215\text{N}/\text{mm}^2$$

6.3.4 实腹式压弯构件的截面设计

1. 截面形式

对于压弯构件，当承受的弯矩较小时其截面形式与一般的轴心受压构件相同。当弯矩较大时，宜采用在弯矩作用平面内截面高度较大的双轴对称截面或单轴对称截面。

2. 截面选择及验算

设计时需首先选定截面的形式，再根据构件所承受的轴力 N、弯矩 M 和构件的计算长度 l_{0x}，l_{0y}，初步确定截面尺寸，然后进行强度、整体稳定、局部稳定和刚度的验算。由于压弯构件的验算式中所牵涉的未知量较多，根据估计所初选出来的截面尺寸不一定合适，因而初选的截面尺寸往往需要进行多次调整。

1) 强度验算

承受单向弯矩的压弯构件其强度验算用式(6-24)，即

$$\frac{N}{A_n} + \frac{M_x}{\gamma_x W_{nx}} \leqslant f \tag{6-24}$$

当截面无削弱且 N、M_x 的取值与整体稳定验算的取值相同而等效弯矩系数为 1.0 时，不必进行强度验算。

2) 整体稳定验算

实腹式压弯构件弯矩作用平面内的稳定计算。即

$$\frac{N}{\varphi_x A} + \frac{\beta_{mx} M_x}{\gamma_x W_{1x}\left(1 - 0.8\dfrac{N}{N'_{Ex}}\right)} \leqslant f \tag{6-25}$$

对 T 形截面(包括双角钢 T 形截面)，还应按式(6-26)进行计算，即

$$\left| \frac{N}{A} - \frac{\beta_{mx} M_x}{\gamma_x W_{2x}\left(1 - 1.25\dfrac{N}{N'_{Ex}}\right)} \right| \leqslant f \tag{6-26}$$

弯矩作用平面外稳定用式(6-27)，即

$$\frac{N}{\varphi_y A} + \eta\frac{\beta_{tx} M_x}{\varphi_b W_{1x}} \leqslant f \tag{6-27}$$

3) 局部稳定验算

组合截面压弯构件翼缘和腹板的宽厚比应满足表 6-5 的要求。

4) 刚度验算

压弯构件的长细比应不超过前述受压构件中规定的容许长细比限值。

例 6-5 图 6-14 所示为 Q235 钢，翼缘为焰切边工字形截面柱，两端铰支，中间 1/3 长度处有侧向支承，截面无削弱，承受轴心压力的设计值为 900kN，跨中集中力设计值为 100kN。试验算此构件的承载力。

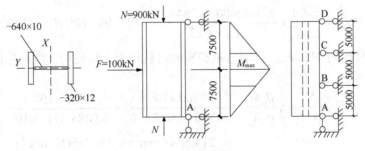

图 6-14 例 6-5 图

解 (1) 截面的几何特性。

$A = 2 \times 32 \times 1.2 + 64 \times 1.0 = 140.8(\text{cm}^2)$，$I_x = 1/12 \times (32 \times 66.4^3 - 31 \times 64^3) = 103475(\text{cm}^4)$

$I_y = 2 \times 1/12 \times 1.2 \times 32^3 = 6554(\text{cm}^4)$

$W_{1x} = 103475/33.2 = 3117(\text{cm}^3)$，$i_x = \sqrt{\dfrac{103475}{140.8}} = 27.11(\text{cm})$，$i_y = \sqrt{\dfrac{6554}{140.8}} = 6.82(\text{cm})$

(2) 验算强度，即

$$M_x = \frac{1}{4} \times 100 \times 15 = 375(\text{kN} \cdot \text{m})$$

$$\frac{N}{A_n} + \frac{M_x}{\gamma_x W_{nx}} = \frac{900 \times 10^3}{140.8 \times 10^2} + \frac{375 \times 10^6}{1.05 \times 3117 \times 10^3}$$
$$= 178.5(\text{N}/\text{mm}^2) < f = 215(\text{N}/\text{mm}^2)$$

(3) 验算弯矩作用平面内的稳定，即

$$\lambda_x = \frac{1500}{27.11} = 55.3 < [\lambda] = 150$$

查附表 2-2(b 类截面)，得 $\varphi_x = 0.831$

$$N'_{Ex} = \frac{\pi^2 EA}{1.1\lambda_x^2} = \frac{\pi^2 \times 206000 \times 140.8 \times 10^2}{1.1 \times 55.3^2}$$
$$= 8510 \times 10^3(\text{N}) = 8510\text{kN}$$

$$\beta_{mx} = 1.0$$

$$\frac{N}{\varphi_x A} + \frac{\beta_{mx} M_x}{\gamma_x W_{1x}\left(1 - 0.8\dfrac{N}{N'_{Ex}}\right)}$$

$$= \frac{900 \times 10^3}{0.831 \times 140.8 \times 10^2} + \frac{1.0 \times 375 \times 10^6}{1.05 \times 3117 \times 10^3 \times \left(1 - 0.8 \times \dfrac{900}{8510}\right)}$$

$$= 202(\text{N}/\text{mm}^2) < f = 215\text{N}/\text{mm}^2$$

(4) 验算弯矩作用平面外的稳定，即

$$\lambda_y = \frac{500}{6.82} = 73.3 < [\lambda] = 150$$

查附表 2-2(b 类截面)，$\varphi_y = 0.730$

$$N'_{Ex} = \frac{\pi^2 EA}{1.1\lambda_x^2} = \frac{\pi^2 \times 206000 \times 284 \times 10^2}{1.1 \times 40.3^2} = 31790 \times 10^3(\text{N}) = 31790(\text{kN})$$

所计算构件段为 BC 段，有端弯矩和横向荷载作用，但使构件段产生同向曲率，故取 $\beta_{tx} = 1.0$，$\eta = 1.0$。

$$\frac{N}{\varphi_y A} + \eta\frac{\beta_{tx} M_x}{\varphi_b W_{1x}} = \frac{900 \times 10^3}{0.730 \times 140.8 \times 10^2} + \frac{375 \times 10^6}{0.948 \times 3117 \times 10^3}$$
$$= 214.5(\text{N}/\text{mm}^2) < f = 215(\text{N}/\text{mm}^2)$$

由以上计算知，此压弯构件是由弯矩作用平面外的稳定控制设计的。

(5) 局部稳定验算，即

$$\sigma_{max} = \frac{N}{A} + \frac{M_x}{I_x} \cdot \frac{h_0}{2} = \frac{900 \times 10^3}{140.8 \times 10^2} + \frac{375 \times 10^6}{103475 \times 10^4} \times 320 = 180(\text{N}/\text{mm}^2)$$

$$\sigma_{min} = \frac{N}{A} - \frac{M_x}{I_x} \cdot \frac{h_0}{2} = \frac{900 \times 10^3}{140.8 \times 10^2} - \frac{375 \times 10^6}{103475 \times 10^4} \times 320 = -52(\text{N}/\text{mm}^2)$$

$$\alpha_0 = \frac{\sigma_{max} - \sigma_{min}}{\sigma_{max}} = \frac{180 + 52}{180} = 1.29 < 1.6$$

腹板：$\dfrac{h_0}{t_w} = \dfrac{640}{10} = 64 < (16\alpha_0 + 0.5\lambda_x + 25)\sqrt{235/f_y}$

$$= 16 \times 1.29 + 0.5 \times 55.3 + 25 = 73.29$$

翼缘：$\dfrac{b}{t} = \dfrac{160-5}{12} = 12.9 < 13\sqrt{235/f_y} = 13$　（$\gamma_x = 1.05$）构件计算时可取。

6.4　格构式压弯构件

　　相对于实腹式压弯构件来说，格构式压弯构件可通过调整各分肢间的距离增加构件刚度，进而可以抵抗更大的外力。因此，格构式受弯构件多用于截面较大的厂房框架柱和独立柱等。一般将弯矩绕虚轴作用，在弯矩作用平面内的截面高度较大，加之承受较大的外剪力，故通常采用缀条构件。

　　常用的格构式压弯构件截面如图 6-15 所示。当柱中弯矩不大或正负弯矩的绝对值相差不大时，可用对称的截面形式(见图 6-15(a)、(b)、(d))。如果正负弯矩的绝对值相差较大时，常采用不对称截面(见图 6-15(c))，并将较大肢放在受压较大的一侧。

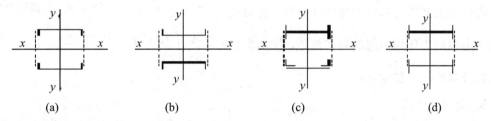

(a)　　　　　　　　(b)　　　　　　　　(c)　　　　　　　　(d)

图 6-15　格构式受弯构件常用截面

6.4.1　弯矩绕虚轴作用的格构式压弯构件

　　格构式压弯构件通常使弯矩绕虚轴作用(见图 6-15(a)、(b)、(c))，对此种构件应进行下列计算。

1. 弯矩作用平面内的整体稳定性计算

　　弯矩绕虚轴作用的格构式压弯构件，由于截面中部空心，不能考虑塑性的深入发展，故弯矩作用平面内的整体稳定计算适宜采用边缘屈服准则。在根据此准则导出的相关式中，引入等效弯矩系数 β_{mx}，并考虑抗力分项系数后，得

$$\frac{N}{\varphi_x A} + \frac{\beta_{mx} M_x}{W_{1x}\left(1 - \varphi_x \dfrac{N}{N'_{Ex}}\right)} \le f \tag{6-28}$$

$$W_{1x} = I_x / y_0$$

式中：I_x——对 x 轴(虚轴)的毛截面惯性矩；

　　　　y_0——由 x 轴到压力较大分肢轴线的距离或者到压力较大分肢腹板外边缘的距离，二者取较大值。

轴心压杆的整体稳定系数和考虑抗力分项系数的欧拉临界力，均由对虚轴(x 轴)的换算长细比确定。

2. 分肢的稳定计算

弯矩绕虚轴作用的压弯构件，在弯矩作用平面外的整体稳定性一般由分肢的稳定性计算得到保证，故不必再计算整个构件在平面外的整体稳定性。

将整个构件视为一平行弦桁架，将构件的两个分肢看作桁架体系的弦杆，两分肢的轴心力按下列公式计算(见图 6-16)。

对分肢 1 有

$$N_1 = N \frac{y_2}{a} + \frac{M_x}{a} \tag{6-29}$$

对分肢 2，有

$$N_2 = N - N_1 \tag{6-30}$$

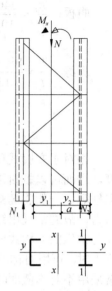

图 6-16　分肢的内力计算

缀条式压弯构件的分肢按轴心压杆计算。分肢的计算长度，在缀材平面内(图 6-16 中的 1—1 轴)取缀条体系的节间长度；在缀条平面外，取整个构件两侧向支撑点间的距离。

进行缀板式压弯构件的分肢计算时，除轴心力 N_1（或 N_2）外，还应考虑由剪力作用引起的局部弯矩，按实腹式 $V = \dfrac{A_f}{85}\sqrt{\dfrac{f_y}{235}}$，压弯构件验算单肢的稳定性。

3. 缀材的计算

计算压弯构件的缀材时，应取构件实际剪力和按式计算所得剪力两者中的较大值。其计算方法与格构式轴心受压构件相同。

6.4.2　弯矩绕实轴作用的格构式压弯构件

当弯矩作用在与缀材面相垂直的主平面内时(见图 6-15(d))，构件绕实轴产生弯曲失稳，它的受力性能与实腹式压弯构件完全相同。因此，弯矩绕实轴作用的格构式压弯构件，弯矩作用平面内和平面外的整体稳定计算均与实腹式构件相同，在计算弯矩作用平面外的整体稳定时，长细比应取换算长细比，均匀弯曲的整体稳定系数取 $\varphi_b = 1.0$。

6.4.3　格构柱的横隔及分肢的局部稳定

对格构柱，不论截面大小，均应设置横隔，横隔的设置方法与轴心受压格构柱相同。格构柱分肢的局部稳定同实腹式柱。

6.5　框架中梁与柱的连接

在钢结构中，梁柱连接及柱脚连接可采用刚接，也可采用铰接。轴心受压柱与梁的连接应采用铰接，在框架结构中，横梁与柱则多采用刚接。刚接对制造和安装的要求较高，施工较复杂。设计梁和柱的连接应遵循安全可靠、传力路线明确简洁、构造简单和便于安装等原则。

是铰接还是刚接，判别依据就是是否能抗弯，对工字型截面来说，主要就是判断两个翼缘是否可以相对转动，即若梁的两翼缘与柱无任何连接，则为铰接；若梁的两翼缘与柱焊接，或在翼缘外有高强螺栓与柱连接，则梁柱刚接。具体来说，若仅在梁腹板内侧有 2～4 个高强螺栓与柱连接的，仅能抗剪，则为铰接；若翼缘外侧有高强螺栓的，或翼缘与柱焊接，则刚接。

6.5.1 铰接连接

1. 梁支承于柱顶时

图 6-17 所示为梁支承于柱顶的典型柱头构造。梁端焊接一端板(亦即梁的支承加劲肋)，端板底部伸出梁的下翼缘不超过端板厚度的 2 倍。依靠端板底部刨平顶紧于柱的顶板而将梁的端部反力传给柱头。左右两梁端板间用普通螺栓相连并在其间设填板，以调整梁在加工制造中跨度方向的长度偏差。梁的下翼缘板与柱顶板间用普通螺栓相连以固定梁的位置。这种支承方式基本上使柱中心受压，可用于轴压柱的柱头构造设计。柱顶顶板用以承受由梁传下来的压力，并均匀传递给整个柱截面，因而顶板必须具有一定的刚度，通常取厚度 $t=20～30\text{mm}$，不需计算。为了不使柱顶部腹板受力过分集中，在梁的端板下的柱腹板处可设置加劲肋。顶板与柱顶用角焊缝连接，并假定由此角焊缝传递全部荷载，焊脚尺寸通过计算确定。当柱腹板处设有加劲肋时，柱顶顶板焊缝的这种计算偏于保守，因这时大部分荷载将由加劲肋传递。加劲肋的连接需经计算。加劲肋顶部如刨平顶紧于柱顶板的底面，此时与顶板的焊缝按构造设置；否则其与顶板的连接角焊缝应按传力需要计算。加劲肋与柱腹板的竖向角焊缝连接要按同时传递剪力和弯矩计算，剪力为由加劲肋顶部传下之力，此力作用于每边加劲肋顶部的中点，对与柱腹板相连的竖向角焊缝有偏心而产生弯矩，参阅图 6-17 (a)右图。

图 6-17(b)所示为一格构式柱的柱头构造。要注意的是，为了保证格构式柱两分肢受力均匀，不论是缀条柱或缀板柱，在柱顶处应设置端缀板，并在两分肢的腹板处设竖向隔板。

当梁传给柱身的压力较大时，也可采用图 6-17(c)所示构造，梁端加劲肋对准柱的翼缘板，使梁的强大端部反力通过梁端加劲肋直接传给柱的翼缘，梁底可设或不设狭长垫板。但需注意，当两梁传给柱的荷载不对称时(如左跨梁有可变荷载，右跨无可变荷载)，采用这种形式柱头的柱身除按轴心受压构件计算外，还应按压弯构件(偏心受压)进行验算。

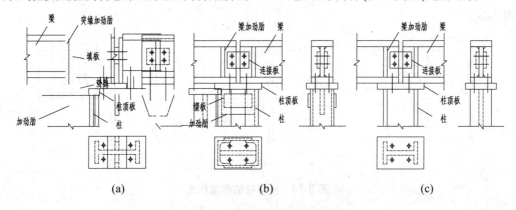

(a)　　　　　　　(b)　　　　　　　(c)

图 6-17　梁支承于柱顶的铰接构造

2. 梁支承于柱顶的两侧时

在多层框架的中间梁柱中，横梁只能在柱侧相连。图 6-18(a)、(b)是梁连接柱侧面的铰接构造。梁的反力由端加劲肋传给支托，支托可采用 T 型，支托与柱翼缘间用角焊缝连接。用厚钢板做支托的方案适用于承受较大的压力，但制作与安装的精度要求较高。支托的端面必须刨平，并与梁的端加劲肋顶紧以便直接传递压力。考虑到荷载偏心的不利影响，支托与柱的连接焊缝按梁支座反力的 1.25 倍计算。为方便安装，梁端与柱间应留空隙加填板并设置构造螺栓。当两侧梁的支座反力相差较大时，应考虑偏心，按压弯柱计算。

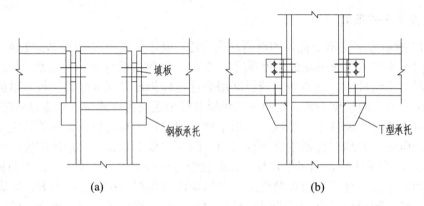

图 6-18　梁支承于柱侧的铰接构造

6.5.2　刚接连接

图 6-19 所示为常用的梁柱刚性连接示例。图 6-19(a)所示的节点仅梁的腹板处改用连接角钢和高强度螺栓连接，目的是使安装时便于对中就位。图 6-19(b)所示为全焊接节点。梁的翼缘板用坡口对接焊缝与柱相连，为了方便梁翼缘板处坡口焊缝的施焊和设置垫板，梁腹板上、下端各开 $r=30\sim35\text{mm}$ 的半圆孔。梁腹板采用两条角焊缝与柱翼缘板相连接。这种全焊接节点省工省料，但需要工地高空施焊，对焊接技术要求较高。图 6-19(c)所示是对图 6-19(b)节点的改进，在工厂制造时柱上焊悬臂短梁段，在高空用高强度螺栓摩擦型连接与梁的中央段拼接，避免了高空施焊和便于梁的对中就位。此外，高强度螺栓拼接所在截面的内力(弯矩和剪力)均较梁端者为小，因而拼接所用螺栓数量较在梁端用高强度螺栓连接时为少。

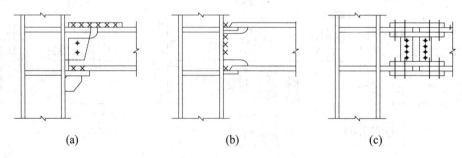

图 6-19　梁与柱的刚接构造

6.6 框架柱的柱脚

柱脚的构造应使柱身的内力可靠地传给基础，并和基础有牢固的连接。由于混凝土的强度远比钢材低，所以，必须把柱的底部放大，以增加其与基础顶部的接触面积。柱脚按其与基础的连接方式不同，又分为铰接和刚接两种。铰接柱脚只传递轴心压力和剪力，刚接柱脚除传递轴心压力和剪力外，还要传递弯矩。

在实际工程中，绝对刚接或绝对铰接都是不可能的，确切地说，应该是一种半刚接半铰接状态。为计算方便，只能根据实际构造把柱脚看成接近刚接或铰接。刚接或铰接柱脚关键取决于锚栓布置，铰接柱脚一般采用两个锚栓(见图6-20(a))，以保证其充分转动，但有时考虑锚栓质量问题，若一个锚栓质量不保证，会对整个结构受力产生较大影响，所以为安全起见，也可布置4个锚栓(见图6-20(b))，但锚栓尽量接近，以保证柱脚转动。刚接柱脚一般采用4个或4个以上锚栓连接(见图6-20(c))，图中采用6个锚栓，可以认为柱脚不能转动，前面讲的几种柱脚均为锚板式柱脚，构造简单，是工程上常用的柱脚形式。另外，还有一种柱脚形式，即靴梁式柱脚(见图6-20(d))，这种柱脚可看成固接柱脚(属于刚接柱脚)，由于柱脚有一定高度，使其刚度较好，能起到抵抗弯矩的作用，但这种柱脚制作麻烦，耗工耗材，逐渐被其他柱脚形式所代替。

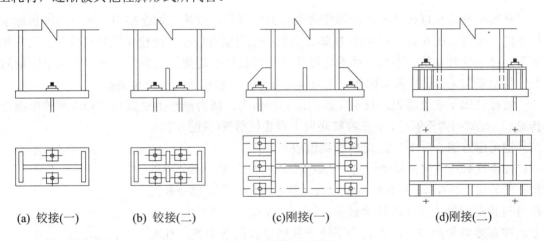

| (a) 铰接(一) | (b) 铰接(二) | (c)刚接(一) | (d)刚接(二) |

图6-20 几种常见的柱脚

6.6.1 铰接柱脚

轴心受压柱的柱脚主要传递轴心压力，与基础连接一般采用铰接。图6-21是几种常见的平板式铰接柱脚。由于基础混凝土强度远比钢材低，所以必须增大柱底的面积，以增加其与基础顶部的接触面积。

图6-21(a)是一种最简单的柱脚构造形式，在柱下端仅焊一块底板，柱中压力由焊缝传至底板，再传给基础。这种柱脚只能用于小型柱，如果用于大型柱，底板会太厚。

一般的铰接柱脚常采用图6-21(b)、(c)、(d)所示的形式，在柱端部与底板之间增设一些中间传力部件，如靴梁、隔板和肋板等，这样可以将底板分隔成几个区格，使底板的弯矩减小，同时也增加柱与底板的连接焊缝长度。在图 6-21(d)中，在靴梁外侧设置肋板，底板做成正方形或接近正方形。

布置柱脚中的连接焊缝时，应考虑施焊的方便与可能。例如，图 6-21(b)中隔板的内侧以及图 6-21(c)、(d)中靴梁中央部分的内侧，都不宜布置焊缝。

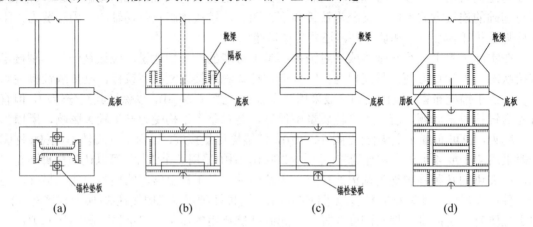

图 6-21　平板式铰接柱脚

柱脚是利用预埋在基础中的锚栓来固定其位置的。铰接柱脚连接中，两个基础预埋锚栓在同一轴线。图 6-21 均为铰接柱脚，底板的抗弯刚度较小，锚栓受拉时底板会产生弯曲变形，柱端的转动抗力不大，因而可以实现柱脚铰接的功能。如果用完全符合力学图形的铰，将给安装工作带来很大困难，而且构造复杂，一般情况没有此种必要。

铰接柱脚不承受弯矩，只承受轴向压力和剪力。剪力通常由底板与基础表面的摩擦力传递。当此摩擦力不够时，应在柱脚底板下设置抗剪键(见图 6-22)，抗剪键可用方钢、短 T 字钢或 H 型钢做成。

铰接柱脚通常仅按承受轴向压力计算，轴向压力 N 一部分由柱身传给靴梁、肋板等，再传给底板，最后传给基础；另一部分是经柱身与底板间的连接焊缝传给底板，再传给基础。然而实际工程中，柱端难以做到齐平，而且为了便于控制柱长的准确性，柱端可能比靴梁缩进一些，如图 6-21(c)所示。

6.6.2　刚接柱脚

刚接柱脚主要用于框架柱(受压受弯柱)。刚接柱脚除了要传递轴心压力和剪力，还要传递弯矩。图 6-23 是常见的刚接柱脚，一般用于压弯柱。图 6-23(a)是整体式柱脚，用于实腹柱和肢件间距较小的格构柱。当肢件间距较大时，为节省钢材，多采用分离式柱脚(见图 6-23(b))。

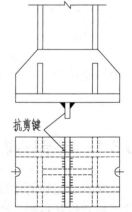

图 6-22　柱脚的抗剪键

刚接柱脚传递轴力、剪力和弯矩。剪力主要由底板与基础顶面间摩擦传递。在弯矩作用下，若底板范围内产生拉力，则由锚栓承受，故锚栓须经过计算确定。锚栓不宜固定在底板上，而应采用图 6-23 所示的构造，在靴梁两侧焊接两块间距较小的肋板，锚栓固定在肋板上面的水平板上。为方便安装，锚栓不宜穿过底板。

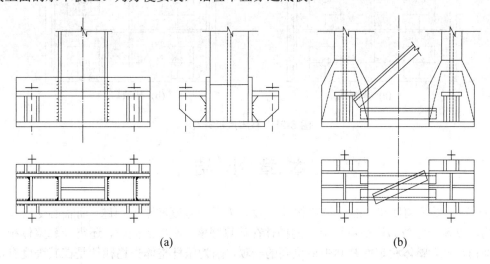

(a)   (b)

图 6-23 刚接柱脚

6.6.3 柱脚锚栓

锚栓是将上部结构荷载传给基础，在上部结构和下部结构之间起桥梁作用。锚栓主要有以下两个基本作用。

(1) 作为安装时临时支承，保证钢柱定位和安装稳定性。

(2) 将柱脚底板内力传给基础。

锚栓采用 Q235 或 Q345 钢制作，分为弯钩式和锚板式两种。直径小于 M39 的锚栓一般为弯钩式(见图 6-24(a))，直径大于 M39 的锚栓一般为锚板式(见图 6-24(b))。

对于铰接柱脚，锚栓直径由构造确定，一般不小于 M20；对于刚接柱脚，锚栓直径由计算确定，一般不小于 M30。锚栓长度由钢结构设计手册确定，若锚栓埋入基础中长度不能满足要求，则考虑将其焊于受力钢筋上。为方便柱安装和调整，柱底板上锚栓孔为锚栓直径的 1.5 倍(见图 6-25(a))，或直接在底板上开缺口(见图 6-25(b))。底板上须设置垫板，垫板尺寸一般为 −100mm×100mm，厚度根据计算确定，垫板上开孔较锚栓直径大 1～2mm，待安装、校正完毕后将垫板焊于底板上。

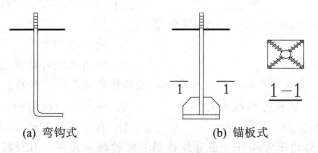

(a) 弯钩式   (b) 锚板式

图 6-24 基础锚栓

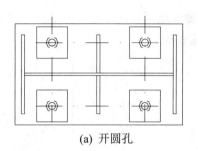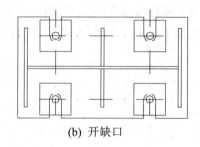

(a) 开圆孔   (b) 开缺口

图 6-25 柱脚底板开孔

本 章 小 结

(1) 轴心受拉构件和一般的拉弯构件一般只需考虑强度和刚度问题，而轴心受压构件和压弯构件以及一些拉力很小弯矩很大的构件在计算强度、刚度的同时，还需计算整体稳定性和局部稳定性。整体稳定性是其中最重要的一项，因为压杆整体失稳往往是在其强度有足够保证的情况下突然发生的。同轴心受力构件一样，拉弯、压弯构件的刚度要求按长细比控制。

(2) 轴心受力构件的强度计算公式是净截面的平均应力不超过钢材的屈服强度来制定的。

(3) 轴心受压构件的整体稳定性与构件的几何尺寸、截面形状、杆端的约束程度、屈曲方向以及钢材在生产和构件加工时的初始缺陷等因素有关。

习　题

一、选择题

1. 钢结构实腹式压弯构件的设计一般应进行的计算内容为(　　)。
　　A. 强度、刚度、弯矩作用平面内稳定性、局部稳定、变形
　　B. 弯矩作用平面内的稳定性、局部稳定、变形、长细比
　　C. 强度、刚度、弯矩作用平面内及平面外稳定性、局部稳定、变形
　　D. 强度、刚度、弯矩作用平面内及平面外稳定性、局部稳定、长细比

2. 承受静力荷载或间接承受动力荷载的工字形截面，绕强轴弯曲的压弯构件，其强度计算公式中，塑性发展系数 γ_x 取(　　)。
　　A. 1.2　　　　　　　B. 1.5　　　　　　　C. 1.05　　　　　　　D. 1.0

3. 单轴对称截面的压弯构件，一般宜使弯矩(　　)。
　　A. 绕非对称轴作用　　　　　　　　　　B. 绕对称轴作用
　　C. 绕任意轴作用　　　　　　　　　　　D. 视情况绕对称轴或非对称轴作用

4. 实腹式偏心受压构件在弯矩作用平面内整体稳定验算公式中的 γ_x 主要是考虑(　　)。
　　A. 截面塑性发展对承载力的影响　　　　B. 残余应力的影响
　　C. 初偏心的影响　　　　　　　　　　　D. 初弯矩的影响

5. 单轴对称截面的压弯构件，当弯矩作用在对称轴平面内，且使较大翼缘受压时，构

件达到临界状态的应力分布(　　)。

  A. 可能在拉、压侧都出现塑性   B. 只在受压侧出现塑性

  C. 只在受拉侧出现塑性   D. 拉、压侧都不会出现塑性

6. 单轴对称的实腹式压弯构件整体稳定计算公式 $\dfrac{N}{\varphi_x}+\dfrac{\beta_{mx}M_x}{\gamma_x W_{1x}\left(1-0.8\dfrac{N}{N'_{Ex}}\right)}\leqslant f$ 和

$$\left|\dfrac{N}{A}-\dfrac{\beta_{mx}M_x}{\gamma_x W_{2x}\left(1-1.25\dfrac{N}{N'_{Ex}}\right)}\right|\leqslant f$$ 中的 γ_x、W_{1x}、W_{2x} 为(　　)。

  A. W_{1x} 和 W_{2x} 为单轴对称截面绕非对称轴较大和较小翼缘最外边缘的毛截面模量，γ_x 值不同

  B. W_{1x} 和 W_{2x} 为较大和较小翼缘最外边缘的毛截面模量，γ_x 值不同

  C. W_{1x} 和 W_{2x} 为较大和较小翼缘最外边缘的毛截面模量，γ_x 值相同

  D. W_{1x} 和 W_{2x} 为单轴对称截面绕非对称轴较大和较小翼缘最外边缘的毛截面模量，γ_x 值相同

7. 在压弯构件弯矩作用平面外稳定计算式中，轴力项分母里的 φ_y 是(　　)。

  A. 弯矩作用平面内轴心压杆的稳定系数

  B. 弯矩作用平面外轴心压杆的稳定系数

  C. 轴心压杆两方面稳定系数的较小者

  D. 压弯构件的稳定系数

8. 两根几何尺寸完全相同的压弯构件，一根端弯矩使之产生反向曲率，另一根产生同向曲率，则前者的稳定性比后者的(　　)。

  A. 好   B. 差   C. 无法确定   D. 相同

9. 弯矩作用在实轴平面内的双肢格构式压弯构件应进行(　　)和缀材的计算。

  A. 强度、刚度、弯矩作用平面内稳定性、弯矩作用平面外的稳定性、单肢稳定性

  B. 弯矩作用平面内的稳定性、单肢稳定性

  C. 弯矩作用平面内的稳定性、弯矩作用平面外的稳定性

  D. 强度、刚度、弯矩作用平面内稳定性、单肢稳定性

10. 计算格构式压弯构件的缀材时，剪力应取(　　)。

  A. 构件实际剪力设计值

  B. 由公式 $V=\dfrac{Af}{85}\sqrt{\dfrac{f_y}{235}}$ 计算的剪力

  C. 构件实际剪力设计值或由公式 $V=\dfrac{Af}{85}\sqrt{\dfrac{f_y}{235}}$ 计算的剪力两者中较大值

  D. 由 $V=\mathrm{d}M/\mathrm{d}x$ 计算值

11. 有侧移的单层钢框架，采用等截面柱，柱与基础固接，与横梁铰接，框架平面内柱的计算长度 μ 为(　　)。

  A. 2.03   B. 1.5   C. 1.03   D. 0.5

12. 以下不属于刚接柱脚能传递的力的是(　　)。

　　A. 剪力　　　　　　B. 轴力　　　　　　C. 弯矩　　　　　　D. 扭矩

13. 钢结构柱脚底板上须设置垫板,垫板尺寸一般为(　　),厚度根据计算确定。

　　A. -50×50　　B. -100×100　　C. -150×150　　D. -200×200

二、填空题

1. 对于直接承受动力荷载作用的实腹式偏心受力构件,其强度承载能力是以_____为极限的,因此计算强度的公式是 $\sigma = \dfrac{N}{A_n} \pm \dfrac{M_x}{W_{nx}} \leq f$。

2. 实腹式拉弯构件的截面出现_____是构件承载能力的极限状态。但对格构式拉弯构件或冷弯薄壁型钢截面的拉弯构件,将截面_____视为构件的极限状态。

3. 实腹式偏心受压构件的整体稳定,包括弯矩_____的稳定和弯矩_____的稳定。

4. 格构式压弯构件绕虚轴受弯时,以截面_____屈服为设计准则。

5. 当偏心弯矩作用在截面最大刚度平面内时,实腹式偏心受压构件有可能向平面外_____而破坏。

6. 引入等效弯矩系数的原因,是将_____。

7. 当偏心弯矩作用在截面最大刚度平面内时,实腹式偏心受压构件有可能向平面外_____而破坏。

8. 在多层框架的中间梁柱中,梁的反力由端加劲肋传给_____。

9. 铰接柱脚不承受弯矩,只承受轴向压力和剪力。剪力通常由底板与基础表面的摩擦力传递。当此摩擦力不够时,应在柱脚底板下设置_____。

三、简答题

1. 影响等截面框架柱计算长度的主要因素有哪些?

2. 格构式构件考虑塑性开展吗?

3. 什么是框架的有侧移失稳和无侧移失稳?

4. 拉弯和压弯构件强度的计算公式与其强度极限状态是否一致?

5. 在钢结构中,如何判定梁柱连接是铰接还是刚接?

6. 钢结构柱脚的地脚锚栓有何作用?

四、计算题

1. 图 6-26 所示为一压弯构件,两端铰接,承受轴心压力设计值为 $N = 2500 \text{kN}$,端弯矩设计值为 $M_x = 1000 \text{kN} \cdot \text{m}$,构件在弯矩作用平面外跨中有一侧向支撑点。截面采用焊接工字形截面,试设计其截面尺寸。钢材用 Q235。

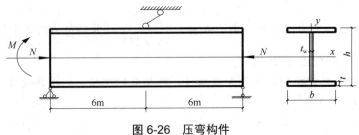

图 6-26　压弯构件

2. 图 6-27 表示一焊接工字形截面压弯构件。轴力设计值 $N = 800\text{kN}$，杆中横向集中力的设计值 $F = 160\text{kN}$，火焰切割边，Q235 钢，两端铰接并在中央有一侧向支承点。验算其整体稳定性。(静态荷载)

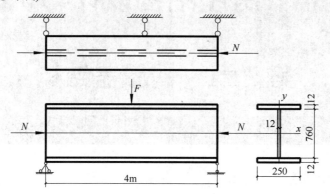

图 6-27 工字形截面压弯构件

五、识图题

1. 某钢结构梁铰接支承于柱顶连接节点如图 6-28 所示，认真读图并回答以下问题。
(1) 请说明编号 1~4 板件的名称。
(2) 请简述该节点的传力特点及路径。
2. 某钢结构铰接柱脚节点如图 6-29 所示，认真读图并回答以下问题。
(1) 请说明编号 1~4 板件的名称。
(2) 简述编号 4 板件的作用。

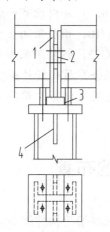

图 6-28 钢结构梁铰接节点

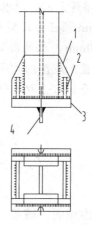

图 6-29 钢结构铰接柱脚节点

下篇 房屋结构设计与识图

第7章 钢屋盖结构

【学习要点及目标】

◆ 熟悉钢屋盖结构形式及构造。
◆ 掌握钢屋盖的结构设计。

【核心概念】

钢屋盖 支撑 节点 杆件计算

【引导案例】

在大、中型钢结构厂房中应用钢屋盖结构是主要的形式之一，目前我国的中级及重级工作制厂房中，均采用的是钢屋盖结构，如大型钢铁厂、加工厂等。

某地区一单层、单跨厂房，总长 120m，柱距 6m。厂房内设有一台中级工作制桥式吊车。屋面采用 $1.5m \times 6m$ 预应力大型屋面板，坡度 $i=1/10$，钢屋架简支于钢筋混凝土柱上，上柱截面 $400mm \times 400mm$，柱的混凝土强度等级为 C25。钢屋架采用什么形式？屋盖中檩条及支撑体系如何布置？屋盖结构承受的荷载如何组合？屋架杆件承受的内力如何计算？杆件的截面形式及断面如何选取及计算？节点如何连接及计算？檩条如何计算？是本章要解决的问题。

7.1 屋盖结构的布置

钢屋盖结构通常由屋面、檩条、屋架、托架和天窗架等构件组成。根据屋面材料和屋面结构布置情况的不同，可分为无檩屋盖结构体系和有檩屋盖结构体系，如图 7-1 所示。

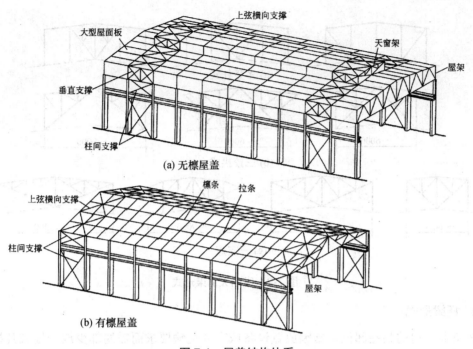

图 7-1 屋盖结构体系

1. 无檩屋盖结构体系

无檩屋盖结构体系中屋面板通常采用钢筋混凝土大型屋面板、钢筋加气混凝土板等。屋架的间距应与屋面板的长度配合一致，通常为 6mm。这种屋面板上一般采用卷材防水屋面，通常适用于较小屋面坡度，常用坡度为 1∶8～1∶12。

无檩体系屋盖屋面构件的种类和数量少，构造简单，安装方便，施工速度快，且屋盖刚度大，整体性能好；但屋面自重大，常要增大屋架杆件和下部结构的截面，对抗震也不利。

2. 有檩屋盖结构体系

有檩屋盖结构体系常用于轻型屋面材料的情况，如压型钢板、压型铝合金板、石棉瓦、瓦楞铁皮等。屋架间距通常为 6m；当柱距不小于 12m 时，则用托架支撑中间屋架，一般是用于较陡的屋面坡度以便排水，常用坡度为 1∶2～1∶3。

有檩体系屋盖可供选用的屋面材料种类较多，屋架间距和屋面布置较灵活，自重轻，用料省，运输和安装较轻便；但构件的种类和数量多，构造较复杂。

两种屋盖体系各有缺点，具体设计时应根据建筑物使用要求、受力特点、材料供应情况以及施工和运输条件等确定最佳方案。

3. 天窗架形式

为了采光和通风等要求，屋盖上常需设置天窗。天窗的形式有纵向天窗、横向天窗和井式天窗等 3 种。后两种天窗的构造较为复杂，较少采用。最常用的是沿房屋纵向在屋架上设置天窗架，如图 7-2 所示，形成纵向天窗，该部分的檩条和屋面板由屋架上弦平面移到天窗架上弦平面，而在天窗架侧柱部分设置采光窗。天窗架支承于屋架之上，将荷载传递到屋架。

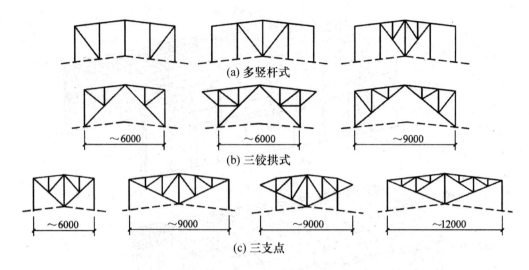

(a) 多竖杆式

~6000   ~6000   ~9000

(b) 三铰拱式

~6000   ~9000   ~9000   ~12000

(c) 三支点

图 7-2　纵向天窗架形式

4. 托梁形式

在工业厂房的某些部位，常因放置设备或交通运输要求而需局部少放一根或几根柱。这时该处的屋架(称为中间屋架)就需支撑在专门设置的托架上，如图 7-3 所示。托架两端支撑于相邻的柱上，跨中承受中间屋架的反力。钢托架一般做成平行弦桁架，其跨度不一定大，但所受荷载较重。钢托架通常做在与屋架大致同等高度的范围内，中间屋架从侧面连接于托架的竖杆，构造方便且屋架和托架的整体性、水平刚度和稳定性都好。

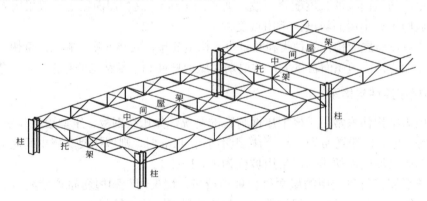

图 7-3　托架支撑中间屋架

7.2　屋盖的支撑体系

当钢屋盖以平面桁架作为主要承重构件时，各个平面桁架(屋架)要用各种支撑及纵向杆件(系杆)连成一个空间几何不变的整体结构，才能承受荷载。这些支撑及系杆统称为屋盖支撑。它由上弦横向水平支撑、下弦横向水平支撑、下弦纵向水平支撑、垂直支撑及系杆组成，如图 7-4 所示。

7.2.1　屋盖支撑布置

1. 上弦横向水平支撑

上弦横向水平支撑通常设置在房屋两端(当有横向伸缩缝时设在温度区段两端)的第一段或第二开间内,以便就近承受山墙传来的风荷载等。当设置在第二个开间内时,必须用刚性系杆将端屋架与横向水平支撑上弦横向水平支撑桁架的节点连接,保证端屋架上弦杆的稳定和把端屋架受到风荷载传递到横向水平支撑桁架的节点上。当无端屋架时,则应用刚性系统与山墙的抗风柱连接,作为抗风柱的支撑点,并把支撑点所受的力传给横向水平支撑桁架的节点。

上弦横向水平支撑的间距不宜超过 60m。当房屋纵向长度较大时,应在房屋长度中间再增加设置横向水平支撑。

2. 下弦横向水平支撑

下弦横向水平支撑布置在与上弦横向水平支撑同一开间,它也形成一个平行弦桁架,位于屋架下弦平面。其弦杆即屋架的下弦,腹杆也是由交叉的斜杆及竖杆组成,其形式和构造与上弦横向水平支撑相同。

在设计中,凡属于下列情况之一者,宜设置下弦横向水平支撑。

(1)　屋架跨度大于 18m 时。

(2)　屋架下弦设有悬挂吊车,厂房内有起重量较大的桥式吊车或有振动设备时。

(3)　端墙抗风柱支撑于桁架下弦时。

(4)　屋架下弦设有通长的纵向水平支撑时。

(5)　屋架与屋架之间设有沿屋架方向的悬挂吊车时。

(6)　屋架下弦设有沿厂房纵向的悬挂吊车时。

3. 下弦纵向水平支撑

下弦纵向水平支撑通常位于屋架下弦两端节间处,沿房屋全长设置。一般情况下,屋架可以不设置下弦纵向水平支撑,但属下列情况者之一,宜设置屋架下弦纵向水平支撑。

(1)　当厂房内设有重级工作制吊车或起重量较大的中、轻级工作制吊车时。

(2)　在厂房排架计算时考虑空间工作时。

(3)　厂房内设有较大的振动设备时。

(4)　屋架下弦有纵向或横向吊轨时。

(5)　当屋架跨度较大,高度较高而空间刚度要求大时。

(6)　当设有托架时,在托架处局部加设下弦纵向支撑,由托架两端各延伸一个柱间设置。

4. 垂直支撑

垂直支撑位于上、下弦横向水平支撑同一开间内,形成一个跨长为屋架间距的平行弦桁架。垂直支撑中央腹杆的形成由支撑桁架的高跨比决定,一般常采用 W 形或双节间交叉斜杆等形式。腹杆截面可采用单角钢或双角钢 T 形截面,如图 7-4 所示。

在一般情况下,垂直支撑宜按下列要求布置。

(1) 跨度小于 30m 的梯形屋架通常在屋架两端和跨度中央各设置一道垂直支撑。当跨度大于 30m 时，则有两端和跨度 1/3 处分别设置一道。

(2) 跨度小于 18m 的三角形屋架只需在跨度中央设一道垂直支撑，大于 18m 时则在 1/3 处分别各设一道。

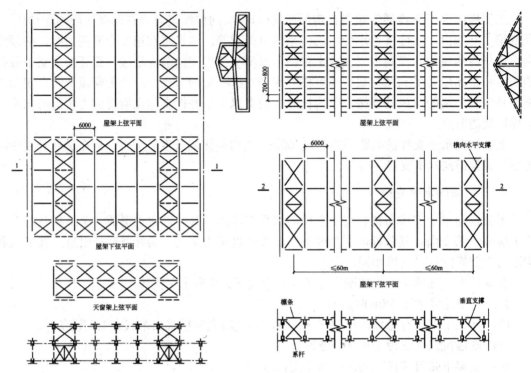

图 7-4　屋盖支撑布置

5. 系杆

在未设横向支撑的开间，相邻平面屋架由系杆连接。系杆通常在屋架两端，有垂直支撑位置的上、下弦节点以及屋脊和天窗侧柱位置处，沿房屋纵向通常布置。系杆有刚性系杆和柔性系杆两种。刚性系杆常用双角钢 T 形或十字形截面，柔性系杆常采用单角钢或圆钢截面。系杆在上、下弦平面内按下列原则布置。

(1) 一般情况下，竖向支撑平面内的屋架上、下弦节点处应设置系杆。

(2) 在屋架支座节点处和上弦屋脊节点处应设置刚性系杆。

(3) 当屋架横向支撑设在厂房两端或温度缝区段的第二开间时，则在支撑节点与第一榀屋架之间应设置刚性系杆。其余可采用柔性或刚性系杆。

7.2.2　支撑的计算与构造

屋盖之间因受力较小，其截面尺寸一般由杆件容许长细比和构造要求确定。当屋架跨度较大，屋架下弦标高大于 15m，基本风压大于 $0.5\,\mathrm{kN/m^2}$ 时，屋架各部位的支撑杆件除满足容许长细比的要求外，尚应根据所受的荷载按简支桁架体系计算内力。当桁架中具有交叉斜腹杆时，其计算简图如图 7-5 所示，在节点荷载 W 的作用下，图中每节间仅考虑受拉斜腹杆工作,另一根(虚线所示)斜腹杆则假定它因屈曲退出工作(偏安全),这样桁架成为静定体系使计算简化。当荷载反向时,则两组斜杆受力情况恰好相反。

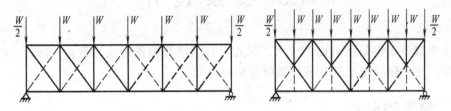

图 7-5　支撑桁架杆件的内力计算简图

屋盖支撑的构造应力求简单、安装方便。其连接节点构造如图 7-6 所示。上弦横向水平支撑的角钢肢尖应向下,且连接处适当离开屋架节点,如图 7-6(a)所示,以免影响大型层面板或檩条安放。交叉斜杆在相交处应有一根杆件切断,另加节点板用焊缝或螺栓连接。交叉斜杆处如与檩条相连,如图 7-6(b)所示,则两根斜杆均应切断,用节点板相连。

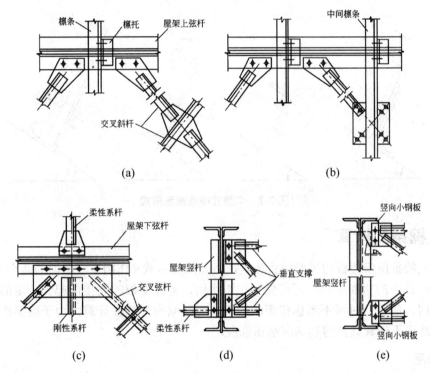

图 7-6　支撑与屋架连接构造

下弦横向和纵向水平支撑的角钢肢尖允许向上,如图 7-6(c)所示,其中交叉斜杆可以肢背靠肢背交叉放置,中间填以填板,杆件无须切断。

垂直支撑可只与屋架竖杆相连,如图 7-6(d)所示,也可通过竖向小钢板与屋架弦杆及屋架竖杆同时相连,如图 7-6(e)所示。

支撑与屋架的连接通常用 M20 C 级螺栓,支撑与天窗架的连接可用 M16 C 级螺栓。在有重级工作制吊车或有其他较大震动设备的厂房,屋架下弦支撑及系杆宜用高强度螺栓连接,或用 C 级螺栓再加焊缝将节点板固定。

7.3 檩 条 设 计

屋盖中檩条用钢量所占比例较大，因此，合理选择檩条形式、截面和间距，以减少檩条用钢量，对减轻屋盖重量、节约钢材有重要意义。

7.3.1 檩条的形式

檩条通常是双向弯曲构件，分实腹式和桁架式两类，后者制造费工，应用较少。

实腹式檩条常采用槽钢、角钢以及冷弯薄壁 C 型钢和 Z 型钢，如图 7-7 所示。槽钢檩条应用普遍，其制作、运输和安装均较简便；但热轧型钢壁较厚，材料不能充分发挥作用，用钢量较大；薄壁型钢檩条受力合理，用钢量少，宜优先采用，但防锈要求较高，实腹式檩条常用于屋架间距不超过 6m 的厂房，其高跨比可取 1/50～1/35。

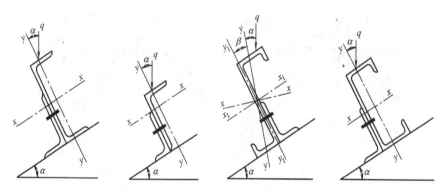

图 7-7 实腹式檩条截面形式

7.3.2 檩条的计算

实腹式檩条由于腹板与屋面垂直放置，故在屋面荷载 q 作用下绕截面的两个主轴弯曲。若荷载偏离截面的弯曲中心，还将受到扭矩作用，但屋面板的连接能起到一定的阻止檩条扭转的作用，故设计时可不考虑扭矩的影响，而按双向弯构件计算，由于型钢檩条的壁厚较大，因此可不计算其抗剪和局部承压强度。

1. 强度

如图 7-7 所示，实腹式檩条在屋面竖向荷载 q 作用下，檩条截面的两个主轴方向分别承受 $q_x = q\sin\alpha$ (或 $\sin\varphi$) 和 $q_y = q\cos\alpha$ (或 $\cos\varphi$) 分力作用(α 或 φ 为 q 与主轴 y 的夹角)。

檩条简支时，由 q_y 引起的对 x-x 轴的弯矩 $M_y = \dfrac{1}{8}q_y l^2 = \dfrac{1}{8}ql^2\cos\alpha$ (或 $\cos\varphi$)。由 q_x 引起的对 y-y 轴的弯矩 M_y，如中间不设拉条时其弯矩 $M_y = \dfrac{1}{8}q_x l^2 = \dfrac{1}{8}ql^2\sin\alpha$ (或 $\sin\varphi$)；当屋盖檩条间设拉条时，则拉条作为檩条的侧向支撑，可按双跨或多跨连续梁计算 M_y。承受双向弯矩的檩条的计算弯矩见表 7-1。

檩条承受双向弯矩时，按式(7-1)计算强度，即

$$\frac{M_x}{\gamma_x W_{nx}} + \frac{M_y}{\gamma_y W_{ny}} \leqslant f \tag{7-1}$$

式中：M_x，M_y——分别为檩条刚度最大面(绕 x 轴)和刚度最小面(绕 y 轴)的弯矩，单跨简支檩条当无拉条或有一根拉条时采用跨度中央的弯矩；有两根位于 1/3 跨的拉条，当 $q_y < q_x/3.5$ 时采用跨中的弯矩；当 $q_y > q_x/3.5$ 时采用跨度 1/3 处的弯矩，双跨连续檩条采用中央支座处的弯矩；

W_{nx}，W_{ny}——分别为檩条刚度最大面(绕 x 轴)和刚度最小面(绕 y 轴)的净截面抵抗距；

γ_x，γ_y——分别为截面塑性发展系数；按《钢结构设计规范》(GB 50017—2003)有关规定采用；

f——钢材的抗弯强度设计值。

檩条仅承受单向弯曲时，按式(7-2)计算强度，即

$$\frac{M_x}{\gamma_x W_{nx}} \leqslant f \tag{7-2}$$

表 7-1　承受双向弯曲的檩条的计算弯矩

檩条形式	拉条设置	刚度最大面弯矩	刚度最小面弯矩
单跨简支檩条	无拉条	$\frac{1}{8}q_y l^2$	$\frac{1}{8}q_x l$
	有一根拉条		$-\frac{1}{32}q_x l^2$　$\frac{1}{64}q_x l^2$
	有两根拉条		$-\frac{1}{90}q_x l^2$　$\frac{1}{360}q_x l^2$
双跨连续檩条	无拉条	$-\frac{1}{8}q_y l^2$　$\frac{1}{16}q_y l^2$	$-\frac{1}{8}q_x l^2$　$\frac{1}{16}q_x l^2$
	每跨有一根拉条		$-\frac{1}{37.2}q_x l^2$　$-\frac{1}{56}q_x l^2$　$\frac{1}{52}q_x l^2$　$\frac{1}{112}q_x l^2$

2. 整体稳定

当檩条之间未设置拉条且屋面材料刚性较差(如石棉瓦等)，在构造上不能阻止檩条受压翼缘侧向位移时，应验算檩条的整体稳定。如檩条之间设有拉条，则可不验算整体稳定。但当屋面较轻，在风吸力下可能使檩条下翼缘受压时，尚应按《钢结构设计规范》(GB 50017

—2011)验算下翼缘的稳定。

3. 刚度

当檩条间设置有拉条时，檩条只需计算垂直于屋面方向的最大挠度，未设拉条时需计算总挠度。计算挠度时，荷载应取其标准值。

单跨简支檩条(当有拉条时)，有

$$\upsilon = \frac{5}{384} \cdot \frac{q_y l^4}{EI_x} \leqslant [\upsilon] \tag{7-3}$$

当不设拉条时，应分别计算沿两个主轴方向的分挠度 υ_x、υ_y，然后验算总挠度，即

$$\upsilon = \sqrt{\upsilon_x^2 + \upsilon_y^2} \leqslant [\upsilon] \tag{7-4}$$

式中：I_x——截面对垂直于腹板的主轴的惯性矩；

υ_x，υ_y——分别为由 q_x 和 q_y 引起的沿 x、y 两主轴方向的分挠度；

$[\upsilon]$——允许挠度，按《钢结构设计规范》(GB 50017—2011)规定取值。

4. 檩条的连接与构造

檩条一般用檩托与屋架上弦相连，檩托用短角钢做成，先焊在屋架上弦，然后用 C 级螺栓(不少于两个)或焊缝与檩条连接，如图 7-8 所示。角钢和 Z 型薄壁型钢檩条的上翼缘肢尖应朝向屋脊，槽钢檩条的槽口则可朝上，屋面坡度小时也可朝下。

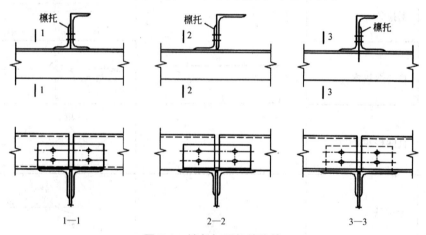

图 7-8　檩条与屋架的连接

在实腹式檩条之间往往要设置拉条和撑杆，如图 7-9 所示。当檩条的跨度为 4～6m 时，宜设置一条拉条；当檩条的跨度为 6m 以上时，应布置两道拉条。屋架两坡面的脊檩须在拉条连接处相互联系，或设斜拉条和撑杆。Z 型薄壁型钢檩条还须在檐口处设斜拉条和撑杆。当檐口处有圈梁或承重天沟时，可只设直拉条并与其连接。

拉条通常采用直径为 10～16mm 的圆钢制成。撑杆主要是限制檩檩的侧向弯曲，故多采用角钢。其长细比按压杆考虑，不能大于 200，并据此选择其截面。

拉条与檩条、撑杆与檩条的连接构造如图 7-10 所示，图中 d 为拉条直径。拉条的位置应靠近檩条的上翼缘 30～40mm，并用位于腹板两侧的螺母将其固定于檩条的腹板上。撑杆与焊在檩条上的角钢用 C 级螺栓连接。

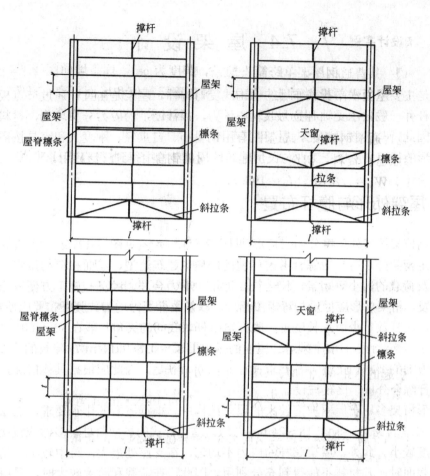

图 7-9 拉条、斜拉条和撑杆的布置

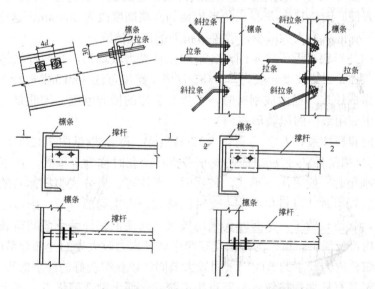

图 7-10 拉条与檩条的连接、撑杆与檩条的连接

7.4　屋 架 设 计

屋架是主要承受横向荷载作用的格构式受弯构件。屋架是由直杆通过节点板相互连接组成，各杆件一般只承受轴心拉力或轴心压力，故截面上的应力分布均匀，材料能充分发挥作用，因此，与实腹梁相比，屋架具有用钢量小、自重轻、刚度大和容易按需要制成各种不同外形的特点，所以在工业与民用建筑的屋盖结构中得到广泛应用。

7.4.1　屋架外形与腹杆布置

普通钢桁架按其外形可分为三角形(见图 7-11)、梯形(见图 7-12)及平行弦(见图 7-13)3种。在确定桁架外形时，应综合考虑房屋的用途、建筑造型、屋面材料的排水要求、桁架的跨度以及荷载的大小等因素，使之符合适用、受力合理、经济和施工方便等原则。从受力角度出发，桁架外形应尽量与弯矩图相近，以使弦杆受力均匀。腹杆布置应使短杆受压，长杆受拉，腹杆数量少而总长度短。腹杆与弦杆轴线间的夹角一般在30°～60°之间，最好在45°左右。桁架上弦的坡度须适合屋面的排水要求。此外，还应考虑建筑的需要，以及设置天窗等方面的要求。上述各种要求往往难以同时满足，因此应根据具体情况，对经济技术指标进行综合分析、比较与设计。

三角形桁架多用于屋面坡度较大的屋盖结构中。根据屋面的排水要求，上弦坡度一般为 $i = 1/2 \sim 1/3$，跨度一般在 18～24mm 之间。这种形式的屋架与柱子多做成铰接，故房屋的横向刚度较小。此外，屋架弦杆的内力不均匀，在支座处最大，跨中较小，当弦杆采用同一规格截面时，其材料不能得到充分利用。因此，在荷载和跨度较大时，采用三角形屋架就不够经济。图 7-11(a)、(c)所示为芬克式桁架，它的腹杆受力合理，且可分为两榀小桁架运输，比较方便。图 7-11(b)是将三角形桁架的两端高度改为 500mm，这样改变以后，桁架支座处上、下弦的内力大大减少，改善了桁架的工作情况。

梯形桁架的外形较接近于弯矩图，各节间弦杆受力较均匀，且腹杆较短，适用于屋面坡度较小的屋盖体系。其坡度一般为 $i = 1/8 \sim 1/16$。跨度可达 36m。梯形桁架与柱的连接可做成刚接也可做成铰接。当做成刚接时，可提高房屋的横向刚度，因此是目前无檩体系的工业厂房屋盖中应用最广的屋盖形式。

梯形桁架的腹杆体系有人字式(见图 7-12(a)、(c))、再分式(见图 7-12(b))。人字式腹杆体系的支座处斜杆(端斜杆)与弦杆组成的支承节点在上弦时称为上承式，在下弦时称为下承式，桁架与柱刚接时一般采用下承式，铰接时二者均可。再分式腹杆体系的桁架上弦节间短，屋面板宽度较窄时，可避免上弦承受节间荷载，产生局部弯矩，用料经济，但节点和腹杆数量增多，制造较费工，故有时仍采用较大节间使上弦杆承受节间荷载的做法，虽耗钢量增多，但构造较简单。折中的做法是在跨中弦杆内力较大处的一部分节间增加再分杆，而在支座附近弦杆内力较小的节间仍采用较大节间，以获得较好的经济效果。

平行弦桁架具有杆件规格统一、节点构造统一、便于制造等优点。其上、下弦杆相互平行，如图 7-13 所示，且可做成不同坡度。这种形式一般用于托架或支撑体系。

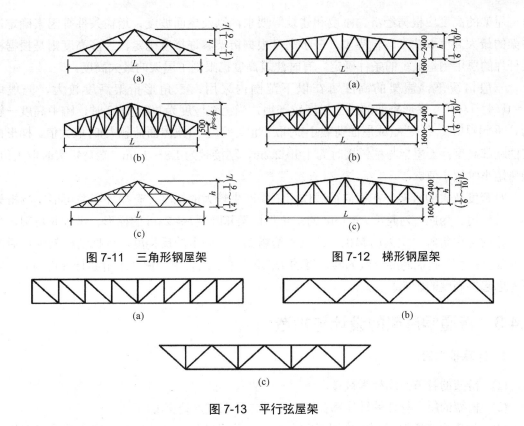

图 7-11 三角形钢屋架

图 7-12 梯形钢屋架

图 7-13 平行弦屋架

7.4.2 屋架的主要尺寸

屋架的主要尺寸包括桁架的跨度、跨中高度以及梯形桁架的端部高度。

屋架的标志跨度一般是指柱网轴线的横向间距，在无檩体系屋盖中应与大型屋面板的宽度相适应，一般以 3m 为模数。桁架的计算跨度 l_0 是指桁架两端支座反力间的距离。当桁架简支于钢筋混凝土柱或砖柱上，且柱网采用封闭结合时，考虑桁架支座处需一定的构造尺寸，一般可取 $l_0 = l - (300 \sim 400)$mm (见图 7-14(a))；当桁架支承于钢筋混凝土柱上，而柱网采用非封闭结合时，计算跨度等于标志跨度，即 $l_0 = l$ (见图 7-14(b))；当桁架与柱刚接时，其计算跨度取钢柱内侧面之间的间距(见图 7-14(c))。

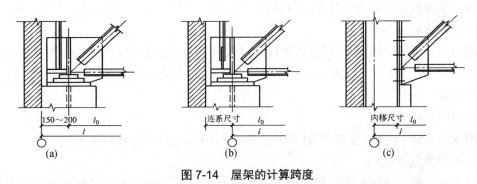

图 7-14 屋架的计算跨度

屋架的高度应根据经济、刚度和建筑等要求，以及屋面坡度、运输条件等因素确定。屋架的最大高度取决于运输界限，最小高度根据桁架容许挠度确定，经济高度则是根据桁架杆件的总用钢量最少的条件确定。有时建筑高度也限制了屋架的最大高度。

一般情况下，屋架的高度可在以下范围内采用：三角形桁架高度较大，一般取 $h = (1/4 \sim 1/6)l$。梯形桁架的屋面坡度较平坦，当上弦坡度为 $1/8 \sim 1/12$ 时，跨中高度一般为 $(1/6 \sim 1/10)l$。跨度大(或屋面荷载小)时取小值，跨度小(或屋面荷载大)时取大值。梯形桁架的端部高度：当屋架与柱铰接时为 1.6～2.2m，刚接时为 1.8～2.4m。端弯矩大时取大值，端弯矩小时取小值。

对跨度较大的桁架，在横向荷载作用下将产生较大的挠度，有损外观并可能影响桁架的正常使用。为此，对跨度 $l \geqslant 15m$ 的三角形桁架和跨度 $l \geqslant 24m$ 的梯形、平行弦桁架，当下弦无向上曲折时，宜采用起拱，即预先给桁架一个向上的反挠度，以抵消桁架受荷后产生的部分挠度。起拱高度一般为其跨度的 1/500 左右。当采用图解法求桁架杆件内力时，可不考虑起拱高度的影响。

7.4.3　普通钢屋架的设计与构造

1. 计算基本假定

(1) 桁架的各节点均视为铰接。

(2) 桁架的所有杆件的轴线都在同一平面内且在节点处交汇。

(3) 荷载均在桁架平面内作用于节点上，当弦杆节间内有荷载时，应将其分配在相邻节点，并按下述计入杆件局部弯矩：①中间节间正弯矩及节点负弯矩取 $0.6M_0$；②端节间正弯矩取 $0.8M_0$。M_0 为将上弦节间视为简支梁所计算的跨中弯矩。

2. 桁架的荷载组合

屋架应按下列荷载组合情况，分别计算杆件内力。

1) 与柱铰接屋架

(1) 全跨荷载组合 1。

全跨永久荷载+全跨屋面活荷载或雪荷载(取大值)+全跨积灰荷载+悬挂吊车荷载(包括悬挂设备、管道等)荷载。

当有天窗时应包括天窗架传来的荷载。

(2) 全跨荷载组合 2。

全跨永久荷载+0.85×[全跨屋面活荷载或雪荷载(取大值)+全跨积灰荷载+悬挂吊车荷载(包括悬挂设备、管道等)荷载+天窗架传来的风荷载+由框架内力分析所得的由柱顶作用于屋架的水平力]。

(3) 半跨荷载组合 1。

全跨永久荷载+半跨屋面活荷载(或雪荷载)+半跨积灰荷载+悬挂吊车荷载。

(4) 半跨荷载组合 2。

对屋面为预制大型屋面板的较大跨度(大于 24m)屋架，尚应考虑安装过程中可能出现的组合 2 的情况，即屋架(包括支撑)自重+半跨板重+半跨安装活荷载。

(5)　对坡度较大($i>1/8$)的轻屋面尚应考虑屋面风荷载的影响，即风吸力的作用。此时组合中的分项系数应按下式采用，即

$$(1.0×永久荷载标准值)+(1.4×可变荷载标准值)+0.6×(1.4×风荷载标准值)$$

(6)　对位于地震区跨度大于 24m 的钢屋架，尚应按《建筑抗震设计规范》(GB 50011)考虑竖向地震作用的组合。

2)　与柱刚接的屋架

可按与上述铰接的屋架相同组合进行计算，但计算第(2)项组合时，除由屋架传来的水平力影响外，尚应计入固端弯矩作用，此时应分别用下列 3 种不利组合。

(1)　主要使下弦杆受压的组合，即左端固端弯矩 $+M_{1max}$ 和水平力 $+H$，右端固端弯矩 $-M_2$ 和水平力 $-H$，其中 $H=M/h_0$，h_0 为屋架端部高度，如图 7-15(a)所示。

(2)　主要使上、下弦杆内力增加的组合，即左端固端弯矩 $-M_{1max}$ 和水平力 $-H$，右端固端弯矩 $+M_2$ 和水平力 $+H$，如图 7-15(b)所示。

(3)　使主要斜腹杆承受最不利的内力组合，即左端固端弯矩 $+M_{1max}$ 或 $-M_{1max}$，右端固端弯矩 $+M_2$ 和 $-M_2$，如图 7-15(c)、(d)所示。

图 7-15 中是以左端为主的取值标准，在具体设计中尚应按以右端为准再取一组内力进行比较计算。

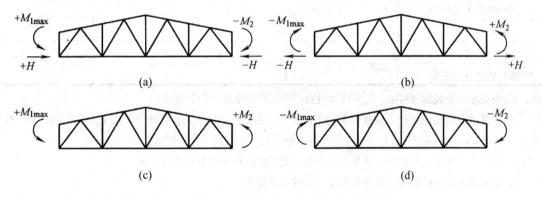

图 7-15　刚接屋架最不利弯矩的水平力

3. 屋架杆件的计算长度和容许长细比

(1)　确定屋架弦杆和单项腹杆的平面内、平面外的计算长度，按表 7-2 采用。

表 7-2　桁架杆件的计算长度 l_0

方　　向	弦　杆	腹　杆	
		端斜杆和端竖杆	其他腹杆
在桁架平面内(l_{0x})	l	l	$0.8l$
在桁架平面外(l_{0y})	l_1	l	l
斜平面(l_0)	—	—	—

注：l 为杆件的几何长度，为杆件侧向支承点之间距离。

(2) 当变内力杆件(如受压弦杆)侧向支承点间的距离为节间长度 l 的两倍，且两节间弦杆的内力 $N_1 \neq N_2$ 时，其在桁架平面外的计算长度应按式(7-5)计算，即

$$l_{0y} = l_1 \left(0.75 + 0.25 \frac{N_2}{N_1} \right) 且 l_{0y} \geqslant 0.5 l_1 \tag{7-5}$$

式中：N_1——较大的压力，计算时取正值；

N_2——较小的压力或拉力，计算时压力取正值，拉力取负值；

l_1——杆件平面外侧向支承点间的距离。

对于再分式腹杆的受拉主斜杆平面外计算长度应取 l_1，在桁架平面内的计算长度取节点中心间的距离。

(3) 屋架杆件的容许长细比应按表 7-3 采用。

表 7-3　桁架杆件的容许长细比

杆件名称	压件	拉杆		
		承受静力荷载或间接承受动力荷载的结构		直接承受动力荷载的结构
		无吊车和有轻中级工作制吊车的厂房	有重级工作制吊车的厂房	
普通钢桁架的杆件	150	350	250	250
轻钢桁架的主要构件			—	—
天窗构件				—
屋盖支撑杆件	200	400	350	—
轻钢桁架的其他杆件		350		

注：1. 承受静力荷载的结构中，可只计算受拉杆件在竖向平面内的长细比。

2. 在直接或间接承受动力荷载的结构中，计算单角钢受拉杆件的长细比时，应采用角钢的最小回转半径，但在计算单角钢交叉受拉杆件平面外的长细比时，应采用与角钢肢边平行轴的回转半径。

3. 受拉构件在永久荷载和风荷载组合作用下受压时，长细比不宜超过 250。

4. 张紧的圆钢拉杆和张紧的圆钢支撑，长细比不受限制。

5. 在桁架(包括中间桁架)结构中，单角钢的受压腹杆，当其内力不大于承载能力的 50% 时，容许长细比可取 200。

7.4.4　屋架杆件的截面选择

1. 截面形式

普通钢桁架的杆件一般采用两个角钢组成的 T 形或十字形截面，杆件由夹在一对角钢之间的节点板连接，同时通过不同角钢的截面组合，近似地满足杆件等稳定性(即 $\lambda_x \approx \lambda_y$)的要求。表 7-4 所列为各种角钢组合的截面形式及其 i_y / i_x 的近似比值，可供设计参考选用。

表 7-4 屋架杆件截面形式

项　次	杆件截面组合方式	截面形式	回转半径的比值	用　途
1	二不等边角钢短肢相连		$\dfrac{i_y}{i_x} \approx 2.6 \sim 2.9$	计算长度 l_{0y} 较大的上、下弦杆
2	二不等边角钢短肢相连		$\dfrac{i_y}{i_x} \approx 0.75 \sim 1$	端竖杆、端斜杆受较大弯矩作用的弦杆
3	二不等边角钢长肢相连		$\dfrac{i_y}{i_x} \approx 1.3 \sim 1.5$	其余腹杆、下弦杆
4	二等边角钢相并		$\dfrac{i_y}{i_x} \approx 1.0$	与竖向支承相连的屋架竖杆
5	单角钢			轻型钢屋架中受力较小的杆件
6	钢管		各方向都相等	轻型钢屋架中的杆件

对于桁架上弦，如无局部弯矩，往往其计算长度 $l_{0y} \geqslant 2l_{0x}$ ，为满足 $\lambda_x \approx \lambda_y$ ，要求截面的 $i_y \geqslant 2i_x$ ，根据表 7-4 宜采用两个不等边角钢短肢相连的 T 形截面。如有较大的局部弯矩，为提高上弦杆在桁架平面内的抗弯承载力，宜采用两个不等肢角钢长肢相连或两个等肢角钢组成的 T 形截面。

桁架的下弦杆，由于受轴向拉力作用，其截面一般由强度条件确定。但在桁架平面外的计算长度通常较大，为增强其刚度，宜优先采用两个不等肢角钢短肢相连或等肢角钢组成的 T 形截面。这种截面的侧向刚度较大，且由于水平肢较宽，便于与支撑连接。

对梯形桁架的端斜杆，由于 $l_{0x} = l_{0y}$ ，为使 $i_x \approx i_y$ ，宜采用两个不等肢角钢长肢相连的 T 形截面。

其他腹杆，由于 $l_{0x} = 0.8l_{0y}$ ，为使 $i_y \approx 1.25i_x$ ，宜采用两个等肢角钢组成的 T 形截面。受力很小的腹杆也可用单角钢截面，其放置方法可采用交替地单面连接在桁架平面的两侧，或在两杆端开槽嵌入节点板对称置于桁架平面。

连接垂直支撑的竖腹杆常采用两个等肢角钢组成的十字形截面。

2. 填板的设置

为确保由两个角钢组成的 T 形或十字形截面杆件形成一整体杆件共同受力，必须每隔一定距离在两个角钢间设置填板并用焊缝连接。这样杆件才可按实腹式杆件计算。填板厚度同节点板厚，宽度一般取 40～60mm。长度取：T 形截面比角钢肢宽大 10～15mm；十字形截面则由角钢肢尖两侧各缩进 10～15mm。填板间距对压杆取 $l_d \leqslant 40i$，对拉杆取 $l_d \leqslant 80i$，在 T 形截面中，m 为一个角钢对平行于填板的自身形心轴(见图 7-16(a)中的 1—1 轴)的回转半径；十字形截面中，i 为一个角钢的最小回转半径(见图 7-16(b)中的 2—2 轴)。受压构件两个侧向支承点之间的填板数不少于两个。

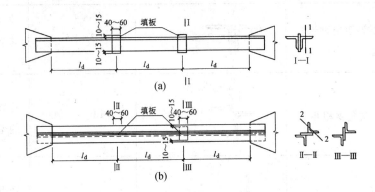

图 7-16 桁架杆件的填板

3. 节点板的厚度

节点板内应力大小与所连构件内力大小有关,可按《钢结构设计规范》(GB 50017—2011)有关规定计算其强度和稳定性。表 7-5 系根据上述计算方法编制的表格,设计时可直接查表确定其厚度。在同一榀桁架中,所有中间节点板均采用同一种厚度,支座节点板由于受力大且很重要,厚度比中间的增大 2mm。节点板的厚度,对于梯形普通桁架等可按受力最大的腹杆内力确定,对于三角形普通钢桁架则按其弦杆最大内力确定。

表 7-5 单节点板桁架和桁架的节点板厚度

梯形桁架腹杆最大内力或三角形桁架弦杆最大内力/kN	<170	171～290	291～510	511～680	681～910	911～1290	1291～1770	1771～3090
中间节点板厚度/mm	6	8	10	12	14	16	18	20
支座节点板厚度/mm	8	10	12	14	16	18	20	22

注：1. 表列厚度钢材按 Q235 钢考虑,当节点板为 Q345(16Mn)钢时,其厚度可按表列数值减小。

2. 节点板边缘与腹杆轴线间的夹角不小于 30°。

3. 节点板与腹杆用侧焊缝连接,当采用围焊时,节点板厚度应通过计算确定。

4. 无竖腹杆相连且无加劲肋加强的节点板,可将受压腹杆的内力乘以 1.25 后再查表。

4. 截面选择的一般原则

选择截面时应考虑下列要求。

(1) 应优先选用在相同截面积情况下宽肢薄壁的角钢,以增加截面的回转半径,这对压杆尤为重要。

(2) 角钢规格不宜小于∟45×4 或∟56×36×4。有螺栓孔时,角钢的肢宽须满足螺栓间距的要求。放置屋面板时,上弦角钢水平肢宽须满足搁置尺寸要求。

(3) 同一榀桁架的角钢规格应尽量统一,一般宜调整到不超过 5~6 种。同时应尽量避免使用同一肢宽而厚度相差不大的角钢,同一种规格的厚度之差不宜小于 2mm,以便施工时辨认。

(4) 桁架弦杆一般沿全跨采用等截面,但对跨度大于 24m 的三角形桁架和跨度大于 30m 的梯形桁架,可根据内力变化改变弦杆截面,但在半跨内只宜改变一次,且只改变肢宽而保持厚度不变,以便于拼接的构造处理。

7.4.5　桁架的节点设计

桁架的杆件一般采用节点板相互连接,各杆件内力通过各自的杆端焊缝传至节点板,并汇交于节点中心而取得平衡。节点的设计应做到传力明确、可靠,构造简单、安装方便。

1. 节点设计步骤和一般设计原则

布置桁架杆件时,原则上应使杆件形心线与桁架几何轴线重合,以免杆件偏心受力。为便于制造,通常取角钢肢背至形心距离为 5mm 的整倍数。当弦杆截面沿跨度有改变时,为便于拼接和放置屋面构件,一般应使拼接处两侧弦杆角钢肢背齐平,并使两侧角钢形心线的中心线与桁架几何轴线重合。如轴心线引起的偏心不超过较大弦杆截面高度的 5%,计算中可不计由此偏心引起的弯矩。节点处各杆件的轴线如图 7-17 所示,图中 e_0 按 e_1 和 e_2 的平均数取 5mm 的倍数值, e_3、e_4 则按角钢形心距取 5mm 的倍数值。

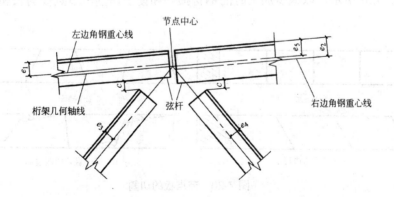

图 7-17　节点处各杆件的轴线

根据已画出的杆件轴线,按一定比例尺画出各杆件的角钢轮廓线(表示角钢外伸边厚度的线可不按比例,仅示意画出)。腹杆与弦杆、腹杆与腹杆轮廓线间应保持最小间距 c,如图 7-17 所示。在直接承受动力荷载的焊接桁架中,取 $c=500$mm,在不直接承受动力荷载

的焊接桁架中，c 不应小于 20mm，以避免因焊缝过分密集而使该处节点板过热而变脆。在非焊接屋架中，c 应不小于 5～10mm，以便于安装。按此要求可定出各杆件的端部位置。

杆端的切割面一般宜与杆件轴线垂直，如图 7-18(a)所示，也允许将角钢的一边切去一角，如图 7-18(b)所示，但不允许做图 7-18(c)所示的端部切割方式。

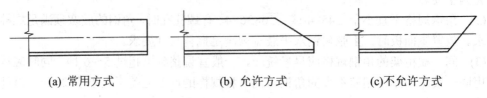

(a) 常用方式   (b) 允许方式   (c)不允许方式

图 7-18   角钢端部的切割

根据事先计算好的各腹杆与节点的连接焊缝(包括角钢肢背和肢尖两者)尺寸，进行焊缝布置并绘于图上，然后定出节点板的外形(当为非焊接节点时，同样，根据已计算出的各腹杆与节点板的连接螺栓数目，进行螺栓排列后定出节点板外形)。在确定节点板外形时，要注意沿焊缝长度方向应多留约 $2h_f$ 的长度以考虑施焊时的焊口位置，垂直于焊缝长度方向应留出 10～15mm 的焊缝位置，如图 7-19 所示。

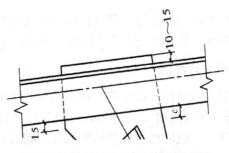

图 7-19   只有一根腹杆时的节点构造

节点板的外形应力求简单，宜优先采用矩形、梯形、平行四边形或至少有一直角的四边形，如图 7-20 所示，以减少加工时的钢材损耗和便于切割。节点板的长和宽宜取 10mm 的倍数。

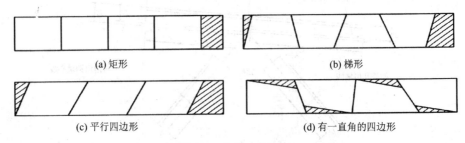

(a) 矩形   (b) 梯形

(c) 平行四边形   (d) 有一直角的四边形

图 7-20   节点板的切割

(阴影线部分表示切割余斜)

绘制节点大样(比例尺为 1/10～1/5)，确定每一节点上都需要标明的尺寸，为今后绘制施工详图时提供必要的数据(对简单的节点，可不绘大样，而由计算得到所需尺寸)。节点上需标注的尺寸如图 7-21 所示。

(1)　每一腹杆端部至节点中心的距离，如图 7-21 中 l_1、l_2 和 l_3 所示(当为非焊节点，则应标明节点中心至腹杆末端第一个螺栓中心的距离)。数字准确到 mm。此距离主要用于制造时的拼装，还可由此计算每一腹杆的实际长度(由腹杆两端的节点间几何长度减去两端至各自节点的距离之和)。

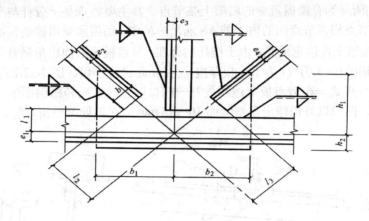

图 7-21　节点尺寸标注

(2)　节点板的平面尺寸。应从节点中心分两边分别注明其宽度和高度，如图 7-21 中的 b_1、b_2 和 h_1、h_2 所示，尺寸分别平行和垂直于弦杆的轴线，主要用于制造时节点板的定位。

(3)　各杆件轴线至角钢肢背的距离，如图 7-21 中所注的 e_1、e_2 等。

(4)　角钢连接边的边长 b(只当杆件截面为不等边角钢时需注明)。

(5)　每条角焊缝的焊脚尺寸 h_f 和焊缝长度 l(当为螺栓连接时，应注明螺栓中心距和端距)。

2. 节点计算和构造

先根据腹杆内力，计算腹杆与节点板连接焊缝的长度和焊脚尺寸。焊脚尺寸一般取不大于角钢肢厚。根据节点上各杆件的焊缝长度，并考虑杆件之间应留的间隙以及适当考虑制作和装配的误差，确定节点板的形状和平面尺寸。

然后计算弦杆与节点的焊缝。对于单角刚杆件的单面连接，由于角钢受力偏心，计算焊缝时应将焊缝强度设计值乘以 0.85 的折减系数，焊缝的尺寸尚应满足构造要求。以下具体说明各节点的计算。

1) 上弦节点

上弦节点中腹杆与节点板的连接焊缝长度计算如下。

对于肢背，有

$$l'_w = \frac{K_1 N}{2 \times 0.7 h'_f f^w_f} \tag{7-6a}$$

对于肢尖，有

$$l''_w = \frac{K_2 N}{2 \times 0.7 h''_f f^w_f} \tag{7-6b}$$

式中：N——杆件的轴力；

f_f^w——角焊缝的强度设计值；

h_f'，h_f''——角焊缝的焊脚尺寸(注意：肢背与肢尖的 h_f 可以不相等)；

K_1，K_2——角钢肢背和肢尖焊缝受力分配系数；

l_w'，l_w''——分别为角钢肢背和肢尖的焊缝计算长度，对每条焊缝取实际长度减去 $2h_f$。

图 7-22(a)所示为有檩屋盖中的桁架上弦节点。其主要特点是上弦杆与节点板件间的焊缝除承受弦杆节点相邻节点间的内力差 $\Delta N = N_1 - N_2$ 外，还需承受由檩条传给上弦杆的竖向节点荷载 P。构造上需注意的是，由于檩托的存在，节点板无法伸出角钢背面，如图 7-22(a)中将节点板缩进 $(0.6\sim1.0)t$（t 为节点板厚度)，并在此进行槽焊。图 7-22(b)所示为有檩屋盖中上弦点的另一形式，在节点板上边缘处开一凹口以容纳檩托和槽钢檩条，凹口处节点板缩进角钢背面，凹口以外扔伸出角钢背面 $10\sim15\,\mathrm{mm}$，在该处可设角焊缝。

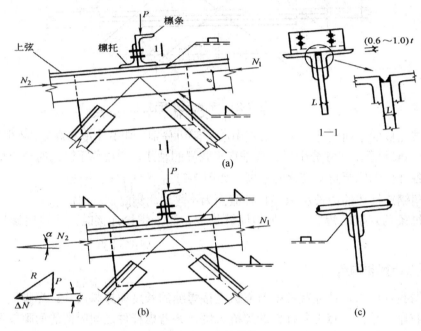

图 7-22 上弦节点

在计算上弦与节点板的连接焊缝时，应考虑上弦杆内力与集中荷载的共同作用。当采用图 7-22(a)所示构造时，对焊缝的计算常作下列近似假设。

(1) 肢背的槽焊缝承受节点荷载 P。槽焊缝按两条 $h_f = 0.5t$（t 为节点板厚度)的角焊缝计算，如图 7-22(a)中的局部放大图所示。设屋面倾角为 α，槽焊缝的受力可利用角焊缝的下列计算公式得出

$$\tau_f = \frac{P\sin\alpha}{2\times0.7h_f l_w}$$

$$\sigma_f = \frac{P\cos\alpha}{2\times0.7h_f' l_w'} + \frac{6M}{2\times0.7h_f' l_w'^2} \tag{7-7}$$

$$\sqrt{\left(\frac{\sigma_f}{\beta_f}\right)^2 + \tau_f^2} \leqslant 0.8f_f^w$$

式中：M——竖向节点荷载 P 对槽焊缝长度中点的偏心距所引起的力矩；

0.8——考虑到槽焊缝的质量不易保证,而将角焊缝的强度设计值降低 20%。

当荷载 P 对槽焊缝长度中点的偏心距较小可略去不计时,取 $M=0$;当为梯形桁架、屋面坡度为 1/12 时, $\cos\alpha\approx1.0, \sin\alpha\approx0$,则式(7-7)就简化为

$$\frac{P}{2\times0.7h_{\mathrm{f}}'l_{\mathrm{w}}'}\leqslant0.8\beta_{\mathrm{f}}f_{\mathrm{f}}^{\mathrm{w}} \tag{7-8}$$

(2) 弦杆角钢肢尖的两条角焊缝承担 ΔN 和由于 ΔN 与肢尖焊缝的偏心距 e 而产生的 $\Delta M=\Delta N\cdot e$。由此可确定肢尖焊缝所需的焊脚尺寸 h_{f} 计算公式为

$$\left.\begin{array}{l}\tau_{\mathrm{f}}=\dfrac{\Delta N}{2\times0.7h_{\mathrm{f}}''l_{\mathrm{w}}''}\\[3mm]\sigma_{\mathrm{f}}=\dfrac{6\Delta M}{2\times0.7h_{\mathrm{f}}''l_{\mathrm{w}}''^{2}}\\[3mm]\sqrt{\left(\dfrac{\sigma_{\mathrm{f}}}{\beta_{\mathrm{f}}}\right)^{2}+\tau_{\mathrm{f}}^{2}}\leqslant f_{\mathrm{f}}^{\mathrm{w}}\end{array}\right\} \tag{7-9}$$

当为图 7-22(b)所示构造时,通常可先求出需由弦杆角钢肢背和肢尖与节点板的角焊缝所承担的合力 R,如图 7-22(b)所示,然后近似地按所给分配系数得出肢背焊缝和肢尖焊缝所应承担的力 K_1R 和 K_2R ,分别进行计算。当屋面坡度为 1/12 时,可近似按 P 垂直于 ΔN 求 R。

图 7-22(c)所示为无檩屋盖中上弦杆在节点处的截面,由于钢筋混凝土大型屋面板的纵肋直接支承在节点处弦杆角钢外伸边上,为避免角钢外伸边受弯曲而变形过大,通常在角钢背面加焊一垫板(厚 10~12mm),以局部加强上弦杆角钢的外伸边。因而节点板也需如图 7-22(a)那样缩进,并于缩进处施以槽焊。焊缝计算方法同上。

2) 下弦节点

在下弦节点(见图 7-21)中腹杆与节点板的连接焊缝计算与上弦节点相同。

弦杆与节点的连接焊缝,节点上无外荷载时,仅承受下弦相邻间的内力差 $\Delta N=N_1-N_2$。而 ΔN 一般都较小,故焊脚尺寸可由构造要求而定。当节点上有集中荷载作用时,下弦肢背与节点板的连接焊缝按式(7-10)计算,即

$$\frac{\sqrt{[K_1(N_1-N_1)]^2+\left(\dfrac{P/2}{1.22}\right)}}{2\times0.7h_{\mathrm{f}}'l_{\mathrm{w}}'}\leqslant f_{\mathrm{f}}^{\mathrm{w}} \tag{7-10}$$

下弦肢尖与节点板的连接焊缝按式(7-11)计算,即

$$\frac{\sqrt{[K_2(N_1-N_2)]^2+\left(\dfrac{P/2}{1.22}\right)^2}}{2\times0.7h_{\mathrm{f}}''l_{\mathrm{w}}''}\leqslant f_{\mathrm{f}}^{\mathrm{w}} \tag{7-11}$$

式中: N_1 , N_2 ——下弦节点相邻节间的轴向力;

　　　P ——下弦节点荷载;

　　　K_1 , K_2 ——角钢肢背和肢尖的内力分配系数;

　　　h_{f}' , l_{w}' ——角钢肢背焊缝的焊脚尺寸和每条焊缝的计算长度;

　　　h_{f}'' , l_{w}'' ——角钢肢尖焊缝的焊脚尺寸和每条焊缝的计算长度。

3) 屋脊节点

图 7-23 所示为梯形桁架或三角形桁架的屋脊节点示例。在此节点上，左右两弦杆必然断开，因而需用拼接件拼接。拼接件通常采用与弦杆相同的角钢截面，同时需将拼接角钢的棱角截去，并把竖向肢 $\Delta = t + h_{\mathrm{f}} + 5\mathrm{mm}$ 的一部分切除。对屋面坡度较小的梯形桁架，拼接角钢可热弯成型；对屋面坡度较大的三角形桁架，则常需将拼接角钢的竖直边割一口子，如图 7-23(b)所示，然后冷弯成型并连接。

(1) 屋脊拼接角钢与弦杆的连接计算及拼接角钢总长度的确定。

拼接角钢与受压弦杆的连接可按弦杆最大内力进行计算，每边共有 4 条焊缝平均承受此力，因而焊缝长度为

$$l_{\mathrm{w}} \geqslant \frac{N}{0.4 \times 0.7 h_{\mathrm{f}} f_{\mathrm{f}}^{\mathrm{w}}} \tag{7-12}$$

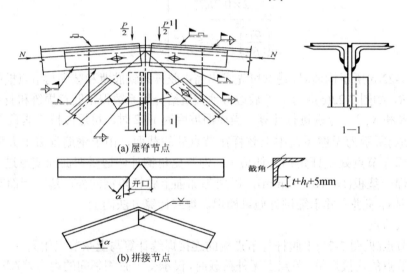

(a) 屋脊节点

1—1

截角

$t+h_{\mathrm{f}}+5\mathrm{mm}$

开口

α

α

(b) 拼接节点

图 7-23　屋脊节点及拼接角钢的弯折

由此可得拼接角钢总长度为

$$l_{\mathrm{w}} = 2(l_{\mathrm{w}} + 2h_{\mathrm{f}}) + 弦杆杆端空隙 \tag{7-13}$$

当为开口后弯折的角钢，还需计入开口的宽度。

(2) 弦杆与节点板的连接焊缝。

计算上弦与节点板的连接焊缝时，假定节点荷载 P 由上弦角钢肢背处的槽焊缝承受。上弦角钢肢尖与节点板的连接焊缝按上弦内力的 15% 计算，并考虑此力产生的弯矩 $M = 0.15N \times e$。

$$\tau_{\mathrm{f}}^{N} = \frac{0.15N}{2 \times 0.7 h_{\mathrm{f}} l_{\mathrm{w}}} \tag{7-14}$$

$$\sigma_{\mathrm{f}}^{N} = \frac{6M}{2 \times 0.7 h_{\mathrm{f}} l_{\mathrm{w}}^{2}} \tag{7-15}$$

$$\sqrt{(\tau_{\mathrm{f}}^{N})^{2} + \left(\frac{\sigma_{\mathrm{f}}^{M}}{1.22}\right)^{2}} \leqslant f_{\mathrm{f}}^{\mathrm{w}} \tag{7-16}$$

当桁架上弦的坡度较大时，拼接角钢与上弦杆之间的连接焊缝按上弦内力的水平分力计算，而上弦杆与节点板之间的连接焊缝，则取上弦内力的竖向分力与节点荷载的合力和上弦内力 15% 两者中较大值来计算。

当桁架跨度较大时，需将桁架分成两个运输单元，在屋脊节点和下弦跨中节点设置工地拼接，如图 7-23 所示。左半边的上弦，斜杆和竖杆与节点板的连接为工厂焊接，而右半边的上弦、斜杆与节点板的连接为工地焊缝。拼接角钢与上弦的连接全用工地焊缝。为了便于工地焊接，需设置临时性安装螺栓。

当桁架上弦设置天窗时，天窗架与桁架上弦一般采用普通螺栓连接。

4)　下弦的拼接节点

下弦一般采用与下弦尺寸相同的角度来拼接，并保持拼接处原有下弦杆的刚度和强度，如图 7-24(a)所示。

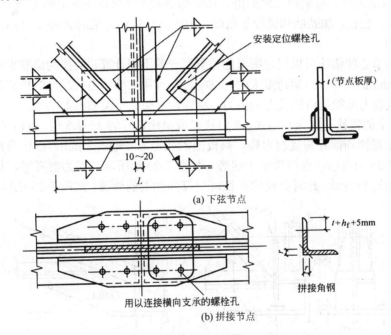

图 7-24　下弦角钢的工地拼接节点

在下弦的拼接中，为了使拼接角钢与原来的角钢相紧贴，对拼接角钢顶部要截去棱角，宽度为 r (r 为角钢内圆弧半径)；对其竖向肢应割去 $h_f + t + 5mm$ (t 为角钢厚度)，如图 7-24(b)所示，以便施焊。因切割而对拼接角钢截面的削弱则考虑由节点板补偿。当节点两侧下弦杆的角钢截面不相同时，拼接角钢的截面可采用与较小截面的相同。

拼接角钢与下弦角钢间共有 4 条焊缝，承担节点两侧较小截面中的内力设计值 N_2 (当节点两侧弦杆截面不相同时)，对轴心拉杆的拼接，常偏安全地取 $N_2 = A_2 f$，即按截面的抗拉强度承载力进行计算。4 条角焊缝都位于角钢的肢背，其与角钢截面形心距离大致相同，因而可认为平均受力。由连接焊缝的需要可求出拼接角钢的总长度为

$$l = 2\left(\frac{A_2}{4 \times 0.7 h_f \cdot f_f^w} + 2h_f\right) + (10 \sim 20)mm \tag{7-17}$$

式中：A_2——拼接两侧弦杆的较小截面面积

$(10\sim20)$mm——拼接处原角钢间的空隙。

当角钢的边长 $b\geqslant125$mm 时，为了使传力路线不过分集中在角钢趾部的焊缝处，以改善拼接角钢中的受力情况，不使产生较大的应力集中，宜将拼接角钢的两端各切去一角，焊缝沿斜边布置(见图 7-22(b))(此法同样适用于拼接角钢的水平边和竖直边，图上的竖直边未切角，水平边切角，主要是为了表示 $b<125$mm 和 $b\geqslant125$mm 时的两种处理方案)。

下弦与节点板的连接焊缝，按两侧下弦较大内力的 15%和两侧下弦的内力差两者中的较大值来计算，但当拼接节点处有外荷载作用时，则应按此较大值与外荷载的合力进行计算。

5)　支座节点

桁架与柱的连接有铰接和刚接两种形式。支承于钢筋混凝土柱或砖柱上的桁架一般为铰接，而支撑与钢柱上的桁架通常为刚接。本节主要以铰接支座节点为例，介绍其计算方法。

图 7-25 所示为梯形桁架和三角形桁架在钢筋混凝土柱顶或砌体上的支座节点示例。这种支座由节点板、底板、加劲肋和锚栓等组成，由于其只传递桁架的竖向反力 R，看作为铰接。

(1)　锚栓。

铰接支座节点的锚栓用以固定桁架的位置，一般不需计算，而按构造要求采用两个直径为 $d=20\sim24$mm 的锚栓。桁架跨度大时，锚栓直径宜粗一些。当轻屋面的桁架建于风荷载较大的地区，风吸力可能是桁架反力为拉力，则锚栓有防止桁架被掀起的作用。为了安装桁架的方便，底板上的锚栓孔宜为开口式，开口直径取锚栓直径的 $2\sim2.5$ 倍，待桁架安装就位后，再用垫板套在锚栓顶部并与底板焊接，垫板上的孔径为 $d+(1\sim2)$mm。锚栓可设于底板的中线上，如图 7-25(a)所示；也可设于中线旁，如图 7-25(b)所示。当为前者时，加劲肋的端部不可能伸到底板的边缘，此时底板的面积可只算到肋端的外缘，如图 7-25 中的 $2a\times2b$ 所示。

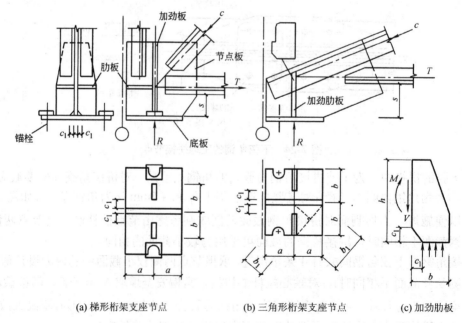

(a) 梯形桁架支座节点　　　(b) 三角形桁架支座节点　　　(c) 加劲肋板

图 7-25　铰接支座节点

(2)　底板。

底板反力 R 的作用线应通过底板的中心，并与下弦杆和斜杆的轴线相交于节点中心。

图 7-25(a)所示的梯形桁架支座节点处的桁架竖杆，其轴线因与支座加劲肋板位置冲突，有一定的偏心，但由于此杆内力较小，引起的影响可忽略不计。

底板面积根据柱顶混凝土或砌体的轴心抗压强度设计值 f_c 确定，使

$$A = (2a) \times (2b) \geqslant \frac{R}{f_c} \tag{7-18}$$

式中： A ——锚栓孔缺口面积。

对图 7-24(a)所示底板，式(7-18)不等号左边可不扣除预留的锚栓孔缺口面积。底板平面尺寸由其刚度和锚栓位置等构造要求确定，常用的尺寸为 240mm×240mm ～ 400mm×400mm。此板的宽度和厚度均不可超出钢筋混凝土柱顶支撑面的范围。

底板厚度可按相邻两边支撑的矩形板($a×b$)承受柱顶的均布反力 $q = R/A_n$ 确定板中单位宽度的弯矩为，即

$$M = \beta q a_1^2 \tag{7-19}$$

系数 β 按比值 b_1/a_1 确定， a_1 和 b_1 的意义可参见图 7-25(b)。板的厚度为

$$t \geqslant \sqrt{\frac{6M}{f}} \tag{7-20}$$

为了使底板有一定的刚性，底板的最小厚度宜满足下列构造要求：当桁架跨度不大于 18m 时， $t \geqslant 16mm$；当桁架跨度大于 18m 时， $t \geqslant 20mm$。

底板与节点板、加劲肋板低端的角焊缝连接可按式(7-21)计算，即

$$\sigma_f = \frac{R}{0.7 h_f \sum l_w} \leqslant \beta_f f_f^w \tag{7-21}$$

其中：

$$\sum l_w \approx 2(2a - 2h_f) + 4(b - 切角宽度 c_1 - 2h_f)$$

(3) 加劲肋板。

加劲肋板应以增强节点板平面外刚度和减少底板的弯矩，其厚度可取与节点板相同。肋底板端应切角 c_1，如图 7-25(c)所示，以避免 3 条互相垂直的角焊缝交于一点。肋板与节点板的竖向连接焊缝同时承受剪切 V 和弯矩 M，如图 7-25(c)所示。可近似取

$$V \approx \frac{R}{2} \cdot \frac{B}{a+b} \text{ 和 } M \approx V \cdot \frac{b}{2} \tag{7-22}$$

当 $a=b$ 时， $V \approx \frac{R}{4}$。

竖向连接角焊缝中的应力为

$$\left.\begin{array}{l} \tau_f = \dfrac{V}{2 \times 0.7 h_f (h - 2h_f - C_1)} \\[4mm] \sigma_f = \dfrac{6M}{2 \times 0.7 h_f (h - 2h_f - C_1)^2} \end{array}\right\} \tag{7-23}$$

式中： h ——加劲肋板高度；

C_1 ——切角高度，一般取 15mm。

设定 h_f 后，由下列条件可确定肋板高度 h，即

$$\sqrt{\left(\frac{\sigma_{f}}{\beta_{f}}\right)^{2}+\tau_{f}^{2}} \leqslant f_{f}^{w} \tag{7-24}$$

为了便于下弦角钢肢背施焊，下弦角钢水平肢的底面和支座底板之间的净距 s 不应小于下弦角钢外伸长的边长，同时又不小于 130mm。

7.5 钢管屋架设计

管截面屋架因具有多方面的良好性能，在各类建筑中，特别是轻型屋面的大跨度建筑中有较多的应用，管截面的类型可分为圆管及矩(方)形管两类，其制作方法可以是冷弯成型(当壁厚为 2～6mm 时，为冷弯薄壁圆管及冷弯薄壁矩形管)，也可以是热轧成型。当技术经济条件合理时，还可采用无缝钢管。

7.5.1 屋架形式

钢管屋架外形与角钢屋架相同，即屋架跨度 L 由使用或工艺要求确定；屋架的高度(跨中及端部高度)则由经济高度、刚度、运输界限及屋面坡度等因素确定。跨中经济高度为 $(1/10～1/8)L$，端部高度通常取 1.5～2.0m。根据已确定的端部高度、上弦坡度可推算跨中高度。在等高的多跨房屋中，各跨屋架的端部高度应尽可能相同。

1. 弦杆的节间划分

屋架上弦杆的节间划分应适应屋面材料尺寸，宜使屋面荷载直接作用于节点上。

对有檩体系，屋架上弦杆的节间划分，一般取一个檩距或两个檩距为一个节间长度。当取一个檩距时，弦杆只有节点荷载；当取两个檩距时，上弦杆有节间荷载，上弦杆除轴心力外还有弯矩，所需截面较大，但腹杆和节点数量减少。

对于檩距为 1.5m 的压型钢板屋面，屋架上弦杆的节间长度可取一个或两个檩距。对于檩距为 3.0m 的压型钢板或 3.0m×6.0m 太空轻质大型屋面板屋面，屋架上弦杆的节间长度宜取一个檩距 3.0m。为简化节点，充分发挥型材强度的角度，上弦杆宜优先采用 3.0m 节距(檩距或板宽也为 3.0m)。

屋架下弦杆的节间划分主要根据所选用的屋架形式、上弦杆节间划分和腹杆布置确定。

2. 腹杆布置

由于截面刚度较大，布置腹杆时不需要过分强调短杆受压、长杆受拉，故能较好地适应人字式、单斜式和再分式等各类腹杆体系。腹杆布置与角钢屋架相同。

7.5.2 杆件截面选择

按各杆件的内力设计值 N、M、杆件在两个方向的计算长度、截面形式、钢化等进行截面选择。热加工管材和冷成型管材不应采用屈服强度超过 Q345 钢及屈强比 $f_{y}/f_{u}>0.8$ 的钢材，且钢管壁厚不宜大于 25mm。

1. 杆件计算长度

杆件在平面内、外的计算 l_{0x}、l_{0y} 见表 7-6。当屋架节点为杆件直接连接时，其杆件平面内、外的计算长度系数 μ：对杆件可取 0.9；对腹杆可取 0.75。

当弦杆侧向支承点之间的距离为节间长度的 2 倍且两节间的弦杆轴心压力有变化时，则该弦杆在屋架平面外的计算长度应考虑轴力变化的影响，计算方法同角钢屋架。

表 7-6　屋架弦杆和腹杆的计算长度

项　次	弯曲方向	弦　杆	腹　杆
1	在屋架平面内	l	l
2	在屋架平面外	l_1	l

注：l 为构件的几何长度(节点中心距离)；l_1 为屋架弦杆侧向支撑点之间的距离。

2. 杆件截面形式

钢管屋架的截面有方钢管或圆钢管两种形式。方钢管多为闭口或两个槽钢的焊接截面；圆钢管为高频焊接截面或轧制无缝截面。方钢管截面主要采用正方形，必要时可用长方形。长方形钢管用于弦杆平放时，可更好地应用于需要有较大侧向宽度和刚度的情况。

圆钢管的外径与壁厚之比不应超过 $100\sqrt{\dfrac{235}{f_y}}$，方钢管的最大外缘尺寸与壁厚之比不应超过 $40\sqrt{\dfrac{235}{f_y}}$。

屋架弦杆全长宜采用同一截面规格的型材。跨度≥24m 的屋架，可根据弦杆内力变化情况在某一节点处改变其截面尺寸，一般只改变截面壁厚而不改变截面的外形尺寸，且须保证该节点两侧弦杆的几何中心线位于同一直线；否则，应考虑由此偏心产生的附加弯矩。

7.5.3　构造

1. 一般原则

(1) 节点通常不用节点板，而将杆件直接汇交焊接，图 7-26(a)、(b)所示即为顶接。支管端部宜使用自动切割机切割，支管壁厚小于 6mm 时不可破口。杆端切割稍麻烦；但构造简单，制造方便。钢管屋架杆件端部应进行焊接封闭，以防管内锈蚀。

(2) 当方钢管屋架需要加强时，可采用通过垫板焊接的连接节点，如图 7-26(c)所示。

(3) 各杆件截面重心轴线应汇交于节点中心，尽可能避免偏心。若支管与主管连接节点偏心不超过 $-0.55 \leqslant \dfrac{e}{h}$ 或 $\dfrac{e}{d} \leqslant 0.25$ 限制时(式中 e 为偏心距；d 为圆主管外径；h 为连接平面内的矩形主管高度)，在计算节点和受拉主管承载时，可忽略因偏心引起的弯矩影响，但受压主管必须考虑此偏心弯矩($M = \Delta N \times e$，ΔN 为节点两侧主管轴力差值)。

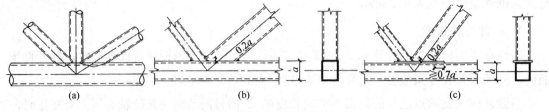

(a)　　　　　　　(b)　　　　　　　(c)

图 7-26　钢管屋架节点

(4) 支管与主管或两个支管轴线夹角不宜小于30°。主管的外部尺寸不应小于支管的外部尺寸，主管的壁厚不应小于支管的壁厚，在支管与主管连接处不得将支管插入主管内。

(5) 支管与主管的连接焊缝，应沿全周连续焊接并平滑过渡，可全部用角焊缝或部分采用对接焊缝、部分采用焊缝。支管管壁与主管管壁之间的夹角不小于120°时的区域宜用对接焊缝或带坡口的角焊缝。角焊缝的焊脚尺寸 h_f 不宜大于支管壁厚的 2 倍。

(6) 对有间隙的 K 形或 N 形节点(见图 7-27(a)、(b))，支管间隙 a 应不小于两支管壁厚之和。

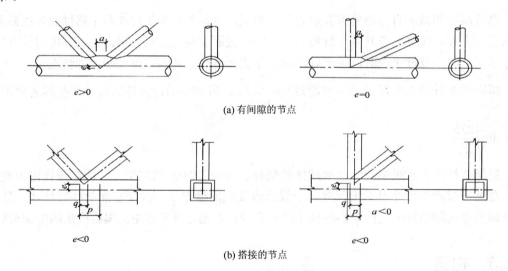

(a) 有间隙的节点

(b) 搭接的节点

图 7-27　K 形和 N 形管节点的偏心和间隙

(7) 对搭接的 K 形或 N 形点，当支管厚度不同时，薄壁管应搭在厚壁管上；当支管钢材强度等级不同时，低强度管应搭在高强度管上。搭接节点的搭接率 $O_v = q/p \times 100\%$ 应满足 $25\% \leqslant O_v \leqslant 100\%$，且应确保在搭接部分的支管之间的连接焊缝能很好地传递内力。

(8) 钢管构件在承受较大横向荷载的部位应采取适当的加强措施，以防止产生过大的局部变形。构件的主要受力部位应避免开孔，如必须开孔，应采取适当的补救措施。若钢管屋架上弦节点荷载较大，须设垫板加强，如图 7-28 所示。加强垫板应保证钢管屋架上弦的局部刚度及屋面板有足够的支承长度，厚度不宜小于 8mm。若方钢管屋架上弦较宽，垫板可直接焊于弦杆上，如图 7-28(a)所示，但其外伸尺寸较大时宜设加劲肋，如图 7-28(b)所示；圆钢管屋架上弦的加强垫板通过加劲肋与圆钢管相连，如图 7-28(c)所示。

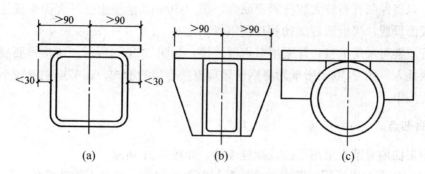

图 7-28　屋架上弦垫板示意图

2. 中间节点

（1）方钢管屋架弦杆与腹杆的连接构造应根据杆件内力、相对尺寸及弦杆厚度等因素确定。

若腹杆内力较小，腹杆与弦杆可直接顶接，如图 7-29(a)、(d)所示。腹杆内力较大时，腹杆与弦杆宜采用以垫板加强的顶接连接，如图 7-29(b)、(e)所示。垫板厚度一般不小于 6mm。当腹杆与弦杆边缘间的距离大于 30mm 时，宜在腹杆上设加劲肋，如图 7-29(c)所示。为了加强节点刚度，也可在弦杆两边布置加强板，如图 7-29(f)所示。

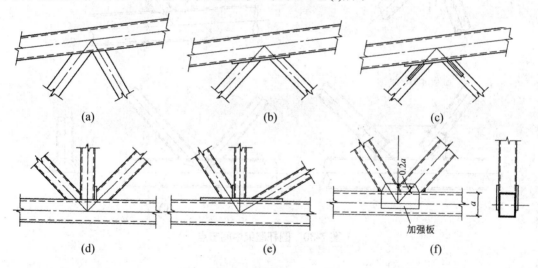

图 7-29　方钢管屋架中间节点

腹杆在弦杆处交错连接时，应使较大腹杆与弦杆(或垫板)直接连接，较小腹杆可切角与较大腹杆和弦杆顶接。斜腹杆与竖杆连接时，可加设竖向垫板过渡，如图 7-29(d)、(e)所示。

（2）圆钢管屋架的腹杆与弦杆的连接一般采用直接顶接，杆件端部经仿形机加工或精密切割成弧形剖口，以使腹杆与弦杆在相关面上紧密贴合，接触面的空隙不宜大于 2mm，以确保焊接质量。

图 7-30(a)、(b)所示为圆钢管屋架弦、腹杆直接顶接的节点构造示意图。一般应使较大腹杆与弦杆直接顶接，较小腹杆除与弦杆连接外，尚可能与其他腹杆相连，其端部应加工

成相关面，以确保弦杆与较大腹杆紧密贴合。图 7-30(a)所示中上弦杆表面平板是为放置檩条和屋面板而设置，平板通过加劲肋与圆钢管相连。

圆钢管屋架可采用插接，即采用节点板连接，如图 7-30(c)所示，连接需要剖开钢管，以便节点板插入。图 7-30(d)所示为将钢管敲扁直接连接的形式，该节点刚度较小，仅适用于中跨度的屋架。

3. 屋脊节点

钢管屋架的屋脊节点采用顶接或螺栓连接，如图 7-31 所示。

图 7-31(a)所示节点适用于跨度较小、整榀制作的屋架，该节点构造简单、施工方便。

当屋架跨度较大，宜在屋脊处分段制作，如图 7-31(b)所示，工地拼装的屋架，顶接板有大、小两块，尺寸按构造确定，大板的长、宽通常比小板大 20～30mm，以便施焊。若屋架设有中央竖杆，则应加长顶接板以连接竖杆。顶接板的厚度不宜小于 10mm。

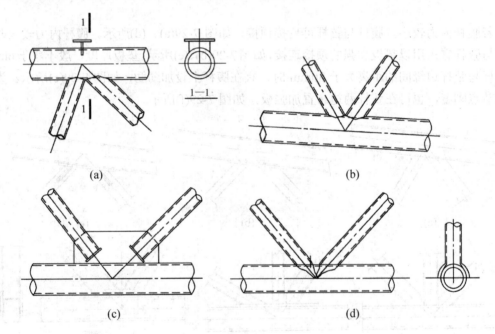

图 7-30　圆杆屋架中间节点

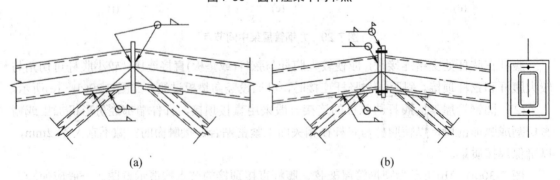

图 7-31　屋脊节点

4. 支座节点

常用支座节点构造形式有顶接式、插接式两种。

1) 顶接式

图 7-32 所示为顶接式支座节点的两种形式。如图 7-32(a)所示为屋架支座底板可直接搁置于柱顶，适用于跨度较小、下弦杆不加高的情况，具有构造简单、受力明确、节省材料等特点。图 7-32(b)所示为加高下弦与柱顶的连接详图，这种支座节点适应性较强，但耗钢量较多。图中加劲肋和垫板的厚度均不得小于 8mm。

2) 插接式

图 7-33 所示为开口插接式支座节点构造详图，其中杆件的连接强度取决于节点板与弦杆间的连接焊缝。

屋架支座底板上锚固螺栓及垫板设置如图 7-32、图 7-33 所示，其与角钢屋架相同。

5. 弦杆拼接

材料长度不足或弦杆截面有改变以及屋架分单元运输时弦杆经常要拼接。前两者为工厂拼接，拼接点宜设在内力较小的节间；后者为工地拼接，拼接点通常在节点。

(1) 受拉构件的拼接接头，一般采用内衬垫板或衬管的单面焊接，如图 7-34 所示。接头按与杆件等强度设计。

(2) 受压构件的拼接接头，一般采用隔板焊接，如图 7-35 所示。杆件端部与隔板顶紧，隔板两侧杆件的纵轴线应位于同一直线上。

若屋架受压杆件采用图 7-35 所示隔板焊接接头的强度不能满足时，可采用斜隔板顶接头，如图 7-36 所示，以增加连接焊缝长度，斜隔板与杆纵轴线的交角不宜小于 45°，隔板厚度不得小于 6mm。

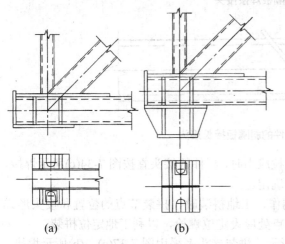

(a) 　　　　(b)

图 7-32　顶接式屋架支座节点

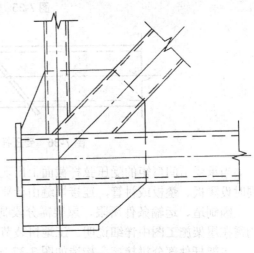

图 7-33　插接式屋架支座节点

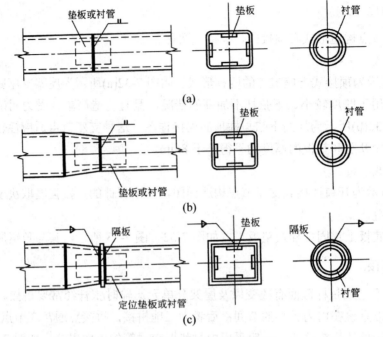

图 7-34　有内衬的单面焊接接头

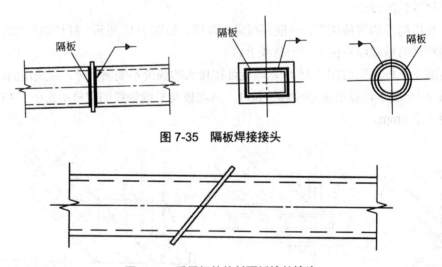

图 7-35　隔板焊接接头

图 7-36　受压杆件的斜隔板接长接头

当承受节间弯矩的受压弦杆截面上出现拉应力时,杆件的接头宜按图 7-34(c)所示焊接,同时设隔板、垫板或衬管,连接焊缝由计算确定。

因制造、运输条件所限,屋架需分段制作、工地拼装时,拼装节点的位置和接头形式均需在屋架施工图中详细说明。工地拼装节点处应设定位螺栓,以利工地定位拼装。

屋架杆件部分拼接接头构造如图 7-37 所示。拼装接头多采用图 7-37(a)、(b)所示焊接,螺栓(包括高强度螺栓)连接如图 7-37(c)所示,或焊接、栓接的混合连接,如图 7-37(d)所示。

采用螺栓连接(或高强度螺栓连接)的拼装接头如图 7-37(c)所示,不需工地焊接,施工方便,能保证质量。通常拼接螺栓数不得少于 4 个,栓径不得小于 12mm,顶接板的厚度不宜小于 12mm。

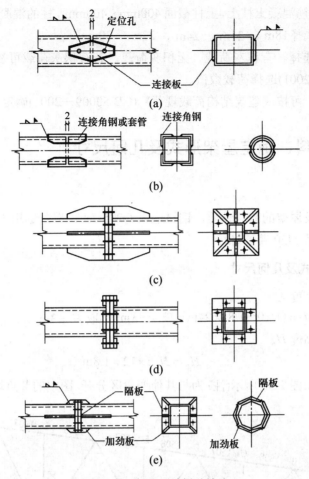

定位孔

连接板

(a)

连接角钢或套管 连接角钢

(b)

(c)

(d)

隔板 隔板

加劲板 加劲板

(e)

图 7-37 部分工地拼装接头

屋架所有拼装节点均需在制造厂进行屋架整体试拼，确认无误后方可出厂，以确保工地拼装质量。

7.6 钢屋架设计实训

7.6.1 设计题目

设计某单层单跨工业厂房的钢屋架。

7.6.2 设计资料

某地区一单层、单跨厂房，总长 120m，柱距 6m。厂房内设有一台中级工作制桥式吊车。屋面采用1.5m×6m预应力大型屋面板，坡度 i=1/10，屋面构造根据国家及地区规范设计。钢屋架简支于钢筋混凝土柱上，上柱截面400mm×400mm，柱的混凝土强度等级为C25。

(1) 跨度。可选择18m、21m、24m、27m、30m。

(2) 积灰荷载选择。有积灰荷载、无积灰荷载。若有积灰荷载可参照《建筑结构荷载规范》(GB 50009—2001)选择荷载数值。

(3) 雪荷载值。可按《建筑结构荷载规范》(GB 50009—2001)确定。

7.6.3　选择材料、确定屋架形式及几何尺寸

1. 选材

根据地区温度及屋架的荷载性质，钢材选用 Q235-AF，焊条选用 E43 型，手工焊。构件与支撑的连接采用 M20 普通螺栓。

2. 确定屋架形式及几何尺寸

1) 屋架跨中高度 H

$H = (1/10 \sim 1/8)L = (1/10 \sim 1/8) \times 24\text{m} = (2.4 \sim 3)\text{m}$，取 $H = 3\text{m}$。

2) 屋架端部高度 H_0

$$H_0 = H - i \times 12 = 1.8\text{m}$$

屋架几何尺寸如图 7-38 所示(注：为与其他变量区分开，图中的节点均用正体字母表示)。

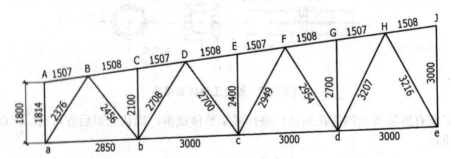

图 7-38　屋架杆件尺寸详图

7.6.4　布置屋架支撑

(1) 上弦横向水平支撑。在房屋两端和温度区段两端设置上弦横向水平支撑。

(2) 下弦横向水平支撑。由于屋架间距小于12m，在屋架下弦设置横向水平支撑以增加屋架整体刚度，下弦横向水平支撑与上弦横向水平支撑布置在同一柱间。

(3) 纵向水平支撑。厂房吊车吨位较小，可不设纵向水平支撑。

(4) 垂直支撑。该屋架跨度为24m，在屋架两端及中间共设置 3 道垂直支撑。

(5) 系杆。为保证屋架的整体稳定和传递水平荷载，在屋架上弦及下弦平面内均设置了系杆。图 7-39 所示为屋架支撑布置。

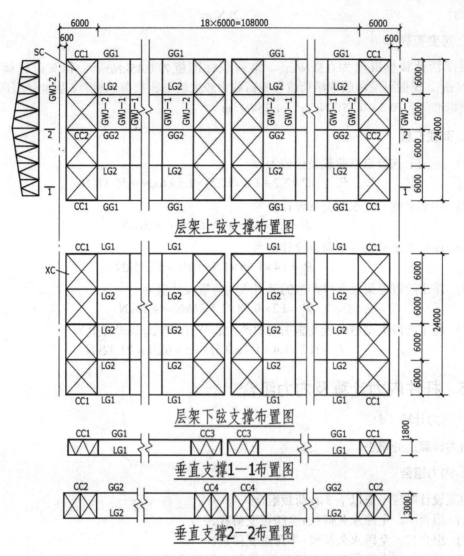

图7-39 屋架支撑布置图

GWJ—钢屋架；SC—上弦支撑；XC—下弦支撑；CC—垂直支撑；GG—刚性支撑；LG—柔性系杆

7.6.5 荷载计算

1. 永久荷载(标准值)

防水层(弹塑性改性沥青八层做法)　　0.35kN/m²

找平层(20mm 厚水泥砂浆)　　$0.02 \times 20 \text{kN/m}^2 = 0.4 \text{kN/m}^2$

保温层(60mm 厚苯板)　　0.17kN/m²

找坡层(20mm 厚水泥砂浆)　　$0.02 \times 20 \text{kN/m}^2 = 0.4 \text{kN/m}^2$

预应力混凝土大型屋面板　　1.4kN/m²

屋架及支撑自重　　$0.12 + 0.26 = 0.38 (\text{kN/m}^2)$

管道设备自重　　0.1kN/m²

| | 3.2kN/m² |

2. 可变荷载

屋面活荷载标准值为 $0.5kN/m^2$，雪荷载标准值为 $0.45kN/m^2$，积灰荷载标准值为 $0.75kN/m^2$。屋面可变荷载取活荷载和雪荷载中较大值与积灰荷载组合。因此，厂房屋面可变荷载标准值为 $(0.5+0.75)kN/m^2 = 1.25kN/m^2$。

3. 荷载汇集

(1) 屋架上弦节点总荷载设计值为
$$P_{总} = (1.2 \times 3.2 + 1.4 \times 1.25) \times 1.5 \times 6kN = 50.31kN$$

(2) 屋架上弦节点永久荷载设计值为
$$P_1 = 1.2 \times 3.2 \times 1.5 \times 6kN = 34.56kN$$

(3) 屋架上弦节点可变荷载设计值为
$$P_2 = 1.4 \times 1.25 \times 1.5 \times 6kN = 15.75kN$$

(4) 施工阶段屋架及支撑产生的节点永久荷载设计值为
$$P_3 = 1.2 \times 0.38 \times 1.5 \times 6kN = 4.10kN$$

(5) 施工阶段大型屋面板及施工荷载产生的节点可变荷载设计值为
$$P_4 = (1.2 \times 1.4 + 1.4 \times 0.5) \times 1.5 \times 6kN = 21.42kN$$

7.6.6　杆件内力计算及内力组合

1. 内力计算

内力计算此处略去。

2. 内力组合

屋架设计时应考虑以下 3 种荷载组合。

(1) 组合一。全跨永久荷载+全跨可变荷载。

(2) 组合二。全跨永久荷载+半跨可变荷载。

(3) 组合三。全跨屋架及支撑自重+半跨大型屋面板重+半跨屋面活荷载。

屋架杆件最不利内力见表 7-7 所列的屋架杆件内力组合表。

表 7-7　屋架杆件内力组合表

杆件名称		内力系数（$P=1$）			组合一	组合二	组合三	计算内力 /kN
		全跨 ①	左半跨 ②	右半跨 ③	$P_{总} \times ①$	$P_1 \times ① + P_2 \times ②$ $P_1 \times ① + P_2 \times ③$	$P_3 \times ① + P_4 \times ②$ $P_3 \times ① + P_4 \times ③$	
上弦杆	AB	0.0	0.0	0.0	0.0	0.0	0.0	0.0
	BCD	−9.49	−6.79	−2.70	−477.44	(−434.92) (−370.50)	(−184.39) (−96.78)	−477.44
	DEF	−14.58	−9.74	−4.84	−733.52	(−657.29) (−580.11)	(−268.47) (−163.51)	−733.52
	FGH	−16.30	−9.80	−6.50	−820.05	(−717.68) (−665.70)	(−276.81) (−206.13)	−820.05
	HJ	−15.68	−7.84	−7.84	−788.86	(−665.38) (−665.38)	(−232.28) (−232.28)	−788.60

续表

杆件名称		内力系数(P = 1)			组合一	组合二		组合三		计算内力/kN
		全跨 ①	左半跨 ②	右半跨 ③	P总×①	$P_1×①+P_2×②$ $P_1×①+P_2×③$		$P_3×①+P_4×②$ $P_3×①+P_4×③$		
下弦杆	ab	5.18	3.79	1.39	206.60	(238.71)	(200.91)	(102.44)	(51.03)	206.60
	bc	12.47	8.65	3.82	627.37	(567.20)	(491.13)	(236.46)	(133.00)	627.37
	cd	15.71	10.02	5.69	790.37	(700.75)	(632.56)	(279.10)	(186.35)	790.37
	de	16.16	8.99	7.17	813.01	(700.08)	(671.42)	(258.89)	(219.90)	813.01
腹杆	Ba	−9.05	−6.66	−2.39	−455.31	(−417.66)	(−350.41)	(−179.80)	(−88.34)	−455.31
	Bb	7.25	4.86	2.14	364.75	(327.11)	(284.27)	(133.86)	(75.58)	364.75
	Dd	−5.47	−3.43	−2.04	−275.20	(−243.07)	(−221.17)	(−95.92)	(−66.15)	−275.20
	Dc	3.65	1.87	1.78	183.63	(155.60)	(154.18)	(55.04)	(53.11)	183.63
	Fc	−2.38	−0.65	−1.73	−119.74	(−92.49)	(−109.5)	(−23.69)	(−46.82)	−119.74
	Fd	1.02	−0.52	1.52	51.32	(27.06)	(59.19)	(−6.95)	(36.74)	(59.19) (−6.95)
	Hd	0.14	1.64	−1.5	7.04	(30.67)	(−18.79)	(35.70)	(−31.56)	(35.70) (−31.56)
	He	−1.20	−2.55	1.35	−60.37	(−81.63)	(−20.21)	(−59.55)	(23.99)	(−81.63) (23.99)
竖杆	Aa	−0.55	−0.55	0.0	−27.67	−27.67		−14.04		−27.67
	Cb	−1.0	−1.0	0.0	−50.31	−50.31		−25.52		−50.31
	Ee	−1.0	−1.0	0.0	−50.31	−50.31		−25.52		−50.31
	Gd	−1.00	−1.0	0.0	−50.31	−50.31		−25.52		−50.31
	Je	2.12	1.06	1.06	106.66	89.96		31.41		106.66

7.6.7　杆件截面设计

支座处节点板厚度取12mm，其他节点板厚度取10mm。

1. 上弦杆

整个杆件采用同一截面，按最大内力计算，N=820.05kN(压)。

计算长度如下。

屋架平面内取节间轴线长度 $l_{0x} = 150.8$cm。

屋架平面外取侧向支撑间距，两个大型钢筋混凝土屋面板相当于一个侧向支撑，$l_{0y} = 2×150.8 = 301.6$(cm)。

因为 $2l_{0x} = l_{0y}$，故截面宜选用两个不等肢角钢，且短肢相拼。

设长细比 $\lambda = 60$，查轴心受力稳定系数表，$\varphi = 0.807$。

需要截面积：

$$A = \frac{N}{\varphi f} = \frac{820.05 \times 10^3}{0.807 \times 215} \text{mm}^2 = 4726\text{mm}^2$$

需要回转半径：

$$i_x = \frac{l_{0x}}{\lambda} = \frac{150.8}{60}\text{cm} = 2.51\text{cm} , \quad i_y = \frac{l_{0y}}{\lambda} = \frac{301.6}{60}\text{cm} = 5.03\text{cm}$$

根据需要的 A、i_x、i_y 查角钢型钢表，选用 2∟140×90×12。

$$A = 5280\text{mm}^2 , \quad i_x = 2.54\text{cm} , \quad i_y = 6.81\text{cm}$$

按所选截面进行验算：

$$\lambda_x = \frac{l_{0x}}{i_x} = \frac{150.8}{2.54} = 59.37 < [150] , \quad \lambda_y = \frac{l_{0y}}{i_y} = \frac{301.6}{6.81} = 44.29 < [150] , \quad \lambda_{\max} = 59.37$$

查轴心受力构件整体稳定系数得：$\varphi = 0.811$。

$$\frac{N}{\varphi A} = \frac{820.05 \times 10^3}{0.811 \times 5280} \text{N/mm}^2 = 191.51\text{N/mm}^2 < 215\text{N/mm}^2$$

2. 下弦杆

整个杆件采用同一截面，按最大内力计算，N=813.01kN(拉)。
计算长度如下。
屋架平面内取节间轴线长度 $l_{0x} = 300\text{cm}$。
屋架平面外取侧向支撑间距，根据支撑布置取 $l_{0y} = 600\text{cm}$。
因为 $2l_{0x} = l_{0y}$，故截面宜选用两个不等肢角钢，且短肢相拼。
需要净截面积为

$$A_n = \frac{N}{f} = \frac{813.01 \times 10^3}{215} \text{mm}^2 = 3782\text{mm}^2$$

查角钢型钢表，选用 2∟125×80×10：

$$A = 3942\text{mm}^2 , \quad i_x = 2.26\text{cm} , \quad i_y = 6.11\text{cm}$$

按所选截面进行验算：

$$\lambda_x = \frac{l_{0x}}{i_x} = \frac{300}{2.26} = 132.74 < [350] , \quad \lambda_y = \frac{l_{0y}}{i_y} = \frac{600}{6.11} = 98.2 < [350]$$

$$\frac{N}{A_n} = \frac{813.01 \times 10^3}{3942} \text{N/mm}^2 = 206.24\text{N/mm}^2 < 215\text{N/mm}^2$$

3. 端斜杆 Ba

已知内力 N=455.31kN(压)，计算长度 $l_{0x} = l_{0y} = 237.6\text{cm}$。
因为 $l_{0x} = l_{0y}$，故截面宜选用两个不等肢角钢长肢相拼。
设长细比 $\lambda = 60$，查轴心受力稳定系数表，$\varphi = 0.807$。
需要截面积：

$$A = \frac{N}{\varphi f} = \frac{455.31 \times 10^3}{0.807 \times 215} \text{mm}^2 = 2624\text{mm}^2$$

需要回转半径：

$$i_x = \frac{l_{0x}}{\lambda} = \frac{237.6}{60}\,\text{cm} = 3.96\text{cm} \ , \quad i_y = \frac{l_{0y}}{\lambda} = \frac{237.6}{60}\,\text{cm} = 3.96\text{cm}$$

根据需要的 A、i_x、i_y 查角型钢表，选用 2∟125×80×8。

$$A = 3200\text{mm}^2 \ , \quad i_x = 4.01\text{cm} \ , \quad i_y = 3.27\text{cm}$$

按所选截面进行验算，即

$$\lambda_x = \frac{l_{0x}}{i_x} = \frac{237.6}{4.01} = 59.25 < [150] \ , \quad \lambda_y = \frac{l_{0y}}{i_y} = \frac{237.6}{3.27} = 72.66 < [150]$$

$\lambda_{\max} = 72.66$，查轴心受力构件整体稳定系数得：$\varphi = 0.735$。

$$\frac{N}{\varphi A} = \frac{455.31 \times 10^3}{0.735 \times 3200}\,\text{N/mm}^2 = 193.58\text{N/mm}^2 < 215\text{N/mm}^2$$

4. 中间竖杆

已知内力 $N=106.66\text{kN}$，选用两个角钢组成的十字形截面。$l_{0x} = l_{0y} = 0.9l$。

需要净截面积：$A_n = \dfrac{N}{f} = \dfrac{106.66 \times 10^3}{215}\,\text{mm}^3 = 496\text{mm}^2$

查角型钢表，选用 2∟63×5，$A = 1228\text{mm}^2$，$i_{\min} = 2.45\text{cm}$。

按所选截面进行验算：$\lambda = \dfrac{l_0}{i_{\min}} = \dfrac{270}{2.45} = 110.2 < [350]$

$$\frac{N}{A_n} = \frac{106.66 \times 10^3}{1228}\,\text{N/mm}^2 = 86.86\text{N/mm}^2 < 215\text{N/mm}^2$$

各杆件截面详见截面选择(见表 7-8)。

表 7-8　杆件截面选择表

杆件 名称	编号	内力 / kN	截面规格	面积 /cm²	计算长度/cm l_{0x}	l_{0y}	回转半径/cm i_x	i_y	长细比 $\lambda_{\max}$	λ	$\varphi_{\min}$	应力/ (N/mm²)
上弦		−820.05	短肢相拼 2∟140×90×12	52.8	150.8	301.6	2.54	6.81	59.37	150	0.811	191.51
下弦		813.01	短肢相拼 125×80×10	39.24	300	600	2.26	6.11	132.74	350	—	206.24
斜腹杆	Ba	−455.31	长肢相拼 125×80×8	32	237.6	237.6	4.01	3.27	72.66	150	0.735	193.58
	Bb	364.75	等肢角钢 80×6	18.8	197.2	246.5	2.47	3.65	79.84	350	—	194.4
	Db	−275.2	等肢角钢 90×6	21.27	216.7	270.9	2.79	4.05	77.68	150	0.702	−184.22
	Dc	183.63	等肢角钢 63×5	12.28	215.9	269.9	1.94	2.97	111.3	350	—	149.54

续表

杆 件		内力	截面规格	面积	计算长度/cm		回转半径/cm		长细比	λ	φ_{min}	应力/
名 称	编 号	/ kN		/cm²	l_{0x}	l_{0y}	i_x	i_y	λ_{max}			(N/mm²)
斜腹杆	Fc	-119.74	等肢角钢 80×6	18.8	237.1	296.4	2.47	3.65	95.99	150	0.581	-109.62
	Fd	59.19 -6.95	等肢角钢 63×5	12.28	236.2	295.3	1.94	2.97	121.75	150	0.427	48.20 -13.25
	Hd	35.70 -31.56	等肢角钢 63×5	12.28	258.1	322.6	1.94	2.97	133	150	0.374	29.07 -78.93
	He	-81.63 23.99	等肢角钢 63×5	12.28	257.2	321.5	1.94	2.97	132.6	150	0.376	-176.79
竖杆	Aa	-27.67	等肢角钢 63×5	12.28	181.5		1.94	2.97	93.56	150	0.597	-37.74
	Cb	-50.31	等肢角钢 56×5	10.83	168	210	1.72	2.69	97.67	150	0.571	-81.34
	Ee	-50.31	等肢角钢 56×5	10.83	192	240	1.72	2.69	116.28	150	0.456	-101.87
	Cd	-50.31	等肢角钢 56×5	10.83	216	270	1.72	2.69	125.58	150	0.408	-113.86
	Je	106.66	等肢角钢 63×5	12.28	270		2.45		110.2	350	-	86.86

7.6.8 屋架节点设计

1. 计算屋架各杆件与节点板连接所需焊缝

以端斜杆 Ba 为例:

内力设计值 $N = 455.31\text{kN}$ (压),焊缝内力分配系数为:肢背 $\alpha_1 = \dfrac{2}{3}$,肢尖 $\alpha_2 = \dfrac{1}{3}$,

角焊缝强度设计值 $f_f^w = 160\text{N}/\text{mm}^2$。

肢背角焊缝所能承受的内力: $N_1 = \dfrac{2}{3}N = \dfrac{2}{3} \times 455.31\text{kN} = 303.54\text{kN}$

肢尖角焊缝所能承受的内力: $N_2 = \dfrac{1}{3}N = \dfrac{1}{3} \times 455.31\text{kN} = 151.77\text{kN}$

肢背所需要的焊缝面积: $h_{f1}l_{w1} = \dfrac{N_1}{2 \times 0.7 \times 160} = \dfrac{303.54}{2 \times 0.7 \times 160} = 1355\text{mm}^2$

肢尖所需要的焊缝面积: $h_{f2}l_{w2} = \dfrac{N_2}{2 \times 0.7 \times 160} = \dfrac{151.77}{2 \times 0.7 \times 160} = 678\text{mm}^2$

端斜杆截面为 2∟125×80×8,节点板厚为10mm,根据焊缝构造要求确定焊脚高度。
肢背:

$h_{f\,min} = 1.5\sqrt{t_{max}} = 1.5\sqrt{10}\text{mm} = 4.74\text{mm}$

$h_{f\,max} = 1.2t_{min} = 1.2 \times 8\text{mm} = 9.6\text{mm}$

肢尖：

$$h_{f\min} = 1.5\sqrt{t_{\max}} = 1.5\sqrt{10}\,mm = 4.74mm$$

$$h_{f\max} = t - (1\sim2) = (6\sim7)mm$$

因此，取 $h_{f1} = 8mm$ ， $h_{f2} = 6mm$ 。

肢背所需焊缝长度为

$$l_{w1} = \frac{1355}{8} + 2h_{f1} = (169.3 + 2\times8)mm = 185mm$$

取 $l_{w1} = 190mm$ ，满足构造要求： $l_{w\min} = 8h_f = 8\times8mm = 64mm$ ； $l_{w\max} = 60h_f = 60\times8mm = 480mm$

肢尖所需焊缝长度为

$$l_{w2} = \frac{678}{6} + 2h_{f1} = (113 + 2\times6)mm = 125mm$$

取 $l_{w2} = 150mm$ ，满足构造要求： $l_{w\min} = 8h_f = 8\times6mm = 48mm$ ； $l_{w\max} = 60h_f = 60\times6mm = 360mm$ 。

各杆件与节点板连接所需焊缝见表 7-9。

表 7-9　屋架各杆件与节点板连接所需焊缝表

杆件		内力设计值 N/kN	需要焊缝面积 /mm²		实际采用焊缝/ mm	
			肢背 $h_{f1}l_{w1}$	肢尖 $h_{f2}l_{w2}$	肢背 $h_{f1}-l_{w1}$	肢尖 $h_{f2}-l_{w2}$
斜杆	Ba	−455.31	1355	678	8～190	6～150
	Bb	364.75	1085	543	6～200	5～120
	Db	−275.2	819	410	6～160	5～100
	Dc	183.63	550	273	6～110	5～80
	Fc	119.74	357	—	6～80	—
	其他	<118	—	—	—	—
竖杆		<118	—	—	—	—

注："—"表示按构造施焊，取构造焊缝 h_f-l_w 为 5～80。

2. 节点设计

选择具有代表性的节点进行设计，本例选择一般节点 b，上部有集中力的节点 B、屋脊节点 J、下弦跨中节点 e、支座节点 a 进行设计，如图 7-40 所示。

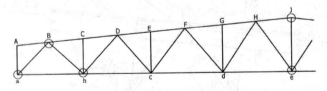

图 7-40　节点选择图

1) 节点一：一般节点 b

一般节点指无集中荷载和无弦杆连接的节点，其构造如图 7-41 所示，各腹杆与节点板连接的角焊缝尺寸见表 7-10，用作图法按一定比例围出节点板，量取下弦杆与节点板的焊缝长度为 455mm ，该处内力差 $\Delta N = N_1 - N_2 = (627.37 - 206.60)kN = 420.77kN$ ，验算焊缝是否满足要求。

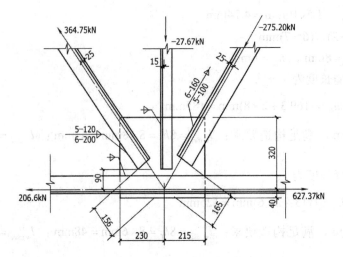

图 7-41　一般节点 b 的构造图

根据构造要求，设肢背和肢尖的焊角尺寸为 10mm 和 8mm 。所需焊缝长度如下。

对于肢背，有

$$l_{w1}=\frac{\frac{2}{3}\Delta N}{2\times0.7h_{f1}f_f^w}+2h_f=\left(\frac{\frac{2}{3}\times420.77\times10^3}{2\times0.7\times10\times160}+2\times10\right)mm=145mm<445mm$$

对于肢尖，有

$$l_{w2}=\frac{\frac{1}{3}\Delta N}{2\times0.7h_{f1}f_f^w}+2h_f=\left(\frac{\frac{1}{3}\times420.77\times10^3}{2\times0.7\times8\times160}+2\times8\right)mm=94mm<445mm$$

2)　节点二：上部有集中力作用的节点 B

同节点一，用作图法确定节点板尺寸，如图 7-42 所示，量得上弦杆与节点板焊缝长度为 455mm ，节点受到竖向集中力 P 和轴向力 ΔN 作用，验算焊缝。

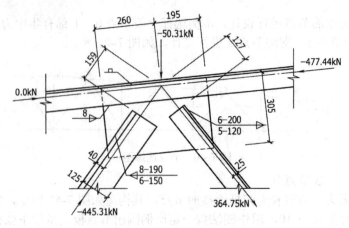

图 7-42　节点 B 的构造图

屋架上弦节点为便于搁置屋面构件，常将节点板缩进弦杆角钢肢背一定距离，并采用槽焊缝。设计时，槽焊缝可视为 $h_{f1} = t/2$ 的两条角焊缝。由于槽焊缝质量变异性大，不够可靠。因此，在计算时认为竖向集中力由槽焊缝承担。

已知 $P = 50.31\text{kN}$，$h_{f1} = 5\text{mm}$，$f_f^w = 160\text{N}/\text{mm}^2$

槽焊缝所需焊缝长度为

$$l_{w1} = \frac{P}{\beta_f \times 2 \times 0.7 h_{f1} f_f^w} + 2 h_f = \left(\frac{50.31 \times 10^3}{1.22 \times 2 \times 0.7 \times 5 \times 160} + 2 \times 5 \right) \text{mm} = 47\text{mm} < 455\text{mm}$$

水平杆力差 ΔN 由肢尖焊缝承担，把力向肢尖焊缝轴线简化，转化成轴心剪力和弯矩共同作用。

已知：肢尖焊缝承受的内力差为

$\Delta N = N_1 - N_2 = (477.44 - 0)\text{kN} = 477.44\text{kN}$

偏心距 $e = (90 - 21.2)\text{mm} = 68.8\text{mm}$

弯矩 $M = \Delta N e = 477.44 \times 68.8 \times 10^3 \text{N} \cdot \text{mm} = 32.8 \times 10^6 \text{N} \cdot \text{mm}$

设肢尖焊缝焊脚高度 $h_{f2} = 8\text{mm}$，已知 $l_w = 455\text{mm}$，则

$$\tau_f = \frac{\Delta N}{2 \times 0.7 h_f l_w} = \frac{477.44 \times 10^3}{2 \times 0.7 \times 8 \times (455 - 16)} \text{N}/\text{mm}^2 = 97.10\text{N}/\text{mm}^2$$

$$\sigma_f = \frac{M}{W_f} = \frac{6 \times 477.44 \times 10^3 \times 68.8}{2 \times 0.7 \times 8 \times (455 - 16)^2} \text{N}/\text{mm}^2 = 91.31\text{N}/\text{mm}^2$$

$$\sqrt{\left(\frac{\sigma_f}{\beta_f} \right)^2 + \tau_f^2} = \sqrt{\left(\frac{91.31}{1.22} \right)^2 + 97.10^2} \text{N}/\text{mm}^2 = 122.6\text{N}/\text{mm}^2 < f_f^w = 160\text{N}/\text{mm}^2$$

3）节点三：屋脊节点 J

（1）确定拼接角钢的长度。弦杆用与弦杆同型号的角钢进行拼接。为使拼接角钢与弦杆直接能够密合，并便于施焊，须将拼接角钢进行切肢、切棱，切掉部分占角钢面积的 15%，部分截面削弱由节点板来补偿。屋脊节点构造如图 7-43 所示。

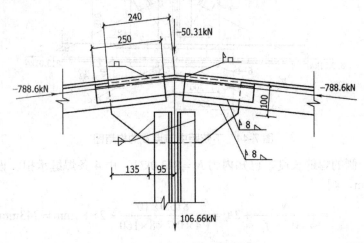

图 7-43　屋脊节点 J 的构造图

计算拼接一侧的焊缝长度，已知内力 $N = 820.05\text{kN}$，由 4 条焊缝承担，设角钢肢尖、肢背焊脚高度 8mm，则

$$l_{w} = \frac{N}{4 \times 0.7 h_{f} f_{f}^{w}} + 2 h_{f} = \left(\frac{820.05 \times 10^{3}}{4 \times 0.7 \times 8 \times 160} + 2 \times 8 \right) \text{mm} = 245 \text{mm}$$

取 $l_{w} = 250 \text{mm}$。

拼接角钢长度：

$$L = 2 l_{w} + 50 = (2 \times 245 + 50) \text{mm} = 540 \text{mm}$$

(2) 上弦杆与节点板的连接焊缝计算。上弦杆肢背与节点板用槽焊缝，承受节点竖向荷载，验算从略。

上弦杆肢尖与节点板用角焊缝连接，承担 15%内力：$N = 820.05 \times 15\% \text{kN} = 123 \text{kN}$

偏心距 $e = (90 - 21.2) \text{mm} = 68.8 \text{mm}$。

设肢尖焊缝焊脚高度 $h_{f2} = 8 \text{mm}$，焊缝一侧 $l_{w} = 200 \text{mm}$，则

$$\tau_{f} = \frac{\Delta N}{2 \times 0.7 h_{f} l_{w}} = \frac{123 \times 10^{3}}{2 \times 0.7 \times 8 \times (200 - 16)} \text{N} / \text{mm}^{2} = 56.69 \text{N} / \text{mm}^{2}$$

$$\sigma_{f} = \frac{M}{W_{f}} = \frac{6 \times 123 \times 10^{3} \times 68.8}{2 \times 0.7 \times 8 \times (200 - 16)^{2}} \text{N} / \text{mm}^{2} = 133.9 \text{N} / \text{mm}^{2}$$

$$\sqrt{\left(\frac{\sigma_{f}}{\beta_{f}} \right)^{2} + \tau_{f}^{2}} = \sqrt{\left(\frac{133.9}{1.22} \right)^{2} + 59.69^{2}} \text{N} / \text{mm}^{2} = 124.94 \text{N} / \text{mm}^{2} < f_{f}^{w} = 160 \text{N} / \text{mm}^{2}$$

4) 节点四：下弦跨中节点 e

(1) 确定拼接角钢长度用上弦杆，用同型号的角钢进行拼接。为使拼接角钢与弦杆之间能够密合，并便于施焊，须将拼接角钢进行切肢、切棱，切掉部分占角钢面积的 15%，部分截面削弱由节点板来补偿。节点构造如图 7-44 所示。

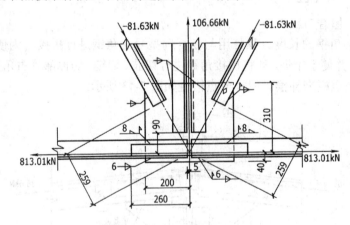

图 7-44　下弦跨中节点 e 的构造图

计算拼接一侧的焊缝长度，已知内力 $N = 813.0 \text{kN}$，由 4 条焊缝承担，设角钢肢尖、肢背焊脚高度 8mm，则

$$l_{w} = \frac{N}{4 \times 0.7 h_{f} f_{f}^{w}} + 2 h_{f} = \left(\frac{813.0 \times 10^{3}}{4 \times 0.7 \times 8 \times 160} + 2 \times 8 \right) \text{mm} = 243 \text{mm}$$

取 $l_{w} = 250 \text{mm}$。

拼接角钢长度：

$$L = 2 l_{w} + 50 = (2 \times 250 + 50) \text{mm} = 510 \text{mm}$$

（2）　下弦杆与节点板连接焊缝计算。如图 7-44 所示，各腹杆与节点板连接的角焊缝尺寸见表 7-10，用作图法按一定比例围出节点板，量取下弦杆与节点板的焊缝长度为360mm，节点板承担 15%的内力：$N = 813.0 \times 15\%\text{kN} = 121.95\text{kN}$。

设肢背、肢尖的焊脚高度均为6mm，则

肢背所需焊缝长度为

$$l_{w1} = \frac{\frac{2}{3}N}{2 \times 0.7 h_f f_f^w} + 2h_f = \left(\frac{\frac{2}{3} \times 121.95 \times 10^3}{2 \times 0.7 \times 6 \times 160} + 2 \times 6 \right)\text{mm} = 72.49\text{mm} < 360\text{mm}$$

肢尖所需焊缝长度为

$$l_{w2} = \frac{\frac{1}{3}N}{2 \times 0.7 h_f f_f^w} + 2h_f = \left(\frac{\frac{1}{3} \times 121.95 \times 10^3}{2 \times 0.7 \times 6 \times 160} + 2 \times 6 \right)\text{mm} = 42.25\text{mm} < 400\text{mm}$$

5）　节点五：支座节点 a

屋架支座中线缩进柱外边缘150mm，柱宽400mm，取支座底板三面与柱边距离10mm，内侧按对称布置，则底板尺寸为 $2a \times 2b$，$a = 140\text{mm}$、$b = 190\text{mm}$。锚栓采用 M22，支座中线处设置加劲肋 90mm×10mm。支座构造如图 7-45 所示。

（1）　支座底板计算。计算时，底板尺寸偏安全，仅考虑节点板加劲肋范围内的面积，加劲肋以外部分底板刚度较差，认为受反力较小而忽略不计。底板支座受力面积：$A = 2 \times 140 \times 2 \times 96\text{mm}^2 = 53760\text{mm}^2$，支座反力：$R = 420.48\text{kN}$，混凝土抗压强度 $f_c = 10\text{N}/\text{mm}^2$，柱顶混凝土承受的压应力为

$$q = \frac{R}{A} = \frac{402.48 \times 10^2}{53760}\text{N}/\text{mm}^2 = 7.49\text{N}/\text{mm}^2 < f_c = 10\text{N}/\text{mm}^2$$

下面确定底板厚度。

节点板和加劲肋将底板分隔成 4 个两相邻边支承而另两相邻边自由的板。每块板的单位宽度的最大弯矩为

$$M = \beta q a_2^2$$

式中：q——底板下的平均反应力，$q = 7.49\text{N}/\text{mm}^2$；

a_2——两支承边对角线长度，$a_2 = \sqrt{(140-5)^2 + 90^2}\text{mm} = 162.25\text{mm}$；

β——系数，由 b_2/a_2 决定，b_2 为两支承边交点到对角线的垂直距离。

$$b_2 = \frac{140 \times 90}{162.25}\text{mm} = 77.66\text{mm}$$

$$b_2/a_2 = \frac{77.66}{162.25} = 0.48，查表得 \beta = 0.053$$

$$M = \beta q a_2^2 = 0.053 \times 7.49 \times 162.25^2\text{N} \cdot \text{mm} = 10450.26\text{N} \cdot \text{mm}$$

底板厚度：$t = \sqrt{\frac{6M}{f}} = \sqrt{\frac{6 \times 10450.26}{215}} = 17.08\text{mm}$，取 $t = 20\text{mm}$。

（2）　加劲肋与节点板的连接焊缝计算。通过弦杆与节点板的焊缝计算，围成节点板，量得节点板高度为450mm，加劲肋取同样高度，其尺寸为 90mm×10mm×450mm。为了避

免焊缝集中，对加劲肋进行切角，切角后加劲肋净高为400mm，净宽为60mm，如图 7-45 所示。

计算时，偏安全按每个加劲肋承受支座反力的1/4，并假设此合力作用于切角后净宽的中点，则

$$V = \frac{R}{4} = \frac{402.48}{4} \text{kN} = 100.62 \text{kN}$$

偏心距为

$$e = \left(\frac{60}{2} + 30\right) \text{mm} = 60 \text{mm}$$

焊缝承受的弯矩：$M = Ve = 100.62 \times 60 \text{kN} \cdot \text{mm} = 6037.2 \text{kN} \cdot \text{mm}$

$$\tau_f = \frac{V}{2 \times 0.7 h_f l_w} = \frac{100.62 \times 10^3}{2 \times 0.7 \times 8 \times (400 - 16)} \text{N/mm}^2 = 23.39 \text{N/mm}^2$$

$$\sigma_f = \frac{M}{W_f} = \frac{6 \times 6037.2 \times 10^3}{2 \times 0.7 \times 8 \times (400 - 16)^2} \text{N/mm}^2 = 21.93 \text{N/mm}^2$$

$$\sqrt{\left(\frac{\sigma_f}{\beta_f}\right) + \tau_f^2} = \sqrt{\left(\frac{23.39}{1.22}\right)^2 + 21.93^3} \text{N/mm}^2 = 29.13 \text{N/mm}^2 < f_f^w = 160 \text{N/mm}^2$$

(3) 节点板、加劲肋与底板的连接焊缝计算。

节点板、加劲肋与底板的连接焊缝总长度为

$$\sum l_w = [2 \times (280 - 16) + 4 \times (60 - 16)] \text{mm} = 704 \text{mm}$$

$$\sigma_f = \frac{R}{\beta_f \times 0.7 h_f \sum l_w} = \frac{402.48 \times 10^3}{1.22 \times 0.7 \times 8 \times 704} \text{N/mm}^2 = 83.68 \text{N/mm}^2 < f = 160 \text{N/mm}^2$$

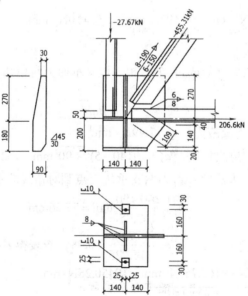

图 7-45 支座节点构造

3. 绘制施工图

钢屋架施工图如图 7-46 所示。

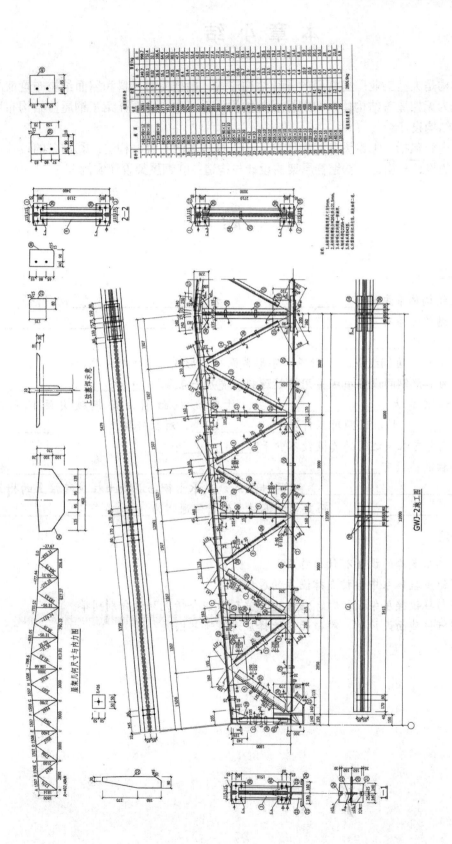

图 7-46　钢屋架施工图

本 章 小 结

　　钢屋盖结构是大型工业厂房常用的一种结构形式，根据屋面材料和屋面结构布置情况的不同，可分为无檩屋盖结构体系和有檩屋盖结构体系。本章主要介绍了钢屋盖结构布置形式及钢屋盖结构设计。

　　本章主要内容包括：①钢屋盖结构布置；②支撑体系的布置与构造；③檩条的设计；④普通钢屋架的设计与构造；⑤钢管屋架的设计与构造；⑥钢屋架设计实例。

习　　　题

一、填空题

　　1. 钢屋盖结构体系主要有＿＿＿＿＿＿＿＿＿＿和＿＿＿＿＿＿＿＿＿＿两种。

　　2. 钢屋盖结构体系有＿＿＿＿＿＿＿＿＿＿、＿＿＿＿＿＿、＿＿＿＿＿＿＿、＿＿＿＿＿＿＿和＿＿＿＿＿＿。

　　3. 为确保由两个角钢组成的 T 形或十字形截面杆件形成一整体杆件共同受力，必须每隔一定距离在两个角钢间设置填板并用焊缝连接，宽度一般取＿＿＿＿＿＿＿＿＿＿，T 形截面比角钢肢宽大＿＿＿＿＿＿＿＿；十字形截面则由角钢肢尖两侧各缩进＿＿＿＿＿＿＿。填板间距对压杆取＿＿＿＿＿＿，对拉杆取＿＿＿＿＿＿＿，受压构件两个侧向支承点之间的填板数不少于＿＿＿＿＿个。

　　4. 桁架与柱的连接有＿＿＿＿＿＿＿＿＿＿＿＿＿＿＿＿＿＿＿＿＿＿＿＿＿＿＿和＿＿＿＿＿＿＿＿＿＿＿＿＿＿＿＿＿＿＿＿＿＿＿两种形式，支承于钢筋混凝土柱或砖柱上的桁架一般为＿＿＿＿＿＿＿＿＿＿＿＿＿，而支承于钢柱上的桁架通常为＿＿＿＿＿＿＿＿＿＿＿＿＿。

二、简答题

　　1. 钢屋盖体系支撑的设置有什么作用？

　　2. 试阐述钢屋盖体系中各种支撑设置的原则。

　　3. 当屋架与柱铰接屋架设计时，应考虑哪些荷载组合情况？试分别列举。

　　4. 钢屋架杆件截面设计时，对截面的选择应考虑哪些因素？

第 8 章　门式刚架轻型钢结构

【学习要点及目标】

◆　了解单层门式刚架的特点及使用范围、结构形式、截面尺寸的估算方法。
◆　掌握门式刚架荷载和内力及内力组合的计算方法。
◆　掌握梁、柱及刚架节点的设计方法。
◆　通过设计实例，熟悉门式刚架设计方法。

【核心概念】

刚架梁　刚架柱　梁—柱节点　梁—梁节点　柱脚节点

【引导案例】

　　轻型钢结构在我国的应用大约始于 20 世纪 90 年代初期，由于轻型钢结构施工周期短、工程造价相对较低等原因，近几十年来得到迅速的发展。目前国内每年有上千万平方米的轻钢建筑工程，主要用于轻型的厂房、仓库、体育馆、展览厅及活动房屋、加层建筑等。门式刚架是典型的轻型钢结构，也是目前国内应用最为广泛的轻型钢结构。

　　某单层轻型工业厂房，厂房跨度为 21m，长度为 90m，柱距为 9m，檐高为 7.5m，屋面坡度为 1/10，材料采用 Q235 钢材，焊条采用 E43 型。该厂房采用门式刚架结构形式，根据门式刚架轻型钢结构的特点、布置要求等方面综合考虑，刚架中支撑、檩条、墙梁、拉条、撑杆、隔撑等如何布置？梁、柱采用变截面还是等截面？截面尺寸如何初选？如何确定？构件柱脚为铰接还是刚接？檩条采用高强镀锌冷弯薄壁卷边 Z 形钢檩条还是 C 形檩条？檩条间距如何选取？这些是本章要解决的问题。

8.1　刚架特点及适用范围

8.1.1　单层门式刚架结构的组成

　　如图 8-1 所示，单层门式刚架结构是指以轻型焊接 H 型钢(等截面或变截面)、热轧 H 型钢(等截面)或冷弯薄壁型钢等构成的实腹式门式刚架或格构式门式刚架作为主要承重骨架，用冷弯薄壁型钢(槽形、卷边槽形、Z形等)做檩条、墙梁；以压型金属板(压型钢板、压型铝板)做屋面、墙面，并适当设置支撑的一种轻型房屋结构体系。

在目前的工程实践中，屋盖宜采用压型钢板屋面板和冷弯薄壁型钢檩条，主刚架可采用变截面实腹刚架，外墙宜采用压型钢板墙面板和冷弯薄壁型钢墙梁，尚可采用砌体外墙或底部为砌体、上部为轻质材料的外墙。

8.1.2 单层门式刚架结构的特点

单层门式刚架结构和钢筋混凝土结构相比具有以下特点。

1. 质量轻

由于围护结构采用压型金属板、冷弯薄壁型钢等材料组成，屋面、墙面的质量都很轻，因而支承它们的门式刚架也很轻。因单层门式刚架结构的质量轻，地基的处理费用相对较低，基础也可以做得比较小。同时在相同地震烈度下门式刚架结构的地震反应小，一般情况下，地震作用参与的内力组合对刚架梁、柱杆件的设计不起控制作用。但是风荷载对门式刚架结构构件的受力影响较大，风荷载产生的吸力可能会使屋面金属压型板、檩条的受力反向。当风荷载较大或房屋较高时，风荷载可能是刚架设计的控制荷载。

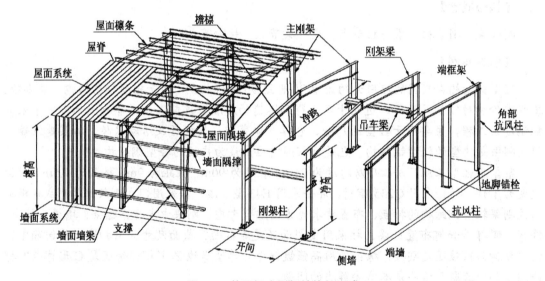

图 8-1 单层门式刚架结构的组成

2. 工业化程度高、施工周期短

门式刚架结构的主要构件和配件均为工厂制作，质量易于保证，工地安装方便。除基础施工外，基本没有湿作业，现场施工人员的需要量也很少。构件之间的连接多采用高强度螺栓连接，是安装迅速的一个重要方面。

3. 综合经济效益高

门式刚架结构由于材料价格的原因，其造价虽然比钢筋混凝土结构等其他结构形式略高，但由于采用了计算机辅助设计，设计周期短；构件采用先进自动化设备制造；原材料的种类较少，易于筹措，便于运输。所以门式刚架结构的工程周期短，资金回报快，投资效益高。

4. 柱网布置比较灵活

传统的结构形式由于受屋面板、墙板尺寸的限制，柱距多为 6m，当采用 12m 的柱距时，需设置托架及墙架柱。而门式刚架结构的围护体系采用金属压型板，所以柱网布置不受模数限制，柱距大小主要根据使用要求和用钢量最省的原则来确定。

此外，门式刚架体系的整体性可以依靠檩条、墙梁及隅撑来保证，从而减少了屋盖支撑的数量，同时支撑多用张紧的圆钢做成，很轻便。

门式刚架的梁、柱多采用变截面杆，可以节省材料。如图 8-2 所示的刚架，柱为楔形构件，梁则由多段楔形杆组成。

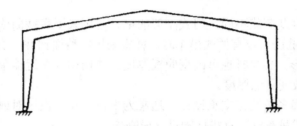

图 8-2 变截面门式刚架

8.1.3 门式刚架结构的适用范围

主要承重结构为单跨或多跨实腹门式刚架，具有轻型屋盖和轻型外墙、无桥式吊车或有起重量不大于 20t 的 A1～A5 工作级别桥式吊车或 3t 悬挂式起重机的单层房屋钢结构。

门式刚架轻型房屋结构主要用于轻型的厂房、仓库、建材等交易市场、大型超市、体育馆、展览厅及活动房屋、加层建筑等。目前，国内大约每年有上千万平方米的轻钢建筑竣工。国外也有大量钢结构制造商进入中国，加上国内几百家的轻钢结构专业公司和制造厂，市场竞争也日趋激烈。

8.2　刚架的结构形式

8.2.1　门式刚架的结构形式

门式刚架又称山形门式刚架。其结构形式按跨度可分为单跨(见图 8-3(a)、(b)、(d))、双跨(见图 8-3(e)、(f))和多跨(见图 8-3(c))；按屋面坡脊数可分为单脊单坡(见图 8-3(e)、(f))、单脊双坡(见图 8-3(a)、(b)、(c)、(d))、多脊多坡等。

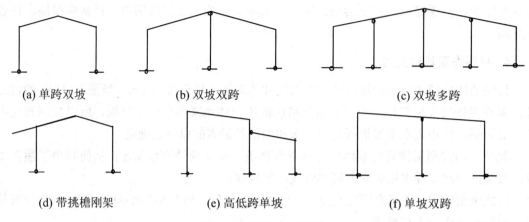

(a) 单跨双坡   (b) 双坡双跨   (c) 双坡多跨

(d) 带挑檐刚架   (e) 高低跨单坡   (f) 单坡双跨

图 8-3　门式刚架的结构形式

　　根据跨度、高度及荷载不同，门式刚架的梁、柱可采用变截面或等截面实腹焊接工字形截面或轧制 H 形截面。设有桥式吊车时，柱宜采用等截面构件。变截面构件通常改变腹板的高度，制成楔形；必要时也可改变腹板厚度。结构构件在运输单元内一般不改变翼缘截面，当必要时可改变翼缘厚度。

　　门式刚架的柱脚多按铰接支承设计，通常为平板支座，设一对或两对地脚螺栓。当用于工业厂房且有桥式吊车时，宜将柱脚设计成刚接。

　　门式刚架轻型房屋屋面坡度宜取 1/20～1/8，在雨水较多的地区取其中的较大值。

　　门式刚架可由多个梁、柱单元构件组成，柱一般为单独单元构件，斜梁可根据运输条件划分为若干个单元。单元构件本身采用焊接，单元之间可通过端板用高强度螺栓连接。

8.2.2　结构布置

1. 刚架的建筑尺寸和结构平面布置

　　门式刚架的跨度取横向刚架柱间的距离，跨度宜为 9～36m。当边柱宽度不等时，其外侧应对齐。门式刚架的高度应取地坪柱轴线与斜梁轴线交点的高度，宜取 4.5～9m，必要时可适当放大。门式刚架的高度应根据使用要求的室内净高确定，有吊车的厂房应根据轨顶标高和吊车净空的要求确定。柱的轴线可取柱下端(较小端)中心的竖向轴线，工业建筑边柱的定位轴线宜取柱外皮。斜梁的轴线可取通过变截面梁段最小端中心与斜梁上表面平行的轴线。

　　门式刚架的合理间距应综合考虑刚架跨度、荷载条件及使用要求等因素，一般宜取 6m、7.5m 或 9m。

　　挑檐长度可根据使用要求确定，宜为 0.5～1.2m，其上翼缘坡度取与刚架斜梁坡度相同。

　　门式刚架轻型房屋的构件和围护结构，通常刚度不大，温度应力相对较小。因此，其温度分区与传统结构形式相比可以适当放宽，但应符合下列规定。

　　纵向温度区段不大于 300m，横向温度区段不大于 150m。

　　当房屋的平面尺寸超过上述规定时，需设置伸缩缝。伸缩缝处可采用两种做法：设置双柱；或在搭接檩条的螺栓处采用长圆孔，并使该处屋面板在构造上允许胀缩。

2. 檩条和墙梁的布置

屋面檩条一般应等间距布置。但在屋脊处，应沿屋脊两侧各布置一道檩条，使得屋面板的外伸宽度不要太长(一般小于 200mm)，在天沟附近应布置一道檩条，以便于天沟的固定。确定檩条间距时，应综合考虑天窗、通风屋脊、采光带、屋面材料、檩条规格等因素按计算确定。

侧墙墙梁的布置，应考虑设置门窗、挑檐、遮雨篷等构件和围护材料的要求。当采用压型钢板作围护面时，墙梁宜布置在刚架柱的外侧，其间距由墙板板型和规格确定，且不大于由计算确定的数值。

3. 支撑和刚性系杆的布置

支撑和刚性系杆的布置应符合下列规定。

(1) 在每个温度区段或分期建设的区段中，应分别设置能独立构成空间稳定结构的支撑体系。

(2) 在设置柱间支撑的开间时，应同时设置屋盖横向支撑，以构成几何不变体系。

(3) 端部支撑宜设在温度区段端部的第一或第二个开间。柱间支撑的间距应根据房屋纵向受力情况及安装条件确定，一般取 30～45m；有吊车时不宜大于 60m。

(4) 当房屋高度较大时，柱间支撑应分层设置；当房屋宽度大于 60m 时，内柱列宜适当设置支撑。

(5) 当端部支撑设在端部第二个开间时，在第一个开间的相应位置应设置刚性系杆。

(6) 在刚架转折处(边柱柱顶、屋脊及多跨刚架的中柱柱顶)应沿房屋全长设置刚性系杆。

(7) 由支撑斜杆等组成的水平桁架，其直腹杆宜按刚性系杆考虑。

(8) 刚性系杆可由檩条兼任，此时檩条应满足压弯构件的承载力和刚度要求，当不满足时可在刚架斜梁间设置钢管、H 型钢或其他截面形式的杆件。

门式刚架轻型房屋钢结构的支撑宜用十字交叉圆钢支撑，圆钢与相连构件的夹角宜接近 45°，不超出 30°～60°。圆钢应采用特制的连接件与梁、柱腹板连接，校正定位后张紧固定。张紧手段最好用花篮螺钉。

8.3　刚架的截面尺寸

截面初选可参考相关资料或已建成的类似结构，结合分析结构的跨度、高度和荷载情况进行估算。举例如下。

1. 刚架柱

大头高度：$h_{c1} = (1/10 \sim 1/20)H$。

小头高度：$h_{c0} = (1/2 \sim 1/3)h_{c1}$，且大于 200～300mm。

宽度：$b = (1/2 \sim 1/5)h_{c1}$。

2. 刚架梁

1) 实腹式

高度：$h_{b1} = (1/30 \sim 1/40)L$，可取 $h_{b1} = h_{c1}$。

宽度：$b = (1/2 \sim 1/5)h_{c1}$。

2) 格构式

$h_{b1} = (1/15 \sim 1/25)L$。

截面初选需以构件局部稳定为前提，主要由构件的长细比或宽厚比确定。高宽确定后，截面初选查阅《钢结构设计手册》。

8.4 刚架的荷载和内力

8.4.1 荷载取值与组合

1. 永久荷载与可变荷载

设计门式刚架结构所涉及的荷载，包括永久荷载和可变荷载，除现行《门式刚架结构规程》(CECS102:2002)(以下简称《规程》)有专门规定外，一律按现行国家标准《建筑结构荷载规范》(GB 50009—2012)(以下简称《荷载规范》)采用。

永久荷载包括结构构件的自重和悬挂在结构上的非结构构件的重力荷载，如屋面、檩条、支撑、吊顶、墙面构件和刚架自身等。

可变荷载包括以下几种荷载。

(1) 屋面活荷载。当采用压型钢板轻型屋面时，屋面竖向均布活荷载的标准值(按水平投影面积计算)应取 $0.5\text{kN}/\text{m}^2$；对受荷水平投影面积超过 60m^2 的刚架结构，屋面竖向均布活荷载标准值可取 $0.3\text{kN}/\text{m}^2$。设计屋面板和檩条时应考虑施工和检修集中荷载(人和小工具的重力)，其标准值为 1 kN。

(2) 屋面雪荷载和积灰荷载。屋面雪荷载和积灰荷载的标准值应按《荷载规范》的规定采用，设计屋面板、檩条时应考虑在屋面天沟、阴角、天窗挡风板内和高低跨连接处等的荷载增大系数或不均匀分布系数。

(3) 吊车荷载。其包括竖向荷载和纵向及横向水平荷载，按照《荷载规范》的规定采用。

(4) 地震作用。按现行国家标准《建筑抗震设计规范》(GB 50011—2010)的规定计算。

(5) 风荷载。按《规程》附录 A 的规定，垂直于建筑物表面的风荷载可按式(8-1)计算，即

$$\omega_k = 1.05\mu_s\mu_z\omega_0 \tag{8-1}$$

式中：ω_k——风荷载标准值，kN/m^2；

ω_0——基本风压，按照《荷载规范》的规定采用；

μ_z——风荷载高度变化系数，按照《荷载规范》的规定采用，当高度小于 10m 时，应按 10m 高度处的数值采用；

μ_s——风荷载体型系数。

2. 荷载效应的组合

(1) 荷载效应的组合一般应按《荷载规范》的规定。针对门式刚架的特点，应考虑下列组合原则。

① 屋面均布活荷载不与雪荷载同时考虑，应取两者中的较大值；

② 积灰荷载应与雪荷载或屋面均布活荷载中的较大值同时考虑；

③ 施工或检修集中荷载不与屋面材料或檩条自重以外的其他荷载同时考虑；

④ 多台吊车的组合应符合《荷载规范》的规定；

⑤ 当需要考虑地震作用时，风荷载不与地震作用同时考虑。

(2) 在进行刚架内力分析时，所需考虑的荷载效应组合主要有以下两种。

① 1.2×永久荷载+0.9×1.4×{积灰荷载 + max(屋面均布活荷载,雪荷载)}+ 0.9×1.4×(风荷载 + 吊车竖向及水平荷载)；

② 1.0×永久荷载+1.4×风荷载。

组合①用于截面强度和构件稳定性计算。在进行效应叠加时，起有利作用者不加，但必须注意所加各项有可能同时发生。为此，不能在计入吊车水平荷载效应的同时略去竖向荷载效应。组合②用于锚栓抗拉计算，其永久荷载的抗力分项系数取 1.0。当为多跨有吊车框架时，在组合②中还应考虑邻跨吊车水平力的作用。

由于门式刚架结构的自重较轻，地震作用产生的荷载效应一般较小。设计经验表明，当抗震设防烈度为 7 度而风荷载标准值大于 $0.35\,\text{kN/m}^2$，或抗震设防烈度为 8 度而风荷载标准值大于 $0.45\,\text{kN/m}^2$ 时，地震作用的组合一般不起控制作用。

8.4.2　内力计算

门式刚架的内力计算可根据构件截面的类型采用不同的计算方法。对于构件为变截面刚架或带有吊车荷载的刚架，应采用弹性分析方法确定各种内力，仅在构件全部为等截面时才允许采用塑性分析方法。本书主要采用弹性分析方法来计算内力，等截面刚架按弹性设计时，可按照变截面刚架弹性设计方法进行，塑性分析时，其公式参见《钢结构设计规范》(GB 50017—2011)。

弹性分析方法的内力通常采用杆系单元的有限元法(直接刚度法)编制程序上机计算。计算时将变截面的梁、柱构件分为若干段，每段的几何特性当作常量，也可采用楔形单元。地震作用的效应可采用底部剪力法分析确定。当需要手算校核时，可采用一般结构力学方法(如力法、位移法、弯矩分配法等)或利用静力计算的公式、图表进行。

根据不同荷载组合下的内力分析结果，找出控制截面的内力组合，控制截面的位置一般在柱底、柱顶、柱牛腿连接处及梁端、梁跨中等截面(见图 8-4)，控制截面的内力组合主要有以下几种。

(1) 最大轴压力 $N_{\max}$ 和同时出现的 M 及 V 的较大值。

(2) 最大弯矩 $M_{\max}$ 和同时出现的 V 及 N 的较大值。

(3) 最小轴压力 $N_{\min}$ 和相应的 M 及 V，出现在永久荷载和风荷载共同作用下，当柱脚铰接时 $M=0$。

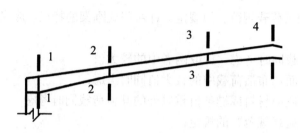

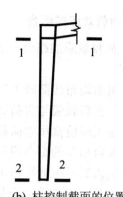

(a) 梁控制截面的位置　　　　　　　　(b) 柱控制截面的位置

图 8-4　梁、柱框架控制截面的位置

8.5　刚架梁、柱

8.5.1　梁、柱板件的宽厚比限值

梁、柱板件截面尺寸如图 8-5 所示。

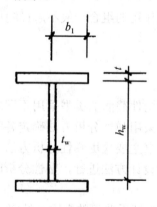

图 8-5　截面尺寸

工字形截面构件受压翼缘板的宽厚比限值为

$$b_1/t \leqslant 15\sqrt{\frac{235}{f_y}} \tag{8-2}$$

工字形截面梁、柱构件腹板的高厚比限值为

$$h_w/t_w \leqslant 250\sqrt{\frac{235}{f_y}} \tag{8-3}$$

式中：b_1，t——受压翼缘的外伸宽度与厚度；

h_w，t_w——腹板的高度与厚度。

8.5.2　腹板屈曲后强度利用

在进行刚架梁、柱构件的截面设计时，为了节省钢材，允许腹板发生局部屈曲，并利用其屈曲后强度。

工字形截面构件腹板的受剪板幅，当腹板的高度变化不超过 60mm/m 时，其抗剪承载力设计值可按下列公式计算，即

$$V_d = h_w t_w f_v'$$ (8-4)

$$f_v' = \begin{cases} f_v & \lambda_w \leqslant 0.8 \\ [1.0 - 0.64(\lambda_w - 0.8)]f_v & 0.8 < \lambda_w < 1.4 \\ (1 - 0.275\lambda_w)f_v & \lambda_w \geqslant 1.4 \end{cases}$$ (8-5)

式中：f_v——钢材的抗剪强度设计值；

f_v'——腹板屈曲后抗剪强度设计值；

h_w——腹板板幅的平均高度；

λ_w——与板件受剪有关的参数，按式(8-6)计算，即

$$\lambda_w = \frac{h_w / t_w}{37\sqrt{k_r}\sqrt{235/f_y}}$$ (8-6)

$$k_r = \begin{cases} 4 + \dfrac{5.34}{(a/h_w)^2} & \dfrac{a}{h_w} < 1.0 \\ 5.34 + \dfrac{4}{(a/h_w)^2} & \dfrac{a}{h_w} \geqslant 1.0 \end{cases}$$ (8-7)

式中：a——腹板横向加劲肋的间距；

k_r——腹板在纯剪切荷载作用下的凹凸系数，当不设中间加劲肋时 $k_r = 5.34$。

8.5.3　腹板的有效高度

当工字形截面梁、柱构件的腹板受弯及受压板幅利用屈曲后强度时，应按有效高度计算其截面几何特性。有效高度取值条件如下。

当腹板全部受压时，有

$$h_c = \rho h_w$$ (8-8)

当腹板部分受拉时，受拉区全部有效，受压区有效高度为

$$h_e = \rho h_c$$

式中：h_e——受压区腹板有效高度；

h_c——腹板的受压区高度；

h_w——腹板高度，对楔形腹板取板幅的平均高度；

ρ——有效高度系数，按式(8-9)进行计算，即

$$\rho = \begin{cases} 1.0 & \lambda_p \leqslant 0.8 \\ 1.0 - 0.9(\lambda_p - 0.8) & 0.8 < \lambda_p \leqslant 1.2 \\ 0.64 - 0.24(\lambda_p - 1.2) & \lambda_p > 1.2 \end{cases} \tag{8-9}$$

式中：λ_p——与板件受弯、受压有关的参数，按式(8-10)计算，即

$$\lambda_p = \frac{h_w/t_w}{28.1\sqrt{k_\sigma}\sqrt{235/f_y}} \tag{8-10}$$

式中：k_σ——板件在正应力作用下的凸曲系数，即

$$k_\sigma = \frac{16}{\sqrt{(1+\beta)^2 + 0.112(1-\beta)^2} + (1+\beta)}$$

$\beta = \sigma_2/\sigma_1$ 为截面边缘正应力比值，以压为正、拉为负，$-1 \leqslant \beta \leqslant 1$。

$$\sigma_{1,2} = \frac{N}{A} \pm \frac{Mh_w}{W_x h}$$

式中：M,N——计算截面所受的弯矩与轴力；

A,W_x——截面的面积与惯性矩；

h——截面高度。

当腹板边缘最大应力 $\sigma_1 < f$ 时，计算 λ_p 时可用 $1.1\sigma_1$ 代替式中的 f_y。

腹板有效宽度 h_e，沿腹板高度按图8-6进行规则分布。

当腹板全截面受压，即 $\beta > 0$ 时，有

$$h_{e1} = \frac{2h_e}{5} - \beta \tag{8-11}$$

$$h_{e2} = h_e - h_{e1} \tag{8-12}$$

当腹板部分截面受拉，即 $\beta < 0$ 时，有

$$h_{e1} = 0.4h_e \tag{8-13}$$

$$h_{e2} = 0.6h_e \tag{8-14}$$

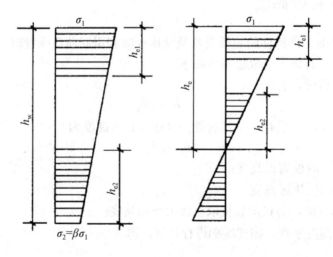

图8-6　有效高度分布

8.5.4　刚架梁、柱构件的强度计算

工字形截面受弯构件在剪力 V 和弯矩 M 共同作用下的强度应符合下列要求，即

$$\begin{cases} M \leqslant M_e & V \leqslant 0.5V_d \\ M \leqslant M_f + \left(M_e - M_f\right)\left[1 - \left(\dfrac{V}{0.5V_d} - 1\right)^2\right] & 0.5V_d < V \leqslant V_d \end{cases} \tag{8-15}$$

式中：M_f——翼缘所承担的弯矩，当截面是双轴对称时，$M_f = A_f(h_w + t)f$；

$\quad\quad M_e$——构件有效截面所承担的弯矩，$M_e = W_e f$；

$\quad\quad A_f$——构件翼缘的截面面积；

$\quad\quad V_d$——腹板抗剪承载力设计值，$V_d = t_w h_w f_v'$。

工字形截面受弯构件在剪力 V、弯矩 M 和轴力 N 共同作用下的强度应符合下列要求，即

$$\begin{cases} M \leqslant M_e^N & V \leqslant 0.5V_d \\ M \leqslant M_f^N + \left(M_e^N - M_f^N\right)\left[1 - (V/0.5V_d - 1)^2\right] & 0.5V_d < V \leqslant V_d \end{cases} \tag{8-16}$$

$$M_e^N = M_e - N \cdot W_e / A_e$$

式中：M_e^N——构件兼承压力 N 时有效截面所能承受的弯矩；

$\quad\quad A_e$——构件有效截面面积；

$\quad\quad W_e$——构件有效截面最大受压纤维的截面模量；

$\quad\quad M_f^N$——两翼缘兼承压力 N 时所能承受的弯矩；当截面为双轴对称时，有

$$M_f^N = A_f(h_w + t)(f - N/A)$$

实腹式刚架斜梁按压弯构件计算强度。

8.5.5　梁腹板加劲肋的配置

梁腹板应在中柱连接处、较大固定集中荷载作用处和翼缘转折处设置横向加劲肋。其他部位是否设置中间加劲肋，根据计算需要确定。

当梁腹板在剪应力作用下发生屈曲后，将以拉力带的方式承受继续增加的剪力，亦即起类似桁架斜腹杆的作用，而横向加劲肋则相当于受压的桁架竖杆(见图 8-7)。因此，中间横向加劲肋除承受集中荷载和翼缘转折产生的压力外，还要承受拉力场产生的压力，该压力按下列公式计算，即

$$N_s = V - 0.9 h_w t_w \tau_{cr} \tag{8-17}$$

$$\begin{cases} \tau_{cr} = \left[1 - 0.8\left(\lambda_w - 0.8\right)\right]f_v & 0.8 < \lambda_w \leqslant 1.25 \\ \tau_{cr} = f_v / \lambda_w^2 & \lambda_w > 1.25 \end{cases} \tag{8-18}$$

式中：N_s——拉力场产生的压力；

$\quad\quad \tau_{cr}$——利用拉力场时腹板的屈曲剪应力；

$\quad\quad \lambda_w$——与板件受剪有关的参数，按前面公式计算。

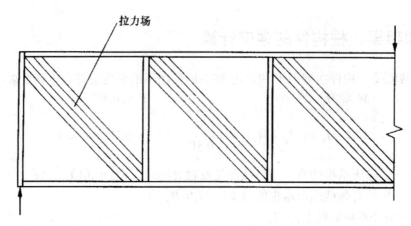

图 8-7　腹板屈曲后受力模型

加劲肋稳定性验算按《钢结构设计规范》(GB 50017)的规定进行，计算长度取腹板高度 h_w，截面取加劲肋全部和其两侧各 $15t_w\sqrt{235/f_y}$ 宽度范围内的腹板面积，按两端铰接轴心受压构件进行计算。

8.5.6　平面内的整体稳定计算

实腹式刚架斜梁侧向支承点间的最大距离小于斜梁受压翼缘宽度的 $16\sqrt{235/f_y}$ 倍时，刚架斜梁可不用计算平面内的整体稳定性。

变截面柱在刚架平面内的整体稳定按下列公式计算，即

$$\frac{N_0}{\varphi_{xy}A_{e0}} + \frac{\beta_{mx}M_1}{\left(1 - \frac{N_0}{N'_{Ex0}}\varphi_{xy}\right)W_{e1}} \leqslant f \qquad (8\text{-}19)$$

$$N'_{Ex0} = \frac{\pi^2 EA_{e0}}{1.1\lambda^2} \qquad (8\text{-}20)$$

式中：N_0 ——小头的轴线压力设计值；

M_1 ——大头的弯矩设计值；

A_{e0} ——小头的有效截面面积；

W_{e1} ——大头有效截面最大受压纤维的截面模量；

φ_{xy} ——杆件轴心受压稳定系数，按楔形柱确定其计算长度 h_0，取小头截面的回转半径，由《钢结构设计规范》(GB 50017)规范查得；

β_{mx} ——等效弯矩系数。由于轻型门式刚架属于有侧移失稳，故取 1.0；

N'_{Ex0} ——参数，计算 λ 时取小头的回转半径 i_0。计算长度系数 μ_r 按"变截面柱在刚架平面内的计算长度"采用。

当柱的最大弯矩不出现在大头时，M_1 和 W_{e1} 分别取最大弯矩和该弯矩所在截面的有效截面模量。

变截面构件在刚架平面内的计算长度 $h_0 = \mu_r h$，h 为柱高，μ_r 为计算长度系数。

计算长度系数的确定方法有 3 种，即查表法、一阶分析法和二阶分析法。

1. 查表法

用于柱脚铰接的刚架，柱脚铰接单跨刚架楔形柱的 μ_r，可由表 8-1 查得。

柱的线刚度 K_1 和梁的线刚度 K_2，应分别按下列公式计算，即

$$K_1 = \frac{I_{c0}}{h} \text{ 或 } \frac{I_{c1}}{h} \tag{8-21}$$

$$K_2 = \frac{I_{b0}}{2\varphi s} \tag{8-22}$$

式中：I_{c0}，I_{c1}——分别为柱小头和柱大头的截面惯性矩；

　　　I_{b0}——梁最小截面的惯性矩；

　　　s——半跨斜梁长度；

　　　φ——斜梁换算长度系数，当梁为等截面时，$\varphi = 1$。

表 8-1　柱脚铰接楔形柱的计算长度系数 μ_r

K_2/K_1		0.1	0.2	0.3	0.5	0.75	1.0	2.0	$\geqslant 10$
	0.01	0.428	0.368	0.349	0.331	0.320	0.318	0.315	0.310
	0.02	0.600	0.502	0.470	0.440	0.428	0.420	0.411	0.404
	0.03	0.729	0.599	0.558	0.520	0.501	0.492	0.483	0.473
I_{c0}/I_{c1}	0.05	0.931	0.756	0.694	0.644	0.618	0.606	0.589	0.580
	0.07	1.075	0.873	0.801	0.742	0.711	0.697	0.672	0.650
	0.10	1.252	1.027	0.935	0.857	0.817	0.801	0.790	0.739
	0.15	1.518	1.235	1.109	1.021	0.965	0.938	0.895	0.872
	0.20	1.745	1.395	1.254	1.140	1.080	1.045	1.000	0.969

2. 一阶分析法

由一阶分析侧移刚度 $K = H/u$ 后，柱计算长度系数可由下列公式计算。

对单跨对称刚架，当柱脚铰接时，有

$$\mu_r = 4.14 \sqrt{\frac{EI_{c0}}{Kh^3}} \tag{8-23}$$

当柱脚刚接时，有

$$\mu_r = 5.85 \sqrt{\frac{EI_{c0}}{Kh^3}} \tag{8-24}$$

此公式适用于图 8-5 所示屋面坡度不大于 1 : 5 的、有摇摆柱的多跨对称刚架的边柱，但算得的系数还应乘以放大系数 $\eta' = \sqrt{1 + \sum \left(P_{1i}/h_{1i} \right) / 1.2 \sum \left(P_{fi}/h_{fi} \right)}$。摇摆柱的计算长度系数仍取 1.0。

对中间为非摇摆柱的多跨刚架，可按下列公式计算。

当柱脚铰接时，有

$$\mu_{\mathrm{r}} = 0.85\sqrt{\frac{1.2}{K}\frac{P'_{\mathrm{E}0i}}{P_i}\sum\frac{P_i}{h_i}} \tag{8-25}$$

当柱脚刚接时，有

$$\mu_{\mathrm{r}} = 1.2\sqrt{\frac{1.2}{K}\frac{P'_{\mathrm{E}0i}}{P_i}\sum\frac{P_i}{h_i}} \tag{8-26}$$

$$P_{\mathrm{E}0i} = \pi^2\frac{EI_{0i}}{h_i^2} \tag{8-27}$$

式中：h_i，P_i，$P'_{\mathrm{E}0i}$——分别为第 i 根柱的高度(见图 8-8)、竖向荷载和以小头为准的参数。

式(8-26)、式(8-27)也可用于单跨非对称刚架。

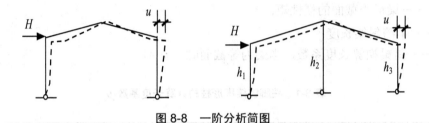

图 8-8　一阶分析简图

3. 二阶分析法

当采用计入竖向荷载–侧移效应(即 P-μ 效应)的二阶分析程序计算内力时，如果是等截面柱，取 $\mu_{\mathrm{r}}=1$，即计算长度等于几何长度。对于楔形柱，其计算长度系数 μ_{r} 可由下列公式计算，即

$$\mu_{\mathrm{r}} = 1 - 0.375\gamma + 0.08\gamma^2\left(1 - 0.0775\gamma\right) \tag{8-28}$$

$$\gamma = \frac{d_1}{d_0} - 1 \tag{8-29}$$

式中：γ——构件的楔率，不大于 $0.268h/d_0$ 及 6.0；

d_0，d_1——分别为柱小头和大头的截面高度(见图 8-9)。

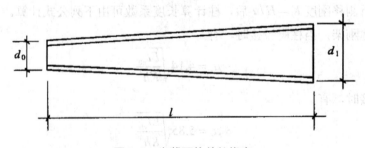

图 8-9　变截面构件的楔率

8.5.7　平面外的整体稳定计算

实腹式刚架斜梁在平面外按压弯构件计算稳定性，公式参照压弯刚架柱的计算公式。计算长度取侧向支承点间的距离，即隅撑的设置位置(通常为 2 倍的檩条间距)；当斜梁两翼

缘侧向支承点间的距离不等时，应取最大受压翼缘侧向支承点间的距离。

变截面柱的平面外整体稳定应分段按下列公式进行计算，即

$$\frac{N_0}{\varphi_y A_{e0}} + \frac{\beta_t M_1}{\varphi_{br} W_{e1}} \leqslant f \tag{8-30}$$

对端弯矩为零的区段有

$$\beta_t = 1 - N/N'_{Ex0} + 0.75 \left(N/N'_{Ex0}\right)^2$$

对两端弯曲应力基本相等的区段

$$\beta_t = 1.0$$

式中：φ_y——轴心受压构件弯矩作用平面外的稳定系数，以小头为准，按《钢结构设计规范》(GB 50017)的规定采用，计算长度取侧向支承点的距离。若各段线刚度差别较大，确定计算长度时可考虑各段间的相互约束；

N_0——所计算构件段小头截面的轴向压力；

M_1——所计算构件段大头截面的弯矩；

β_t——等效弯矩系数上面两式确定；

N'_{Ex0}——在刚架平面内以小头为准的柱参数；

φ_{br}——均匀弯曲楔形受弯构件的整体稳定系数，对双轴对称的工字形截面杆件，按下列公式计算，即

$$\varphi_{br} = \frac{4320}{\lambda_{y0}^2} \frac{A_0 h_0}{W_{x0}} \sqrt{\left(\frac{\mu_s}{\mu_w}\right)^4 + \left(\frac{\lambda_{y0} t_0}{4.4 h_0}\right)^2} \left(\frac{235}{f_y}\right) \tag{8-31}$$

$$\lambda_{y0} = \mu_s l / i_{y0} \tag{8-32}$$

$$\mu_s = 1 + 0.023 \gamma \sqrt{l h_0 / A_f} \tag{8-33}$$

$$\mu_w = 1 + 0.00385 \gamma \sqrt{l / i_{y0}} \tag{8-34}$$

式中：A_0，h_0，W_{x0}，t_0——分别为构件小头的截面面积、截面高度、截面模量和受压翼缘截面厚度；

A_f——受压翼缘截面面积；

i_{y0}——受压翼缘与受压区腹板 1/3 高度组成的截面绕 y 轴的回转半径；

l——楔形构件计算区段的平面外计算长度，取支承点间的距离。

此公式不同于《钢结构设计规范》(GB 50017)中压弯构件在弯矩作用平面外的稳定计算公式之处有两点：①截面几何特性按有效截面计算；②考虑楔形柱的受力特点，轴力取小头截面，弯矩取大头截面。当两翼缘截面不相等时，应参照《钢结构设计规范》(GB 50017)中的相应内容在公式中加上截面不对称影响系数 η_b 项。当算得的 φ_{br} 值大于 0.6 时，应按《钢结构设计规范》(GB 50017)的规定查出相应的 φ'_b 代替 φ_{br} 值。

8.6 刚架的节点

门式刚架结构中的节点有梁与柱连接节点、梁和梁拼接节点及柱脚。

8.6.1 斜梁与柱的连接及斜梁拼接

门式刚架斜梁与柱的刚接连接，一般采用高强度螺栓-端板连接。具体构造有端板竖放、端板斜放和端板平放(见图 8-10)3 种形式。斜梁拼接时也可用高强度螺栓-端板连接，宜使端板与构件外边缘垂直。斜梁拼接应按所受最大内力设计。当内力较小时，应按能承受不小于较小被连接截面承载力一半设计。为了保证连接刚度，柱与梁上、下翼缘处应设置加劲肋。

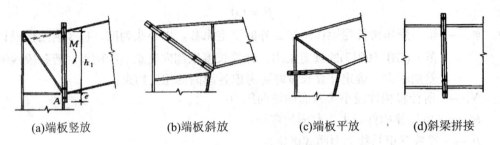

(a)端板竖放   (b)端板斜放   (c)端板平放   (d)斜梁拼接

图 8-10　刚架斜梁与柱的连接及斜梁间的拼接

为了满足强度需要，宜采用高强度螺栓，并应对螺栓施加预拉力。预拉力可以增强节点转动刚度。螺栓连接可以是摩擦型或承压型的，螺栓直径通常采用 M16~M24。摩擦型连接按剪力大小决定端板与柱翼缘接触面的处理方法。当剪力较小时，摩擦面可不做专门处理。

端板螺栓应成对对称布置。在受拉翼缘和受压翼缘的内、外两侧各设一排，并宜使每个翼缘的 4 个螺栓的中心与翼缘的中心重合。在斜梁的拼接处，应采用将端板两端伸出截面高度范围以外的外伸式连接。在斜梁与刚架柱连接的受拉区，宜采用端板外伸式连接。

螺栓排列应符合构造要求，螺栓中心至翼缘板表面的距离应满足扣紧螺栓所用工具的净空要求，通常不小于 35mm，螺栓端距不应小于 2 倍螺栓孔径，两排螺栓之间的最小距离为 3 倍螺栓直径，最大距离不应超过 400mm。当受拉翼缘两侧各设一排螺栓不能满足承载力要求时，可以在翼缘内侧增设螺栓，如图 8-7 所示。其间距可取 75mm，且不小于 3 倍螺栓孔径。

根据梁柱的截面尺寸，按照螺栓的构造要求，布置螺栓后用下列公式验算螺栓群的抗弯及抗剪承载力。

螺栓承受的最大拉力为

$$N_1 = \frac{My_1}{\sum y_i^2} \tag{8-35}$$

$$N_1 \leqslant [N_t] \tag{8-36}$$

式中：y_1——受拉螺栓距离中和轴的最远距离；

　　　y_i——每个螺栓距离中和轴的距离；

　　　M——作用在连接板处的弯矩值；

　　　$[N_t]$——螺栓的抗拉承载力，$[N_t] = 0.8P$；

　　　P——高强度螺栓预拉力。

螺栓群承受的平均剪力值为

$$V_1 = \frac{V}{n} \tag{8-37}$$

$$V_1 \leqslant [V] \tag{8-38}$$

式中：n——螺栓总数；

　　　V——作用在连接板处的剪力值；

　　　$[V]$——螺栓的抗震承载力。

摩擦型高强度螺栓的$[V] = 0.9 \times \mu \times (P - 1.25 N_i^t)$，$\mu$ 表示摩擦面的抗滑移系数，P 表示高强度螺栓预拉力，N_i^t 表示螺栓受的拉力。

承压型高强度螺栓的$[V] = \min(a f_v^b, d f_c^b \sum t)$，$a$ 表示螺栓横断面净面积，f_v^b 表示螺栓抗剪强度，d 表示螺栓直径，$\sum t$ 表示螺栓承压区厚度，f_c^b 表示螺栓承压强度。

节点上剪力可以认为由上边两排抗拉螺栓以外的螺栓承受，第三排螺栓拉力未用足，可以和下面两排(或两排以上)螺栓共同抗剪。

端板的厚度 t 可根据支承条件(见图8-11)按下列公式计算，但不应小于16mm，和梁端板相连的柱翼缘部分应与端板等厚度。

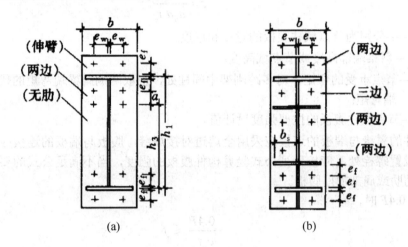

图 8-11　端板的支承条件

对于伸臂类端板，有

$$t \geqslant \sqrt{\frac{6 e_f N_t}{b f}} \tag{8-39}$$

对于无加劲肋类端板，有

$$t \geqslant \sqrt{\frac{3 e_w N_t}{(0.5 a + e_w) f}} \tag{8-40}$$

两边支承类端板，有以下公式。

当端板外伸时，有

$$t \geqslant \sqrt{\frac{6 e_f e_w N_t}{[e_w b + 2 e_f (e_f + e_w)] f}} \tag{8-41}$$

当端板平齐时，有

$$t \geqslant \sqrt{\frac{12e_f e_w N_t}{\left[e_w b + 4e_f \left(e_f + e_w\right)\right]f}} \tag{8-42}$$

三边支承类端板，有

$$t \geqslant \sqrt{\frac{6e_f e_w N_t}{\left[e_w \left(b + 2b_s\right) + 4e_f^2\right]f}} \tag{8-43}$$

式中：N_t——一个高强度螺栓受拉承载力设计值；

e_w，e_f——分别为螺栓中心至腹板和翼缘板表面的距离；

b，b_s——分别为端板和加劲肋板的宽度；

a——螺栓的间距；

f——端板钢材的抗拉强度设计值。

在门式刚架斜梁与柱相交的节点域，应按下列公式验算剪应力，当不满足公式的要求时，应加厚腹板或设置斜加劲肋。

$$\tau \leqslant f_v \tag{8-44}$$

$$\tau = \frac{M}{d_b d_c t_c} \tag{8-45}$$

式中：d_c，t_c——分别为节点域柱腹板的宽度和厚度；

d_b——斜梁端部高度或节点域高度；

M——节点承受的弯矩，对多跨刚架中间柱处，应取两侧斜梁端弯矩的代数和或柱端弯矩；

f_v——节点域柱腹板的抗剪强度设计值。

刚架构件的翼缘与端板的连接应采用全熔透对接焊缝，腹板与端板的连接应采用角焊缝。在端板设置螺栓处，应按下列公式验算构件腹板的强度，当不满足公式的要求时，可设置腹板加劲肋或局部加厚腹板。

当 $N_{t2} \leqslant 0.4P$ 时，有

$$\frac{0.4P}{e_w t_w} \leqslant f \tag{8-46}$$

当 $N_{t2} > 0.4P$ 时，有

$$\frac{N_{12}}{e_w t_w} \leqslant f \tag{8-47}$$

式中：N_{t2}——翼缘内第二排一个螺栓的轴向拉力设计值；

P——高强度螺栓的预拉力；

e_w——螺栓中心至腹板表面的距离；

t_w——腹板厚度；

f——腹板钢材的抗拉强度设计值。

8.6.2 柱脚

门式刚架的柱脚，一般采用平板式铰接柱脚，当有桥式吊车或刚架侧向刚度过弱时，

则应采用刚接柱脚。柱脚的构造及计算详见书中第六章第六节。

8.6.3　隅撑

当实腹式刚架斜梁的下翼缘受压时，必须在受压翼缘两侧布置隅撑(山墙处刚架仅布置在一侧)作为斜梁的侧向支承，隅撑的另一端连接在檩条上，见图 8-12。

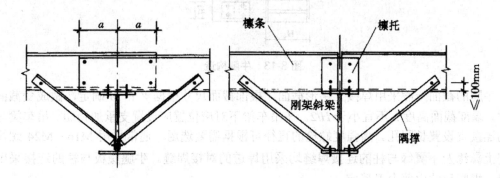

图 8-12　隅撑结构布置

隅撑间距不应大于所撑梁受压翼缘宽度的 $16\sqrt{235/f_y}$ 倍。

隅撑截面常选用单根等边角钢，按轴心受压构件来设计。隅撑截面常选用单根等边角钢，轴向压力按下列公式计算，即

$$N = \frac{Af}{60\cos\theta}\sqrt{\frac{f_y}{235}} \tag{8-48}$$

式中：A ——实腹斜梁被支撑翼缘的截面面积；

　　　f ——实腹斜梁钢材的强度设计值；

　　　f_y ——实腹斜梁钢材的屈服强度；

　　　θ ——隅撑与檩条轴线的夹角。

当隅撑成对布置时，每根隅撑的计算轴压力可取式(8-48)计算值的一半。

需要注意的是，单面连接的单角钢压杆在计算其稳定性时，不用换算长细比，而是对 f 值乘以相应的折减系数。

8.6.4　牛腿

当有桥式吊车时，需在刚架柱上设置牛腿，牛腿与柱焊接连接，其构造如图 8-13 所示。牛腿根部所受剪力 V 根据式(8-49)确定，即

$$V = 1.2P_0 + 1.4D_{max} \tag{8-49}$$

式中：P_0 ——吊车梁及轨道在牛腿上产生的反力；

　　　D_{max} ——吊车最大轮压在牛腿上产生的最大反力。

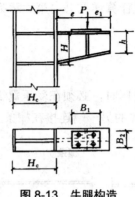

图 8-13　牛腿构造

　　牛腿的截面一般采用焊接工字形截面，根部截面尺寸根据 V 和 M 确定，做成变截面牛腿时，端部截面高度 h 不宜小于 $H/2$。在吊车梁下对应位置应设置支承加劲肋。吊车梁与牛腿的连接宜设置长圆孔。高强度螺栓的直径可根据需要选用，通常采用 M16～M24 螺栓。牛腿上翼缘及下翼缘与柱的连接焊缝均采用焊透的对接焊缝。牛腿腹板与柱的连接采用角焊缝，焊脚尺寸由剪力 V 确定。

8.7　刚架设计实例

8.7.1　基本资料

　　某单层厂房采用单跨双坡门式刚架，厂房跨度为 21m，长度为 90m，柱距为 9m，檐高为 7.5m，屋面坡度为 1/10。刚架为等截面的梁、柱，柱脚为铰接。

　　材料采用 Q235 钢材，焊条采用 E43 型。

　　屋面和墙面采用 75mm 厚 EPS 夹芯板，底面和外面二层采用 0.6mm 厚镀锌彩板；檩条采用高强镀锌冷弯薄壁卷边 Z 形钢檩条，屈服强度 $f_y \geqslant 450\,\text{N/mm}^2$，镀锌厚度为 $160\,\text{g/mm}^2$，檩条间距为 1.5m(不考虑墙面自重)。

　　自然条件：基本风压为 $W_0=0.5\,\text{kN/m}^2$，基本雪压为 $0.3\,\text{kN/m}^2$，地面粗糙度为 B 类。

8.7.2　结构平面柱网及支撑布置

　　该厂房长度为 90m，跨度为 21m，柱距为 9m，共有 11 榀刚架，由于纵向温度区段不大于 300m、横向温度区段不大于 150m。因此，不用设置伸缩缝。

　　厂房长度大于 60m，因此在厂房第二开间和中部设置屋盖横向水平支撑；并在屋盖相应部位设置檩条、斜拉条、拉条和撑杆。同时，应该在与屋盖横向水平支撑相对应的柱间设置柱间支撑，由于柱高小于柱距，因此柱间支撑不用分层布置。该厂房结构布置如图 8-14 所示。下面以图中 GJ21-1c 榀为例介绍刚架设计计算过程。

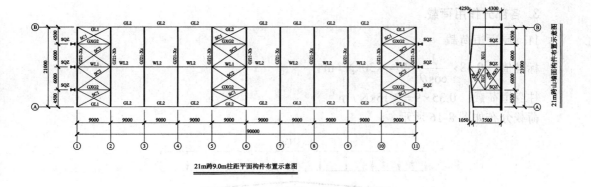

图 8-14　某单层厂房结构布置

8.7.3　荷载的计算

1. 计算模型选取

取一榀刚架进行分析，柱脚采用铰接，刚架梁和柱采用等截面设计。厂房檐高为 7.5m，考虑到檩条和梁截面自身高度，近似取柱高为 7.2m；屋面坡度为 1:10。

因此得到刚架计算模型如图 8-15 所示。

2. 荷载取值

屋面自重如下。

屋面板：$0.18\,\mathrm{kN}/\mathrm{m}^2$；檩条支撑：$0.15\,\mathrm{kN}/\mathrm{m}^2$；横梁自重：$0.15\,\mathrm{kN}/\mathrm{m}^2$。

总计：$0.48\,\mathrm{kN}/\mathrm{m}^2$。

屋面雪荷载：$0.3\,\mathrm{kN}/\mathrm{m}^2$。

屋面活荷载：$0.5\,\mathrm{kN}/\mathrm{m}^2$（与雪荷载不同时考虑）。

柱自重：$0.35\,\mathrm{kN}/\mathrm{m}^2$。

风荷载：基本风压 $W_0 = 0.5\mathrm{kN}/\mathrm{m}^2$。

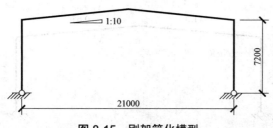

图 8-15　刚架简化模型

3. 各部分作用荷载

1) 屋面恒荷载

标准值：$0.48 \times \dfrac{1}{\cos\theta} \times 9 = 4.30 \text{kN/m}$。

柱身恒荷载：$0.35 \times 9 = 3.15 \text{kN/m}$

荷载分布如图 8-16 所示。

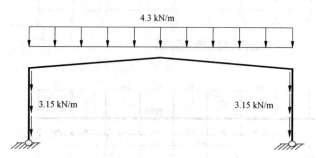

4.3 kN/m

3.15 kN/m   3.15 kN/m

图 8-16　屋面恒荷载分布

2) 屋面活荷载

屋面雪荷载小于屋面活荷载，取活荷载 $0.50 \times \dfrac{1}{\cos\theta} \times 9 = 4.50 \text{kN/m}$。荷载分布如图 8-17 所示。

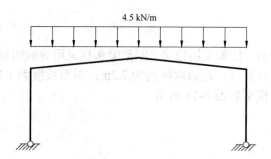

4.5 kN/m

图 8-17　屋面活荷载分布

3) 风荷载

以风左吹为例计算，风右吹同理计算。

根据公式 $\omega_k = \mu_z \mu_s \omega_0$ 计算：

根据 μ_z 查表得 $h \leqslant 10\text{m}$，取 1.0，μ_s 根据门式刚架的设计规范，如图 8-18 所示(地面粗糙度为 B 类)。

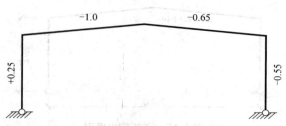

−1.0   −0.65

+0.25   −0.55

图 8-18　风荷载体形系数示意图

迎风面：侧面 $\omega_k = 1.0 \times 0.25 \times 0.5 = 0.125 \text{kN} / \text{m}^2$，$q_1 = 0.125 \times 9 = 1.125 \text{kN} / \text{m}$。

屋顶 $\omega_k = -1.0 \times 1.0 \times 0.5 = -0.50 \text{kN} / \text{m}^2$，$q_2 = -0.50 \times 9 = -4.5 \text{kN} / \text{m}$。

背风面：侧面 $\omega_k = -1.0 \times 0.55 \times 0.5 = -0.275 \text{kN} / \text{m}^2$，$q_3 = -0.275 \times 9 = -2.475 \text{kN} / \text{m}$。

屋顶 $\omega_k = -1.0 \times 0.65 \times 0.5 = -0.325 \text{kN} / \text{m}^2$，$q_4 = -0.325 \times 9 = -2.925 \text{kN} / \text{m}$。

荷载分布如图 8-19 所示。

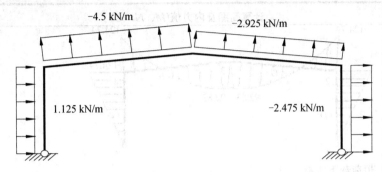

图 8-19　风荷载分布

8.7.4　内力的计算

1. 截面形式及尺寸初选

梁柱都采用焊接的 H 型钢。梁的截面高度 h 一般取$(1/30 \sim 1/45)l$，故取梁截面高度为 600mm；暂取 $\text{H}600 \times 300 \times 6 \times 8$，截面尺寸如图 8-20 所示，截面属性如表 8-2 所列。柱的截面采用与梁相同。

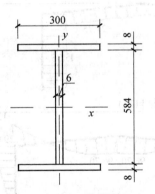

图 8-20　梁、柱截面尺寸

表 8-2　梁、柱截面属性

截面	截面名称	长度 /mm	面积 /mm²	I_x /10^6mm⁴	W_x /10^4mm³	I_y /10^6mm⁴	W_y /10^4mm³	i_x mm	i_y mm
柱	H600×300×6×8	7200	9472	520	173	36	24	234	61.6
梁	H600×300×6×8	10552	9472	520	173	36	24	234	61.6

$$EA = 2.06 \times 10^8 \times 9472 \times 10^{-6} = 1.95 \times 10^6 \text{kN}$$

$$EI_x = 2.06 \times 10^8 \times 520 \times 10^6 \times 10^{-12} = 1.07 \times 10^5 \text{kN} \cdot \text{m}^2$$

2. 截面内力

根据各个计算简图,用结构力学求解器计算,得结构在各种荷载作用下的内力图如表 8-3 所列。

表 8-3   各种荷载作用下的结构内力

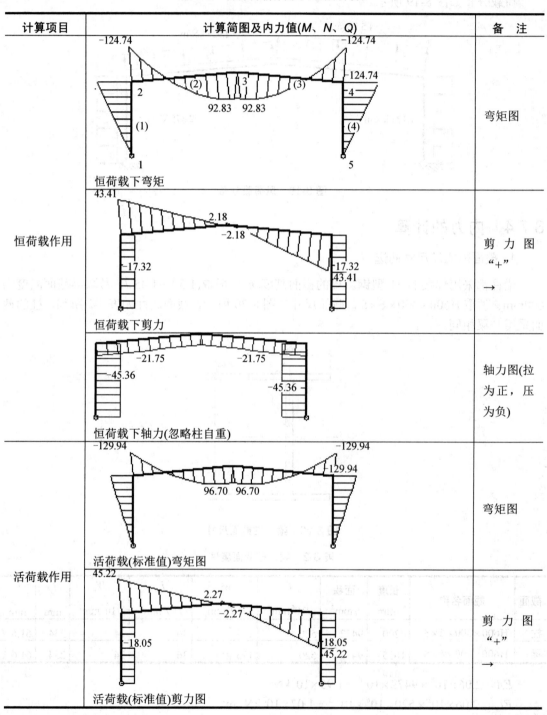

计算项目	计算简图及内力值(M、N、Q)	备 注
恒荷载作用	恒荷载下弯矩	弯矩图
	恒荷载下剪力	剪 力 图 "+" →
	恒荷载下轴力(忽略柱自重)	轴力图(拉 为正,压 为负)
活荷载作用	活荷载(标准值)弯矩图	弯矩图
	活荷载(标准值)剪力图	剪 力 图 "+" →

续表

计算项目	计算简图及内力值(M、N、Q)	备　注
活荷载作用	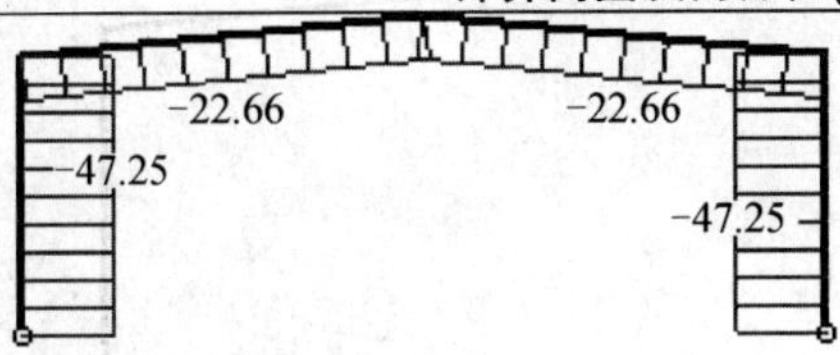 −22.66　−22.66 −47.25　−47.25 活荷载(标准值)轴力图	轴力图(拉为正,压为负)
风荷载作用	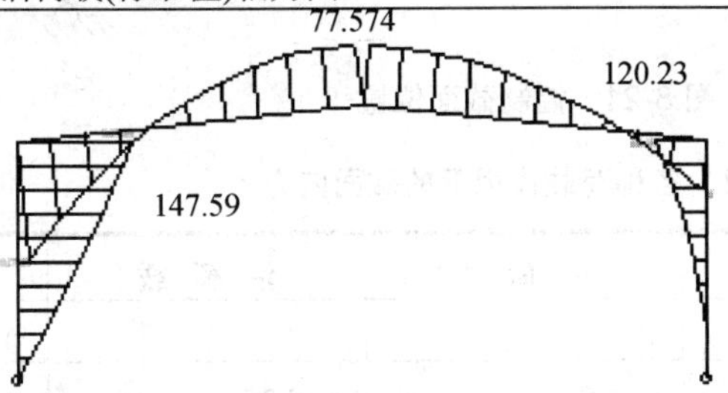 77.574　120.23 147.59 风荷载(标准值)弯矩图	弯矩图
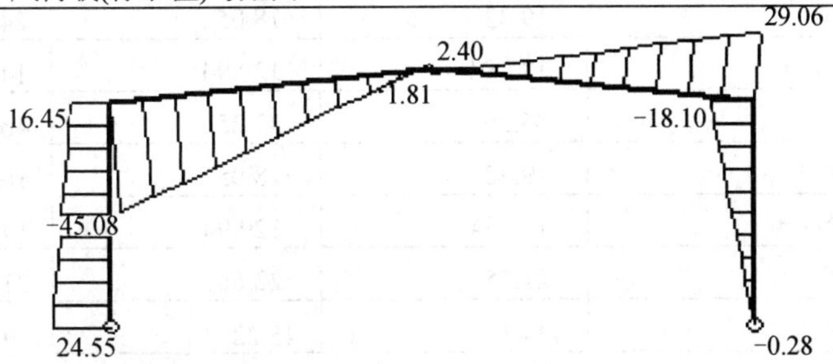 风荷载作用	29.06　2.40 1.81 16.45　−18.10 −45.08　24.55　−0.28 风荷载(标准值)剪力图	剪　力　图 "+" →
	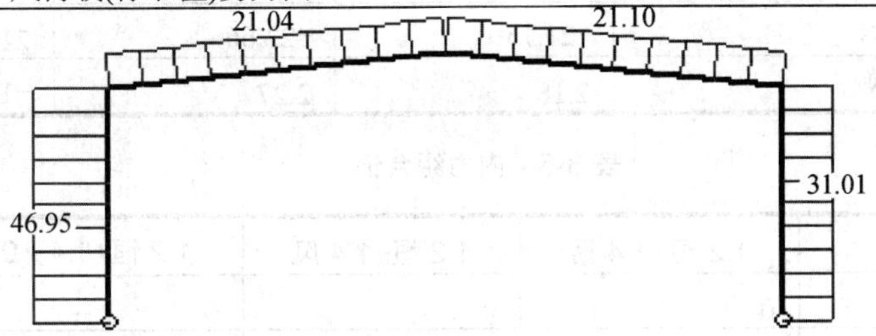 21.04　21.10 46.95　−31.01 风荷载(标准值)轴力图	轴力图(拉为正,压为负)

3. 内力组合

由于恒荷载和活荷载关于结构竖向对称,因而风荷载只要考虑一个方向作用,风荷载只引起剪力不同,而剪力不起控制作用。

按承载能力极限状态进行内力分析,需要进行以下可能的组合。

① 1.2×恒荷载效应+1.4×活荷载效应。

② 1.2×恒荷载效应+1.4×风荷载效应。

③ 1.2×恒荷载效应+1.4×0.85×(活荷载效应+风荷载效应)。

取 4 个控制截面(见表 8-4、表 8-5),如图 8-21 所示。

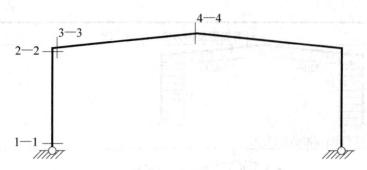

图 8-21　控制截面位置

表 8-4　各种荷载作用下的截面内力

截　面	内　力	恒　荷　载	活　荷　载	左　风
1—1	M / kN·m	0	0	0
	N / kN	−45.36	−47.25	46.95
	Q / kN	−19.32	−18.05	24.55
2—2	M / kN·m	−127.84	−129.94	147.59
	N / kN	−45.36	−47.25	46.95
	Q / kN	−19.32	−18.05	16.45
3—3	M / kN·m	−127.84	−129.94	147.59
	N / kN	−21.75	−22.66	21.04
	Q / kN	43.41	45.22	−45.08
4—4	M / kN·m	92.83	96.70	−77.574
	N / kN	−21.75	−22.66	21.04
	Q / kN	2.18	2.27	−1.81

表 8-5　内力组合值

截　面	内　力	1.2 恒+1.4 活	1.2 恒+1.4 风	1.2 恒+1.4×0.85×(风+活)
1—1	M / kN·m	0	0	0
	N / kN	−120.58	11.30	−54.85
	Q / kN	−48.45	11.19	−15.45
2—2	M / kN·m	−335.33	53.22	−132.40
	N / kN	−120.58	11.30	54.79
	Q / kN	−48.45	11.19	−25.09
3—3	M / kN·m	−335.33	53.22	−132.40
	N / kN	−64.30	3.36	−28.03
	Q / kN	115.40	−11.02	51.93
4—4	M / kN·m	246.78	2.79	134.16
	N / kN	−57.82	−3.36	−28.03
	Q / kN	5.79	0.08	3.16

8.7.5　截面的验算

控制内力组合有以下几种。

① $+M_{max}$ 与相应的 N、V(以最大正弯矩控制)

② $-M_{max}$ 与相应的 N、V(以最大负弯矩控制)

③ N_{max} 与相应的 M、V(以最大轴力控制)

④ N_{min} 与相应的 M、V(以最小轴力控制)

所以以上内力组合值，各截面的控制内力为：

1—1 截面的控制内力为 $M = 0$，$N = -120.58\text{kN}$，$Q = -48.45\text{kN}$。

2—2 截面的控制内力为 $M = -335.33\text{kN}\cdot\text{m}$，$N = -120.58\text{kN}$，$Q = -48.45\text{kN}$。

3—3 截面的控制内力为 $M = -335.33\text{kN}\cdot\text{m}$，$N = -64.30\text{kN}$，$Q = 115.40\text{kN}$。

4—4 截面的控制内力为 $M = 246.78\text{kN}\cdot\text{m}$，$N = -57.82\text{kN}$，$Q = 5.79\text{kN}$。

1. 刚架柱的验算

取 2—2 截面内力，平面内长度计算系数为

$$\mu_0 = 2 + 0.45K$$

其中 $K = \dfrac{I_c l_R}{I_R H} = \dfrac{10.5}{7.2} = 1.46$，所以 $\mu_0 = 2 + 0.45 \times 1.46 = 2.66$，$H_{0x} = 7.2 \times 2.66 = 19.1\text{m}$。

平面外计算长度。考虑压型钢板墙面与墙梁紧密连接，起到应力蒙皮作用，与柱连接的墙梁可作为柱平面外的支承点，但为了安全起见，计算长度按两个墙梁间距考虑，即

$H_{0y} = 7200 / 2 = 3600\text{mm}$，所以 $\lambda_x = \dfrac{19100}{234} = 81.6$，$\lambda_y = \dfrac{3600}{61.6} = 58.4$。

(1) 局部稳定的验算。

构件局部稳定验算是通过限制板件的宽厚比来实现的。

① 柱翼缘。

$$\frac{b}{t} = \frac{(150 - 4)/2}{6} = 12.17 < 15\sqrt{\frac{235}{f_y}} = 15\sqrt{\frac{235}{235}} = 15 \text{(满足要求)}$$

② 柱腹板。

$$\frac{h_w}{t_w} = \frac{600 - 16}{4} = 146 < 250\sqrt{\frac{235}{f_y}} = 250\sqrt{\frac{235}{235}} = 250 \text{(满足要求)}$$

(2) 柱有效截面的特征。

$M = -335.33\text{kN}\cdot\text{m}$，$N = -120.58\text{kN}$，$Q = -48.45\text{kN}$

$$\left.\begin{array}{c}\sigma_{max}\\\sigma_{min}\end{array}\right\} = \frac{N}{A} \pm \frac{M}{W_x} = \frac{120.58 \times 10^3}{9472} \pm \frac{335.33 \times 10^6}{173 \times 10^4}$$

$$= 12.73 \pm 193.83 = \begin{cases} 206.56 \\ -181.10 \end{cases} \text{N}/\text{mm}^2$$

$$\alpha_0 = \frac{\sigma_{max} - \sigma_{min}}{\sigma_{max}} = \frac{206.56 + 181.10}{206.56} = 1.88$$

$$\frac{h_0}{t_w} = \frac{584}{6} = 97 < 48\alpha_0 + 0.5\lambda_x - 26.2 = 105.28$$

因 $\dfrac{h_0}{t_w} = 97 > 90$，故可以考虑屈曲后强度。

由于考虑屈曲后强度，所以 $\beta = \dfrac{\sigma_2}{\sigma_1} = \dfrac{-181.1}{206.56} = -0.88$

$$h_c = 206.56 \times \frac{584}{206.56 + 181.1} = 311.2(\text{mm})$$

$$k_\sigma = \frac{16}{[(1+\beta)^2 + 0.112(1-\beta)^2]^{0.5} + 1 + \beta} = 21.28$$

$$\lambda_p = \frac{h_w / t_w}{28.1\sqrt{k_\sigma}\sqrt{235/f_y}} = \frac{584/8}{28.1 \times \sqrt{21.28}} \le 0.8$$

则 $\rho = 1$，截面全部有效。

(3) 抗剪强度的验算。

柱截面的最大剪力为 $V_{max} = 48.45\text{kN}$。

$$\lambda_w = \frac{h_w / t_w}{37\sqrt{k_r}\sqrt{235/f_y}} = \frac{584/8}{37 \times \sqrt{5.34} \times 1} = 0.85$$

$0.8 < \lambda_w < 1.4$，则 $f_v' = [1 - 0.64(\lambda_w - 0.8)]f_v = 0.973 \times 125 = 121.63(\text{N}/\text{mm}^2)$，

$V_d = h_w t_w f_v' = 584 \times 8 \times 121.63 \times 10^{-3} > V_{max}$，满足要求。

弯剪压共同作用下的验算如下。

因为 $V < 0.5V_d$，按公式 $M \le M_e^N = M_e - NW_e/A_e$ 进行验算

其中 $M_e = W_e f = 173 \times 10^4 \times 215 \times 10^{-6} = 371.95(\text{kN} \cdot \text{m})$

$$M_e^N = M_e - NW_e/A_e = 371.95 - 120.58 \times 371.95/9472$$
$$= 371.95 - 22.59 = 367.2(\text{kN} \cdot \text{m}) > 335.33\text{kN} \cdot \text{m}$$

满足要求。

(4) 稳定性的验算。

① 刚架柱平面内稳定性的验算。

$\lambda_x = 81.6 < [\lambda] = 180, \overline{\lambda} = \lambda_x\sqrt{f_y/235} = 81.6$

b 类截面，由《钢结构设计规范》(GB 50017)附表 C-2 查得，$\varphi_x = 0.681$

$$N_{Ex}' = \frac{\pi^2 EA}{1.1\lambda_x^2} = \frac{3.14^2 \times 2.06 \times 10^5 \times 9472}{1.1 \times 81.6^2} = 2388\text{kN}, \quad \beta_{mx} = 1.0,$$

则 $\dfrac{N}{\varphi_x A} + \dfrac{\beta_{mx} M_x}{\gamma_x[1 - 0.8(N/N_{Ex}')]W_x} = \dfrac{120.58 \times 10^3}{0.681 \times 9472} + \dfrac{1.0 \times 335.33 \times 10^6}{1.05 \times 173 \times 10^4 \times (1 - 0.8 \times \dfrac{120.58}{2388})}$

$$= 18.69 + 192.39 = 211.08(\text{N}/\text{mm}^2) < f$$

满足要求。

② 刚架柱平面外稳定性的验算。

$\overline{\lambda} = \lambda_y\sqrt{f/235} = 58.4$

b 类截面，由《钢结构设计规范》(GB 50017)附表 C-2 查得，$\varphi_y = 0.818$

$$\beta_{tx} = 0.65 + 0.35 \frac{M_2}{M_1} = 0.65 + 0.35 \times \frac{1}{2} = 0.825$$

$$\varphi_b = 1.07 - \frac{\overline{\lambda}^2}{4400} = 1.07 - \frac{58.4^2}{44000} = 0.99$$

则 $\dfrac{N}{\varphi_y A} + \eta \dfrac{\beta_{tx} M_x}{\varphi_b W_{px}} = \dfrac{120.58 \times 10^3}{0.818 \times 9472} + 1.0 \times \dfrac{0.825 \times 335.33 \times 10^6}{0.99 \times 173 \times 10^4}$

$$= 15.56 + 161.52 = 177 (\text{N} / \text{mm}^2) < f$$

满足要求。

2. 刚架梁的验算

取 3—3 截面内力。

$M = -335.33 \text{kN} \cdot \text{m}$ ， $N = -64.30 \text{kN}$ ， $Q = 115.40 \text{kN}$ 。

(1) 局部稳定的验算。

① 梁翼缘。

$$\frac{b}{t} = \frac{(150 - 4)/2}{6} = 12.17 < 15 \sqrt{\frac{235}{f_y}} = 15 \sqrt{\frac{235}{235}} = 15 \text{（满足要求）}$$

② 梁腹板。

$$\frac{h_w}{t_w} = \frac{600 - 16}{4} = 146 < 250 \sqrt{\frac{235}{f_y}} = 250 \sqrt{\frac{235}{235}} = 250 \text{（满足要求）}$$

(2) 梁有效截面的特征。

门式刚架坡度为 1/10<1/5，可以不考虑横梁轴向的影响，按受弯构件验算。

$$\left. \begin{array}{c} \sigma_1 \\ \sigma_2 \end{array} \right\} = \pm \frac{M}{W_x} = \pm \frac{335.33 \times 10^6}{173 \times 10^4} = \pm 193.83 (\text{N} / \text{mm}^2)$$

所以 $\beta = \dfrac{\sigma_2}{\sigma_1} = -1$

$$h_c = 584 \times \frac{1}{2} = 292 \text{mm}$$

$$k_\sigma = \frac{16}{[(1+\beta)^2 + 0.112(1-\beta)^2]^{0.5} + 1 + \beta} = \frac{16}{\sqrt{0.112 \times 4}} = 23.91$$

$$\lambda_p = \frac{h_w / t_w}{28.1 \sqrt{k_\sigma} \sqrt{235 / f_y}} = \frac{584 / 8}{28.1 \times \sqrt{23.91}} = 0.53 \leqslant 0.8$$

则 $\rho = 1$ ，截面全部有效。

(3) 强度的验算。

① 抗剪强度的验算。

柱截面的最大剪力为 $V_{max} = 115.4 \text{kN}$ 。

$k_\tau = 5.34$

$$\lambda_w = \frac{h_w / t_w}{37 \sqrt{k_\tau} \sqrt{235 / f_y}} = \frac{584 / 8}{37 \times \sqrt{5.34} \times 1} = 0.85$$

$0.8 < \lambda_w < 1.4$ ，则 $f_v' = [1 - 0.64(\lambda_w - 0.8)] f_v = 0.973 \times 125 = 121.63 (\text{N} / \text{mm}^2)$

$V_{\mathrm{d}} = h_{\mathrm{w}} t_{\mathrm{w}} f_{\mathrm{v}}' = 584 \times 8 \times 121.63 \times 10^{-3} = 568.25(\mathrm{kN}) > V_{\max}$，满足要求。

② 弯矩作用下的验算。

$M_{\mathrm{d}} = M = 173 \times 10^4 \times 215 \times 10^{-6} = 371.95(\mathrm{kN \cdot m}) > 335.33\mathrm{kN \cdot m}$，满足要求。

(4) 稳定性的验算。

① 刚架梁平面内稳定的验算。

验算方法与柱平面内的稳定性验算相同，由于 $N_{梁} < N_{柱}$，$M_{梁} = M_{柱}$，因而可以满足要求。

② 刚架梁平面外稳定的验算。

一般刚架平面外稳定靠支撑来保证，考虑檩条处设置隔撑以保证屋脊负弯矩处下翼缘受压是有支撑，在支撑点处设置隔撑以保证横梁全截面受支撑，则横梁成为平面外 3m 支撑的压弯构件，取其中一段计算。

由 $\lambda_y = \dfrac{3000}{61.6} = 48.7$ 及 b 类截面，查《钢结构设计规范》(GB 50017)得，$\varphi_y = 0.865$。

由于有端弯矩与横梁荷载，取 $\beta_{tx} = 1.0$，则 $\varphi_b = 1.07 - \dfrac{\lambda_y^2}{44000} = 1.02$。

由于内力沿杆件线性变化，取较大值 64.3kN。

从而，$\dfrac{N}{\varphi_y A} + \eta \dfrac{\beta_{tx} M_x}{\varphi_b W_{px}} = \dfrac{64.3 \times 10^3}{0.865 \times 9472} + 1.0 \times \dfrac{1.0 \times 335.33 \times 10^6}{1.03 \times 173 \times 10^4}$

$= 7.85 + 188.19 = 196.04(\mathrm{N/mm^2}) < f$，满足要求。

8.7.6 位移的验算

1. 柱顶水平位移的验算

由矩阵位移法结构力学计算程序计算位移，位移验算为正常使用极限状态下的承载力验算，荷载应选用标准值。

构件截面参数：

$EA = 2.06 \times 10^8 \times 9472 \times 10^{-6} = 1.95 \times 10^6(\mathrm{kN})$

$EI_x = 2.06 \times 10^8 \times 520 \times 10^6 \times 10^{-12} = 1.07 \times 10^5(\mathrm{kN \cdot m^2})$

荷载标准值即风荷载，位移如图 8-22 所示。

$\dfrac{\delta}{H} = \dfrac{18.1}{7200} = \dfrac{1}{397} < \dfrac{1}{200}$，满足要求。

2. 横梁挠度验算

荷载标准值=1.0×恒荷载+1.0×活荷载=4.3+4.5=8.8(kN/m)，位移如图 8-23 所示。

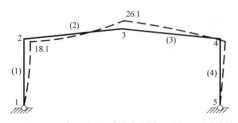

图 8-22　荷载作用下的结构水平位移

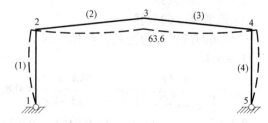

图 8-23　荷载作用下的结构竖向位移

$$\frac{\delta}{L}=\frac{63.6}{21000}=\frac{1}{330}<\frac{1}{250}$$，满足要求。

8.7.7　节点的设计

1. 梁柱节点的设计

梁柱节点形式如图 8-24 所示。

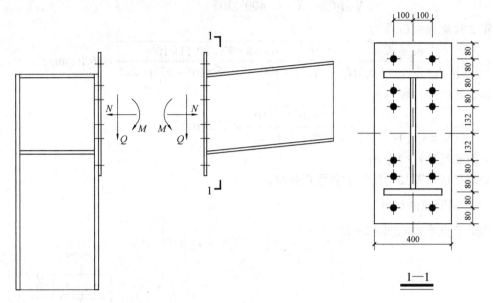

图 8-24　梁柱节点形式及螺栓布置

连接处选用以下组合内力值，即 $M=-335.33\text{kN}\cdot\text{m}$，$N=-64.30\text{kN}$ (使螺栓受压)，$Q=115.40\text{kN}$。

采用摩擦型高强螺栓，采用 10.9 级 M24 螺栓，预压力 P=225kN，摩擦面采用喷砂的处理方法，摩擦系数 μ=0.45，螺栓承受拉力如下。

第 1 排，有

$$N_1=\frac{My_1}{\sum y_i^2}-\frac{N}{n}=\frac{335.33\times0.372}{4\times(0.132^2+0.212^2+0.372^2)}-\frac{64.30}{10}=155.37-6.43=148.94(\text{kN})$$

第 2 排，有

$$N_2=\frac{My_2}{\sum y_i^2}-\frac{N}{n}=\frac{335.33\times0.212}{4\times(0.132^2+0.212^2+0.372^2)}-\frac{64.30}{10}=88.54-6.43=82.11(\text{kN})$$

第 3 排，有

$$N_3=\frac{My_3}{\sum y_i^2}-\frac{N}{n}=\frac{335.33\times0.132}{4\times(0.132^2+0.212^2+0.372^2)}-\frac{64.30}{10}=55.13-6.43=48.70(\text{kN})$$

其抗拉承载力为

$$\begin{cases}[N_t^b]=0.8P=0.8\times225=180(\text{kN})\\N_t^b=\pi d_e^2\times f_t^b/4=\pi\times21.18^2\times500/4=176.2(\text{kN})\end{cases}>148.94\text{kN}，满足要求。$$

螺栓群的抗剪力(M24 螺栓)(下面 3 排不计外加压力，只考虑预压力)

$$V^b = \sum 0.9\mu\mu_f(P - 1.25N_t) = 2[0.9 \times 0.45 \times (225 - 1.25 \times 148.94) + 0.9 \times 0.45 \times$$
$$(225 - 1.25 \times 82.11) + 0.9 \times 0.45 \times (225 - 1.25 \times 48.70) + 0.9 \times 0.45 \times 225 \times 6]$$
$$= 810.26(kN) > 115.40kN$$

端板厚度计算如下。

第 1 排螺栓端板厚为

$$t \geqslant \sqrt{\frac{6e_f N_t}{bf}} = \sqrt{\frac{6 \times 68 \times 148.94 \times 10^3}{400 \times 205}} = 27.2(mm)$$

第 2 排螺栓端板厚为

$$t \geqslant \sqrt{\frac{6e_f e_w N_t}{[e_w b + 2e_f(e_f + e_w)]f}} = \sqrt{\frac{6 \times 68 \times 97 \times 82.11 \times 10^3}{[97 \times 400 + 2 \times 68 \times (68 + 97)] \times 205}} = 16.1(mm)$$

第 3 排螺栓端板厚为

$$t \geqslant \sqrt{\frac{3e_w N_t}{(0.5a + e_w)f}} = \sqrt{\frac{3 \times 97 \times 48.70 \times 10^3}{(0.5 \times 80 + 97) \times 205}} = 22.5(mm)$$

采用端板厚 $t = 28mm$。

端部腹板设置加劲肋，加强腹板强度。

2. 梁梁节点的设计

梁梁节点形式如图 8-25 所示。

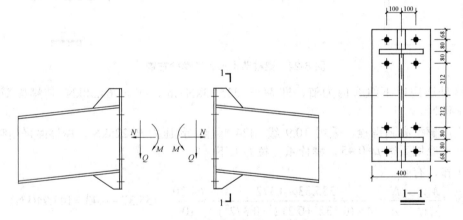

图 8-25　梁梁节点形式及螺栓布置

连接处选用以下组合内力值，即

$M = 246.78kN \cdot m$，$N = -57.82kN$（使螺栓受压），$Q = 5.79kN$

采用摩擦型高强螺栓，采用 10.9 级 M24 螺栓，预压力 $P=225kN$，摩擦面采用喷砂的处理方法，摩擦系数 $\mu=0.45$，螺栓承受拉力如下。

第 1 排，有

$$N_1 = \frac{My_1}{\sum y_i^2} - \frac{N}{n} = \frac{246.78 \times 0.372}{4 \times (0.212^2 + 0.372^2)} - \frac{57.82}{8} = 125.17 - 7.23 = 119.94(kN)$$

第 2 排，有

$$N_2 = \frac{My_2}{\sum y_i^2} - \frac{N}{n} = \frac{246.78 \times 0.212}{4 \times (0.212^2 + 0.372^2)} - \frac{57.82}{8} = 71.34 - 7.23 = 64.11(kN)$$

其抗拉承载力为

$$\begin{cases} [N_t^b] = 0.8P = 0.8 \times 225 = 180(kN) \\ N_t^b = \pi d_e^2 \times f_t^b / 4 = \pi \times 21.18^2 \times 500 / 4 = 176.2(kN) \end{cases} > 119.94kN，满足要求。$$

螺栓群的抗剪力(M24 螺栓)(下面两排不计外加压力，只考虑预压力)

$$V^b = \sum 0.9 \mu \mu_f (P - 1.25 N_t) = 2[0.9 \times 0.45 \times (225 - 1.25 \times 119.94) + 0.9 \times 0.45 \times$$
$$(225 - 1.25 \times 64.11) + 0.9 \times 0.45 \times 225 \times 4]$$
$$= 542.65(kN) > 5.79kN$$

端板厚度计算如下。

第 1 排螺栓端板厚为

$$t \geqslant \sqrt{\frac{6e_f N_t}{bf}} = \sqrt{\frac{6 \times 68 \times 119.94 \times 10^3}{400 \times 205}} = 24.4(mm)$$

第 2 排螺栓端板厚为

$$t \geqslant \sqrt{\frac{6e_f e_w N_t}{[e_w b + 2e_f(e_f + e_w)]f}} = \sqrt{\frac{6 \times 68 \times 97 \times 64.11 \times 10^3}{[97 \times 400 + 2 \times 68 \times (68 + 97)] \times 205}} = 14.2(mm)$$

采用端板厚 $t = 26mm$。

端部腹板设置加劲肋，加强腹板强度。

3. 柱脚的设计

柱脚节点如图 8-26 所示。

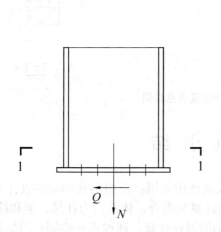
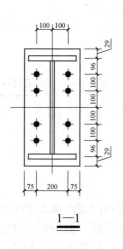

图 8-26　柱脚节点形式及螺栓布置

设计内力采用：$N = -120.78kN$ (使螺栓受压)，$Q = -48.45kN$。

基础混凝土抗压承载力 $f_c = 12N / mm^2$，锚栓采用 4×M20。

(1) 底板厚度的计算。

按一边支承计算，底板反力 $f = \dfrac{120.78 \times 10^3}{650 \times 350} = 0.77(N / mm^2)$

$$M = \frac{1}{2} fc^2 = 0.5 \times 0.77 \times 175^2 = 11790.6(N \cdot mm)$$

$$t = \sqrt{\frac{6M}{f}} = \sqrt{\frac{6 \times 11790.6}{205}} = 18.6(\text{mm})，\text{因此采用 } t = 20\text{mm}$$

(2) 抗剪连接件的计算。

$$V_{fb} = 0.4N = 0.4 \times 120.78 = 48.50\text{kN} > 48.45\text{kN}$$

抗剪承载力满足要求，不需要设置抗剪连接件。

综合前述计算结果，刚架及节点详图如图 8-27 所示。

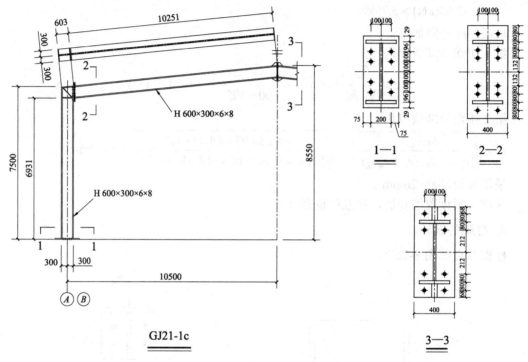

图 8-27　刚架及节点详图

本 章 小 结

　　本章简述门式刚架结构的组成与特点及其适用范围；介绍门式刚架的设计方法，包括结构形式与布置、截面尺寸的估算、荷载的计算与组合、体系内力计算、梁和柱及节点(包括梁柱连接、梁梁连接、柱脚、隅撑、牛腿)的设计计算；通过设计实例介绍如何使用规范进行门式轻型刚架钢结构的设计。

习 　 题

一、选择题

1. 当实腹式刚架斜梁的下翼缘受压时，必须在受压翼缘两侧布置(　　)。

　　A 拉杆　　　　　　B. 系杆　　　　　　C. 檩托　　　　　　D. 隅撑

2. 门式刚架的柱脚，当有桥式吊车或刚架侧向刚度过弱时，则应采用(　　)柱脚。

　　A. 铰接　　　　　　B. 刚接　　　　　　C. 刚接或铰接

3. 门式刚架轻型房屋屋面坡度宜取(　　)，在雨水较多的地区取其中的较大值。

　　A. 1/20～1/8　　　B. 1/30～1/8　　　　C. 1/20～1/5　　　D. 1/30～1/5

二、简答题

1. 单层门式刚架结构的主要组成有哪些？

2. 对于门式刚架而言，永久荷载和可变荷载各包括哪些内容？

3. 门式刚架设计时，所需考虑的荷载效应组合主要有哪些？

4. 柱构件计算长度系数的确定方法有哪几种？

5. 在什么情况下需要设置隅撑？

第9章 平台结构

【学习要点及目标】

◆ 掌握合理的平台结构布置。

◆ 掌握平台结构中主要构件梁、板、柱的设计。

◆ 了解梁、板、柱与其他相关构件的连接设计。

【核心概念】

结构布置　台梁　柱设计

【引导案例】

工作平台也称钢结构平台。现代钢结构平台结构形式多样，功能也一应俱全，其结构具有鲜明的特点，设计灵活，可根据不同的现场情况设计并制造符合场地要求、使用功能要求及满足物流要求的钢结构平台，在现代的存储中应用较为广泛，因为其自身强度高、自重轻、刚度大，故用于大型的施工作业场地中的承重上特别适合。本章主要通过例题讲解平台结构中主要构件梁、板、柱的设计，了解梁、板、柱与其他相关构件的连接设计。

9.1　平台结构布置

9.1.1　平台钢结构形式

平台钢结构主要由常用的梁、柱等钢构件以及铺板(楼板)等组成(见图 9-1)，一般用于工业生产，如石油、化工设备支承平台，常见的走道平台、检修平台等。立体车库和民用建筑中的楼层也是平台结构。

平台布置应满足使用功能和生产工艺要求。由于平台钢结构水平荷载(主要为风荷载)比较小，作用在平台结构上的主要荷载是竖向荷载。平台竖向荷载一般通过铺板、次梁、主梁、柱网传给基础。为了减少平台用钢量以及降低基础造价，通常将平台结构梁、柱连接节点以及柱脚设计成铰接，这样平台柱也为轴心受压柱。为了便于安装施工，一般情况下将平台结构构件设计成单体构件，如次梁、主梁、柱等，铺板可设计成局部整体构件。

为了保证平台结构的整体稳定性，通过布置柱间支撑，并与柱、梁及铺板一起组成稳定的结构体系。

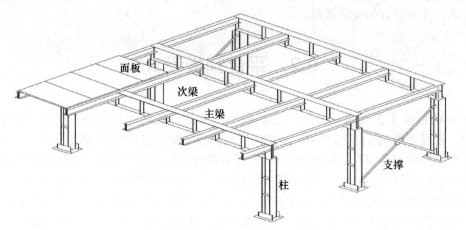

图 9-1　平台结构布置

9.1.2　梁格布置形式

梁格是由许多次梁和主梁纵横排列而成的平面体系，用于直接承受平台上的荷载。根据梁的排列方式，梁格可分成下列 3 种典型的形式。

(1)　简式梁格(见图 9-2(a))。只有主梁，适用于梁跨度较小的情况。

(2)　普通式梁格(见图 9-2(b))。有次梁和主梁，次梁支承于主梁上。

(3)　复式梁格(见图 9-2(c))。除主梁和纵向次梁外，还有支承于纵向次梁上的横向次梁。

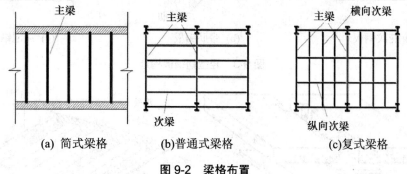

(a) 简式梁格　　　　(b)普通式梁格　　　　(c)复式梁格

图 9-2　梁格布置

简式梁格多采用型钢梁，适用于梁跨度较小的情况，这种布置耗钢量较大。普通式梁格和复式梁格布置，由于在主梁之间还设置次梁，使得铺板的支承长度能控制在合理的范围内，适用于梁跨度较大的情况。这两种梁格布置中的次梁常做成连续梁，并搁在主梁之上，构成次梁与主梁的叠接连接。有时由于平台结构高度的限制，也可做成次梁上翼缘与主梁齐平，即构成次梁与主梁的平接连接。采用哪种梁格形式，主要从经济上进行比较，即铺板和梁的用钢量之和最小。一般来说，后两种梁格形式耗钢量比较经济。

平台结构由柱和柱间支撑支承，也可由承重墙支承。当平台面积较大时，以柱和主梁代替承重内墙，可以形成只有少量柱的较大空间，主梁有时也可做成连续梁。

当主梁与柱铰接时，必须布置纵向和横向柱间支撑，以承受水平荷载和保持整体稳定。平台结构的梁格布置和选材，要经过技术经济比较，以满足安全适用、节约钢材、便于施工的要求，并有较好的经济效益。

9.2　平台铺板设计

平台铺板按工艺要求可分为固定的和可拆卸的。按构造要求可分为轻型钢铺板(见图 9-3)、混凝土预制板(见图 9-4)、压型钢板与钢筋混凝土组合楼板(见图 9-5)。

平台结构常用的铺板是轻型钢铺板，通常有花纹钢板(见图 9-3(a))、带肋钢板(见图 9-3(b))和冲泡钢板(见图 9-3(c))等。轻型钢铺板应置于梁上并与梁牢固连接以增加平台的整体稳定性。预制钢筋混凝土楼板(见图 9-4)使用比较方便，梁的间距可较大，这种铺板宜与梁刚性连接，以增强平台结构的整体稳定。在压型钢板上浇筑混凝土的组合楼板一般有 3 种构造形式(见图 9-5)：①压型钢板作为结构体，铺板上所作用的外力全部由压型钢板承担；②压型钢板和混凝土作为组合板，两者共同承受外力；③压型钢板作为混凝土的模板，为钢筋混凝土的模板结构，压型钢板仅承受混凝土浇注时的外力。组合楼板适用于平台上荷载比较大的情况。

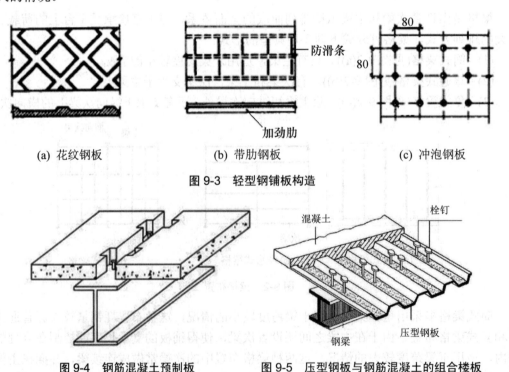

| (a) 花纹钢板 | (b) 带肋钢板 | (c) 冲泡钢板 |

图 9-3　轻型钢铺板构造

图 9-4　钢筋混凝土预制板　　　　图 9-5　压型钢板与钢筋混凝土的组合楼板

轻型钢铺板可分为有肋铺板和无肋铺板，但铺板加劲肋的间距大于 2 倍铺板跨距或仅按构造设置加劲肋时，可按无肋铺板计算。

1. 无肋铺板计算

铺板可按仅承受弯矩的单向受弯板计算，其弯矩 M 、应力 σ 和挠度 ω 计算式为

$$M = \frac{1}{8}ql^2 \tag{9-1}$$

$$\sigma = \frac{6M}{t^2} \leqslant f \tag{9-2}$$

$$\omega = \frac{q_k l^4}{6.4Et^3} \leqslant [\omega] \tag{9-3}$$

式中：q——单位宽度板条上(包括自重)的荷载设计值；

　　　l，t——铺板跨度、厚度；

　　　f——铺板材料强度设计值；

　　　q_k——单位宽度板条上(包括自重)的荷载设计值；

　　　E——铺板材料弹性模量；

　　　$[\omega]$——允许挠度。

2. 有肋铺板计算

有肋铺板按周边简支板计算，均布荷载作用下的周边简支板的最大弯矩和挠度按表 9-1 计算。由四边简支无肋铺板的弯矩 $M_{\max}$ 和挠度 $\omega_{\max}$ 表格计算数值算出铺板最大弯矩 $M_{\max}$，铺板的强度按式(9-1)计算。

当铺板按周边简支板计算时，均布荷载下的加劲肋可按折算荷载下的简支梁计算，其折算荷载为

$$q_1 = ql_1 \tag{9-4}$$

式中：q——铺板荷载(包括自重)；

　　　l_1——加劲肋间距。

加劲肋计算时，考虑有铺板 $30t$ (t 为铺板厚度宽)度参与共同工作。加劲肋和铺板的最大挠度不宜大于其跨度的 1/150。

表 9-1　周边简支无肋铺板的弯矩和挠度计算系数值

简图	b/a	α_1	α_2	α_3	β
	1.0	0.0479	0.0479	0.065	0.0433
	1.1	0.0553	0.0494	0.07	0.0530
	1.2	0.0626	0.0501	0.074	0.0616
	1.3	0.0693	0.0504	0.079	0.0697
	1.4	0.0753	0.0506	0.083	0.0770
	1.5	0.0812	0.0499	0.085	0.0843
	1.6	0.0862	0.0493	0.086	0.0906
	1.7	0.0908	0.0486	0.088	0.0964
	1.8	0.0948	0.0479	0.090	0.1017
	1.9	0.0985	0.0471	0.091	0.1064
	2.0	0.1017	0.0464	0.092	0.1106
	>2.0	0.1250	0.0375	0.095	0.1422

9.3　平台结构设计实例

9.3.1　平台梁设计实例

1. 设计资料

某厂房工作平台焊接钢梁(主梁、次梁)设计，梁上铺 100mm 厚的钢筋混凝土预制板和 30mm 素混凝土面层(混凝土预制板与平台次梁上翼缘板连接牢固)。钢材采用 Q235。工作平台活荷载为 $6\,kN/m^2$。

结构布置如图 9-6 所示。

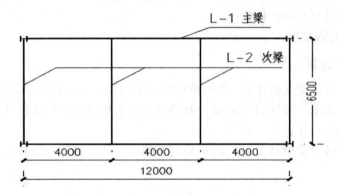

图 9-6　厂房工作平台焊接钢梁结构布置

2. 结构内力计算

1) 次梁内力计算

查《荷载规范》，钢筋混凝土自重按照 $25\,kN/m^3$，素混凝土按照 $24\,kN/m^3$。则平台板和面层的重力标准值为

$$0.1\times25+0.03\times24=3.22\,kN/m^2$$

次梁承受的线荷载标准值为

$$q_k=3.22\times4+6\times4=36.88\,kN/m$$

求荷载组合值，即取由可变荷载效应控制的组合值进行计算，且平台活荷载标准值大于 $4\,kN/m^2$，因此取 $\gamma_Q=1.3$，$\gamma_G=1.2$。

故次梁承受的线荷载设计值为

$$q=1.2\times3.22\times4+1.3\times6\times4=46.65\,(kN/m)$$

最大弯矩设计值为

$$M_{max}=\frac{1}{8}ql^2=\frac{1}{8}\times46.656\times6.5^2=246.402\,(kN\cdot m)$$

支座处的最大剪力设计值为

$$V_{max}=\frac{ql}{2}=\frac{29.16\times7}{2}=102.1(kN)$$

设计要求采用焊接钢梁，则净截面模量为

$$W_x = \frac{M_{max}}{\gamma_x f} = \frac{246.402 \times 10^6}{1.05 \times 215} = 1091481.7 \, (\text{mm}^3) = 1091.5 \, \text{cm}^3$$

(1) 跨中截面选择。

① 梁高。

a. 梁的最小高度：根据附录 3 中附表 3-2 得工作平台次梁挠度容许值 $[\upsilon_T]/l = 1/250$，$[\upsilon_Q]/l = 1/300$

查表得 Q235 钢下

$$h_{min} = \frac{l}{25.1}$$

$$h_{min} = \frac{l}{25.1} = \frac{6500}{25.1} = 258.96 \, (\text{mm})$$

b. 梁的经济高度，即

$$h_e = 2W_x^{0.4} = 2 \times (1091481.7)^{0.4} = 520.3 \, (\text{cm})$$

$$h_e = 7 \cdot \sqrt[3]{W_x} - 300 = 7 \times \sqrt[3]{1091481.7} - 300 = 420.7 \, (\text{mm})$$

$h \geqslant h_{min}$，且 $h \approx h_e$，取次梁腹板高度 450mm。

② 腹板高度为

$$\tau_{max} \geqslant 1.2 \frac{V_{max}}{h_w t_w} = 1.2 \times \frac{151.632 \times 10^3}{450 \times 125} = 3.2 \, (\text{mm})$$

$$t_w = \frac{\sqrt{h_w}}{3.5} = \frac{\sqrt{450}}{3.5} = 6.0 \, (\text{mm})$$

取 $t_w = 6\text{mm}$，故腹板采用 -450×6 的钢板。

③ 翼缘尺寸。

假定梁高为 500mm，需要的净截面模量惯性矩为

$$I_{nx} = W_{nx} \cdot \frac{h}{2} = 1091481.7 \times \frac{500}{2} = 272870425 \, (\text{mm})^4，即 27287.0 \text{cm}^4$$

腹板惯性矩为

$$I_w = t_w \cdot \frac{h_0^3}{12} = 0.6 \times \frac{45^3}{12} = 4556.3 \, (\text{cm}^4)$$

由翼缘板需要的惯性矩为

$$I_t = I_x - I_w \approx 2bt \left(\frac{h_w}{2} \right)^2$$

$$bt = \frac{2(I_x - I_w)}{h_0^2} = \frac{2 \times (27287.0 - 4556.3)}{45^2} = 22.5 \, (\text{cm}^2)$$

需要的翼缘面积为

$$A_1 = \frac{W_x}{h_w} - \frac{1}{6} t_w h_w = \frac{1091481.7}{450} - \frac{1}{6} \times 6 \times 450 = 1975.5 \, (\text{mm}^2)$$

$$b = \left(\frac{1}{3} \sim \frac{1}{5} \right) h = \left(\frac{1}{3} \sim \frac{1}{5} \right) \times 450 = 90 \sim 150 \, (\text{mm})$$

按照构造要求，b 不能小于 180mm，故取 $b = 180$mm，$t = \dfrac{22.5\text{cm}^2}{18\text{cm}} = 1.25$cm，

取 $t = 14$mm

$$A_1 = 180 \times 14 = 2520\text{mm}^2 > 1975.5\text{mm}^2$$

翼缘外伸宽度与其厚度之比为 $\dfrac{87}{14} = 6.2 < 7.0\sqrt{\dfrac{235}{f_y}} = 7.0\sqrt{\dfrac{235}{235}} = 7.0$，满足要求。

可按截面部分发展塑性进行抗弯强度计算。

翼缘选用-180×14 钢板。

截面尺寸如图 9-7 所示。

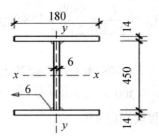

图 9-7　次梁截面尺寸

(2) 跨中截面验算。

截面几何特征如下。

截面惯性矩为

$$I_x = \frac{t_w h_0^3}{12} + 2bt\left[\frac{1}{2}(h_0 + t)\right]^2 = \frac{0.6 \times 45^3}{12} + 2 \times 18 \times 1.4 \times \left[\frac{1}{2}(45 + 1.4)\right]^2 = 31683.55(\text{cm}^4)$$

截面模量为

$$W_x = \frac{I_x}{h/2} = \frac{31683.55}{(45 + 2.8)/2} = 1325.67(\text{cm}^3)$$

截面面积为

$$A = 2bt + t_w h_0 = 2 \times 18 \times 1.4 + 0.6\text{cm} \times 45 = 77.4(\text{cm}^2)$$

梁自重为

$$g_k = A\gamma = 77.4 \times 10^{-4} \times 76.98(\text{kN}/\text{m}^3) = 0.60\text{kN}/\text{m}$$

(式中，76.98kN / m³ 为钢的重力密度)

考虑自重后的最大弯矩设计值为

$$q = 1.2 \times 0.6 + 46.656 = 47.38(\text{kN}/\text{m})$$

$$M_{\max} = \frac{ql^2}{8} = \frac{47.38 \times 6.5^2}{8} = 250.20(\text{kN} \cdot \text{m})$$

① 抗弯强度为

$$\frac{M_{\max}}{\gamma_x W_x} = \frac{250.20 \times 10^6}{1.05 \times 1325.67 \times 10^3 \text{mm}^3} = 179.75\text{N}/\text{mm}^2 < f = 215\text{N}/\text{mm}^2 \quad (\text{满足要求})$$

② 整体稳定。次梁可作为主梁的侧向支撑，而由于次梁上放置楼板，防止其侧向位移。故不需计算整体稳定性。

③　抗剪强度。面积矩为

$$S = S_1 + S_w = 1.4 \times 18 \times \frac{45+1.4}{2} + \frac{45}{2} \times 0.6 \times \frac{45}{4} = 736.5(\text{cm}^3)$$

次梁的最大剪力设计值为

$$V_{\max} = \frac{ql}{2} = \frac{1}{2}(47.38 \times 6.5) = 154.0(\text{kN})$$

截面的最大剪应力为

$$\tau = \frac{V_{\max} S}{I_x t_w} = \frac{154.0 \times 10^3 \times 736.5 \times 10^3}{31683.55 \times 6} = 59.7\text{N}/\text{mm}^2 < f_v = 125\text{N}/\text{mm}^2 \quad \text{(满足要求)}$$

④　刚度。分别计算全部荷载和活荷载标准值作用下的挠度。

查表得：工作平台次梁的挠度容许值为 $[\upsilon_T] = \dfrac{l}{250}$，$[\upsilon_Q] = \dfrac{l}{300}$

全部荷载标准值为

$q_{kT} = 36.88 + 0.60 = 37.48\text{kN}/\text{m}$

$$\frac{\upsilon_T}{l} = \frac{5}{384} \cdot \frac{q_{kT} \cdot l^3}{E \cdot I_x} \frac{5}{384} \cdot \frac{37.48 \times 6500^3}{2.06 \times 10^5 \times 18838.2 \times 316835500} = \frac{1}{487} < \frac{[\upsilon_T]}{l} = \frac{1}{250} \quad \text{(满足要求)}$$

$$\frac{\upsilon_Q}{l} = \frac{1}{487} \times \frac{6 \times 4}{37.48} = \frac{1}{761} < \frac{[\upsilon_Q]}{l} = \frac{1}{300} \quad \text{(满足要求)}$$

(3) 次梁腹板与翼缘板的连接焊缝。

$$h_f \geqslant \frac{VS_1}{1.4 I_x f_f^w} = \frac{154.0 \times 1.4 \times 18 \times \frac{45+1.4}{2} \times 10^6}{1.4 \times 31683.55 \times 10^4 \times 160} = 1.27(\text{mm})$$

$$h_{f\min} = 1.5\sqrt{t_{\max}} = 1.5 \cdot \sqrt{14} = 5.61(\text{mm})$$

$$h_{f\max} = 1.2 t_{\min} = 1.2 \times 6 = 7.2(\text{mm})$$

取：$h_f = 6\text{mm} < h_{f\max} = 7.2(\text{mm})$

2)　主梁内力计算

(1) 跨中截面选择。

假定平台主梁与平台柱铰接连接，次梁传下来的荷载值如下。

标准值为

$$F_k = \frac{q_{kT}l}{2} = \frac{37.48 \times 6.5}{2} = 121.7\text{kN}$$

设计值为

$$F = \frac{ql}{2} = \frac{47.38 \times 6.5}{2} = 154.0\text{kN}$$

主梁的支座反力(不含自重)为

$$R = 1.5F = 1.5 \times 154.0 = 231(\text{kN})$$

最大剪力设计值(不含自重)为

$$V_{\max} = R - \frac{F}{2} = 231 - \frac{154.0}{2} = 154.0\text{kN}$$

最大弯矩设计值(不含自重)为

$$M_{\max} = 154.0 \times 6 - 154.0 \times 2 = 616 \ (kN \cdot m)$$

需要的净截面模量为

$$W_x = \frac{M_x}{\gamma_x f} = \frac{616 \times 10^6}{1.05 \times 215} = 2728682.2 (mm^3) = 2728.7 cm^3$$

① 梁高。

a. 梁的最小高度：根据表主梁容许挠度$[\upsilon_T]/l = 1/400$，按 Q235 钢查表得

$$h_{\min} \geqslant \frac{l}{15.7} = \frac{12000}{15.7} = 764.33 (mm)$$

b. 梁的经济高度为

$$h_e = 2 \cdot W_x^{0.4} = 2 \times (2728682.2)^{0.4} = 750.60 (mm)$$

$$h_e = 7\sqrt[3]{W_x} - 300 = 7 \times \sqrt[3]{2728682.2} - 300 = 678.17 (mm)$$

取腹板高度：$h_w = 800mm$

② 腹板厚度。

$$t_w \geqslant 1.2 \frac{V_{\max}}{h_w f_v} = \frac{1.2 \times 154.0 \times 10^3}{800 \times 125} = 1.848 (mm)$$

$$t_w = \frac{\sqrt{h_w}}{3.5} = \frac{\sqrt{800}}{3.5} = 8.08 (mm) \qquad 取 \quad t_w = 8mm$$

故腹板采用-800×8的钢板。

③ 翼缘尺寸。

$$A_1 = \frac{W_x}{h_w} - \frac{t_w h_w}{6} = \frac{2728682.2}{800} - \frac{8 \times 800}{6} = 2344.2 (mm^2)$$

$$b = \left(\frac{1}{3} \sim \frac{1}{5}\right) h = \left(\frac{1}{3} \sim \frac{1}{5}\right) \times 832 = 166.4 \sim 277.3 (mm)$$

去翼缘宽度 200mm，厚度 16mm。

$$A_1 = 200 \times 16 = 3200mm^2 > 2344.2mm^2$$

截面尺寸如图 9-8 所示。

翼缘外伸宽度与其厚度之比为

$$\frac{96}{16} = 6 < 7.0\sqrt{235/f_y} = 7.0$$

可按截面部分发展塑性进行抗弯强度计算。

(2) 跨中截面验算。

截面面积为

$$A = 2 \times 20 \times 1.6 + 80 \times 0.8 = 128 (cm^2)$$

梁自重为

$$g_k = 1.1 \times 128 \times 10^{-4} \times 76.98 = 1.08 (kN/m)$$

(式中 1.1 为考虑加劲肋等的重力而采用的构造系数，$76.98 \ kN/m^3$ 为钢的重度)

加上自重后的支座反力设计值为

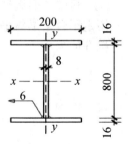

图 9-8　主梁截面尺寸

$$R = 231 + \frac{1}{2} \times 1.2 \times 1.08 \times 12 = 238.78(\text{kN})(支座处)$$

$$V_{\max} = 154.0 + \frac{1}{2} \times 1.2 \times 1.08 \times 12 = 1161.78(\text{kN})(跨中处)$$

$$M_{\max} = 2616 + \frac{1}{8} \times 1.2 \times 1.08 \times 12^2 = 63.9.33(\text{kN} \cdot \text{m})$$

截面的几何特性为

$$I_x = \frac{t_w h_w^3}{12} + 2bt\left[\frac{1}{2}(h_w + t)\right]^2 = \frac{8 \times 800^3}{12} + 2 \times 200 \times 16 \times \left[\frac{1}{2} \times (800 + 16)\right]^2$$

$$= 1406702933(\text{mm}^4) = 140670.3\text{cm}^4$$

$$W_x = \frac{I_x}{h/2} = \frac{140670.3}{(80 + 3.2)/2} = 3381.5(\text{cm}^3)$$

① 抗弯强度为

$$\frac{M_x}{\gamma_x W_x} = \frac{639.33 \times 10^6}{1.05 \times 3381.5 \times 10^3} = 180.1\text{N}/\text{mm}^2 < f = 215\text{N}/\text{mm}^2 \quad (满足要求)$$

② 整体稳定性。次梁可作为主梁的侧向支承，因此 $l_1 = 400\text{cm}$，$l_1/b = 400/20 = 20$，大于规定值，不需计算整体稳定性的最大 $l_1/b = 16$，故需验算端部截面梁段的整体稳定性。该梁段属于梁端有弯矩但跨中无荷载作用情况，即

$$\beta_b = 1.75 - 1.05\left(\frac{M_2}{M_1}\right) + 0.3\left(\frac{M_2}{M_1}\right)^2$$

$M_2 = 0$故$\beta_b = 1.75$（M_2为支座处弯矩）

$$I_y = \frac{2 \times 1.6 \times 20^3}{12} = 2133.33(\text{cm}^4)$$

$$A = 128\text{cm}^2$$

$$i_y = \sqrt{\frac{2133.33}{128}} = 4.08\text{cm} \qquad \lambda_y = \frac{400}{4.08} = 98.0 \qquad \eta_b = 0(双轴对称截面)$$

$$\varphi_b = \beta_b \cdot \frac{4320}{\lambda_y^2} \cdot \frac{Ah}{W_x}\left[\sqrt{1 + \left(\frac{\lambda_y t}{4.4h}\right)^2} + \eta_b\right]\frac{235}{f_y}$$

$$= 1.75 \times \frac{4320}{98^2} \times \frac{128 \times 83.2}{3381.5} \times \left[\sqrt{1 + \left(\frac{98 \times 1.6}{4.4 \times 83.2}\right)^2} + 0\right] \times \frac{235}{235}$$

$$= 2.70 > 0.6$$

$$\varphi_b' = 1.07 - \frac{0.282}{\varphi_b} = 1.07 - \frac{0.282}{2.7} = 0.97$$

整体稳定性验算，即

$$\frac{M}{\varphi_b W_x} = \frac{639.33 \times 10^6}{0.97 \times 3381.5 \times 10^3} = 195.8\text{N}/\text{mm}^2 < 215\text{N}/\text{mm}^2 \quad (满足要求)$$

③ 抗剪强度为

$$[\upsilon_T] = l/400$$

$$[\upsilon_T] = l/400 \text{(满足要求)}$$

④ 刚度。分别计算全部荷载标准值和可变荷载标准值作用产生的挠度。

查表，$[\upsilon_T] = l/400$ ，$[\upsilon_Q] = l/500$

全部荷载标准值产生的弯矩为

$$M_{kT} = 121.7 \times 6 - 121.7 \times 2 + \frac{1}{8} \times 1.08 \times 12^2 = 506.24 \text{(kN·m)}$$

活荷载标准值产生的弯矩为

$$M_{kQ} = \frac{1}{2}\left(6 \times 4 \times 6.5 \times 6 - 6 \times 4 \times 6.5 \times 2\right) = 312 \text{(kN·m)}$$

$$\frac{\upsilon_T}{l} = \frac{M_{kT} \cdot l}{10E \cdot I_x} = \frac{506.24 \times 10^6 \times 12 \times 10^3}{10 \times 2.06 \times 10^5 \times 1406702933} = \frac{1}{477} < \frac{[\upsilon_T]}{l} = \frac{1}{400} \text{(满足要求)}$$

$$\frac{\upsilon_Q}{l} = \frac{1}{477} \cdot \frac{312}{506.24} = \frac{1}{774} < \frac{[\upsilon_Q]}{l} = \frac{1}{500} \quad \text{(满足要求)}$$

⑤ 翼缘与腹板的连接焊缝。

$$h_f \geqslant \frac{VS_1}{1.4I_x f_f^w} = \frac{161.78 \times 1.6 \times 20 \times 40.8 \times 10^6}{1.4 \times 1406702933 \times 160} = 0.67 \text{mm}$$

$$h_{f\min} = 1.5\sqrt{t_{\max}} = 1.5 \times \sqrt{16} = 6 \text{(mm)}$$

$$h_{f\max} = 1.2 t_{\min} = 1.2 \times 8 = 9.6 \text{(mm)}$$

取 $h_f = 6\text{mm} < h_{f\max} = 9.6\text{mm}$

3) 主梁腹板加劲肋设计

(1) 加劲肋布置。

已知梁截面尺寸：腹板 800mm×8mm，翼缘 200mm×16mm。

$$\frac{h_w}{t_w} = \frac{800}{8} = 100 < 150\sqrt{\frac{235}{f_y}} = 150\sqrt{\frac{235}{235}} = 150$$

$$> 80\sqrt{\frac{235}{f_y}} = 80\sqrt{\frac{235}{235}} = 80$$

故仅需配置横向加劲肋。取加劲肋等间距布置，$a = 2000\text{mm} > 0.5h_w = 0.5 \times 800 = 400\text{mm}$ ，且不大于 $2.5h_0 = 2.5 \times 800 = 2000\text{mm}$ ，即将腹板分成 6 个区格。位于次梁下的横向加劲肋可兼作支承加劲肋。

(2) 各区格腹板的局部稳定计算。

① 各区格的平均弯矩(按各区格中央的弯矩)为

$$\lambda_b = \frac{2h_c/t_w}{177} \cdot \sqrt{\frac{f_y}{235}} = \frac{800/8}{177} \times \sqrt{\frac{235}{235}} = 0.56 < 0.85$$

$$M_{\text{III}} = 161.78 \times 5 - \frac{1}{2} \times 1.2 \times 1.08 \times 5^2 - 154 \times 1 = 638.7 \text{(kN·m)}$$

② 各区格平均弯矩产生的腹板计算高度边缘的弯曲压应力为

$$\sigma_{\rm I} = \frac{M_{\rm I} \cdot h_{\rm w}}{W_x \cdot h} = \frac{161.132 \times 10^6 \times 800}{3381.5 \times 10^3 \times 832} = 45.82({\rm N/mm^2})$$

$$\sigma_{\rm II} = \frac{M_{\rm II} \cdot h_{\rm w}}{W_x \cdot h} = \frac{479.5 \times 10^6 \times 800}{381.5 \times 10^3 \times 832} = 136.35({\rm N/mm^2})$$

$$\sigma_{\rm III} = \frac{M_{\rm III} \cdot h_{\rm w}}{W_x \cdot h} = \frac{638.7 \times 10^6 \times 800}{381.5 \times 10^3 \times 832} = 181.62({\rm N/mm^2})$$

③　各区格的临界弯曲压应力。因梁的上翼缘连有次梁，可约束受压翼缘扭转，故用于受弯计算的腹板通用高厚比按下式计算：

$$\lambda_{\rm b} = \frac{2h_{\rm c}/t_{\rm w}}{177} \cdot \sqrt{\frac{f_{\rm y}}{235}} = \frac{800/8}{177} \times \sqrt{\frac{235}{235}} = 0.56 < 0.85$$

故　$\sigma_{\rm cr} = f = 215{\rm N/mm^2}$

④　各区格的平均剪力(按各区格中央剪力)为

$V_{\rm I} = 161.78 - 1.2 \times 1.08 \times 1 = 160.484({\rm kN})$

$V_{\rm II} = 161.78 - 1.2 \times 1.08 \times 3 = 157.892({\rm kN})$

$V_{\rm III} = 161.78 - 1.2 \times 1.08 \times 5 - 154 = 1.3({\rm kN})$

计算内力结果见图 9-9。

⑤　各区格平均剪力产生的腹板平均剪应力为

$$\tau_{\rm I} = \frac{V_{\rm I}}{h_{\rm w}t_{\rm w}} = \frac{160.484 \times 10^3}{800 \times 8} = 35.67({\rm N/mm^2})$$

$$\tau_{\rm II} = \frac{V_{\rm II}}{h_{\rm w}t_{\rm w}} = \frac{157.892 \times 10^3}{800 \times 8} = 24.671({\rm N/mm^2})$$

$$\tau_{\rm III} = \frac{V_{\rm III}}{h_{\rm w}t_{\rm w}} = \frac{1.3 \times 10^3}{800 \times 8} = 0.203({\rm N/mm^2})$$

⑥　各区格的临界剪应力用于抗剪计算的腹板通用高厚比为

$$\frac{a}{h} = \frac{2000}{800} = 2.5 > 1.0$$

故

$$\lambda_{\rm s} = \frac{h_{\rm w}/t_{\rm w}}{41 \cdot \sqrt{5.34+4(h_{\rm w}/a)^2}} \cdot \sqrt{\frac{f_{\rm y}}{235}} = \frac{800/8}{41 \times \sqrt{5.34 + 4 \times (800/2000)^2}} \times \sqrt{\frac{235}{235}}$$

$= 0.997 > 0.8$ 但 < 1.2

$$\tau_{\rm cr} = f_{\rm v}\left[1 - 0.59(\lambda_{\rm s} - 0.8)\right] = 125 \times \left[1 - 0.59 \times (0.997 - 0.8)\right] = 110.4({\rm N/mm^2})$$

⑦　各区格的局部稳定计算。

区格 I 为

$$\left(\frac{\sigma_{\rm I}}{\sigma_{\rm cr}}\right)^2 + \left(\frac{\tau_{\rm I}}{\tau_{\rm cr}}\right)^2 = \left(\frac{45.82}{215}\right)^2 + \left(\frac{25.076}{1110.4}\right)^2 = 0.10 < 1 \qquad (满足要求)$$

区格 II 为

$$\left(\frac{\sigma_{\rm II}}{\sigma_{\rm cr}}\right)^2 + \left(\frac{\tau_{\rm II}}{\tau_{\rm cr}}\right)^2 = \left(\frac{136.25}{215}\right)^2 + \left(\frac{24.671}{110.4}\right)^2 = 0.45 < 1 \qquad (满足要求)$$

区格 III 为

$$\left(\frac{\sigma_{\text{III}}}{\sigma_{\text{cr}}}\right)^2 + \left(\frac{\tau_{\text{III}}}{\tau_{\text{cr}}}\right)^2 = \left(\frac{1181.6}{215}\right)^2 + \left(\frac{0.203}{110.4}\right)^2 = 0.71 < 1 \qquad (满足要求)$$

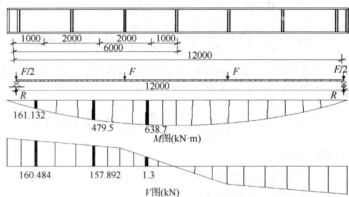

图 9-9　主梁区格内力图

(3) 横向加劲肋截面尺寸。

本设计部分横向加劲肋还兼作承受次梁集中荷载的支承加劲肋，但该荷载不太大，故按照刚度条件选择截面，即

$$b_s = \frac{h_w}{30} + 40 = \frac{800}{30} + 40 = 66.67(\text{mm})，取：90mm$$

$$t_s = \frac{b_s}{15} = \frac{90}{15} = 6(\text{mm})，取：8mm$$

选用-90×8，见图 9-10。

横向加劲肋焊缝按构造决定：

$$h_{\text{f min}} = 1.5\sqrt{t_{\text{max}}} = 1.5 \times \sqrt{8} = 4.2(\text{mm})$$

$$h_{\text{f max}} = 1.2 t_{\text{min}} = 1.2 \times 6 = 7.2(\text{mm})$$

取 $h_{\text{f}} = 5$mm

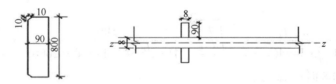

图 9-10　腹板加劲肋的尺寸及与腹板的连接

(4) 端部支承加劲肋设计。

支承加劲肋形式如图 9-11 所示，尺寸为 $2\text{-}12 \times 95 \times 800$。

① 腹板平面外的整体稳定。

按支承加劲肋和加劲肋两侧腹板(一侧至端部，另一侧为 $15t_{\text{w}} \cdot \sqrt{\dfrac{235}{f_{\text{y}}}} = 15 \times 8\sqrt{\dfrac{235}{235}} = 120\text{mm}$)组成的十字形截面轴心压杆计算为

$$A = 2 \times 8.5 \times 1.2 + (5 + 1.2 + 12) \times 0.8 = 37.36(\text{cm}^2)$$

$$I_z = \frac{1.2 \times 17.8^3}{12} = 776.24(\text{cm}^4) \qquad i_z = \sqrt{\frac{I_z}{A}} = \sqrt{\frac{564}{35}} = 4.56(\text{cm})$$

$$\lambda = \frac{h_w}{i_z} = \frac{80}{4.56} = 17.55$$

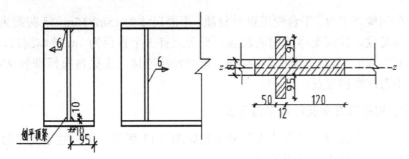

图 9-11　主梁端部支承加劲肋

查附表得：$\varphi = 0.977$ (十字形截面按 b 类截面)

$$\frac{R}{\varphi A} = \frac{238.78 \times 10^3}{0.977 \times 37.36 \times 10^2} = 65.42(\text{N}/\text{mm}^2) < f = 215\text{N}/\text{mm}^2 \quad (\text{满足要求})$$

② 端面承压强度为

$$\sigma_{ce} = \frac{R}{A_{ce}} = \frac{238.78 \times 10^3}{2 \times (95-10) \times 12} = 117.05(\text{N}/\text{mm}^2) < f_{ce} = 325\text{N}/\text{mm}^2 \quad (\text{满足要求})$$

③ 支撑加劲肋与腹板的连接焊缝为

$$h_f = 6\text{mm} > h_{f\min} = 1.5 \cdot \sqrt{t_{\max}} = 1.5 \times \sqrt{12} = 5.2(\text{mm})$$

$$< h_{f\max} = 1.2 \cdot t_{\min} = 1.2 \times 8 = 9.6(\text{mm})$$

$$\tau_f = \frac{N}{4 \times 0.7 h_f \cdot l_w} = \frac{238.78 \times 10^3}{4 \times 0.7 \times 6 \times (800 - 2 \times 40 - 2 \times 6)} = 20.7(\text{N}/\text{mm}^2) < f_f^w = 160\text{N}/\text{mm}^2$$

(满足要求)

④ 次梁与加劲肋的连接(螺栓连接)。考虑到连接并非理想连接，会有一定的弯矩作用，故计算时将次梁反力增加 20%～30% 。

次梁传递下来的荷载设计值为

$$F = 154.0\text{kN}$$

则梁反力为

$$P = F(1 + 25\%) = 154.0 \times (1 + 25\%) = 192.5(\text{kN})$$

试着选用 4.8 级 M20 普通螺栓，则

$$N_v^b = n_v \cdot \frac{\pi d^2}{4} \cdot f_v^b = 1 \times \frac{\pi \times 20^2}{4} \times 140 = 43.96(\text{kN})$$

$$N_c^b = d \sum t \cdot f_c^b = 20 \times 6 \times 305 = 36.6(\text{kN})$$

取 $N_{\min} = N_c^b = 36.6\text{kN}$

则所需螺栓数目为

$$n = \frac{P}{N_{\min}} = 36.6 = 5.25 ，取 n=6 个，见图 9-12。$$

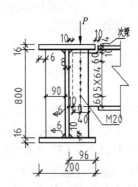

图 9-12　主梁与次梁连接处螺栓连接

9.3.2 平台柱设计实例

1. 平台尺寸

某冶炼车间检修平台，平台使用钢材材质，平面尺寸为 15m×15m，活荷载为 32 kN / m。不考虑水平向荷载。柱间支撑按构造设置。平台上有 3 个直径为 1m 检修洞口，位置不限。平台顶面标高为 6m，平台下净空至少 4m，梁柱铰接连接，主梁自重标准值 920.85 N / m。平台平面内不考虑楼梯设置。

2. 确定结构布置方案及结构布置形式

依题意并经综合比较，平台结构平面布置如图 9-13 所示。平台柱承受平台主梁传来的荷载，平台柱承受平台主梁采用铰接。

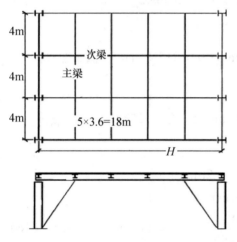
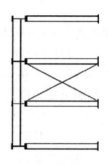

图 9-13　平台结构布置

3. 平台柱承受的轴心力的设计值

假定平台主梁与平台柱铰接连接，平台主梁 ZL_1 可看作是两端支承在平台柱上的简支梁，承受着平台次梁传来的荷载。

恒荷载标准值为

$$F = (0.73455 \times 1000 + 20.5 \times 9.8) \times 5 = 4.677 \, (\text{kN})$$

活荷载标准值为

$$F = 4.5 \times 5 = 22.5 \, (\text{kN})$$

平台柱承受平台主梁传来的荷载，平台柱承受平台主梁采用铰接。

平台柱承受的轴心力的设计值为

$$N = 5 \times (1.2 \times 4.677 + 1.4 \times 22.5) + 920.85 \times 1.2 \times 7.5 = 193.85 \, (\text{kN})$$

1) 确定柱截面尺寸

由于作用支柱的压力很小，假定柱的长细比为 100，按 b 类截面查轴心受压稳定系数 $\varphi = 0.555$。

平台柱所需的截面面积为

$A = N/\varphi f = 193850/(0.555 \times 215 \times 106) = 1620 \, (\text{mm}^2)$

取柱按结构要求为 HW175×175×7.5×11,其截面特征值为

$t_w = 7.5\text{mm}$, $t = 11\text{mm}$,

重量 40.3 kg/m, $I_x = 2900 \, \text{cm}^4$, $I_y = 984 \, \text{cm}^4$, $i_x = 7.5 \, \text{cm}$, $i_y = 4.37 \, \text{cm}$。

2) 验算平台柱截面的承载力、整体稳定和刚度

因柱截面没有削弱,若柱整体稳定能满足要求,则柱的承载力也能满足要求。因此,只需验算柱的整体稳定。

平台高 6000mm,两端铰接,平台内与平台外的计算长度均为 6000mm,则 $l_{0x} = l_{0y} = 6000\text{mm}$, $\lambda_{0x} = l_x/i_x = 6000/75 = 80 < [\lambda] = 150$, $\lambda_{0y} = l_y/i_y = 6000/43.7 = 137.3 < [\lambda] = 150$。

柱刚度能满足要求。

按 b 类截面查得轴心受压稳定系数:$\varphi_{\min} = \varphi_{oy} = 0.408$。

平台柱自重标准值为

$$N = 7850 \times 9.8 \times 0.005134 \times 6 \times 1.2 = 2.84 \, (\text{kN})$$

这里的系数 1.2 为考虑焊缝及柱头、柱脚等引起的自重增加。

柱承受的轴心力的设计值为

$$N = 1.9385 \times 10^5 + 1.2 \times 2.84 \times 10^3 = 197258\text{N}$$

于是有 $\sigma = N/(\varphi_{\min} A) = 197285/(0.408 \times 5143) = 94 \, (\text{N/mm}^2) < 215 \, \text{N/mm}^2$

柱整体稳定能满足要求。

3) 平台柱柱脚设计

平台柱承受的轴心力较小,柱脚采用平板式钢接,构造形式如图 9-13 所示。基础混凝土强度等级为 C20,抗压强设计值 $f_c = 9.6 \, \text{N/mm}^2$。

底板需要面积为

$A = N/f_c = 197258/9.6 = 20547.71 \, (\text{mm}^2)$

按构造要求,考虑底板加劲,取柱底板尺寸为−200×200×20,底板净面积为 $200 \times 200 - 4 \times \pi d^2/4 = 38744\text{mm}^2 > A = 20547.71\text{mm}^2$,即取的底板尺寸满足要求。

9.3.3 柱间支撑设计

平台柱多为轴心受压柱,柱脚为铰接,梁、柱节点也多用铰接连接,因而柱间必须布置柱间支撑,以保证整个平台的整体稳定。在平台结构中,平台铺板与梁一般是牢固连接,然而还是必须布置柱间支撑,以增加整个平台刚性。柱间支撑常布置在柱列中间,纵向和横向都有。

1. 柱间支撑的作用

在钢结构厂房的结构体系中,钢柱、钢梁、吊车梁作为直接受力的基本构件(俗称主钢构)固然重要,但是柱间支撑同样不能忽视。柱间支撑起着承担和传递水平力(吊车纵向刹车力、

风荷载、地震作用等)、提高结构的整体刚度、保证结构的整体稳定、减小钢柱面外稳定应力、保证结构安装时的稳定等重要作用。地震时，合理的支撑刚度能够避免震害的加重。

2. 柱间支撑的布置要求

在建筑物的每个温度区段或分期建设的区段中应设置独立的支撑体系。对于钢结构厂房，一般每个柱列均布置柱间支撑。其中无吊车的轻钢厂房支撑间距不大于 45m，有吊车的钢结构厂房柱间支撑间距不大于 60m。在温度区段内柱间支撑宜对称布置。具体项目中设计人员应根据建筑要求合理布置柱间支撑。一般在两端第一开间均设置支撑，因使用功能要求第一开间无法设置时可适当调整，但须设置相应的刚性撑杆传递荷载给柱间支撑；同时注意柱间支撑尽量避开厂房大门。

3. 柱间支撑的形式

柱间支撑的形式应根据厂房的结构类型和使用要求来确定。一般来说，无吊车的轻钢厂房可采用带张紧装置的十字交叉的圆钢作为柱间支撑，角度在 30°～60° 之间。厂房高度不大时为单层支撑，高度比跨度大 50%以上时宜采用双层支撑；对于有吊车的厂房，应采用刚性支撑：支撑构件为型钢的交叉支撑，一般分为两层(吊车梁以下为下柱支撑，吊车梁以上为上柱支撑)。上柱支撑一般采用单片支撑，下柱支撑一般采用双片支撑。对于温度区段较长的厂房，在温度区段端部吊车梁以下不宜设在刚性柱间支撑。对于应使用功能需要无法设交叉柱间支撑的，可设置八字支撑、门式支撑或纵向钢架。

4. 柱间支撑的计算

在有些工程设计中，部分设计人员往往只注重钢柱、钢梁等构件的计算，忽视柱间支撑的受力分析和计算，只是凭感觉选用支撑构件的规格，或是直接套用其他工程的截面规格。如此设计可能会给结构留下安全隐患。其实柱间支撑同样需要通过计算确定构件截面，具体计算步骤如下(见图 9-14)。首先确定柱间支撑所承受的荷载，柱间支撑需承受山墙面传来的风荷载(大小为该柱列两侧跨度和的一半范围内风荷载)、吊车的纵向刹车力(大小为该柱列上参与组合的吊车刹车力的组合值)、地震作用。其次需确定计算简图，对于柔性交叉支撑，交叉圆钢只承受拉力，压力由柱顶刚性系杆承受，然后有支撑圆钢受拉传给柱脚。对于刚性支撑，可以按支撑受压、受拉两种方式进行计算。当吊车吨位较大时，考虑控制结构变形量，宜按受压构件进行计算。除纵向钢架式支撑外，支撑、系杆与钢柱的连接均按铰接考虑。最后进行结构计算，根据求出的荷载和计算简图进行强度、稳定应力的计算，同时控制构件长细比及结构在荷载作用下的变形量应满足规范要求。计算满足后绘制相应图纸。

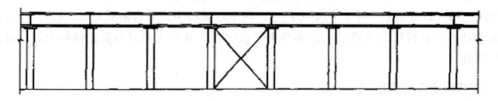

图 9-14　平台柱的柱间支撑

本 章 小 结

本章主要通过例题学习平台结构布置及结构形式，平台梁板柱网及柱间支撑的设计方法，以及梁板柱与其他相关构件的连接设计，这也是平台结构设计的重难点。

习　　题

一、单项选择题

1. 梁的支承加劲肋应设置在(　　)。
   A. 弯曲应力大的区段
   B. 上翼缘或下翼缘有固定集中力作用处
   C. 剪应力较大的区段
   D. 有吊车轮的部位

2. 钢结构梁计算公式 $\sigma = \dfrac{M_x}{\gamma_x W_{nx}}$ 中 γ_x (　　)。

   A. 与材料强度有关
   B. 是极限弯矩与边缘屈服弯矩之比
   C. 表示截面部分进入塑性
   D. 与梁所受荷载有关

3. 对于双轴对称截面(十字形截面除外)的理想轴心，受压构件可能产生(　　)。
   A. 弯曲屈曲
   B. 弯扭屈曲
   C. 扭转屈曲
   D. 弯剪屈曲

4. 下列钢结构计算所取荷载设计值和标准值，(　　)为正确的。

Ⅰ. 计算结构或构件的强度、稳定性以及连接的强度时，应采用荷载设计值；

Ⅱ. 计算结构或构件的强度、稳定性以及连接的强度时，应采用荷载标准值；

Ⅲ. 计算疲劳和正常使用极限状态的变形时，应采用荷载设计值；

Ⅳ. 计算疲劳和正常使用极限状态的变形时，应采用荷载标准值。

   A. Ⅰ、Ⅲ
   B. Ⅱ、Ⅲ
   C. Ⅰ、Ⅳ
   D. Ⅱ、Ⅳ

5. 拉弯构件和压弯构件的强度计算公式(　　)。
   A. 相同
   B. 不相同
   C. 对称截面相同，不对称截面不同
   D. 弯矩大时相同，弯矩小时不同

二、简答题

说明常见平台钢结构构成、传力路线及受力特点。

第 10 章　钢框架结构

【学习要点及目标】

◆ 掌握钢框架结构的概念及组成。

◆ 掌握钢框架结构的构件及节点设计。

◆ 熟练识读钢框架结构施工图。

【核心概念】

钢框架　结构设计　识图

【引导案例】

钢框架是由钢梁和钢柱组成的能承受垂直和水平荷载的结构。用于大跨度或高层或荷载较重的工业与民用建筑。民用高层建筑和大跨度厅堂等的钢框架，其杆件可为实腹式，也可为构架式。国外的高层建筑采用钢框架较多，工期较长及构件截面和重量较大，如美国纽约帝国大厦和芝加哥西尔斯大厦。

工业用的跨度较大和重型桥式吊车的厂房，刚架的钢柱为单阶柱和双阶柱，以支承吊车梁。吊车轨道以上部分的柱多为实腹式截面，以下部分为格构式截面。格构式下柱也可为钢筋混凝土格构式柱。横梁一般用钢桁架与钢上阶柱作成刚性连接。

钢框架一般布置在建筑物的横向，以承受屋面或楼板的恒荷载、雪荷载、使用荷载及水平方向的风荷载及地震作用等。纵向之间以系梁、纵向支撑吊车梁或墙板与框架柱连接，以承受纵向的水平风荷载和地震荷载并保证柱的纵向稳定。钢杆件的连接一般用焊接，也可用高强螺栓或铆接。

框架杆件截面除满足材料的强度和稳定性外，尚需保证框架的整体刚度以满足设计的使用要求。

本章介绍了钢框架结构的布置、构件设计、节点设计及楼盖设计等内容，并通过识读某钢框架工程达到学习目标。

10.1　钢框架结构的基本概念

10.1.1　钢框架结构的定义

钢框架结构主要由楼板、钢梁、钢柱及基础等承重构件组成。由框架梁、柱与基础形成平面框架，作为主要的承重结构，梁柱常常采用刚接，各平面框架再由连系梁连系起来，形成一个空间结构体系。在高度不大的多高层建筑中，框架结构是一种较好的结构体系，广泛用于办公、住宅、商店、医院、旅馆、学校及多层工业厂房。

10.1.2　钢框架结构的特点

(1) 抗震性能良好。由于钢材延性好，既能削弱地震反应，又使得钢结构具有抵抗强烈地震的变形能力。

(2) 自重轻。可以显著减轻结构传至基础的竖向荷载和地震作用。

(3) 充分利用建筑空间。由于柱截面较小，可增加建筑使用面积 2%～4%。

(4) 施工周期短，建造速度快。

(5) 形成较大空间，平面布置灵活，结构各部分刚度较均匀，构造简单，易于施工。

(6) 侧向刚度小，在水平荷载作用下二阶效应不可忽视；由于地震时侧向位移较大，引起非结构性构件的破坏。

(7) 耐火性能差。钢结构中的梁、柱、支撑及作承重用的压型钢板等要求用喷涂防火涂料。

(8) 由于地震的随机性和实际工程的复杂性，很难避免节点的开裂、支撑的压曲等。

10.1.3　钢框架结构体系的适用高度及建筑高宽比

《高层民用建筑钢结构技术规程》(JGJ 99—2015)对非抗震设防和设防烈度为 6～9 度的乙类和丙类高层建筑，按照所采用的结构类型和结构体系，规定了表 10-1 所列的适用高度。

表 10-1　钢结构和钢-混凝土结构的适用高度(m)

结构类型	结构体系	非抗震设防	抗震设防烈度		
			6、7	8	9
框架结构	框架	110	110	90	70
	框架支撑(包括剪力墙板)	260	220	200	140
	各类筒体	360	300	260	180
钢混结构	钢框架-混凝土剪力墙	220	180	100	70
	钢框架-混凝土内筒				
	钢框筒-混凝土内筒	220	180	150	70

《高层民用建筑钢结构技术规程》(JGJ 99—2015)第 3.1.5 条规定了钢结构高宽比限值 (见表 10-2)。

表 10-2　高宽比限值

结构种类	结构体系	非抗震设防	抗震设防烈度		
			6、7	8	9
钢结构	框架	5	5	4	3
	框架支撑剪力墙板	6	6	5	4
	各类筒体	6.5	6	5	5
有混凝土剪力墙的钢结构	钢框架混凝土剪力墙	5	5	4	4
	钢框架混凝土核心筒	5	5	4	4
	钢框架混凝土核心筒	6	5	5	4

注：当塔形建筑的底部有大底盘时，高宽比采用的高度应从大底盘的顶部算起。

10.2　钢框架结构的布置

1. 钢框架结构的布置方案

对于钢框架结构，随着层数及高度的增加，除承受较大的竖向荷载外，抗侧力(风荷载、地震作用等)要求也成为框架的主要承载特点，其基本结构体系一般可分为 3 种，即柱-支撑体系、纯框架体系、框架-支撑体系。其中框架-支撑体系在实际工程中应用较多，图 10-1、图 10-2 所示体系形式是在建筑的横向用纯钢框架，在纵向布置适当数量的竖向柱间支撑，用来加强纵向刚度，以减少框架的用钢量，并且由于横向纯钢框架无柱间支撑，便于生产、人流、物流等功能的安排。

钢结构的布置要根据体系特征、荷载分布情况及建筑性质等综合考虑。一般要保证刚度均匀，力学模型清晰。尽可能限制大荷载或者移动荷载的影响范围，使其以最直接的线路传递到基础，柱间抗侧支撑的分布应均匀，其形心要尽量靠近侧向力的作用线；否则考虑结构的扭转。结构的抗侧应有多道防线，如有支撑框架结构，柱子至少应能单独承受 1/4 的总水平力。

框架结构的楼层平面次梁的布置，有时可以调整其荷载传递方向以满足不同的要求。通常为了减小截面沿短向布置次梁，但是这会使主梁截面加大，减少了楼层净高，顶层边柱有时也会吃不消，此时把次梁支撑在较短的主梁上可以牺牲次梁保住主梁和柱子。

2. 钢框架结构中的支撑

当多层和高层钢结构房屋采用框架结构时，为了提高结构的抗侧能力，在柱间设置柱间支撑，支撑的形式有以下两种。

(1) 中心支撑。支撑与框架梁柱节点的中心相交，如图 10-1 所示。

(2) 偏心支撑。支撑底部与梁柱节点的中心点相交，上部偏离梁柱节点与框架梁相交，如图 10-2 所示。

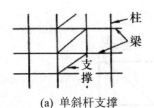
(a) 单斜杆支撑

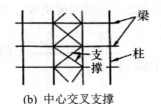
(b) 中心交叉支撑

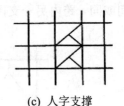
(c) 人字支撑

图 10-1　中心支撑示意图

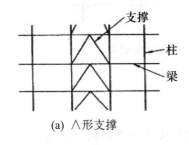
(a) ∧形支撑

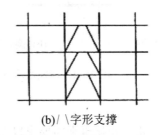
(b) /＼字形支撑

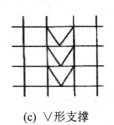
(c) ∨形支撑

图 10-2　偏心支撑示意图

3. 钢框架结构类型、适用范围及基本要求

1)　纯框架结构

不超过 12 层的钢结构房屋可采用框架结构，两个主轴方向梁、柱应刚接形成框架。

2)　框架-支撑结构

适用于 12 层以下及超过 12 层的钢结构房屋。采用框架-支撑结构时，应符合下列规定。

(1) 设置支撑的框架(简称框架-支撑体系，见图 10-3)，在两个方向都应布置且均宜基本对称，支撑框架之间楼盖的长宽比不宜大于 3。

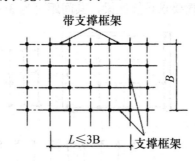

图 10-3　框架-支撑体系平面布置示意图

(2) 不超过 12 层的钢结构宜采用中心支撑，有条件时也可采用偏心支撑等消能支撑；超过 12 层的钢结构，抗震设防 8、9 度时宜采用偏心支撑框架，当已采用偏心支撑框架时，顶层可采用中心支撑。

(3) 中心支撑框架宜采用交叉支撑，也可采用人字支撑或单斜杆支撑，不宜采用 K 形支撑，如图 10-4 所示，支撑的轴线应交汇于梁柱构件轴线的交点，确有困难时偏离中心不应超过支撑杆件宽度，并应计入由此产生的附加弯矩。

(4) 偏心支撑框架的每根支撑应至少有一端与框架梁连接，并在支撑与梁交点和柱之间或同一跨内另一支撑与梁交点之间形成消能梁段，如图 10-4 所示。

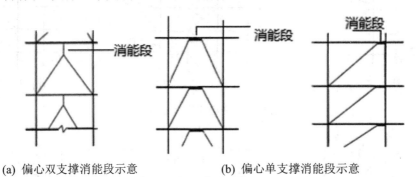

(a) 偏心双支撑消能段示意   (b) 偏心单支撑消能段示意

图 10-4   消能段示意

4. 框架柱网布置

柱网布置要满足生产工艺要求和建筑平面要求以及使结构受力合理和方便施工 4 个方面考虑。一般将柱子设在建筑纵、横轴线的交叉点上，以减少柱网对建筑使用功能的影响。柱网还与梁跨度有关，柱网尺寸大，可以获得较大空间，但会加大梁柱截面尺寸，应结合建筑需要和结构造价综合考虑。柱网布置时，应考虑到使结构在竖向荷载作用下内力分布均匀合理，各构件材料强度均能充分利用。同时还应尽量做到方便和加快施工进度，降低工程造价。

方形柱网和矩形柱网是多高层框架结构常用的基本柱网，其柱距宜采用 6～9 m。当柱网确定后，梁格即可自然地按柱网分格来布置，如图 10-5 所示。框架的主梁应按框架方向布置于框架柱间并与柱刚接。

一般需在主梁间按楼板受载要求设置次梁，其间距可为 3～4m。

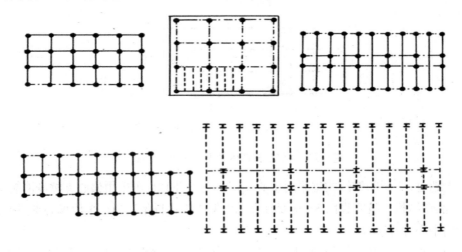

图 10-5   钢框架结构的柱网布置

10.3　钢框架结构的构件

10.3.1　构件截面

(1) 多层钢框架多为双向设置，故柱截面的强、弱轴方向宜按整个框架体系的刚度要求来确定。

框架柱截面可采用 H 形、箱形、十字形、圆形等，如图 10-6 所示。对于多层钢框架，柱轮廓外边尺寸不超过 800mm。

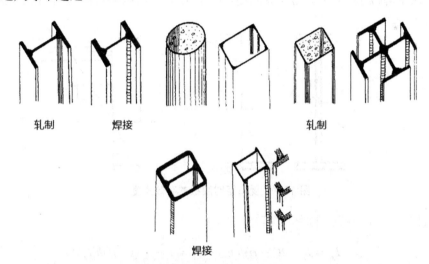

图 10-6　框架柱常用截面

(2) 框架梁或仅承受重力荷载的梁，其受力状态为单向受弯。

通常采用双轴对称的轧制或焊接 H 型钢截面，对跨度较大或受荷较大，而高度又受到限制的部位，可采用抗弯和抗扭性能较好的箱形截面(双腹板梁)。

10.3.2　构件设计

1. 型钢梁和组合梁的设计(本节内容可参考本书第 5 章受弯构件)

1) 考虑腹板屈曲后强度的组合梁设计

腹板受压屈曲和受剪屈曲后都存在继续承载的能力，称为屈曲后强度。

承受静力荷载和间接承受动力荷载的组合梁，宜考虑腹板屈曲后强度，则腹板高厚比达到 250 时也不必设置纵向加劲肋。

(1) 受剪腹板的极限承载力。

腹板极限剪力设计值 V_u 应按下列公式计算。

当 $\lambda_s \leqslant 0.8$ 时，有

$$V_u = h_w t_w f_v \tag{10-1a}$$

当 $0.8 < \lambda_s \leqslant 1.2$ 时，有

$$V_u = h_w t_w f_v \left[1 - 0.5(\lambda_s - 0.8)\right] \tag{10-1b}$$

当 $\lambda_s > 1.2$ 时，有

$$V_u = h_w t_w f_v / \lambda_s^{1.2} \tag{10-1c}$$

式中：λ_s ——用于腹板受剪计算时的通用高厚比。

(2) 受弯腹板的极限承载力。

腹板高厚比较大而不设纵向加劲肋时，在弯矩作用下腹板的受压区可能屈曲。屈曲后的弯矩还可继续增大，当受压区的边缘应力达到 f_y 时，即认为达到承载力的极限。

假定腹板受压区有效高度为 ρh_c，等分在 h_c 的两端，中部则扣去 $(1-\rho)h_c$ 的高度，梁的中和轴也有所下降(见图 10-7)。为计算简便，假定腹板受拉区与受压区同样扣去此高度，这样中和轴可不变动。

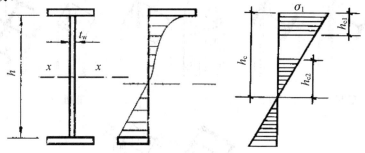

图 10-7 受弯矩时腹板的有效宽度

梁截面惯性矩为(忽略孔洞绕本身轴惯性矩)

$$I_{xe} = I_x - 2(1-\rho)h_c t_w \left(\frac{h_c}{2}\right)^2 = I_x - \frac{1}{2}(1-\rho)h_c^3 t_w \tag{10-2}$$

梁截面模量折减系数为

$$\alpha_e = \frac{W_{xe}}{W_x} = \frac{I_{xe}}{I_x} = 1 - \frac{(1-\rho)h_c^3 t_w}{2I_x} \tag{10-3}$$

腹板受压区有效高度系数 ρ 按下列原则确定。

当 $\lambda_b \leqslant 0.85$ 时，有

$$\rho = 1.0 \tag{10-4a}$$

当 $0.85 < \lambda_b \leqslant 1.25$ 时，有

$$\rho = 1 - 0.82(\lambda_b - 0.85) \tag{10-4b}$$

当 $\lambda_b > 1.25$ 时，有

$$\rho = \frac{1 - \dfrac{0.2}{\lambda_b}}{\lambda_b} \tag{10-4c}$$

梁的抗弯承载力设计值为

$$M_{eu} = \gamma_x \alpha_e W_x f \tag{10-5}$$

以式(10-5)中的梁截面模量 W_z 和截面惯性矩 I_z 以及腹板受压区高度均按截面全部有效计算。

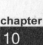

（3）弯矩和剪力共同作用下梁的极限承载力。

梁腹板同时承受弯矩和剪力的共同作用，承载力采用弯矩 M 和剪力 V 的相关关系曲线确定，如图 10-8 所示。

假定弯矩不超过翼缘所提供的弯矩 M_f 时，腹板不参与承担弯矩作用，即在 $M \leqslant M_f$ 的范围内相关关系为一水平线，$V/V_u = 1.0$。

当截面全部有效而腹板边缘屈服时，腹板可以承受剪应力的平均值约为 $0.65f_{vy}$。对于薄腹板梁，腹板也同样可以负担剪力，可偏安全地取为仅承受剪力最大值 V_u 的 0.5 倍，即当 $V/V_u \leqslant 0.5$ 时，取 $M/M_{eu} = 1.0$。

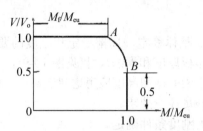

图 10-8　弯矩与剪力相关曲线

在图 10-8 所示相关曲线 A 点（M_f/M_{eu}，1）和 B 点（1，0.5）之间的曲线可用抛物线表达，由此抛物线确定的验算式为

$$\left(\frac{V}{0.5V_u} - 1\right)^2 + \frac{M - M_f}{M_{eu} - M_f} \leqslant 1$$

这样，在弯矩和剪力共同作用下梁的承载力如下。

当 $M/M_f \leqslant 1.0$ 时，有

$$V \leqslant V_u \tag{10-6a}$$

当 $V/V_u \leqslant 0.5$ 时，有

$$M \leqslant M_{eu} \tag{10-6b}$$

其他情况，即

$$\left(\frac{V}{0.5V_u} - 1\right)^2 + \frac{M - M_f}{M_{eu} - M_f} \leqslant 1.0 \tag{10-6c}$$

$$M_f = \left(A_{f1} \cdot \frac{h_1^2}{h_2} + A_{f2}h_2\right)f \tag{10-7}$$

式中：M，V ——梁的同一截面处同时产生的弯矩和剪力设计值；当 $V < 0.5V_u$，取 $V = 0.5V_u$；

当 $M < M_f$，取 $M = M_f$；

M_f ——梁两翼缘所承担的弯矩设计值；

A_{f1}，h_1 ——较大翼缘的截面积及其形心至梁中和轴的距离；

A_{f2}，h_2 ——较小翼缘的截面积及其形心至梁中和轴的距离；

M_{eu}，V_u ——梁抗弯和抗剪承载力设计值。

2）型钢梁的设计

型钢梁中应用最广泛的是工字钢和 H 型钢。

型钢梁设计一般应满足强度、整体稳定和刚度的要求。型钢梁腹板和翼缘的宽厚比都不太大，局部稳定常可得到保证，不需进行验算。

首先按抗弯强度(当梁的整体稳定有保证时)求出需要的截面模量，即

$$W_{nx} = \frac{M_{max}}{\gamma_x f} \tag{10-8}$$

由截面模量选择合适的型钢，然后验算其他项目。由于型钢截面的翼缘和腹板厚度较大，不必验算局部稳定；端部无大的削弱时，也不必验算剪应力。而局部压应力也只在有较大集中荷载或支座反力处才验算。

3) 组合梁的设计

(1) 截面选择。

组合梁截面应满足强度、整体稳定、局部稳定和刚度的要求。设计组合梁时，首先需要初步估计梁的截面高度、腹板厚度和翼缘尺寸(见图 10-9)。

① 梁的截面高度。确定梁的截面高度应考虑建筑高度、刚度和经济 3 个方面的要求。

a. 容许最大高度 h_{max} 要满足净空要求。

b. 容许最小高度 h_{min} 应由刚度条件确定。

以简支梁为例，有

$$\upsilon = \frac{5}{384} \frac{q_k l^4}{EI_x} = \frac{5l^2}{48} \frac{M_k}{EI_x} = \frac{10 M_k l^2}{48 E W_x h} = \frac{10 \sigma_k l^2}{48 E h}$$

取 $\sigma = \gamma_s \sigma_k = f$，$\gamma_s$ 为荷载平均分项系数，可近似取 1.3。

所以

$$\upsilon = \frac{10 f l^2}{48 \times 1.3 E h} \leqslant [\upsilon_T]$$

$$h_{min} \geqslant \frac{10 f}{48 \times 1.3 E} \cdot \frac{l^2}{[\upsilon_T]}$$

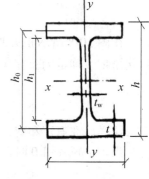

图 10-9 组合梁截面

c. 梁的经济高度 h_e 由经验公式确定，即

$$h_e \approx 2 W_x^{0.4} \text{ 或 } h_e \approx 7 \cdot \sqrt[3]{W_x} - 30 \text{ (mm)} \tag{10-9}$$

式中 $W_x = M_x / \alpha f$。当截面无削弱时，$\alpha = \gamma_x$；否则 $\alpha = 0.85 \sim 0.9$，吊车梁上有横向荷载时，$\alpha = 0.7 \sim 0.9$。

综上所述，梁的高度应满足

$$h_{min} \leqslant h \leqslant h_{max} \text{ 且 } h \approx h_e$$

② 腹板厚度。腹板厚度应满足抗剪强度的要求。初选截面时，可近似假定最大剪应力为腹板平均剪应力的 1.2 倍，根据腹板的抗剪强度计算公式，有

$$t_w \geqslant 1.2 \frac{V_{max}}{h_w f_v} \tag{10-10}$$

由式(10-10)确定的 t_w 值往往偏小。为了考虑局部稳定和构造等因素，腹板厚度一般用下列经验公式进行估算，即

$$t_w = \frac{\sqrt{h_w}}{3.5} \tag{10-11}$$

式(10-11)中，t_w 和 h_w 的单位均为 mm。实际采用的腹板厚度应考虑钢板的现有规格，

一般为 2mm 的倍数。对于非吊车梁，腹板厚度取值宜比式(10-11)的计算值略小；对考虑腹板屈曲后强度的梁，腹板厚度可更小，但腹板高厚比不宜超过 $250\sqrt{235/f_y}$。

③ 翼缘尺寸。已知腹板尺寸，可求得需要的翼缘截面积 A_f。

已知

$$I_x = \frac{1}{12}t_w h_0^3 + 2A_f \left(\frac{h_1}{2}\right)^2 = W_x \frac{h}{2}$$

由此得每个翼缘的面积为

$$A_f = W_x \frac{h}{h_1^2} - \frac{1}{6}t_w \frac{h_w^3}{h_1^2}$$

近似取 $h \approx h_1 \approx h_0$，则翼缘面积为

$$A_f = \frac{W_x}{h_w} - \frac{1}{6}t_w h_0 \tag{10-12}$$

翼缘板的宽度通常为 $b_1 = (1/6 \sim 1/2.5)h$，厚度 $t = A_f/b_1$。翼缘板常用单层板做成，当厚度过大时，可采用双层板。

确定翼缘板的尺寸时，应注意满足局部稳定要求，使受压翼缘的外伸宽度 b 与其厚度 t 之比 $b/t \le 15\sqrt{235/f_y}$ (弹性设计)或 $13\sqrt{235/f_y}$ (考虑塑性发展)。选择翼缘尺寸时，同样应符合钢板规格，宽度取 10mm 的倍数，厚度取 2mm 的倍数。

(2) 截面验算。

根据初选的截面尺寸，求出截面的几何特性，然后进行验算。梁的截面验算包括强度、刚度、整体稳定和局部稳定 4 个方面。

(3) 组合梁截面沿长度的改变。

梁的弯矩是沿梁的长度变化的，因此，梁的截面如能随弯矩的变化而变化，则可节约钢材。对跨度较小的梁，加工量的增加，不宜改变截面。为了便于制造，一般只改变一次截面。

单层翼缘板的焊接梁改变截面时，宜改变翼缘板的宽度，如图 10-10 所示，而不改变其厚度。对承受均布荷载的梁，截面改变位置在距支座 $l/6$ 处最有利。较窄翼缘板宽度 b_1' 应由截面开始改变处的弯矩 M_1 确定。为了减少应力集中，宽板应从截面开始改变处向一侧以不大于 1:2.5(动力荷载时为 1:4)的斜度放坡，然后与窄板对接。多层翼缘板的梁，可用切断外层板的办法来改变梁的截面，如图 10-11 所示。理论切断点的位置可由计算确定。为了保证被切断的翼缘板在理论切断处能正常参加工作，其外伸长度 l_1 应满足下列要求。

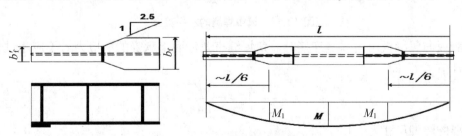

图 10-10　梁翼缘宽度的改变

端部有正面角焊缝，有以下两种情况。

当 $h_f \geqslant 0.75t_1$ 时，有

$$l_1 \geqslant b_1 \tag{10-13a}$$

当 $h_f < 0.75t_1$ 时，有

$$l_1 \geqslant 1.5b_1 \tag{10-13b}$$

端部无正面角焊缝，有

$$l_1 \geqslant 2b_1 \tag{10-14}$$

式中：b_1，t_1——分别为被切断翼缘板的宽度和厚度；

h_f——侧面角焊缝和正面角焊缝的焊脚尺寸。

为了降低梁的建筑高度，简支梁可以在靠近支座处减小其高度，而使翼缘截面保持不变(见图 10-12)，其中图 10-12(a)所示构造简单、制作方便。梁端部高度应根据抗剪强度要求确定，但不宜小于跨中高度的 1/2。

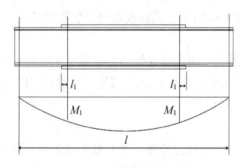

图 10-11 翼缘板的切断

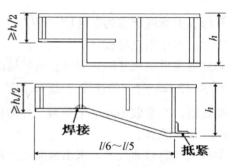

图 10-12 变高度梁

(4) 焊接组合梁翼缘焊缝的计算。

当梁弯曲时，由于相邻截面中作用在翼缘截面的弯曲正应力有差值，翼缘与腹板间将产生水平剪应力，如图 10-13 所示。沿梁单位长度的水平剪力为

$$v_1 = \tau_1 t_w = \frac{VS_1}{I_x t_w} \cdot t_w = \frac{VS_1}{I_x}$$

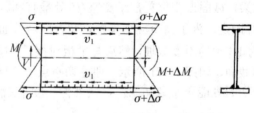

图 10-13 翼缘焊缝的水平剪力

当腹板与翼缘板用角焊缝连接时，角焊缝有效截面上承受的剪应力 τ_f 不应超过角焊缝强度设计值 f_f^w，即

$$\tau_f = \frac{v_1}{2 \times 0.7h_f} = \frac{VS_1}{1.4h_f I_x} \leqslant f_f^w$$

需要的焊脚尺寸为

$$h_f \geqslant \frac{VS_1}{1.4I_x f_f^w} \tag{10-15}$$

当梁的翼缘上受有固定集中荷载而未设置支承加劲肋时，或受有移动集中荷载(如吊车轮压)时，上翼缘与腹板之间的连接焊缝，除承受沿焊缝长度方向的剪应力 τ_f 外，还承受垂直于焊缝长度方向的局部压应力，即

$$\sigma_f = \frac{\varphi F}{2h_e l_z} = \frac{\varphi F}{1.4 h_f l_z}$$

因此，受有局部压应力的上翼缘与腹板之间的连接焊缝应按下式计算强度，即

$$\frac{1}{1.4 h_f} \sqrt{\left(\frac{\varphi F}{\beta_f l_z}\right)^2 + \left(\frac{V S_1}{I_x}\right)^2} \leqslant f_f^w$$

从而

$$h_f \geqslant \frac{1}{1.4 h_f^w} \sqrt{\left(\frac{\varphi F}{\beta_f l_z}\right)^2 + \left(\frac{V S_1}{I_x}\right)^2} \tag{10-16}$$

对直接承受动力荷载的梁，$\beta_f = 1.0$；对其他梁，$\beta_f = 1.22$。

对承受动力荷载的梁，腹板与上翼缘的连接焊缝常采用焊透的 T 形接头对接与角接组合焊缝，如图 10-14 所示，此种焊缝与主体金属等强，不用计算。

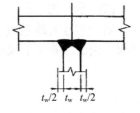

图 10-14　焊透的 T 形焊缝

2. 框架柱的设计(本部分内容可参考本书第 6 章拉弯构件和压弯构件)

1) 框架柱承载力计算

同框架梁的强度计算类似，框架柱设计时考虑采用有限塑性，这里限制塑性区的深度不超过 0.15 倍的截面高度。规范规定，截面强度采用下述相关公式计算。

单向弯矩作用时，有

$$\frac{N}{A_n} \pm \frac{M_x}{\gamma_x W_{nx}} \leqslant f \tag{10-17}$$

双向弯矩作用时，有

$$\frac{N}{A_n} \pm \frac{M_x}{\gamma_x W_{nx}} \pm \frac{M_y}{\gamma_y W_{ny}} \leqslant f \tag{10-18}$$

当梁受压翼缘的自由外伸宽度与厚度之比大于 $13\sqrt{235/f_y}$ 而不大于 $15\sqrt{235/f_y}$ 时，应取相应的 $\gamma_x = 1.0$。

对需要计算疲劳的拉弯、压弯构件取 $\gamma_x = \gamma_y = 1.0$。

式(10-18)中弯曲正应力一项前面的正负号表示拉或压，计算时取两项应力的代数和的绝对值最大者。

2) 框架柱的整体稳定性

规范用数值解法计算框架柱的承载力，其在平面内整体稳定计算公式为

$$\frac{N}{\varphi_x A} + \frac{\beta_{mx} M_x}{\gamma_x W_{1x}\left(1 - 0.8\dfrac{N}{N'_{Ex}}\right)} \leqslant f \tag{10-19}$$

$$N'_{Ex} = N_{Ex}/1.1$$

式中：N——所计算构件段范围内的轴心压力；

M_x——所计算构件段范围内的最大弯矩；

W_{1x}——弯矩作用平面内对较大受压纤维的毛截面模量；

N_{Ex}——欧拉临界力；

φ_x——弯矩作用平面内的轴心受压构件稳定系数。

等效弯矩系数 β_{mx} 按下类规定采用。

(1) 框架柱和两端支撑的构件。

① 无横向荷载作用时，$\beta_{mx}=0.65+0.35M_2/M_1$（$M_1$ 和 M_2 为端弯矩），使构件产生同向曲率(无反弯点)时取同号，反之取异号，$|M_1|\geqslant|M_2|$。

② 有端弯矩和横向荷载同时作用时，使构件产生同向曲率时，$\beta_{mx}=1.0$；反之取 $\beta_{mx}=0.85$。

③ 无端弯矩但有横向荷载作用时，$\beta_{mx}=1.0$。

(2) 悬臂构件和分析内力未考虑二阶效应的无支撑纯框架和弱支撑框架柱 $\beta_{mx}=1.0$。

对于塑性发展系数表格中单轴对称截面的压弯构件，由于无翼缘端，可能先达到受拉屈服。因此，除按上式计算外，尚应按式(10-20)计算，即

$$\left|\frac{N}{A}+\frac{\beta_{mx}M_x}{\gamma_x W_{2x}\left(1-1.25\dfrac{N}{N'_{Ex}}\right)}\right|\leq f \tag{10-20}$$

式中：W_{2x}——无翼缘端的毛截面模量。

规范用数值解法计算框架柱的承载力，其在平面外整体稳定计算公式为

$$\frac{N}{\varphi_y A}+\eta\frac{\beta_{tx}M_x}{\varphi_{bx}W_{1x}}\leq f \tag{10-21}$$

式中：φ_y——弯矩作用平面外的轴心受压构件稳定系数；

φ_{bx}——均匀弯曲的受弯构件整体稳定系数，对闭口截面取 1.0；

M_x——所计算构件段范围内的最大弯矩；

η——截面影响系数，闭口截面取 0.7，其他截面取 1.0；

β_{tx}——等效弯矩系数，按下列规定采用。

① 在弯矩作用平面外有支承的构件，应根据两相邻支承点间构件段内的荷载和内力情况确定。

a. 所考虑构件段无横向荷载作用时，有

$$\beta_{tx}=0.65+0.35\frac{M_2}{M_1} \tag{10-22}$$

b. 所考虑构件段内有端弯矩和横向荷载同时作用时：使构件产生同向曲率时，$\beta_{tx}=1.0$；使构件产生反向曲率时，$\beta_{tx}=0.85$。

c. 所考虑构件段内无端弯矩但有横向荷载作用时 $\beta_{tx}=1.0$。

② 弯矩作用平面外为悬臂的构件 $\beta_{tx}=1.0$。

3) 框架柱的计算长度

设计框架柱时，多采用计算长度法，把框架的稳定简化为柱的稳定来对待。对于纯框

架结构，当没有支撑、剪力墙、电梯井筒等支撑结构时，称为有侧移框架。有侧移的计算长度系数的电算近似公式为

$$\mu = \sqrt{\frac{1.6 + 4((K_1 + K_2) + 7.5K_1K_2)}{K_1 + K_2 + 7.5K_1K_2}}$$

(10-23)

式中：K_1，K_2——分别为柱上端、下端的梁线刚度和与柱线刚度和的比值。

　4)　框架柱长细比

《钢结构设计规范》(GB 50017)第 5.3.8 条规定：柱的长细比限值为 150，支撑的受压长细比限值为 200，受拉长细比限值为 400(一般建筑结构)。

《建筑抗震设计规》(GB 50011)第 8.3.1 条也列出框架柱的长细比要求，见表 10-3。

表 10-3　框架柱长细比要求

材　料	一　级	二　级	三　级	四　级
Q235	60	80	100	120
Q345	49.5	66	82.5	99
Q390	46.6	62.1	77.7	93.2

10.4　钢框架结构的节点

节点连接是保证钢结构安全的重要部位。多高层钢结构节点的受力状况比较复杂，构造要求相当严格，故节点的设计至关重要。钢框架节点主要有：①梁与柱的连接；②柱与柱的连接；③梁与梁的连接；④柱脚的设计。本节主要讲述前 3 种节点，柱脚节点参照本书前面章节。

10.4.1　梁与柱的刚性连接

1. 梁柱连接构造

梁与柱刚性连接的构造形式有 3 种，如图 10-15 所示。

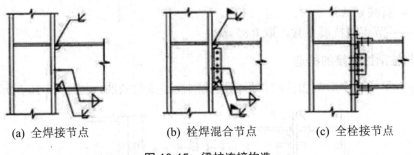

(a) 全焊接节点　　　(b) 栓焊混合节点　　　(c) 全栓接节点

图 10-15　梁柱连接构造

2. 验算内容

梁与柱的连接节点计算时，主要验算以下内容。

(1) 梁与柱连接的承载力。

(2) 柱腹板的局部抗压承载力和柱翼缘板的刚度。

(3) 梁柱节点域的抗剪承载力。

梁与柱连接应满足下列公式要求，即

$$M_u \geqslant 1.2M_p \qquad (10\text{-}24)$$

$$V_u \geqslant 1.3(2M_p/l_n) \qquad (10\text{-}25)$$

式中：M_u——基于极限强度最小的节点连接最大受弯承载力，仅由翼缘的连接承担；

V_u——基于极限强度最小的节点连接最大受剪承载力，仅由腹板的连接承担；

M_p——梁构件的全塑性受弯承载力；

l_n——梁的净跨。

为了防止节点域的柱腹板受剪时发生局部失稳，节点域柱内部腹板的厚度 t_w 应满足下式要求，即

$$t_w \geqslant (h_b + h_c)/90 \qquad (10\text{-}26)$$

式中：h_b，h_c——梁腹板高度和柱腹板高度；

t_w——柱在节点域的腹板厚度。

节点域抗剪强度应满足以下条件。

无震时，有

$$\tau = (M_{b1} + M_{b2})/V_p \leqslant 4f_v/3 \qquad (10\text{-}27)$$

有震时，有

$$\tau = \varphi(M_{b1} + M_{b2})/V_p \leqslant 4f_v/3\lambda_{Re} \qquad (10\text{-}28)$$

同时应满足

$$\varphi(M_{pb1} + M_{pb2})/V_p \leqslant 4f_v/3 \qquad (10\text{-}29)$$

式中：M_{b1}，M_{b2}——节点域两侧梁的弯矩设计值；

M_{pb1}，M_{pb2}——节点力两侧的全塑性受弯承载力；

V_p——节点域的体积，工字形截面柱 $V_p = h_b h_c t_w$；箱形截面柱 $V_p = 1.8 h_b h_c t_w$；十字形截面柱 $V_p = \varphi h_b h_c t_w$，$\varphi = \left[\alpha^2 + 2.6(1+2\beta)\right]/(\alpha^2 + 2.6)$。

h_b，h_c——梁腹板高度和柱腹板高度；

t_w——柱在节点域的腹板厚度；

φ——折减系数；

λ_{Re}——节点域抗震系数，取 0.85。

3. 梁与柱刚性连接的构造

(1) 框架梁与工字形截面柱和箱形截面柱刚性连接的构造，如图 10-16 所示。

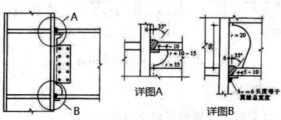

图 10-16　框架梁与柱刚性连接

（2）工字形截面柱和工字形截面柱通过带悬臂梁段与框架梁连接时，构造措施有如图 10-17 所示的两种。

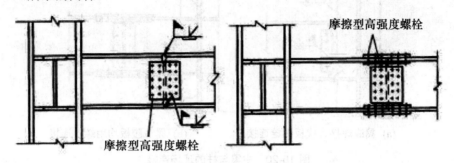

图 10-17　柱带悬臂梁段与框架梁连接

梁与柱刚性连接时，按抗震设防的结构，柱在梁翼缘上下各 500mm 的节点范围内，柱翼缘与柱腹板间或箱形柱壁板间的组合焊缝，应采用全熔透坡口焊缝。

4. 改进梁与柱刚性连接抗震性能的构造措施

骨形连接，是通过削弱梁来保护梁柱节点，如图 10-18 所示。

在不降低梁的强度和刚度的前提下，通过梁端翼缘加焊楔形盖板，如图 10-19 所示。

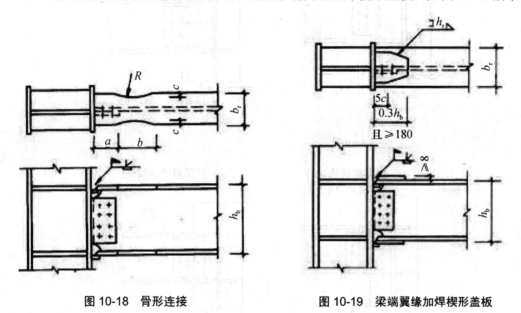

图 10-18　骨形连接　　　　**图 10-19　梁端翼缘加焊楔形盖板**

5. 工字形截面柱在弱轴与主梁刚性连接

当工字形截面柱在弱轴方向与主梁刚性连接时，应在主梁翼缘对应位置设置柱水平加劲肋，在梁高范围内设置柱的竖向连接板，其厚度应分别与梁翼缘和腹板厚度相同。柱水平加劲肋与柱翼缘和腹板均为全熔透坡口焊缝，竖向连接板与柱腹板连接为角焊缝。主梁与柱的现场连接如图 10-20 所示。

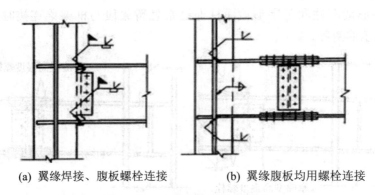

(a) 翼缘焊接、腹板螺栓连接　　　　　(b) 翼缘腹板均用螺栓连接

图 10-20　主梁与柱的现场连接

10.4.2　梁与柱的铰接连接

(1) 梁与柱的铰接连接分为仅梁腹板连接、仅梁翼缘连接，如图 10-21 所示。

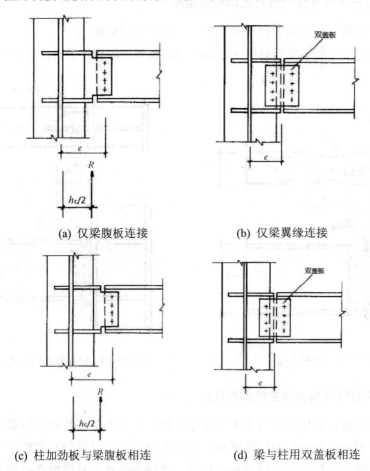

(a) 仅梁腹板连接　　　　　　　　　　(b) 仅梁翼缘连接

(c) 柱加劲板与梁腹板相连　　　　　　(d) 梁与柱用双盖板相连

图 10-21　梁与柱的铰接连接

(2) 柱在弱轴与梁铰接连接分为柱上伸出加劲板与梁腹板相连、梁与柱用双盖板相连。

10.4.3　柱的拼接节点

柱的拼接节点一般都是刚接节点，柱拼接接头应位于框架节点塑性区以外，一般宜在框架梁上方 1.3m 左右。考虑运输方便及吊装条件等因素，柱的安装单元一般采用 3 层一根，长度为 10～12m。根据设计和施工的具体条件，柱的拼接可采取焊接或高强度螺栓连接。

按非抗震设计的轴心受压柱或压弯柱，当柱的弯矩较小且不产生拉力的情况下，柱的上下端应铣平顶紧，并与柱轴线垂直。柱的 25% 的轴力和弯矩可通过铣平端传递，此时柱的拼接节点可按 75% 的轴力和弯矩及全部剪力设计。抗震设计时，柱的拼接节点按与柱截面等强度原则设计。

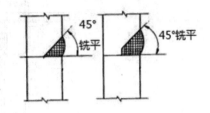

图 10-22　柱拼接接头的部分熔透焊缝

非抗震设计时的焊缝连接，可采用部分熔透焊缝，如图 10-22 所示，坡口焊缝的有效深度不宜小于板厚度的 1/2。有抗震设防要求的焊缝连接，应采用全熔透坡口焊缝。

1. 各种截面柱的拼接连接

工字形截面柱的拼接接头，翼缘一般为全熔透坡口焊接，腹板可为高强度螺栓连接(见图 10-23(a))，当柱腹板采用焊接时，上柱腹板开 K 形坡口，要求焊透(见图 10-23(b))。箱形截面柱的拼接接头应全部采用焊接，为便于全截面熔透(见图 10-23(c))。

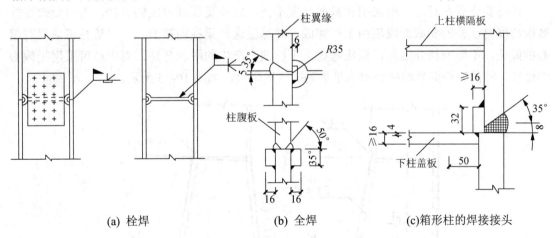

| (a) 栓焊 | (b) 全焊 | (c)箱形柱的焊接接头 |

图 10-23　各种截面柱的拼接连接

高层钢结构中的箱形柱与下部型钢混凝土中的十字形柱相连时，应考虑截面形式变化处力的传递平顺。箱形柱的一部分力应通过栓钉传递给混凝土，另一部分力传递给下面的十字形柱，如图 10-24 所示。两种截面的连接处，十字形柱的腹板应伸入箱形柱内，形成两种截面的过渡段。伸入长度应不小于柱宽加 200mm，即 $L \geqslant B+200mm$，过渡段截面呈田字形。过渡段在主梁下并靠紧主梁。

两种截面的接头处上下均应设置焊接栓钉，栓钉的间距和列距在过渡段内宜采用 150mm，不大于 200mm，沿十字形柱全高不大于 300mm。

型钢混凝土中十字形柱的拼接接头，因十字形截面中的腹板采用高强度螺栓连接施工比较困难，翼缘和腹板均宜采用焊接，如图 10-24 所示。

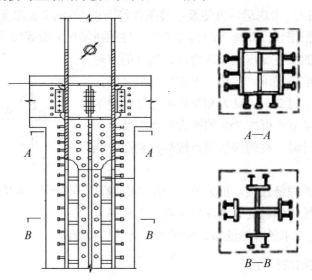

图 10-24　箱形柱与十字形柱的连接

2. 变截面柱的拼接

柱需要变截面时，一般采用柱截面高度不变，仅改变翼缘厚度的方法。若需要改变柱截面高度时，柱的变截面段应由工厂完成，并尽量避开梁柱连接节点。对边柱可采用有偏心的做法，不影响挂外墙板，但应考虑上下柱偏心产生的附加弯矩，对中柱可采用无偏心的做法。柱的变截面处均应设置水平加劲肋或横隔板，如图 10-25 所示。

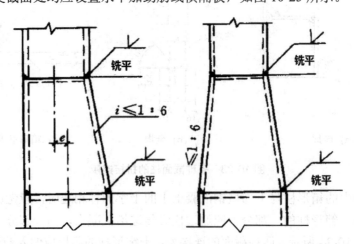

图 10-25　柱的拼接

梁与梁的连接有两种情况：一是主梁与主梁的连接；二是次梁与主梁的连接。

10.4.4　梁的拼接节点

1. 各种截面柱的拼接连接

主梁的工地拼接主要用于梁与柱全焊接节点的柱外悬臂梁段与中间梁段的连接，其次为框筒结构密排柱间梁的连接，其拼接形式有栓焊连接(见图 10-26(a))、全栓接(见图 10-26(b))、全焊接(见图 10-26(c))。

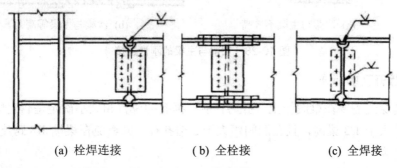

| (a) 栓焊连接 | (b) 全栓接 | (c) 全焊接 |

图 10-26　梁的拼接

2. 次梁与主梁的连接

次梁与主梁的连接通常设计为铰接，主梁作为次梁的支座，次梁可视作简支梁。其拼接形式如图 10-27 所示，次梁腹板与主梁的竖向加劲板用高强度螺栓连接(见图 10-27(a)、(b))，当次梁内力和截面较小时，也可直接与主梁腹板连接(见图 10-27(c))。

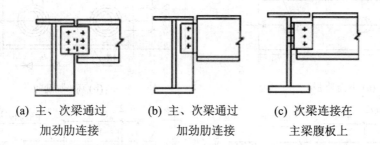

| (a) 主、次梁通过 | (b) 主、次梁通过 | (c) 次梁连接在 |
| 加劲肋连接 | 加劲肋连接 | 主梁腹板上 |

图 10-27　次梁与主梁的简支连接

当次梁跨数较多，跨度、荷载较大时，次梁与主梁的连接宜设计为刚接，此时次梁可视作连续梁，这样可以减少次梁的挠度，节约钢材。次梁与主梁的刚接形式如图 10-28 所示。

3. 主梁的侧向隔撑

侧向隔撑可按轴心受压构件计算，其轴心压力按式(10-30)计算，即

$$N = \frac{A_f f}{85 \cos \alpha} \sqrt{\frac{f_y}{235}} \tag{10-30}$$

侧向隔撑的长细比应满足式(10-31)要求，即

$$\lambda \leqslant 130 \sqrt{\frac{235}{f_{y0}}} \tag{10-31}$$

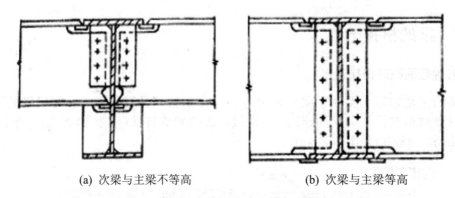

(a) 次梁与主梁不等高   (b) 次梁与主梁等高

图 10-28　次梁与主梁的刚性连接

4. 梁腹板开孔的补强

当因管道穿过需要在梁腹板上开孔时，应根据孔的位置和大小确定是否对梁进行补强。当圆孔直径不大于 1/3 梁高，且孔洞间距大于 3 倍孔径，并避免在梁端 1/8 跨度范围内开孔时，可不予补强。

当因开孔需要补强时，弯矩由梁翼缘承担，剪力由孔口截面的腹板和孔洞周围的补强板共同承担。圆形孔的补强可采用套管、环形补强板或在梁腹板上加焊 V 形加劲肋等措施予以补强，如图 10-29 所示。

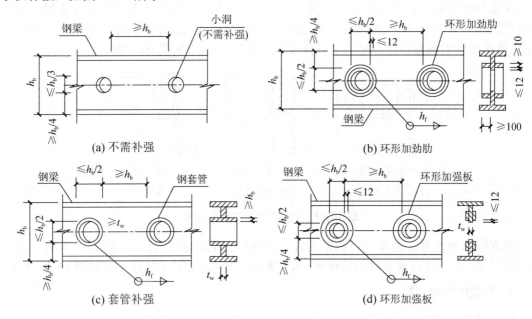

(a) 不需补强   (b) 环形加劲肋

(c) 套管补强   (d) 环形加强板

图 10-29　梁的圆形孔补强

梁腹板上开矩形孔时，对腹板的抗剪影响较大，应在洞口周边设置加劲板，其纵向加劲板伸过洞口的长度不小于矩形孔的高度，加劲肋的宽度为梁翼缘宽度的 1/2，厚度与腹板相同，如图 10-30 所示。

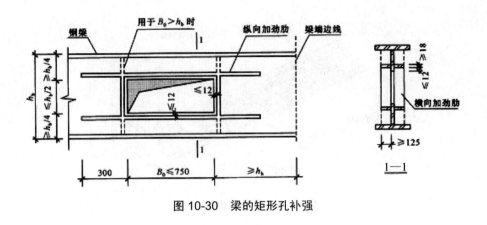

图 10-30　梁的矩形孔补强

10.5　钢框架结构的楼盖

10.5.1　概述

1. 定义

常见的楼盖有现浇钢筋混凝土楼盖、预制楼盖及压型钢板组合楼盖。

压型钢板组合楼板由压型钢板、混凝土板通过抗剪连接措施共同作用形成，如图 10-31 所示。

2. 组合楼板的优点

(1) 压型钢板可作为浇灌混凝土的模板，节省了大量木模板及支撑。

(2) 压型钢板非常轻便，堆放、运输及安装都非常方便。

(3) 使用阶段，压型钢板可代替受拉钢筋，减少钢筋的制作与安装工作。

(4) 刚度较大，省去许多受拉区混凝土，节省混凝土用量，减轻结构自重。

(5) 有利于各种管线的布置，装修方便。

(6) 与木模板相比，施工时减小了火灾发生的可能性。

(7) 压型钢板也可以起到支撑钢梁侧向稳定的作用。

3. 压型钢板与混凝土组合楼板的连接

钢-混凝土组合结构的性能取决于钢和混凝土界面处剪应力的有效传递。组合截面的整体作用的最终承载力和变形发展，单靠自然黏结不足以保证在大荷载时界面处有足够的共同作用，在这时连接件是一个决定因素。试验证明，理想的剪力连接件设计，应当为结构提供完整的组合作用。因此，对组合结构设计使用机械剪力连接件是十分必要的。

(1) 采用闭口型槽口的压型钢板，见图 10-32(a)。为了增强剪切黏结效应，有时还在压型钢板腹板上开小于 20mm 的孔洞。

(2) 采用开口型槽口压型钢板，在其腹板翼缘上轧制凹凸槽纹作为剪力连接件。槽纹剪力件一般等距分布，它的形式、数量、间距与尺寸对抗剪强度影响很大。这类压型钢板的规格和槽纹形式很多，见图 10-32(b)，应用也最广泛。

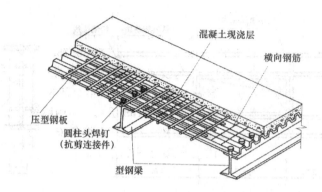

图 10-31　压型钢板组合楼板

(3)　采用开口型槽口压型钢板,同时在它的翼缘上另焊附加钢筋,以增强抗剪切黏结能力,见图 10-32(c)。直径小于 6mm,间距为 150~300mm 的附加横向钢筋,应焊接在组合板的剪跨区内、压型钢板的翼缘上,每个纵肋翼缘上焊缝长度不小于 50mm。

(4)　工程实践中,采用端部锚固也是提高楼板纵向抗剪能力的有效措施,即在组合楼板的端部(包括简支板端部及连续板的各跨端部),焊上带头的抗剪栓钉。栓钉设置在端支座的凹肋处穿透压型钢板,并将栓钉和压型钢板焊于钢梁翼缘上,如图 10-32(d)所示。

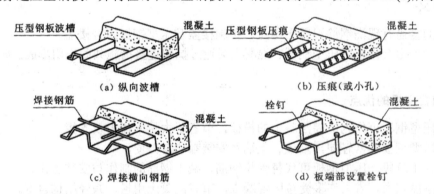

图 10-32　压型钢板与混凝土组合楼板的连接

10.5.2　组合楼板的设计

组合板是由压型钢板和混凝土板两部分组成。压型钢板按其在组合板中的作用可以分为 3 类:① 以压型钢板作为组合板的主要承重构件,混凝土只是作为楼板的面层以形成平整的表面及起到分布荷载的作用;② 压型钢板作为浇筑混凝土的永久性模板,并作为施工时的操作平台;③ 考虑组合作用的压型钢板组合楼板,这种结构构件在工程中最为广泛应用。本章主要讲述第 3 类考虑组合作用的压型钢板混凝土组合楼板,在施工阶段压型钢板作为模板及浇筑混凝土的作业平台,在施工阶段仅进行强度和刚度验算;在使用阶段,压型钢板相当于钢筋混凝土板中的受拉钢筋,在全部静荷载及活荷载作用下,考虑两者的组合作用,因此按照组合楼板进行计算。

组合板的计算可分施工与使用两个阶段进行。组合板的施工阶段，需对压型钢板作为浇筑混凝土底模的强度和挠度进行验算；组合板的使用阶段，对组合板在全部荷载作用下的强度和挠度进行计算。

组合板或非组合板在施工阶段，只计算顺肋(强边)方向压型钢板强度和挠度。

1. 施工阶段

当不加临时支承时，压型钢板的正截面抗弯承载能力应满足以下要求，即

$$M \leqslant f_{ay}W_s \tag{10-32}$$

$$W_{sc} = \frac{I_s}{I_c} \quad \text{或} \quad W_{st} = \frac{I_s}{h_s - x_c} \tag{10-33}$$

式中：M ——弯矩设计值；

f_{ay} ——压型钢板强度设计值；

W_s ——压型钢板截面抵抗矩，取受压区 W_{sc} 或受拉区 W_{st} 的较小值；

I_s ——单位宽度压型钢板对荷载重心轴的惯性矩；

I_c ——从压型钢板受压翼绕外边缘到中和轴的距离；

h_s ——压型钢板截面抵抗矩，取受压区 W_{sc} 或受拉区 W_{st} 的较小值。

压型钢板在施工阶段，应进行挠度计算，当均布荷载时，有以下计算式。

对于简支板，有

$$w = \frac{5}{384} \frac{p_z l^4}{E_s I_s} \leqslant [w] \tag{10-34}$$

式中：p_z ——单位宽度均布短期荷载值，取荷载标准值；

E_s ——压型钢板弹性模量；

I_s ——单位宽度压型钢板的惯性矩；

l ——板的计算跨度。

对于双跨连续板，有

$$w = \frac{1}{185} \frac{p_z l^4}{E_s I_s} \leqslant [w] \tag{10-35}$$

式中：$[w]$ ——板的允许挠度，取 $l/200$ 及 20mm 的较小值。

2. 使用阶段

组合板强边方向的正弯矩和挠度，均按全部荷载作用的强边(顺肋)方向单向板计算。此时，不论实际支承情况如何，均按简支板考虑。

压型钢板与混凝土形成整体共同工作。主要进行以下几个方面的验算：①正截面抗弯能力；②叠合面抗剪能力；③抗冲切能力；④斜截面抗剪能力；⑤变形验算。

1) 正截面抗弯能力

采用塑性设计方法，计算中考虑作为受拉区的压型钢板没有混凝土保护以及中和轴附近材料强度发挥不充分等原因，对压型钢板的强度设计值乘以折减系数 0.9；对混凝土抗压强度乘以折减系数 0.8，如图 10-33 所示。

(1) 当 $A_s f \leqslant bh_c f_{cm}$ 时。

塑性中和轴在压型钢板上翼缘以上的混凝土内，组合板的抗弯强度按下式计算，即

$$M \leqslant xby f_{cm} \tag{10-36}$$

$$x = A_s f / f_{cm} b \tag{10-37}$$

式中：x ——组合板受压区高度，当 $x > 0.55h_0$ 时，取 $x = 0.55h_0$；

h_0 ——组合板的有效高度；

y ——压型钢板截面应力合力至混凝土受压区截面应力合力的距离，取 $y = h_0 - x/2$；

b ——压型钢板的波距；

A_s ——压型钢板波距内的截面面积；

f ——压型钢板的抗拉强度设计值；

f_{cm} ——混凝土弯曲抗压强度设计值。

(2) 当 $A_s f > bh_c f_{cm}$ 时。

塑性中和轴在压型钢板内，组合板横截面抗弯强度按下列公式进行计算，即

$$M = bh_c f_{cm} y_1 + A_{sc} f y_2 \tag{10-38}$$

$$A_{sc} = 0.5(A_s - f_{cm} bh_c / f) \tag{10-39}$$

式中：A_{sc} ——塑性中和轴以上压型钢板面积；

y_1，y_2 ——压型钢板受拉区截面拉应力的合力分别至受压区混凝土板截面和压型钢板压应力合力的距离。

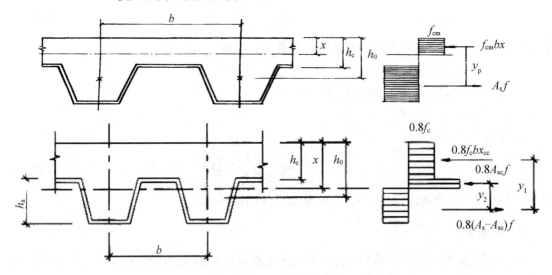

图 10-33 组合板正截面抗弯能力计算图

2) 叠合面抗剪承载力

通过对国内压型钢板加工的组合板叠合面抗剪能力进行试验研究，并对试验结果进行一次回归正交方差分析，得出组合板叠合面抗剪强度公式为

$$V \leqslant V_u = \alpha_0 - \alpha_1 L_v + \alpha_2 W_r h_0 + \alpha_3 t$$

$$V \leqslant V_u \tag{10-40}$$

式中：V_u——组合板的抗剪能力；

V——组合板叠合面的纵向剪力设计值；

$\alpha_0 \sim \alpha_3$——剪力黏结系数由试验确定或者参考下列数值，即 $\alpha_0 = 78.142$，$\alpha_1 = 0.098$，$\alpha_2 = 0.0036$，$\alpha_3 = 38.625$；

L_v——组合板剪跨，$L_v = M/N$，均布简支板取 $L_v = L/4$（L 为板的计算跨度）；

M——与剪力设计值相对应的弯矩设计值；

W_r——组合板平均槽宽；

h_0——组合板的有效宽度；

t——压型钢板厚度。

3）斜截面抗剪承载力

组合板的斜截面受剪承载力应按下式计算，即

$$V_v \leqslant 0.07 f_c b h_0 \tag{10-41}$$

式中：V_v——组合板斜截面上的最大剪力设计值；

f_c——混凝土轴心抗压强度设计值；

b——计算宽度；

h_0——组合板有效高度，即压型钢板截面重心轴至混凝土受压区最外边缘的距离。

4）抗冲切计算

组合板在集中荷载作用下的抗冲切强度按式(10-42)计算，即

$$F_l = 0.6 f_t u_m h_c \tag{10-42}$$

式中：u_m——临界周边长度，见图 10-34；

f_t——混凝土轴心抗拉强度设计值；

h_c——混凝土板最小厚度。

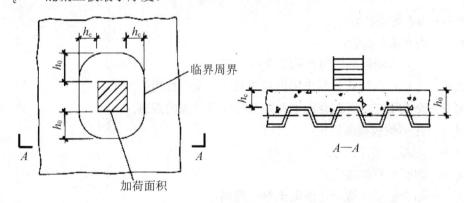

图 10-34 组合板中的抗冲切面积

5）变形验算

组合板的变形按弹性理论进行，按短期荷载作用时，可将混凝土面积除以钢材与混凝土弹性模量比 n 换算为钢面积；按长期荷载作用时，将截面中的混凝土的弹性模量除以 $2n$ 换算成钢截面。

组合板全截面发挥作用时的短期荷载作用下等效截面惯性矩为

$$I = \frac{1}{n}[I_c + A_c(x'_n - h'_c)^2] + I_s + A_s(h_0 - x'_n)^2 \qquad (10\text{-}43)$$

$$x'_n = \frac{A_c h'_c + nA_s h_0}{A_c + nA_s} \qquad (10\text{-}44)$$

式中：x'_n——全截面有效时组合板中和轴至受压区边缘的距离；

A_s——压型钢板截面面积；

A_c——混凝土截面面积；

h_0——组合板有效高度(组合板受压边缘至压型钢板截面重心的距离)；

h'_c——组合板受压边缘至混凝土重心距离；

I_s——压型钢板对其中和轴惯性矩；

I_c——混凝土对其中和轴惯性矩。

把上式中的 n 用 $2n$ 来替代，即可得到在长期荷载作用下组合截面的等效惯性矩。组合板的挠度应按荷载的短期效应组合，并考虑永久荷载的长期作用的影响。对于承受均布荷载的简支组合板，其挠度可以按照下列公式进行计算，即

$$\Delta = \frac{5ql^4}{384EI_0} + \frac{5gl^4}{384EI_0^c} \leqslant [\Delta] \qquad (10\text{-}45)$$

$$I_0 = \frac{1}{a_e}\left[I_c + A_c(x'_h - h'_c)^2\right] + I_s + A_s(h_0 - x'_0)^2 \qquad (10\text{-}46)$$

$$I_0^c = \frac{1}{2a_e}\left[I_c + A_c(x'_h - h'_c)^2\right] + I_s + A_s(h_0 - x'_0)^2 \qquad (10\text{-}47)$$

$$x'_0 = \frac{A_c h'_c + a_E A_s h_0}{A_c + a_E A_s}$$

式中：q——均布可变荷载；

g——均布永久荷载；

I_0——换算成钢截面的组合截面惯性矩；

I_0^c——考虑永久荷载长期作用影响的组合截面惯性矩；

x'_0——全截面有效时组合板中和轴至受压区边缘的距离；

A_s——压型钢板截面面积；

A_c——混凝土截面面积；

h_0——组合板有效高度；

h'_c——组合板受压边缘至混凝土重心距离；

I_s——压型钢板对其中和轴惯性矩。

6)　自振频率控制

振动感觉与环境条件有关,组合板理想的自振频率在 20 Hz 以上,如果自振频率在 12 Hz 以下，则产生振动的可能性较大。因此，对组合板或钢筋混凝土板的自振频率控制在 15 Hz 以上。自振频率和板的刚度及端部支撑条件有关。

自振频率 υ 的计算式为

$$\left.\begin{array}{l} \upsilon = \dfrac{1}{T}\text{Hz} \\[3mm] T = K\sqrt{\delta} \end{array}\right\} \qquad (10\text{-}48)$$

式中：T——自振周期；

$\quad K$——由支撑条件确定的系数；两端简支，$K=0.178$；一端简支一端固定，$K=0.177$；

$\qquad$ 两端固定，$K=0.175$；

$\quad \delta$——仅为自重与恒荷载所产生的挠度。

10.5.3　构造要求

1. 压型钢板

组合板中采用的压型钢板净厚度不小于 0.75mm，最好控制在 1.0mm 以上。为便于浇筑混凝土，要求压型钢板平均槽宽不小于 50mm，当在槽内设置圆柱头焊钉时，压型钢板总高度(包括压痕在内)不应超过 80mm。组合楼板中压型钢板外表面应有保护层以防御施工和使用过程中大气的侵蚀。

2. 配筋要求

以下情况组合板内应配置钢筋。

(1) 连续板或悬臂板的负弯矩区应配置纵向受力钢筋。

(2) 在较大集中荷载区段和开洞周围应配置附加钢筋。

(3) 当防火等级较高时，可配置附加纵向受力钢筋。

(4) 为提高组合板的组合作用，光面开口压型钢板，应在剪跨区(均布荷载在板两端 $L/4$ 范围内)布置直径为 6mm、间距为 150～300mm 的横向钢筋，纵肋翼缘板上焊缝长度不小于 50mm。

(5) 组合板应设置分布钢筋网，分布钢筋两个方向的配劲率不宜少于 0.002。

3. 混凝土板裂缝宽度

连续组合板负弯矩的开裂宽度，室内正常环境下不应超过 0.3mm，室内高温度环境或露天时不应超过 0.2mm。

连续组合板按简支板设计时，支座区的负钢筋断面不应小于混凝土截面的 0.2%；抗裂钢筋的长度从支承边缘起，每边长度不应小于跨度的 1/4，且每米不应少于 5 根。

4. 组合板厚度

组合板总厚度 h 不应小于 90mm，压型钢板翼缘以上混凝土厚度 h_c 不应小于 50mm。支承于混凝土或砌体上时，支撑长度分别为 100mm 和 75mm；支承于钢梁上连续板或搭接板，最小支撑长度为 75mm，如图 10-35 所示。

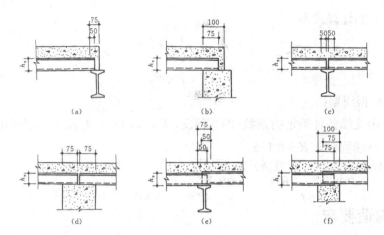

图 10-35　组合板厚度构造要求

10.6　钢框架结构施工图识读

钢框架结构在多层及高层房屋中广泛采用，具有重量轻、抗震性能好、施工周期短、工业化程度高、环保效果好等优点。钢框架结构施工图包括结构设计说明、基础平面布置图及其详图、柱子平面布置图、各结构平面布置图、各横轴竖向支撑平面布置图、各纵轴竖向支撑立面布置图、梁柱截面选用表、梁柱节点详图、梁节点详图、柱脚节点详图和支撑节点详图等。在实际图纸中，以上图纸内容可以根据工程的繁简程度，将某几项内容合并在一张图纸上或将某一项内通拆分成几张图纸。

下面以某多层钢框架结构施工图为例，说明钢框架结构施工图的图示方法、特点和内容。

1. 工程概况

该工程为某开发总公司综合试验办公楼，采用 4 层填充墙钢框架结构，钢筋混凝土楼面、屋面，钢筋混凝土独立基础，总高为 14.400m。建筑物安全等级为二级，抗震设防类别为适度设防类，抗震设防烈度为 8 度，地面粗糙类别为 C 类。基本风压 $0.45\,\text{kN/m}^2$，基本雪压 $0.4\,\text{kN/m}^2$，钢材采用 Q235B，焊条采用 E43 型。

2. 底层柱子平面布置图

底层柱子平面布置图如图 10-36 所示，主要表达了底层柱以及锚栓的布置情况，读图时，首先明确图中柱子有几种类型，每一类型柱子的截面形式如何；其次明确锚栓的规格、直径、数量及锚栓的锚固长度。

3. 结构平面布置图

结构平面布置图如图 10-37 所示，是确定建筑物各构件在建筑平面上的位置图，具体内容如下。

(1) 根据建筑物的宽度和长度，确定出柱网平面图。

(2) 图中用粗实线表示出建筑物的外轮廓线及柱的位置和截面示意。

(3) 图中用粗实线表示出梁及各构件的平面位置，并标注构件定位尺寸。

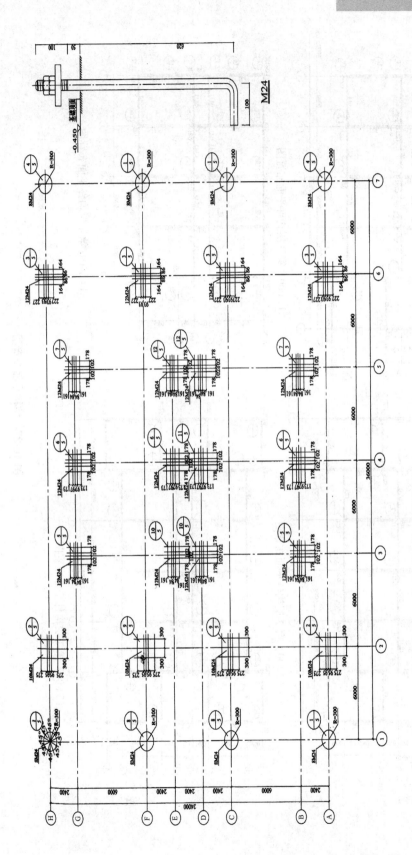

图 10-36 钢柱锚栓布置图

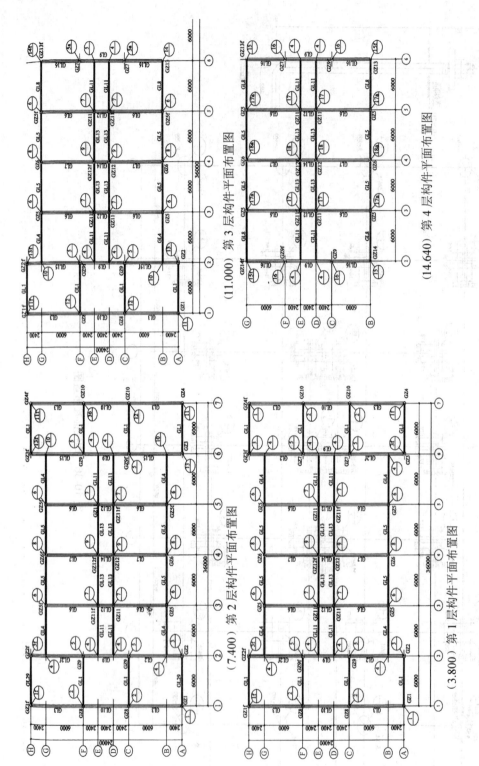

（11.000）第 3 层构件平面布置图

（14.640）第 4 层构件平面布置图

（7.400）第 2 层构件平面布置图

（3.800）第 1 层构件平面布置图

图 10-37　结构平面布置图

(4) 在平面图的适当位置处标注了所需的剖面，以反映结构楼板、梁等不同构件的竖向标高关系。

(5) 在平面图上对梁、柱构件编号。

本工程共有 4 张结构平面布置图，识读各层结构平面布置图主要明确本层梁、柱的信息，主要包括：梁、柱的类型数，各类梁、柱的截面形式，梁、柱的具体位置及与轴线的关系，以及梁柱的连接形式等信息。

4. 楼板平面布置图

楼板平面布置图如图 10-38 所示，主要表达各层钢筋混凝土楼板的配筋情况。各种类型钢筋的编号、型号、位置；楼板的标高以及混凝土和钢梁的连接情况。

本工程是在钢梁上直接支模板，绑扎钢筋，现浇钢筋混凝土。为了增加楼板与钢架梁之间的有效连接，在钢梁上焊接弯曲钢筋。这种做法往往考虑板和梁的共同作用，形成钢-混凝土组合梁，从而减小钢梁的截面，增加净空高度。

5. 节点详图

节点详图表示各构件间的相互连接关系及其构造特点，节点上应表明整个结构物的相关位置，即应标出轴线编号、相关尺寸，主要控制标高、构件编号和截面规格、节点板厚度及加劲肋做法。构件与节点板采用焊接连接时，应标明焊脚尺寸及焊缝符号。构件采用螺栓连接时，应标明螺栓直径、数量。

本工程详图包括柱脚节点详图(见图 10-39)、钢柱详图(见图 10-40)、钢梁详图(见图 10-41)、钢梁和钢柱安装节点详图(见图 10-42)。

对于节点详图的识读，先要判断该详图在整体结构中的位置(根据定位轴线或索引符号)，其次判断该连接的连接特点(构件间在何处连接，是刚接还是铰接)，最后识读图上的标注。

1) 钢梁节点详图

梁的连接方案曾在前面有所论述，楼盖梁宜采用简支连接，并且为了减小楼盖结构的高度，主、次梁通常采用平接。本工程中 GL2、GL9、GL15 需在工地现场拼接。

2) 钢柱节点详图

钢柱详图包括钢柱大样图、材料表等。图中标明了柱和各层梁的相互位置关系、细部尺寸、材料规格、编号、孔洞位置等。

3) 柱脚节点详图

钢框架的柱脚形式及构造见 6.6 节，本工程中的柱脚都是刚接柱脚。

4) 钢梁和钢柱安装节点详图

多高层框架中常见刚性连接，本工程中采用栓焊混合连接方式。

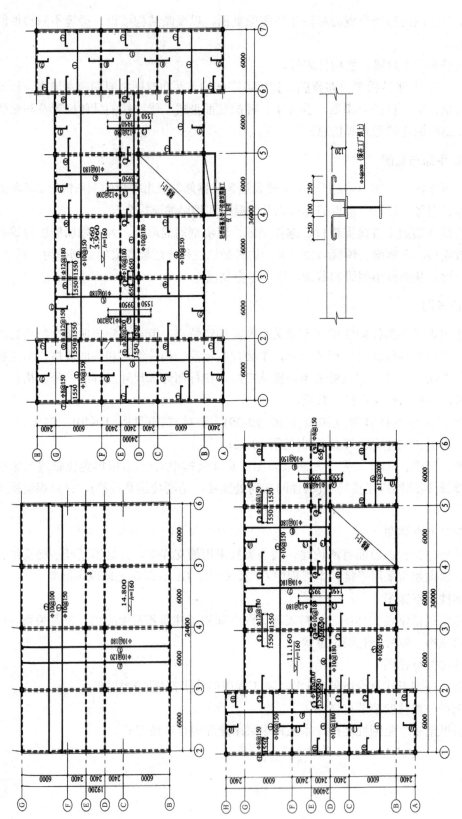

图 10-38　楼板平面布置图

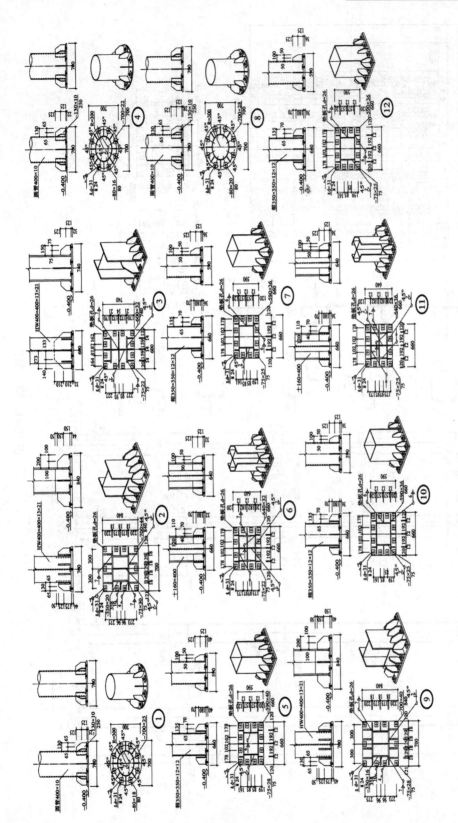

图 10-39　柱脚节点详图

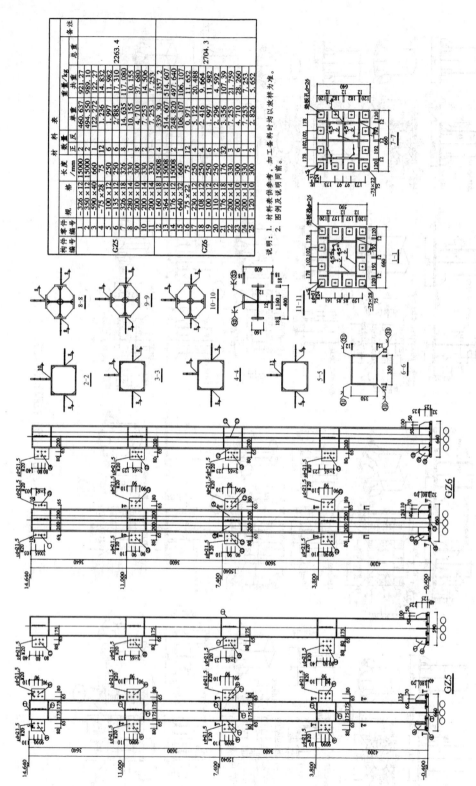

图 10-40 钢柱详图

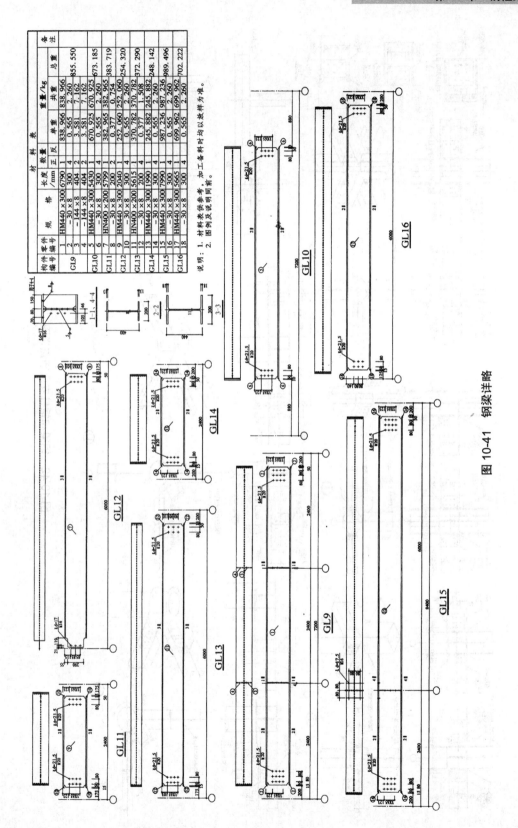

图 10-41　钢梁详略

材　料　表

构件编号	零件编号	规　格	长度/mm	数量 正反		重量/kg 单重	共重	总量	备注
GL9	1	HM440×300	6790	1		838.966	838.966	855.550	
	2	−30×8	300	2		0.565	2.260		
	3	−144×8	404	4		3.581	7.162		
GL10	4	−144×8	404	2		3.581	7.162	673.185	
	5	HM440×300	5450			670.925	670.925		
GL11	6	−30×8	300	4		0.565	2.260	673.185	
	7	HM400×300	5799	1		382.965	382.965	383.719	
GL12	8	−30×8	200	2		0.377	0.754	254.320	
	9	HM440×300	2040	1		252.060	252.060		
GL13	10	−30×8	300	4		0.565	2.260	372.290	
	11	HM400×200	5615	1		370.782	370.782		
GL14	12	−30×8	200	4		0.377	1.508	248.142	
	13	HM440×300	1990	1		245.882	245.882		
GL15	14	−30×8	300	4		0.565	2.260	989.496	
	15	HM440×300	7990	1		987.236	987.236		
GL16	16	−30×8	300	4		0.565	2.260	702.222	
	17	HM440×300	5665	1		699.962	699.962		
	18	−30×8	300	4		0.565	2.260		

说明：1. 材料表仅供参考，加工备料时均以放样为准。
　　　2. 图例及说明同前。

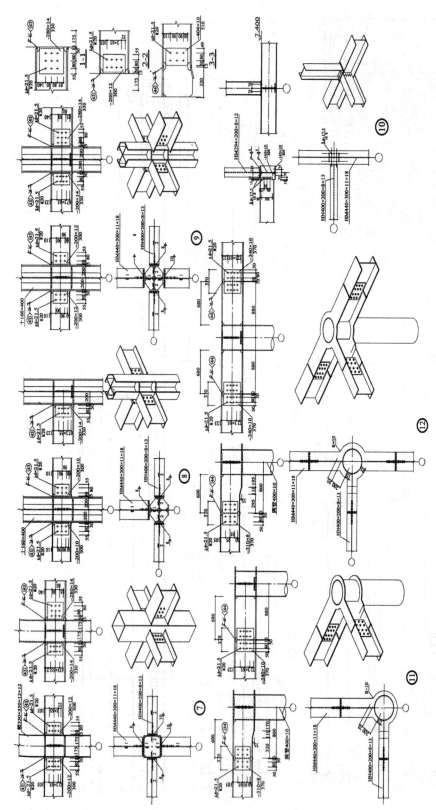

图 10-42 钢梁和钢柱安装节点详图

本 章 小 结

本章介绍了钢框架结构的布置，构件设计、节点设计及楼盖设计等内容，明确钢框架结构设计流程步骤及设计要点，并通过识读某钢框架工程达到学习目标。

习　　题

一、单项选择题

1. 格构式轴心受压构件的整体稳定计算时，由于(　　)，因此以换算长细比 λ_{0x} 代替 λ_x。

    A. 格构式柱可能发生较大的剪切变形　　　　B. 要求实现等稳定设计

    C. 格构式柱可能单肢失稳　　　　D. 格构式柱承载能力提高

2. 在(　　)荷载作用下，梁的临界弯矩值最低。

    A. 跨中集中荷载　　　　B. 纯弯曲

    C. 均布荷载　　　　D. 其他

3. 一般情况下，在风荷载作用下，规则框架结构的侧移特征是(　　)。

    A. 各层侧移越往上越大，层间侧移越往上越大

    B. 各层侧移越往上越大，层间侧移越往上越小

    C. 各层侧移越往上越小，层间侧移越往上越大

    D. 各层侧移越往上越小，层间侧移越往上越小

二、简答题

1. 框架结构整体布置原则有哪些？

2. 什么是控制截面？什么是控制内力？框架梁、柱结构构件的控制截面分别有几个？控制内力各有哪些？

第11章 网架结构

【学习要点及目标】

◆ 认识网架的各种形式并掌握其特点。

◆ 了解网架的一般构造要求。

◆ 认识网架的常用节点形式，并掌握其构造。

◆ 学会识读网架结构施工图。

【核心概念】

网架 网壳 网架形式 中间节点 支座节点

【引导案例】

网架结构是近乎"全能"的适用于大、中、小跨度屋盖体系的一种良好的结构形式，既可用于体育馆、俱乐部、展览馆、影剧院、车站候车大厅等公共建筑，近年来也越来越多地用于仓库、飞机库、厂房等工业建筑中。本章主要讲述网架的形式及其特点、网架节点连接的方法和特点以及网架施工图的识读。

11.1 网架的特点与应用

网架和网壳总称为空间网格结构，这种空间网格结构是由多根杆件按照某种有规律的几何图形通过节点连接起来的空间结构，它可以充分发挥三维空间的优越性，传力路径更简捷，特别适用于大跨度建筑。平板形的空间网格称为网架结构(简称网架)，曲面形的空间网格称为网壳。

11.1.1 网架结构的特点

(1) 网架结构中的杆件，既为受力杆件，又互为支撑杆件，能够共同工作，整体性和稳定性好，空间刚度大，具有较好的抗震性能。

（2）在节点荷载作用下，网架结构中各杆件主要承受轴向的拉力和压力，能充分发挥材料的强度，节省钢材。

（3）结构高度小，占用空间小，不仅可以有效地利用建筑空间，并可利用上、下弦杆之间的空间布置各种设备及管道，从而降低层高，降低造价，获得良好的经济效果。

（4）杆件类型划一，适用于工业化生产、地面拼装的整体吊装。

（5）对建筑的适应性强，建筑平面无论是正方形、矩形、多边形、圆形还是扇形等，都能进行合理的结构布置。

11.1.2 网架结构的应用

网架结构的应用范围广泛，对于各种跨度的公共建筑、工业建筑、体育建筑以及单层工业厂房、飞机库、加油站、收费站等均适用。

11.2 网架结构的组成及形式

网架按弦杆层数不同可分为双层网架和三层网架。双层网架是由上弦、下弦和腹杆组成的空间结构，是最常用的网架形式，如图 11-1 所示。三层网架是由上弦、中弦、下弦、上腹杆和下腹杆组成的空间结构，如图 11-2 所示。当网架跨度较大时，三层网架用钢量比双层网架省，但由于节点和杆件数量增多，尤其是中层节点所连杆件较多，使构造复杂，造价有所提高。

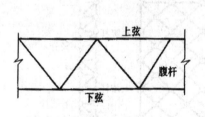

图 11-1 双层网架的组成

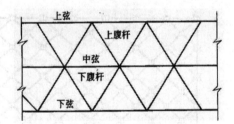

图 11-2 三层网架的组成

双层网架的结构形式很多，目前常用的按照组成情况可分为两类：由两向或三向平面桁架组成的网架，由三角锥体或四角锥体组成的网架。

11.2.1 平面桁架系网架结构

它是由平面桁架发展和演变而来的，由平面桁架交叉组成，这类网架上、下弦杆长度相等，而且其上下弦杆和腹杆位于同一垂直平面内，斜腹杆与弦杆夹角宜在 40°～60° 之间。由于平面桁架系的数量和设置方向不同，这类网架又分为 4 种形式，即两向正交正放网架、两向正交斜放网架、两向斜交斜放网架和三向交叉网架。

(1)　两向正交正放网架是由两组平面桁架系组成的网架，桁架系在平面上的投影轴线互成 90° 交角，且与边界平行或垂直，所形成网格可以是矩形，也可以是正方形，如图 11-3 所示。

(2)　两向正交斜放网架是由两向正交正放网架在水平面上旋转 45° 而得，但每片桁架不与建筑物轴线平行，而是成 45° 的交角，故称为两向正交斜放网架，如图 11-4 所示。

(3)　两向斜交斜放网架是由两方向桁架相交 α 角交叉而得，形成菱形网格。适用于两个方向网格尺寸不同，而要求弦杆长度相等的结构。这类网架节点构造复杂，因此只在建筑上有特殊要求时才选用。

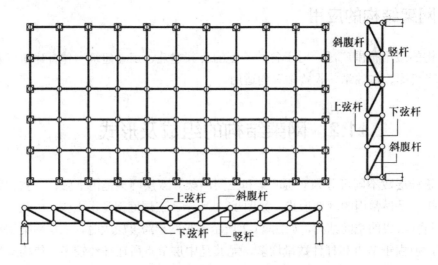

图 11-3　两向正交正放网架

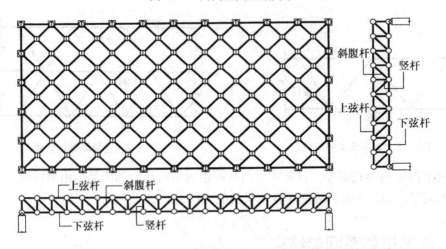

图 11-4　两向正交斜放网架

(4)　三向交叉网架是由 3 个方向的平面桁架相互交叉而成，相互间的夹角为 60°，上下弦杆在平面中组成正三角形，如图 11-5 所示。三向网架比两向网架的刚度大，适合在大跨度结构中采用，其平面适用于三角形、梯形及正六边形，在圆形平面中也可采用。

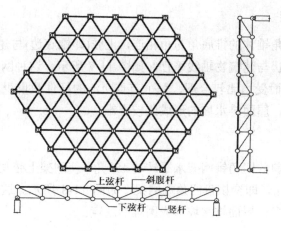

图 11-5　三向交叉网架

11.2.2　四角锥体系网架

四角锥体系网架由 4 根上弦组成正方形锥底，锥顶位于正方形的形心下方，由正方形四角节点向锥顶连接 4 根腹杆即形成一个四角锥体，将各个四角锥体按一定规律连接起来，便成为四角锥体网架。四角锥体组成的网架可分为正放四角锥网架、斜放四角锥网架、棋盘四角锥网架、星形四角锥网架和正放抽空四角锥网架等。下面介绍几种常用的四角锥体网架。

1. 正放四角锥网架

这种网架是四角锥底边分别与建筑物的轴线相平行，各个四角锥体的底边相互连接形成网架的上弦杆，连接各个四角锥体的锥顶形成下弦杆，并与建筑物的轴线平行，如图 11-6所示。这种网架的上、下弦杆长度相等，并相互错开半个节间。

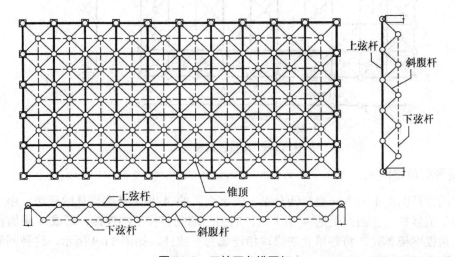

图 11-6　正放四角锥网架

2. 斜放四角锥网架

这种网架是将各四角锥体的锥底角与角相连，上弦(即锥底边)与建筑物轴线成45°角，连接锥顶而形成的下弦仍与建筑物轴线平行，如图 11-7 所示。这种网架受压的上弦杆长度小于受拉的下弦杆，因而受力比较合理，每个节点交汇的杆件数量少，因此用钢量较少。缺点是屋面板种类较多，屋面排水坡的形成比较困难。

3. 棋盘四角锥网架

这种网架是将整个斜放四角锥网架水平转动45°角，使网架上弦与建筑物轴线平行，下弦与建筑物轴线成45°角，即得棋盘四角锥网架，如图 11-8 所示。这种网架可以克服斜放四角锥网架屋面板种类多、屋面排水坡形成困难的缺点。

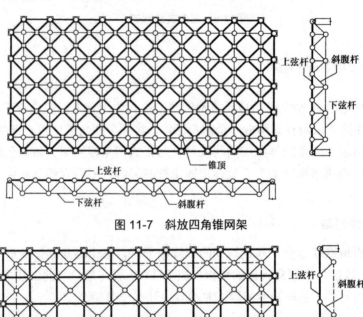

图 11-7 斜放四角锥网架

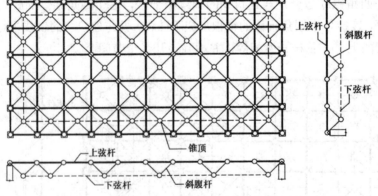

图 11-8 棋盘四角锥网架

4. 星形四角锥网架

这种网架是网架单元为一星形四角锥，十字交叉的 4 根上弦为锥体的底边，由十字交叉点连接一根竖杆，在由交叉的 4 根上弦杆的另一端向竖杆下端连接，形成 4 根腹杆，构成星形四角锥网架单元，将各单元的锥顶相连成为下弦杆，如图 11-9 所示。这种网架的受力性能和刚度都比较好。

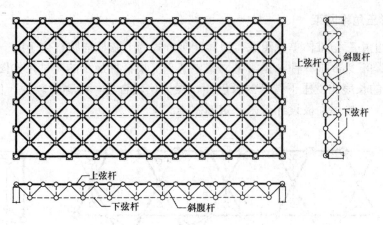

图 11-9　星形四角锥网架

11.2.3　三角锥体系网架

三角锥体系网架的基本单元是由 3 根弦杆、3 根斜杆所构成的正三角锥体，即四面体。三角锥体可以顺置，也可以倒置。

三角锥网架的刚度较好，适用于大跨度工程，在平面为梯形、六边形和圆形工程中采用尤为适宜。工程中常用的形式有三角锥网架、蜂窝形三角锥网架。

1. 三角锥网架

将三角锥体的角与角连接，使上、下弦杆组成的平面图均为正三角形，即称三角锥网架，如图 11-10 所示。

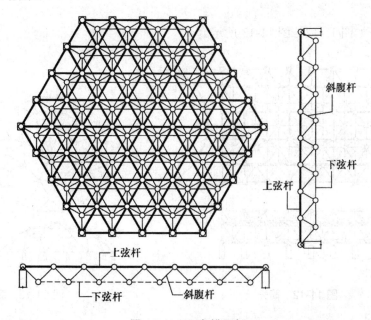

图 11-10　三角锥网架

2. 蜂窝形三角锥网架

这种网架也由三角锥体单元组成，但其连接方式为上弦杆与腹杆位于同一垂直平面内，上、下弦节点均汇集 6 根杆件，是常见网架中节点汇集杆件最少的一种，如图 11-11 所示。其受压上弦杆的长度比受压下弦杆的长度短，受力比较合理，用钢量较少。但其上弦组成的图形为六边形，给屋面板设计带来一定的困难。

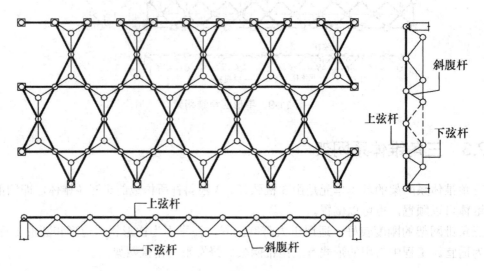

图 11-11　蜂窝形三角锥网架

11.2.4　网壳

常用的网壳如图 11-12、图 11-13 所示。

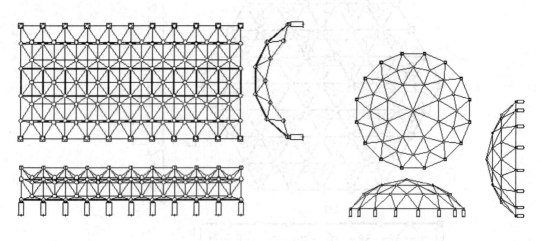

图 11-12　筒壳　　　　　　　　　　　　图 11-13　联方

11.3 网架的杆件与节点

11.3.1 网架的杆件

网架的杆件截面形式可以采用钢管、角钢、冷弯薄壁型钢杆件，但以钢管截面为最优，如圆钢管、方钢管等。圆钢管各方向惯性矩相同、截面封闭、回转半径大，对受压受扭有利。端部封闭后，内部不易锈蚀，表面也难以积灰和积水，具有较好的防腐性能。它适用于普遍采用的焊接空心球节点和螺栓球节点。对于中、小跨度网架可采用角钢杆件，如双角钢截面，大跨度时可将角钢拼成十字形或箱形。此外，也可以采用冷弯薄壁型钢杆件。

11.3.2 网架的节点

网架的节点起着连接各方向的汇交杆件并传递杆件内力的作用，包括中间节点、支座节点。节点的构造和连接应具有足够的刚度和强度，同时应尽量使节点构造与计算假定相符，以减少和避免由于节点构造的不合理而使网架杆件产生次应力和引起杆件内力的变号。此外，应使网架的节点构造力求简单、受力合理、传力明确、制作容易、便于安装和节省材料，尽量使杆件重心线在节点处交汇于一点，以避免出现偏心的影响。

1. 网架的中间节点

常用网架的中间节点有焊接钢板节点、焊接空心球节点和焊接螺栓球节点。

1) 焊接钢板节点

焊接钢板节点可由十字节点板和盖板组成，适用于连接角钢或薄壁型钢杆件，如图 11-14 所示。焊接钢板节点刚度大，整体性好，制作加工简单，但不宜用于圆钢管杆件连接。

十字节点板宜由两块带企口的钢板对插焊成，也可由 3 块钢板焊成，如图 11-15 所示。小跨度网架的受拉节点可不设置盖板。

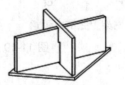
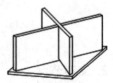

图 11-14 焊接钢板节点示意图　　　　图 11-15 十字节点板节点示意图

2) 焊接空心球节点

焊接空心球节点是用两个半球焊接而成的空心球，适用于连接钢管杆件，如图 11-16 所示。焊接空心球节点可与任意方向的杆件连接，适应性强，传力明确，造型美观，但焊接质量要求高，焊接量大，易产生焊接变形，并且要求下料准确。

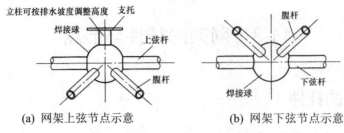

(a) 网架上弦节点示意   (b) 网架下弦节点示意

图 11-16　焊接空心球节点示意图

根据受力大小可采用不加肋(见图 11-17)和加肋(见图 11-18)两种。为保证焊缝质量,钢管端头可加套管与空心球焊接。

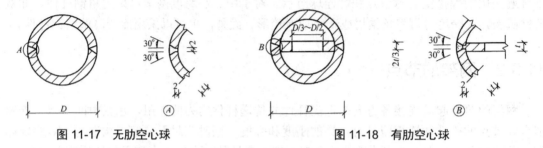

图 11-17　无肋空心球　　　　　　　　**图 11-18　有肋空心球**

3) 螺栓球节点

螺栓球节点是由螺栓球、高强度螺栓、套筒、紧固螺钉和锥头或封板等零件组成的节点,如图 11-19 所示,适用于连接钢管杆件。锥头或封板是钢管端部的连接件。当杆件管径较大时采用锥头连接,采用锥头后可以避免杆件端部相碰。管径较小时采用封板连接。

螺栓球节点具有焊接空心球节点的优点,同时不用焊接,能加快安装速度,缩短工期。但这种节点构造复杂,机械加工量大。

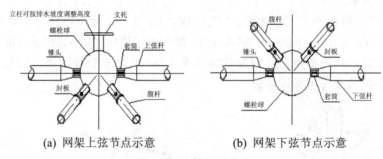

(a) 网架上弦节点示意   (b) 网架下弦节点示意

图 11-19　螺栓球节点

2. 支座节点

网架支座节点是指支承结构上的网架节点,它是网架与支承结构之间联系的纽带,也是结构的重要部位。网架在竖向荷载作用下,支座节点一般都受压,但有些支座也有可能受拉。根据受力状态,支座节点分为压力支座和拉力支座。常用压力支座节点有下列几种构造形式。

(1) 平板压力支座节点,适用于较小跨度网架,如图 11-20 所示。这种节点构造简单,加工方便,用钢量省。在这种节点中,预埋锚栓仅起定位作用,安装就位后,应将底板与下部支承面板焊牢。

(2) 单面弧形压力支座节点,适用于中小跨度网架,如图 11-21 所示。它是在平板压力支座节点的基础上，在支座垫板下设一弧形垫块而成，以使其能沿弧形方向移动。

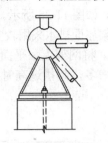 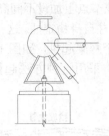

图 11-20　平板压力支座节点　　　　　　图 11-21　单面弧形压力支座节点

(3) 双面弧形压力支座节点，适用于大跨度网架，如图 11-22 所示。它是在支座和柱顶板间设上下面都是弧形的垫块。这种支座既可转动又可平移，但构造较复杂，加工麻烦，造价较高，对下部结构的抗震不利。

(4) 球铰压力支座节点，适用于多支点的大跨度网架，如图 11-23 所示。这种支座只能转动而不能平移，构造复杂。

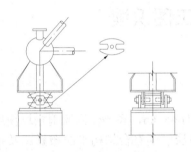 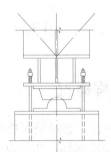

图 11-22　双面弧形压力支座节点　　　　　图 11-23　球铰弧形压力支座节点

(5) 板式橡胶支座节点，适用于大、中跨度网架，如图 11-24 所示。它是在支座和支承之间设置一块橡胶垫板，通过橡胶垫的压缩和剪切变形，支座既可转动又可平移。这种节点构造简单，加工方便，节省钢材，造价较低。

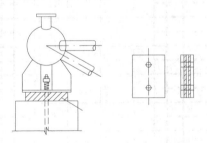

图 11-24　板式橡胶压力支座节点

3. 网架的起拱及屋面排水

网架起拱主要是为了消除人们在视觉上或心理上对建成的网架的下垂感觉。然而，起拱将给网架制造增加麻烦，故一般网架可不起拱。当要求起拱时，拱度可取不大于网架短向跨度的 1/300。此时，网架杆件内力变化一般不超过 5%～10%，设计时可不按起拱计算。

网架作为屋盖的承重结构，由于屋面面积大，一般屋面中间起坡高度也比较大，对排水问题更应高度重视。通常,网架屋面排水有下述几种方式。

(1) 在上弦节点上加设不同高度的小立柱形成所需坡度,如图 11-25 所示。当小立柱较高时,须注意小立柱自身稳定性。这种方法构造比较简单,是网架屋面排水采用较多的一种方法。

(2) 对整个网架起拱,如图 11-26 所示。网架高度不变,将网架上弦平面及下弦平面与屋面坡度一致。采用这种方法起拱后,杆件、节点的规格增多,起拱过高时会使网架杆件内力变化较大。

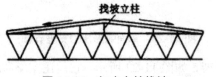

图 11-25 加小立柱找坡

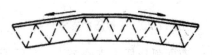

图 11-26 整个网架起拱找坡

(3) 采用变高度网架。网架高度随屋面坡度变化,使上弦杆形成所需坡度,该种方法可降低上、下弦杆的内力,但会造成杆件、节点种类多,施工麻烦。

11.4　网架结构施工图识读

11.4.1　工程概况

某中学体育馆,建筑平面总长度为 58.5m、宽度为 45.0m,底层作为风雨操场使用,二层为篮球、排球比赛场,二层以上两侧设斜板看台夹层,其看台结构平面布置图及建筑剖面图如图 11-27 和图 11-28 所示。体育馆下层采用现浇混凝土框架结构,屋盖采用正方四角锥钢网架结构,网格尺寸为 3.3m×3.0m,下弦支承,平面尺寸为 52.8m×42.0m,四周悬挑 5m,柱距为 6.6m,屋面为轻型屋面。

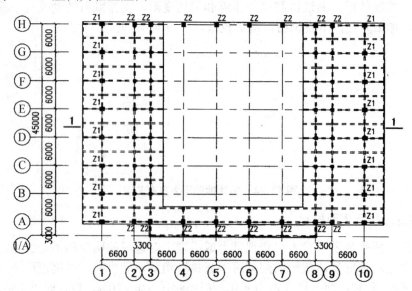

图 11-27　看台结构平面布置图

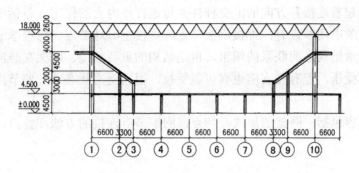

图 11-28 1—1 建筑剖面图

11.4.2 网架施工图识读

该工程的设计图纸包括网架结构设计说明、网架平面布置图、网架上弦杆件及球编号图、网架下弦杆件及球编号图、网架腹杆编号图、网架支座布置图及节点详图、网架材料表。

网架设计说明主要包括工程概况、设计依据、材料、制作与安装要求、防腐防火要求等。在阅读中，注意材料的选用、除锈等级和油漆品种及涂层厚度等。

网架平面布置图(见图 11-29)主要是用来对网架的主要构件(支座、节点球、杆件)进行定位，一般配合纵、横两个方向剖面图共同表达。另外，从网架平面布置图中还可以看出网架的类型，本工程网架为焊接球节点，正放四角锥网架，网格尺寸为 3.3m×3.0m。

结合网架上弦杆件及球编号图(见图 11-30)、网架下弦杆件及球编号图(见图 11-31)、网架腹杆编号图(见图 11-32)、网架材料表，可以知道上弦杆、下弦杆、腹杆以及空心球的规格及重量。由屋面檩条布置图及节点详图(见图 11-33 和图 11-34)看出，该工程采用内排水，小立柱找坡，坡度为 5%。

由网架支座布置图及节点详图(见图 11-35)可知支座的类型及详细构造。本工程 ZZ1 采用平板支座，ZZ2 采用板式橡胶支座。

本 章 小 结

由很多杆件通过节点，按照一定规律组成的网状空间杆系结构称为空间网格结构。平板形的空间网格称为网架结构(简称网架)，曲面形的空间网格称为网壳。它可以充分发挥三维空间的优越性，传力路径更见简捷，特别适用于大跨度建筑。

网架按弦杆层数不同可分为双层网架和三层网架，本章主要讲述双层网架。当网架跨度较大时，三层网架用钢量比双层网架用钢量省，但由于节点和杆件数量增多，尤其是中层节点所连杆件较多，使构造复杂，造价有所提高。双层网架的结构形式很多，目前常用的按照组成情况分有三类，由两向或三向平面桁架组成的网架(两向正交正放网架、两向正交斜放网架、两向斜交斜放网架、三向交叉网架)、由三角锥体或四角锥体组成的网架。

网架的杆件截面形式可以采用钢管、角钢、冷弯薄壁型钢杆件，但以钢管截面为最优。

网架的节点起着连接各方向的汇交杆件并传递杆件内力的作用，包括中间节点、支座节点。常用网架的中间节点有：焊接钢板节点、焊接空心球节点、螺栓球节点。网架支座节点是网架与支承结构之间联系的纽带，也是结构的重要部位。网架在竖向荷载作用下，支座节点一般都受压，但有些支座也有可能受拉。根据受力状态，支座节点分为压力支座和拉力支座。

本章主要内容包括：网架的形式及特点，网架节点连接的方法和特点，以及网架施工图的识读。

习　　题

一、填空题

1. _____和_____总称为空间网格结构。这种空间网格结构是由多根杆件按照某种有规律的几何图形通过节点连接起来的空间结构，特别适用于大跨度建筑。平板形的空间网格称为_____，曲面形的空间网格称为_____。

2. 螺栓球节点由螺栓、钢球、销子(或螺钉)、_____、_____或_____等零件组成，适用于连接_____杆件。

3. 焊接钢板节点由_____和_____组成，适用于连接_____杆件。

4. 网架的杆件截面形式可以采用_____、_____、_____杆件，但以_____截面为最优。

二、简答题

1. 举出两种常见的网架结构的基本形式，并简述其特点。

2. 常见网架中间节点的做法有哪几种？

3. 网架的节点构造应满足哪些基本要求？

4. 简述螺栓球节点中锥头和封板的作用。

5. 简述网架的屋面排水方式。

6. 网架支座节点有哪几种？各有何特点？

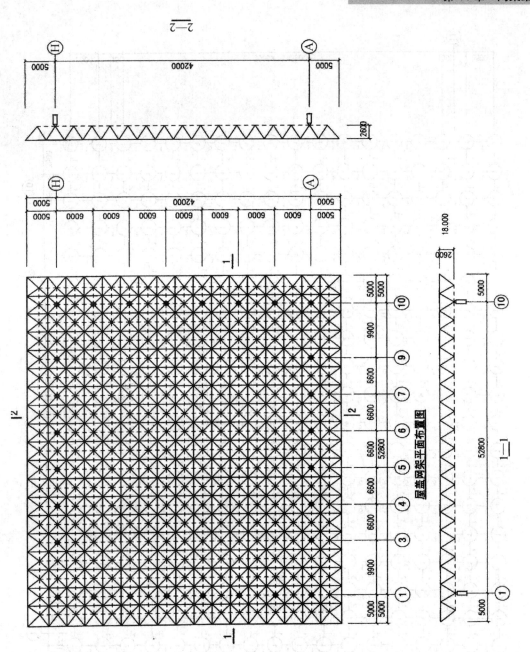

图 11-29　网架平面布置图

325

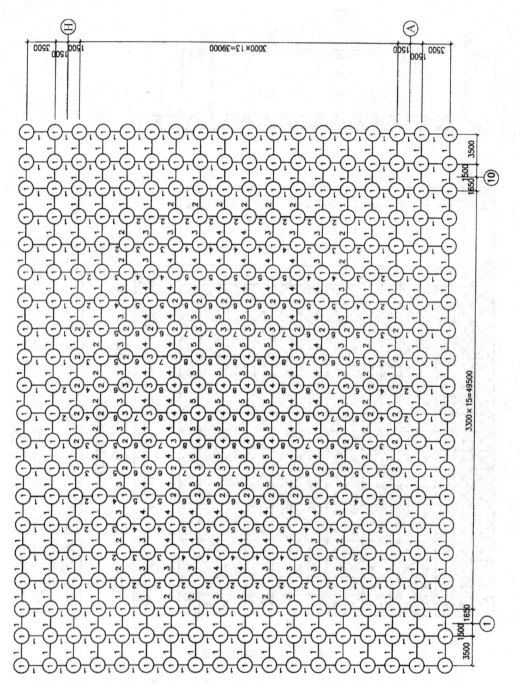

图 11-30　网架上弦杆件及球编号图

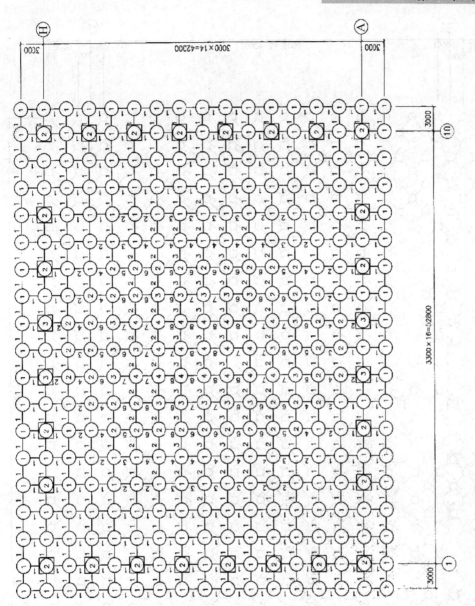

图 11-31　网架下弦杆件及球编号图

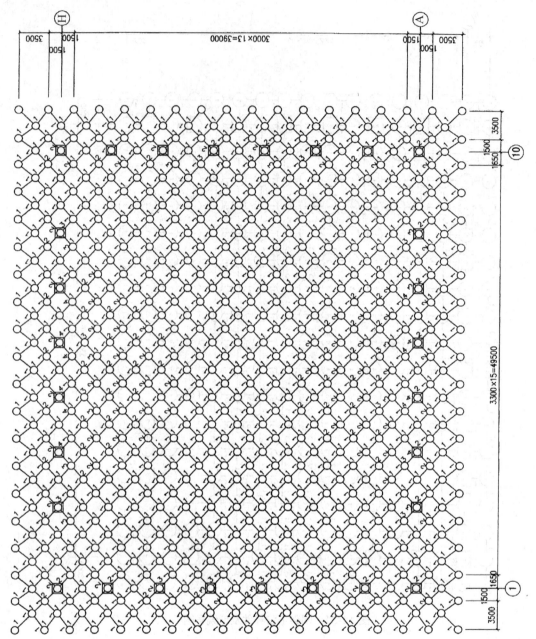

图 11-32　网架腹杆杆件编号图

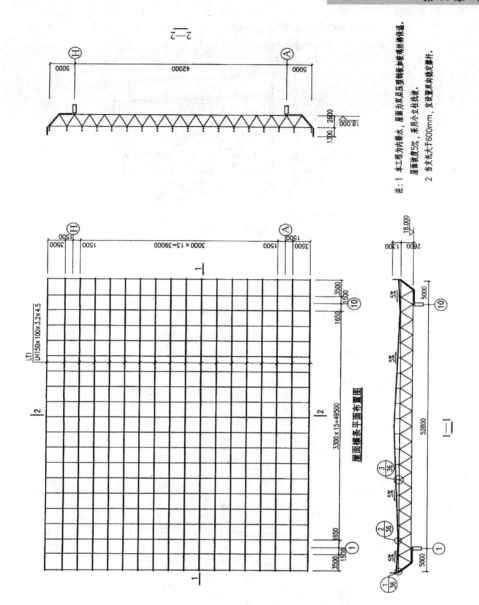

图 11-33　网架屋面檩条布置图及节点详图(一)

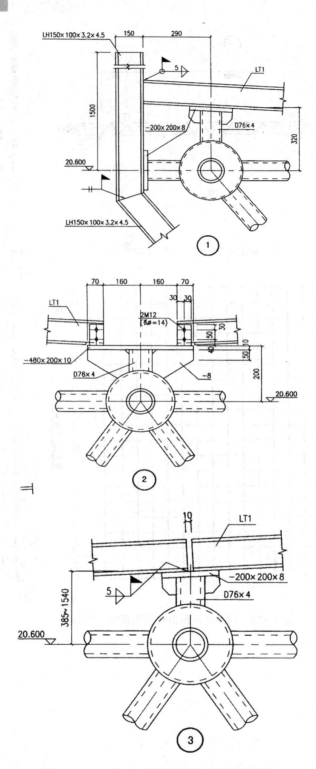

图 11-34　网架屋面檩条布置图及节点详图(二)

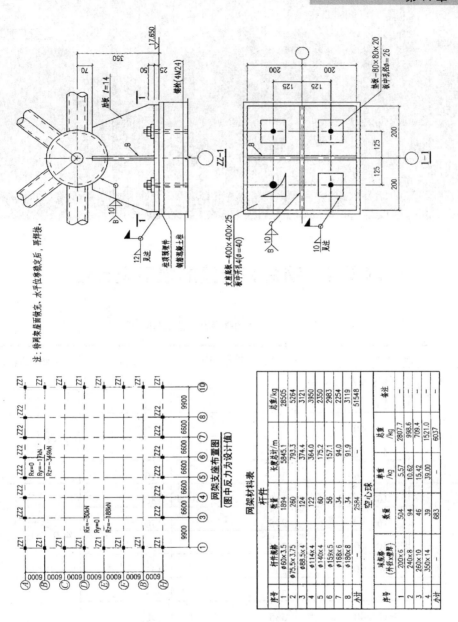

图 11-35 网架支座布置图及节点详图

附　录

附录 1　钢材和连接的强度设计值

附表 1-1　钢材的强度设计值(N/mm²)

钢 材		抗拉、抗压和抗弯	抗剪	端面承压(刨平顶紧)
牌 号	厚度或直径/mm	f	f_v	f_{ce}
Q235 钢	≤16	215	125	325
	>16~40	205	120	
	>40~60	200	115	
	>60~100	190	110	
Q345 钢	≤16	310	180	400
	>16~40	295	170	
	>40~60	265	155	
	>60~100	250	145	
Q390 钢	≤16	350	205	415
	>16~40	335	190	
	>40~60	315	180	
	>60~100	295	170	
Q420 钢	≤16	380	220	440
	>16~40	360	210	
	>40~60	340	195	
	>60~100	325	185	

注：附表中厚度系指计算点的钢材厚度，对轴心受拉和轴心受压构件系指截面中较厚板件的厚度。

附表 1-2　焊缝的强度设计值(N/mm²)

焊接方法和焊条型号	构件钢材		对接焊缝				角焊缝
	牌号	厚度或直径/mm	抗压 f_c^w	焊缝质量为下列等级时，抗拉 f_t^w		抗剪 f_v^w	抗拉、抗压和抗剪 f_f^w
				一级、二级	三级		
自动焊、半自动焊和E43型焊条的手工焊	Q235钢	≤16	215	215	185	125	160
		>16～40	205	205	175	120	
		>40～60	200	200	170	115	
		>60～100	190	190	160	110	
自动焊、半自动焊和E50型焊条的手工焊	Q345钢	≤16	310	310	265	180	200
		>16～35	295	295	250	170	
		>35～50	265	265	225	155	
		>50～100	250	250	210	145	
自动焊、半自动焊和E55型焊条的手工焊	Q390钢	≤16	350	350	300	205	220
		>16～35	335	335	285	190	
		>35～50	315	315	270	180	
		>50～100	295	295	250	170	
自动焊、半自动焊和E55型焊条的手工焊	Q420钢	≤16	380	380	320	220	220
		>16～35	360	360	305	210	
		>35～50	340	340	290	195	
		>50～100	325	325	275	185	

注：1. 自动焊和半自动焊所采用的焊丝和焊剂，应保证其熔敷金属的力学性能不低于现行国家标准《埋弧焊用碳钢焊丝和焊剂》(GB/T 5293)和《低合金钢埋弧焊用焊剂》(GB/T 12470)中相关的规定。

2. 焊缝质量等级应符合现行国家标准《钢结构工程施工质量验收规范》(GB 50205)的规定。其中厚度小于 8mm 钢材的对接焊缝，不应采用超声波探伤确定焊缝质量等级。

3. 对接焊缝在受压区的抗弯强度设计值取 f_c^w，在受拉区的抗弯强度设计值取 f_t^w。

4. 表中厚度系指计算点的钢材厚度，对轴心受拉和轴心受压构件系指截面中较厚板件的厚度。

附表 1-3　螺栓连接的强度设计值(N/mm²)

螺栓的性能等级、锚栓和构件钢材的牌号		普通螺栓						锚栓	承压型连接高强度螺栓		
		C级螺栓			A级、B级螺栓						
		抗拉 f_t^b	抗剪 f_v^b	抗拉 f_t^b	抗剪 f_v^b	承压 f_c^b	抗拉 f_t^b	抗拉 f_t^b	抗拉 f_t^b	抗剪 f_v^b	承压 f_c^b
普通螺栓	4.6级、4.8级	170	140	—	—	—	—	—	—	—	—
	5.6级	—	—	—	210	190	—	—	—	—	—
	8.8级	—	—	—	400	320	—	—	—	—	—
锚栓	Q235钢	—	—	—	—	—	—	140	—	—	—
	Q345钢	—	—	—	—	—	—	180	—	—	—
承压型连接高强度螺栓	8.8级	—	—	—	—	—	—	—	400	250	—
	10.9级	—	—	—	—	—	—	—	500	310	—

续表

| 螺栓的性能等级、锚栓和构件钢材的牌号 | | 普通螺栓 | | | | | | 锚栓 | 承压型连接高强度螺栓 | | |
| | | C 级螺栓 | | | A 级、B 级螺栓 | | | | | | |
		抗拉 f_t^b	抗剪 f_v^b	抗拉 f_t^b	抗剪 f_v^b	承压 f_c^b	抗拉 f_t^b	抗拉 f_t^b	抗拉 f_t^b	抗剪 f_v^b	承压 f_c^b
构件	Q235 钢	—	—	305	—	—	405	—	—	—	470
	Q345 钢	—	—	385	—	—	510	—	—	—	590
	Q390 钢	—	—	400	—	—	530	—	—	—	615
	Q420 钢	—	—	425	—	—	560	—	—	—	655

注：1. A 级螺栓用于 $d \leqslant 24mm$ 和 $l \leqslant 10d$ 或 $l \leqslant 150mm$ (按较小值)的螺栓；B 级螺栓用于 $d > 24mm$ 或 $l > 10d$ 或 $l > 150mm$ (按较小值)的螺栓。d 为公称直径，l 为螺杆公称长度。

2. A、B 级螺栓孔的精度和孔壁表面粗糙度、C 级螺栓孔的允许偏差和孔壁表面粗糙度，均应符合现行国家标准《钢结构工程施工质量验收规范》(GB 50205)的要求。

附录2　轴心受压构件的稳定系数

附表2-1　a类截面轴心受压构件的稳定系数 φ

$\lambda\sqrt{\dfrac{f_y}{235}}$	0	1	2	3	4	5	6	7	8
0	1.000	1.000	1.000	1.000	0.999	0.999	0.998	0.998	0.997
10	0.995	0.994	0.993	0.992	0.991	0.989	0.988	0.986	0.985
20	0.981	0.979	0.977	0.976	0.974	0.972	0.970	0.968	0.966
30	0.963	0.961	0.959	0.957	0.955	0.952	0.950	0.948	0.946
40	0.941	0.939	0.937	0.934	0.932	0.929	0.927	0.924	0.921
50	0.916	0.913	0.910	0.907	0.904	0.900	0.897	0.894	0.890
60	0.883	0.879	0.875	0.871	0.867	0.863	0.858	0.854	0.849
70	0.839	0.834	0.829	0.824	0.818	0.813	0.807	0.801	0.795
80	0.783	0.776	0.770	0.763	0.757	0.750	0.743	0.736	0.728
90	0.714	0.706	0.699	0.691	0.684	0.676	0.668	0.661	0.653
100	0.638	0.630	0.622	0.615	0.607	0.600	0.592	0.585	0.577
110	0.563	0.555	0.548	0.541	0.534	0.527	0.520	0.514	0.507
120	0.494	0.488	0.481	0.475	0.469	0.463	0.457	0.451	0.445
130	0.434	0.429	0.423	0.418	0.412	0.407	0.402	0.397	0.392
140	0.383	0.378	0.373	0.369	0.364	0.360	0.356	0.351	0.347
150	0.339	0.335	0.331	0.327	0.323	0.320	0.316	0.312	0.309
160	0.302	0.298	0.295	0.292	0.289	0.285	0.282	0.279	0.276
170	0.270	0.267	0.264	0.262	0.259	0.256	0.253	0.251	0.248
180	0.243	0.241	0.238	0.236	0.233	0.231	0.229	0.226	0.224
190	0.220	0.218	0.215	0.213	0.211	0.209	0.207	0.205	0.203
200	0.199	0.198	0.196	0.194	0.192	0.190	0.189	0.187	0.185
210	0.182	0.180	0.179	0.177	0.175	0.174	0.172	0.171	0.169
220	0.166	0.165	0.164	0.162	0.161	0.159	0.158	0.157	0.155
230	0.153	0.152	0.150	0.149	0.148	0.147	0.146	0.144	0.143
240	0.141	0.140	0.139	0.138	0.136	0.135	0.134	0.133	0.132
250	0.130	—	—	—	—	—	—	—	—

附表2-2 b 类截面轴心受压构件的稳定系数 φ

$\lambda\sqrt{\dfrac{f_y}{235}}$	0	1	2	3	4	5	6	7	8	9
0	1.000	1.000	1.000	0.999	0.999	0.998	0.997	0.996	0.995	0.994
10	0.992	0.991	0.989	0.987	0.985	0.983	0.981	0.978	0.976	0.973
20	0.970	0.967	0.963	0.960	0.957	0.953	0.950	0.946	0.943	0.939
30	0.936	0.932	0.929	0.925	0.922	0.918	0.914	0.910	0.906	0.903
40	0.899	0.895	0.891	0.887	0.882	0.878	0.874	0.870	0.865	0.861
50	0.856	0.852	0.847	0.842	0.838	0.833	0.828	0.823	0.818	0.813
60	0.807	0.802	0.797	0.791	0.786	0.780	0.774	0.769	0.763	0.757
70	0.751	0.745	0.739	0.732	0.726	0.720	0.714	0.707	0.701	0.694
80	0.688	0.681	0.675	0.668	0.661	0.655	0.648	0.641	0.635	0.628
90	0.621	0.614	0.608	0.601	0.594	0.588	0.581	0.575	0.568	0.561
100	0.555	0.549	0.542	0.536	0.529	0.523	0.517	0.511	0.505	0.499
110	0.493	0.487	0.481	0.475	0.470	0.464	0.458	0.453	0.447	0.442
120	0.437	0.432	0.426	0.421	0.416	0.411	0.406	0.402	0.397	0.392
130	0.387	0.383	0.378	0.374	0.370	0.365	0.361	0.357	0.353	0.349
140	0.345	0.341	0.337	0.333	0.329	0.326	0.322	0.318	0.315	0.311
150	0.308	0.304	0.301	0.298	0.295	0.291	0.288	0.285	0.282	0.279
160	0.276	0.273	0.270	0.267	0.265	0.262	0.259	0.256	0.254	0.251
170	0.249	0.246	0.244	0.241	0.239	0.236	0.234	0.232	0.229	0.227
180	0.225	0.223	0.220	0.218	0.216	0.214	0.212	0.210	0.208	0.206
190	0.204	0.202	0.200	0.198	0.197	0.195	0.193	0.191	0.190	0.188
200	0.186	0.184	0.183	0.181	0.180	0.178	0.176	0.175	0.173	0.172
210	0.170	0.169	0.167	0.166	0.165	0.163	0.162	0.160	0.159	0.158
220	0.156	0.155	0.154	0.153	0.151	0.150	0.149	0.148	0.146	0.145
230	0.144	0.143	0.142	0.141	0.140	0.138	0.137	0.136	0.135	0.134
240	0.133	0.132	0.131	0.130	0.129	0.128	0.127	0.126	0.125	0.124
250	0.123	—	—	—	—	—	—	—	—	—

附表 2-3   c 类截面轴心受压构件的稳定系数 φ

$\lambda\sqrt{\dfrac{f_y}{235}}$	0	1	2	3	4	5	6	7	8	9
0	1.000	1.000	1.000	0.999	0.999	0.998	0.997	0.996	0.995	0.993
10	0.992	0.990	0.988	0.986	0.983	0.981	0.978	0.976	0.973	0.970
20	0.966	0.959	0.953	0.947	0.940	0.934	0.928	0.921	0.915	0.909
30	0.902	0.896	0.890	0.884	0.877	0.871	0.865	0.858	0.852	0.846
40	0.839	0.833	0.826	0.820	0.814	0.807	0.801	0.794	0.788	0.781
50	0.775	0.768	0.763	0.755	0.748	0.742	0.735	0.729	0.722	0.715
60	0.709	0.702	0.695	0.689	0.682	0.676	0.669	0.662	0.656	0.649
70	0.643	0.636	0.629	0.623	0.616	0.610	0.604	0.597	0.591	0.584
80	0.578	0.572	0.566	0.559	0.553	0.547	0.541	0.535	0.529	0.523
90	0.517	0.511	0.505	0.500	0.494	0.488	0.483	0.477	0.472	0.467
100	0.463	0.458	0.454	0.449	0.445	0.441	0.436	0.432	0.428	0.423
110	0.419	0.415	0.411	0.407	0.403	0.399	0.395	0.391	0.387	0.383
120	0.379	0.375	0.371	0.367	0.364	0.360	0.356	0.353	0.349	0.346
130	0.342	0.339	0.335	0.332	0.328	0.325	0.322	0.319	0.315	0.312
140	0.309	0.306	0.303	0.300	0.297	0.294	0.291	0.288	0.285	0.282
150	0.280	0.277	0.274	0.271	0.269	0.266	0.264	0.261	0.258	0.256
160	0.254	0.251	0.249	0.246	0.244	0.242	0.239	0.237	0.235	0.233
170	0.230	0.228	0.226	0.224	0.222	0.220	0.218	0.216	0.214	0.212
180	0.210	0.208	0.206	0.205	0.203	0.201	0.199	0.197	0.196	0.194
190	0.192	0.190	0.189	0.187	0.186	0.184	0.182	0.181	0.179	0.178
200	0.176	0.175	0.173	0.172	0.170	0.169	0.168	0.166	0.165	0.163
210	0.162	0.161	0.159	0.158	0.157	0.156	0.154	0.153	0.152	0.151
220	0.150	0.148	0.147	0.146	0.145	0.144	0.143	0.142	0.140	0.139
230	0.138	0.137	0.136	0.135	0.134	0.133	0.132	0.131	0.130	0.129
240	0.128	0.127	0.126	0.125	0.124	0.124	0.123	0.122	0.121	0.120
250	0.119	—	—	—	—	—	—	—	—	—

附表 2-4   d 类截面轴心受压构件的稳定系数 φ

$\lambda\sqrt{\dfrac{f_y}{235}}$	0		2	3	4	5	6	7	8	9
0	1.000	1.000	0.999	0.999	0.998	0.996	0.994	0.992	0.990	0.987
10	0.984	0.981	0.978	0.974	0.969	0.965	0.960	0.955	0.949	0.944
20	0.937	0.927	0.918	0.909	0.900	0.891	0.883	0.874	0.865	0.857
30	0.848	0.840	0.831	0.823	0.815	0.807	0.799	0.790	0.782	0.774
40	0.766	0.759	0.751	0.743	0.735	0.728	0.720	0.712	0.705	0.697
50	0.690	0.683	0.675	0.668	0.661	0.654	0.646	0.639	0.632	0.625
60	0.618	0.612	0.605	0.598	0.591	0.585	0.578	0.572	0.565	0.559
70	0.552	0.546	0.540	0.534	0.528	0.522	0.516	0.510	0.504	0.498
80	0.493	0.487	0.481	0.476	0.470	0.465	0.460	0.454	0.449	0.444
90	0.439	0.434	0.429	0.424	0.419	0.414	0.410	0.405	0.401	0.397
100	0.394	0.390	0.387	0.383	0.380	0.376	0.373	0.370	0.366	0.363
110	0.359	0.356	0.353	0.350	0.346	0.343	0.340	0.337	0.334	0.331
120	0.328	0.325	0.322	0.319	0.316	0.313	0.310	0.307	0.304	0.301
130	0.299	0.296	0.293	0.290	0.288	0.285	0.282	0.280	0.277	0.275
140	0.272	0.270	0.267	0.265	0.262	0.260	0.258	0.255	0.253	0.251
150	0.248	0.246	0.244	0.242	0.240	0.237	0.235	0.233	0.231	0.229
160	0.227	0.225	0.223	0.221	0.219	0.217	0.215	0.213	0.212	0.210
170	0.208	0.206	0.204	0.203	0.201	0.199	0.197	0.196	0.194	0.192
180	0.191	0.189	0.188	0.186	0.184	0.183	0.181	0.180	0.178	0.177
190	0.176	0.174	0.173	0.171	0.170	0.168	0.167	0.166	0.164	0.163
200	0.162	—	—	—	—	—	—	—	—	—

附录 3　受弯构件相关取值

附表 3-1　截面塑性发展系数 γ_x、γ_y

项　次	截面形式		y
1			1.2
2		1.05	1.05
3			1.2
4			1.05
5		1.2	1.2
6		1.15	1.15
7			1.05
8		1.0	1.0

附表 3-2 受弯构件挠度容许值

项次	构件类别	挠度容许值	
		$[v_T]$	$[v_Q]$
1	吊车梁和吊车桁架(按自重和起重量最大的一台吊车计算挠度) 手动吊车和单梁吊车(含悬挂吊车) 轻级工作制桥式吊车 中级工作制桥式吊车 重级工作制桥式吊车	$l/500$ $l/800$ $l/1000$ $l/1200$	—
2	手动或电动葫芦的轨道梁	$l/400$	—
3	有重轨(重量不大于 38kg/m)轨道的工作平台梁 有轻轨(重量不大于 24kg/m)轨道的工作平台梁	$l/600$ $l/400$	—
4	楼(屋)盖梁或桁架、工作平台梁(第 3 项除外)和平台板 (1) 主梁或桁架(包括设有悬挂起重设备的梁和桁架) (2) 抹灰顶棚的次梁 (3) 除(1)、(2)款外的其他梁(包括楼梯梁) (4) 屋盖檩条: 　　① 支承无积灰的瓦楞铁和石棉瓦屋面者 　　② 支承压型金属板、有积灰的瓦楞铁和石棉瓦等屋面者 　　③ 支承其他屋面材料者 (5) 平台板	$l/400$ $l/250$ $l/250$ $l/150$ $l/200$ $l/200$ $l/150$	 $l/500$ $l/350$ $l/300$
5	墙架构件(风荷载不考虑阵风系数) (1) 支柱 (2) 抗风桁架(作为连续支柱的支承时) (3) 砌体墙的横梁(水平方向) (4) 支承压型金属板、瓦楞铁和石棉瓦墙面的横梁(水平方向) (5) 带有玻璃窗的横梁(竖直和水平方向)	— — — — $l/200$	$l/400$ $l/1000$ $l/300$ $l/200$ $l/200$

注：1. l 为受弯构件的跨度(对悬臂梁和伸臂梁为悬伸长度的 2 倍)。

2. $[v_T]$ 为永久和可变荷载标准值产生的挠度(如有起拱应减去拱度)的容许值；$[v_Q]$ 为可变荷载标准值产生的挠度的容许值。

附表 3-3　轧制普通工字钢简支梁的 φ_b

项次	荷载情况			工字钢型号	自由长度 l_1/m								
					2	3	4	5	6	7	8	9	10
1	跨中无侧向支承点的梁	集中荷载作用于	上翼缘	10~20	2.00	1.30	0.99	0.80	0.68	0.58	0.53	0.48	0.43
				22~32	2.40	1.48	1.09	0.86	0.72	0.62	0.54	0.49	0.45
				36~63	2.80	1.60	1.07	0.83	0.68	0.56	0.50	0.45	0.40
2			下翼缘	10~20	3.10	1.95	1.34	1.00	0.82	0.69	0.63	0.57	0.52
				22~40	5.50	2.80	1.84	1.37	1.07	0.86	0.73	0.64	0.56
				45~63	7.30	3.60	2.30	1.62	1.20	0.96	0.80	0.69	0.60
3		均布荷载作用于	上翼缘	10~20	1.70	1.12	0.84	0.68	0.57	0.50	0.45	0.41	0.37
				22~40	2.10	1.30	0.93	0.73	0.60	0.51	0.45	0.40	0.36
				45~63	2.60	1.45	0.97	0.73	0.59	0.50	0.44	0.38	0.35
4			下翼缘	10~20	2.50	1.55	1.08	0.83	0.68	0.56	0.52	0.47	0.42
				22~40	4.00	2.20	1.45	1.10	0.80	0.70	0.60	0.52	0.46
				45~63	5.60	2.80	1.80	1.25	0.95	0.78	0.65	0.55	0.49
5	跨中有侧向支承点的梁(不论荷载作用点在截面高度上的位置)			10~20	2.20	1.39	1.01	0.79	0.66	0.57	0.52	0.47	0.42
				22~40	3.00	1.80	1.24	0.96	0.76	0.65	0.56	0.49	0.43
				45~63	4.00	2.20	1.38	1.01	0.80	0.66	0.56	0.49	0.43

注：1. 表中项次 1、2 中的集中荷载是指一个或少数几个集中荷载位于跨中央附近的情况，对其他情况的集中荷载，应按表中项次 3、4 内的数值采用。

2. 荷载作用在上翼缘系指荷载作用点在翼缘表面，方向指向截面形心；荷载作用在下翼缘系指荷载作用点在翼缘表面，方向背向截面形心。

3. 表中的 φ_b 适用于 Q235 钢。对其他钢号，表中数值应乘以 $235/f_y$。

附录4　柱的计算长度系数

附表 4-1　有侧移框架柱的计算长度系数 μ

K_1 / K_2	0	0.05	0.1	0.2	0.3	0.4	0.5	1	2	3	4	5	≥10
0	∞	6.02	4.46	3.42	3.01	2.78	2.64	2.33	2.17	2.11	2.08	2.07	2.03
0.05	6.02	4.16	3.47	2.86	2.58	2.42	2.31	2.07	1.94	1.90	1.87	1.86	1.83
0.1	4.46	3.47	3.01	2.56	2.33	2.20	2.11	1.90	1.79	1.75	1.73	1.72	1.70
0.2	3.42	2.86	2.56	2.23	2.05	1.94	1.87	1.70	1.60	1.57	1.55	1.54	1.52
0.3	3.01	2.58	2.33	2.05	1.90	1.80	1.74	1.58	1.49	1.46	1.45	1.44	1.42
0.4	2.78	2.42	2.20	1.94	1.80	1.71	1.65	1.50	1.42	1.39	1.37	1.37	1.35
0.5	2.64	2.31	2.11	1.87	1.74	1.65	1.59	1.45	1.37	1.34	1.32	1.32	1.30
1	2.33	2.07	1.90	1.70	1.58	1.50	1.45	1.32	1.24	1.21	1.20	1.19	1.17
2	2.17	1.94	1.79	1.60	1.49	1.42	1.37	1.24	1.16	1.14	1.12	1.12	1.10
3	2.11	1.90	1.75	1.57	1.46	1.39	1.34	1.21	1.14	1.11	1.10	1.09	1.07
4	2.08	1.87	1.73	1.55	1.45	1.37	1.32	1.20	1.12	1.10	1.08	1.08	1.06
5	2.07	1.86	1.72	1.54	1.44	1.37	1.32	1.19	1.12	1.09	1.08	1.07	1.05
≥10	2.03	1.83	1.70	1.52	1.42	1.35	1.30	1.17	1.10	1.07	1.06	1.05	1.03

注：1. 附表中的计算长度系数 μ 值系按下式所得：$\left[36K_1K_2 - \left(\dfrac{\pi}{\mu}\right)^2\right]\sin\dfrac{\pi}{\mu} + 6(K_1 + K_2)\dfrac{\pi}{\mu}\cdot\cos\dfrac{\pi}{\mu} = 0$

　　式中，K_1、K_2 分别为相交于柱上端、柱下端的横梁线刚度之和与柱线刚度之和的比值。当横梁远端为铰接时，应将横梁线刚度乘以 0.5；当横梁远端为嵌固时，则应乘以 2/3。

2. 当横梁与柱铰接时，取横梁线刚度为零。

3. 对底层框架柱：当柱与基础铰接时，取 $K_2 = 0$（对平板支座可取 $K_2 = 0.1$）；当柱与基础刚接时，取 $K_2 = 10$。

4. 当与柱刚性连接的横梁所受轴心压力 N_b 较大时，横梁线刚度应乘以折减系数 α_N。

　　横梁远端与柱刚接时：$\alpha_N = 1 - N_b/(4N_{Eb})$

　　横梁远端铰支时：$\alpha_N = 1 - N_b/N_{Eb}$

　　横梁远端嵌固时：$\alpha_N = 1 - N_b/(2N_{Eb})$

　　式中 N_{Eb} 的计算式见附表 4-2 中注 4。

附表 4-2　无侧移框架柱的计算长度系数 μ

K_1 \ K_2	0	0.05	0.1	0.2	0.3	0.4	0.5	1	2	3	4	5	$\geqslant$ 10
0	1.000	0.990	0.981	0.964	0.949	0.935	0.922	0.875	0.820	0.791	0.773	0.760	0.732
0.05	0.990	0.981	0.971	0.955	0.940	0.926	0.914	0.867	0.814	0.784	0.766	0.754	0.726
0.1	0.981	0.971	0.962	0.946	0.931	0.918	0.906	0.860	0.807	0.778	0.760	0.748	0.721
0.2	0.964	0.955	0.946	0.930	0.916	0.903	0.891	0.846	0.795	0.767	0.749	0.737	0.711
0.3	0.949	0.940	0.931	0.916	0.902	0.889	0.878	0.834	0.784	0.756	0.739	0.728	0.701
0.4	0.935	0.926	0.918	0.903	0.889	0.877	0.866	0.823	0.774	0.747	0.730	0.719	0.693
0.5	0.922	0.914	0.906	0.891	0.878	0.866	0.855	0.813	0.765	0.738	0.721	0.710	0.685
1	0.875	0.867	0.860	0.846	0.834	0.823	0.813	0.774	0.729	0.704	0.688	0.677	0.654
2	0.820	0.814	0.807	0.795	0.784	0.774	0.765	0.729	0.686	0.663	0.648	0.638	0.615
3	0.791	0.784	0.778	0.767	0.756	0.747	0.738	0.704	0.663	0.640	0.625	0.616	0.593
4	0.773	0.766	0.760	0.749	0.739	0.730	0.721	0.688	0.648	0.625	0.611	0.601	0.580
5	0.760	0.754	0.748	0.737	0.728	0.719	0.710	0.677	0.638	0.616	0.601	0.592	0.570
$\geqslant$ 10	0.732	0.726	0.721	0.711	0.701	0.693	0.685	0.654	0.615	0.593	0.580	0.570	0.549

注：1. 附表中的计算长度系数 μ 值系按下式所得：

$$\left[\left(\frac{\pi}{\mu}\right)^2 + 2(K_1+K_2) - 4K_1K_2\right]\frac{\pi}{\mu}\cdot\sin\frac{\pi}{\mu} - 2\left[(K_1+K_2)\left(\frac{\pi}{\mu}\right)^2 + 4K_1K_2\right]\cos\frac{\pi}{\mu} + 8K_1K_2 = 0$$

　　式中，K_1、K_2 分别为相交于柱上端、柱下端的横梁线刚度之和与柱线刚度之和的比值。当横梁远端为铰接时，应将横梁线刚度乘以 1.5；当横梁远端为嵌固时，则将横梁线刚度乘以 2。

2. 当横梁与柱铰接时，取横梁线刚度为零。

3. 对底层框架柱：当柱与基础铰接时，取 $K_2=0$(对平板支座可取 $K_2=0.1$)；当柱与基础刚接时，取 $K_2=10$。

4. 当与柱刚性连接的横梁所受轴心压力 N_b 较大时，横梁线刚度应乘以折减系数 α_N；横梁远端与柱刚接和横梁远端铰支时：$\alpha_N = 1 - N_b/N_{Eb}$

　　横梁远端嵌固时：$\alpha_N = 1 - N_b/(2N_{Eb})$

　　式中，$N_{Eb} = \pi^2 EI_b/l^2$，I_b 为横梁截面惯性矩，l 为横梁长度。

附录 5 常用型钢规格表

符号：h—高度；
b—宽度；
t_w—腹板厚度；
t—翼缘平均厚度；
I—惯性矩；
W—截面模量；

i—回转半径；
S_x—半截面的面积矩；
长度：
型号 10～18，长度为 5～19m
型号 20～63，长度为 6～19m

附表 5-1 普通工字钢

型号		h /mm	b /mm	t_w /mm	t /mm	R /mm	截面面积/cm²	理论重量 /(kg/m)	I_x /cm⁴	W_x /cm³	i_x /cm	I_x/S_x /cm	I_y /cm⁴	W_y /cm³	i_y /cm
10		100	68	4.5	7.6	6.5	14.3	11.2	245	49	4.14	8.69	33	9.6	1.51
12.6		126	74	5	8.4	7	18.1	14.2	488	77	5.19	11	47	12.7	1.61
14		140	80	5.5	9.1	7.5	21.5	16.9	712	102	5.75	12.2	64	16.1	1.73
16		160	88	6	9.9	8	26.1	20.5	1127	141	6.57	13.9	93	21.1	1.89
18		180	94	6.5	10.7	8.5	30.7	24.1	1699	185	7.37	15.4	123	26.2	2.00
20	a	200	100	7	11.4	9	35.5	27.9	2369	237	8.16	17.4	158	31.6	2.11
	b	200	102	9	11.4	9	39.5	31.1	2502	250	7.95	17.1	169	33.1	2.07
22	a	220	110	7.5	12.3	9.5	42.1	33	3406	310	8.99	19.2	226	41.1	2.32
	b	220	112	9.5	12.3	9.5	46.5	36.5	3583	326	8.78	18.9	240	42.9	2.27
25	a	250	116	8	13	10	48.5	38.1	5017	401	10.2	21.7	280	48.4	2.4
	b	250	118	10	13	10	53.5	42	5278	422	9.93	21.4	297	50.4	2.36

续表

型 号		h/mm	b/mm	尺寸/mm t_w/mm	t/mm	R/mm	截面面积/cm²	理论重量/(kg/m)	x-x轴 I_x/cm⁴	W_x/cm³	i_x/cm	I_x/S_x/cm	y-y轴 I_y/cm⁴	W_y/cm³	i_y/cm
28	a	280	122	8.5	13.7	10.5	55.4	43.5	7115	508	11.3	24.3	344	56.4	2.49
	b	280	124	10.5	13.7	10.5	61	47.9	7481	534	11.1	24	364	58.7	2.44
32	a	320	130	9.5	15	11.5	67.1	52.7	11080	692	12.8	27.7	459	70.6	2.62
	b	320	132	11.5	15	11.5	73.5	57.7	11626	727	12.6	27.3	484	73.3	2.57
	c	320	134	13.5	15	11.5	79.9	62.7	12173	761	12.3	26.9	510	76.1	2.53
36	a	360	136	10	15.8	12	76.4	60	15796	878	14.4	31	555	81.6	2.69
	b	360	138	12	15.8	12	83.6	65.6	16574	921	14.1	30.6	584	84.6	2.64
	c	360	140	14	15.8	12	90.8	71.3	17351	964	13.8	30.2	614	87.7	2.6
40	a	400	142	10.5	16.5	12.5	86.1	67.6	21714	1086	15.9	34.4	660	92.9	2.77
	b	400	144	12.5	16.5	12.5	94.1	73.8	22781	1139	15.6	33.9	693	96.2	2.71
	c	400	146	14.5	16.5	12.5	102	80.1	23847	1192	15.3	33.5	727	99.7	2.67
45	a	450	150	11.5	18	13.5	102	80.4	32241	1433	17.7	38.5	855	114	2.89
	b	450	152	13.5	18	13.5	111	87.4	33759	1500	17.4	38.1	895	118	2.84
	c	450	154	15.5	18	13.5	120	94.5	35278	1568	17.1	37.6	938	122	2.79
50	a	500	158	12	20	14	119	93.6	46472	1859	19.7	42.9	1122	142	3.07
	b	500	160	14	20	14	129	101	48556	1942	19.4	42.3	1171	146	3.01
	c	500	162	16	20	14	139	109	50639	2026	19.1	41.9	1224	151	2.96
56	a	560	166	12.5	21	14.5	135	106	65576	2342	22	47.9	1366	165	3.18
	b	560	168	14.5	21	14.5	147	115	68503	2447	21.6	47.3	1424	170	3.12
	c	560	170	16.5	21	14.5	158	124	71430	2551	21.3	46.8	1485	175	3.07
63	a	630	176	13	22	15	155	122	94004	2984	24.7	53.8	1702	194	3.32
	b	630	178	15	22	15	167	131	98171	3117	24.2	53.2	1771	199	3.25
	c	630	180	17	22	15	180	141	102339	3249	23.9	52.6	1842	205	3.2

附表 5-2　H 型钢

符号：h—高度；
b—宽度；
t_1—腹板厚度；
t_2—翼缘厚度；
I—惯性矩；
W—截面模量；
i—回转半径；
S_x—半截面的面积矩

类别	H 型钢规格 ($h×b×t_1×t_2$)	截面面积 A /cm²	质量 q /(kg/m)	x-x 轴			y-y 轴		
				I_x /cm⁴	W_x /cm³	i_x /cm	I_y /cm⁴	W_y /cm³	i_y /cm
HW	100×100×6×8	21.9	17.22	383	76.5	4.18	134	26.7	2.47
	125×125×6.5×9	30.31	23.8	847	136	5.29	294	47	3.11
	150×150×7×10	40.55	31.9	1660	221	6.39	564	75.1	3.73
	175×175×7.5×11	51.43	40.3	2900	331	7.5	984	112	4.37
	200×200×8×12	64.28	50.5	4770	477	8.61	1600	160	4.99
	#200×204×12×12	72.28	56.7	5030	503	8.35	1700	167	4.85
	250×250×9×14	92.18	72.4	10800	867	10.8	3650	292	6.29
	#250×255×14×14	104.7	82.2	11500	919	10.5	3880	304	6.09
	#294×302×12×12	108.3	85	17000	1160	12.5	5520	365	7.14
	300×300×10×15	120.4	94.5	20500	1370	13.1	6760	450	7.49
	300×305×15×15	135.4	106	21600	1440	12.6	7100	466	7.24
	#344×348×10×16	146	115	33300	1940	15.1	11200	646	8.78
	350×350×12×19	173.9	137	40300	2300	15.2	13600	776	8.84
	#388×402×15×15	179.2	141	49200	2540	16.6	16300	809	9.52

类别	H型钢规格 $(h×b×t_1×t_2)$	截面积 A /cm²	质量 q /(kg/m)	x-x轴			y-y轴		
				I_x /cm⁴	W_x /cm³	i_x /cm	I_y /cm⁴	W_y /cm³	i_y /cm
	#394×398×11×18	187.6	147	56400	2860	17.3	18900	951	10
	400×400×13×21	219.5	172	66900	3340	17.5	22400	1120	10.1
	#400×408×21×21	251.5	197	71100	3560	16.8	23800	1170	9.73
	#414×405×18×28	296.2	233	93000	4490	17.7	31000	1530	10.2
	#428×407×20×35	361.4	284	119000	5580	18.2	39400	1930	10.4
HM	148×100×6×9	27.25	21.4	1040	140	6.17	151	30.2	2.35
	194×150×6×9	39.76	31.2	2740	283	8.3	508	67.7	3.57
	244×175×7×11	56.24	44.1	6120	502	10.4	985	113	4.18
	294×200×8×12	73.03	57.3	11400	779	12.5	1600	160	4.69
	340×250×9×14	101.5	79.7	21700	1280	14.6	3650	292	6
	390×300×10×16	136.7	107	38900	2000	16.9	7210	481	7.26
	440×300×11×18	157.4	124	56100	2550	18.9	8110	541	7.18
	482×300×11×15	146.4	115	60800	2520	20.4	6770	451	6.8
	488×300×11×18	164.4	129	71400	2930	20.8	8120	541	7.03
	582×300×12×17	174.5	137	103000	3530	24.3	7670	511	6.63
	588×300×12×20	192.5	151	118000	4020	24.8	9020	601	6.85
	#594×302×14×23	222.4	175	137000	4620	24.9	10600	701	6.9
HN	100×50×5×7	12.16	9.54	192	38.5	3.98	14.9	5.96	1.11
	125×60×6×8	17.01	13.3	417	66.8	4.95	29.3	9.75	1.31
	150×75×5×7	18.16	14.3	679	90.6	6.12	49.6	13.2	1.65
	175×90×5×8	23.21	18.2	1220	140	7.26	97.6	21.7	2.05
	198×99×4.5×7	23.59	18.5	1610	163	8.27	114	23	2.2
	200×100×5.5×8	27.57	21.7	1880	188	8.25	134	26.8	2.21

续表

类别	H型钢规格 ($h×b×t_1×t_2$)	截面积 A /cm²	质量 q /(kg/m)	x-x 轴			y-y 轴		
				I_x /cm⁴	W_x /cm³	i_x /cm	I_y /cm⁴	W_y /cm³	i_y /cm
HN	248×124×5×8	32.89	25.8	3560	287	10.4	255	41.1	2.78
	250×125×6×9	37.87	29.7	4080	326	10.4	294	47	2.79
	298×149×5.5×8	41.55	32.6	6460	433	12.4	443	59.4	3.26
	300×150×6.5×9	47.53	37.3	7350	490	12.4	508	67.7	3.27
	346×174×6×9	53.19	41.8	11200	649	14.5	792	91	3.86
	350×175×7×11	63.66	50	13700	782	14.7	985	113	3.93
	#400×150×8×13	71.12	55.8	18800	942	16.3	734	97.9	3.21
	396×199×7×11	72.16	56.7	20000	1010	16.7	1450	145	4.48
	400×200×8×13	84.12	66	23700	1190	16.8	1740	174	4.54
	#450×150×9×14	83.41	65.5	27100	1200	18	793	106	3.08
	446×199×8×12	84.95	66.7	29000	1300	18.5	1580	159	4.31
	450×200×9×14	97.41	76.5	33700	1500	18.6	1870	187	4.38
	#500×150×10×16	98.23	77.1	38500	1540	19.8	907	121	3.04
	496×199×9×14	101.3	79.5	41900	1690	20.3	1840	185	4.27
	500×200×10×16	114.2	89.6	47800	1910	20.5	2140	214	4.33
	#506×201×11×19	131.3	103	56500	2230	20.8	2580	257	4.43
	596×199×10×15	121.2	95.1	69300	2330	23.9	1980	199	4.04
	600×200×11×17	135.2	106	78200	2610	24.1	2280	228	4.11
	#606×201×12×20	153.3	120	91000	3000	24.4	2720	271	4.21
	#692×300×13×20	211.5	166	172000	4980	28.6	9020	602	6.53
	700×300×13×24	235.5	185	201000	5760	29.3	10800	722	6.78

注："#"表示的规格为非常用规格。

附表 5-3　普通槽钢

符号:
同普通工字钢
但 W_y 为对应翼缘肢尖

长度:
型号 5~8, 长 5~12m
型号 10~18, 长 5~19m
型号 20~20, 长 6~19m

型号		尺寸/mm					截面面积/cm²	理论重量/(kg/m)	x-x 轴			y-y 轴			y-y₁ 轴	Z_0/cm
	h	b	t_w	t	R			I_x/cm⁴	W_x/cm³	i_x/cm	I_y/cm⁴	W_y/cm³	i_y/cm	I_{y1}/cm⁴	
5	50	37	4.5	7	7	6.92	5.44	26	10.4	1.94	8.3	3.5	1.1	20.9	1.35
6.3	63	40	4.8	7.5	7.5	8.45	6.63	51	16.3	2.46	11.9	4.6	1.19	28.3	1.39
8	80	43	5	8	8	10.24	8.04	101	25.3	3.14	16.6	5.8	1.27	37.4	1.42
10	100	48	5.3	8.5	8.5	12.74	10	198	39.7	3.94	25.6	7.8	1.42	54.9	1.52
12.6	126	53	5.5	9	9	15.69	12.31	389	61.7	4.98	38	10.3	1.56	77.8	1.59
14 a	140	58	6	9.5	9.5	18.51	14.53	564	80.5	5.52	53.2	13	1.7	107.2	1.71
14 b	140	60	8	9.5	9.5	21.31	16.73	609	87.1	5.35	61.2	14.1	1.69	120.6	1.67
16 a	160	63	6.5	10	10	21.95	17.23	866	108.3	6.28	73.4	16.3	1.83	144.1	1.79
16 b	160	65	8.5	10	10	25.15	19.75	935	116.8	6.1	83.4	17.6	1.82	160.8	1.75
18 a	180	68	7	10.5	10.5	25.69	20.17	1273	141.4	7.04	98.6	20	1.96	189.7	1.88
18 b	180	70	9	10.5	10.5	29.29	22.99	1370	152.2	6.84	111	21.5	1.95	210.1	1.84
20 a	200	73	7	11	11	28.83	22.63	1780	178	7.86	128	24.2	2.11	244	2.01
20 b	200	75	9	11	11	32.83	25.77	1914	191.4	7.64	143.6	25.9	2.09	268.4	1.95

续表

型号		尺寸/mm					截面面积/cm²	理论重量/(kg/m)	x-x轴			y-y轴			y-y₁轴	
		h	b	t_w	t	R			I_x/cm⁴	W_x/cm³	i_x/cm	I_y/cm⁴	W_y/cm³	i_y/cm	I_{y1}/cm⁴	Z_0/cm
22	a	220	77	7	11.5	11.5	31.84	24.99	2394	217.6	8.67	157.8	28.2	2.23	298.2	2.1
	b		79	9	11.5	11.5	36.24	28.45	2571	233.8	8.42	176.5	30.1	2.21	326.3	2.03
25	a	250	78	7	12	12	34.91	27.4	3359	268.7	9.81	175.9	30.7	2.24	324.8	2.07
	b		80	9	12	12	39.91	31.33	3619	289.6	9.52	196.4	32.7	2.22	355.1	1.99
	c		82	11	12	12	44.91	35.25	3880	310.4	9.3	215.9	34.6	2.19	388.6	1.96
28	a	280	82	7.5	12.5	12.5	40.02	31.42	4753	339.5	10.9	217.9	35.7	2.33	393.3	2.09
	b		84	9.5	12.5	12.5	45.62	35.81	5118	365.6	10.59	241.5	37.9	2.3	428.5	2.02
	c		86	11.5	12.5	12.5	51.22	40.21	5484	391.7	10.35	264.1	40	2.27	467.3	1.99
32	a	320	88	8	14	14	48.5	38.07	7511	469.4	12.44	304.7	46.4	2.51	547.5	2.24
	b		90	10	14	14	54.9	43.1	8057	503.5	12.11	335.6	49.1	2.47	592.9	2.16
	c		92	12	14	14	61.3	48.12	8603	537.7	11.85	365	51.6	2.44	642.7	2.13
36	a	360	96	9	16	16	60.89	47.8	11874	659.7	13.96	455	63.6	2.73	818.5	2.44
	b		98	11	16	16	68.09	53.45	12652	702.9	13.63	496.7	66.9	2.7	880.5	2.37
	c		100	13	16	16	75.29	59.1	13429	746.1	13.36	536.6	70	2.67	948	2.34
40	a	400	100	10.5	18	18	75.04	58.91	17578	878.9	15.3	592	78.8	2.81	1057.9	2.49
	b		102	12.5	18	18	83.04	65.19	18644	932.2	14.98	640.6	82.6	2.78	1135.8	2.44
	c		104	14.5	18	18	91.04	71.47	19711	985.6	14.71	687.8	86.2	2.75	1220.3	2.42

附表 5-4　等边角钢

单角钢

双角钢

型号		圆角 R /mm	重心矩 Z₀ /mm	截面积 A /cm²	质量 /(kg/m)	惯性矩 Iₓ /cm⁴	截面模量 /cm³		回转半径 /cm			双角钢 iᵧ 当 a 为下列数值 /cm				
							W_{xmax}	W_{xmin}	i_x	i_{x0}	i_{y0}	6mm	8mm	10mm	12mm	14mm
20×	3	3.5	6	1.13	0.89	0.40	0.66	0.29	0.59	0.75	0.39	1.08	1.17	1.25	1.34	1.43
	4		6.4	1.46	1.15	0.50	0.78	0.36	0.58	0.73	0.38	1.11	1.19	1.28	1.37	1.46
∟25×	3	3.5	7.3	1.43	1.12	0.82	1.12	0.46	0.76	0.95	0.49	1.27	1.36	1.44	1.53	1.61
	4		7.6	1.86	1.46	1.03	1.34	0.59	0.74	0.93	0.48	1.30	1.38	1.47	1.55	1.64
∟30×	3	4.5	8.5	1.75	1.37	1.46	1.72	0.68	0.91	1.15	0.59	1.47	1.55	1.63	1.71	1.8
	4		8.9	2.28	1.79	1.84	2.08	0.87	0.90	1.13	0.58	1.49	1.57	1.65	1.74	1.82
∟36×	3	4.5	10	2.11	1.66	2.58	2.59	0.99	1.11	1.39	0.71	1.70	1.78	1.86	1.94	2.03
	4		10.4	2.76	2.16	3.29	3.18	1.28	1.09	1.38	0.70	1.73	1.8	1.89	1.97	2.05
	5		10.7	2.38	2.65	3.95	3.68	1.56	1.08	1.36	0.70	1.75	1.83	1.91	1.99	2.08
∟40×	3	5	10.9	2.36	1.85	3.59	3.28	1.23	1.23	1.55	0.79	1.86	1.94	2.01	2.09	2.18
	4		11.3	3.09	2.42	4.60	4.05	1.60	1.22	1.54	0.79	1.88	1.96	2.04	2.12	2.2
	5		11.7	3.79	2.98	5.53	4.72	1.96	1.21	1.52	0.78	1.90	1.98	2.06	2.14	2.23
∟45×	3	5	12.2	2.66	2.09	5.17	4.25	1.58	1.39	1.76	0.90	2.06	2.14	2.21	2.29	2.37
	4		12.6	3.49	2.74	6.65	5.29	2.05	1.38	1.74	0.89	2.08	2.16	2.24	2.32	2.4
	5		13	4.29	3.37	8.04	6.20	2.51	1.37	1.72	0.88	2.10	2.18	2.26	2.34	2.42
	6		13.3	5.08	3.99	9.33	6.99	2.95	1.36	1.71	0.88	2.12	2.2	2.28	2.36	2.44
∟50×	3	5.5	13.4	2.97	2.33	7.18	5.36	1.96	1.55	1.96	1.00	2.26	2.33	2.41	2.48	2.56
	4		13.8	3.90	3.06	9.26	6.70	2.56	1.54	1.94	0.99	2.28	2.36	2.43	2.51	2.59

钢结构

续表

型号		圆角 R /mm	重心矩 Z_0 /mm	截面积 A /cm²	质量 /(kg/m)	惯性矩 I_x /cm⁴	截面模量 W_{xmax} /cm³	W_{xmin}	回转半径 i_x /cm	i_{x0}	i_{y0}	i_y 当 a 为下列数值 /cm 6mm	8mm	10mm	12mm	14mm
∟50×	5		14.2	4.80	3.77	11.21	7.90	3.13	1.53	1.92	0.98	2.30	2.38	2.45	2.53	2.61
	6		14.6	5.69	4.46	13.05	8.95	3.68	1.51	1.91	0.98	2.32	2.4	2.48	2.56	2.64
∟56×	3		14.8	3.34	2.62	10.19	6.86	2.48	1.75	2.2	1.13	2.50	2.57	2.64	2.72	2.8
	4	6	15.3	4.39	3.45	13.18	8.63	3.24	1.73	2.18	1.11	2.52	2.59	2.67	2.74	2.82
	5		15.7	5.42	4.25	16.02	10.22	3.97	1.72	2.17	1.10	2.54	2.61	2.69	2.77	2.85
	8		16.8	8.37	6.57	23.63	14.06	6.03	1.68	2.11	1.09	2.60	2.67	2.75	2.83	2.91
∟63×	4		17	4.98	3.91	19.03	11.22	4.13	1.96	2.46	1.26	2.79	2.87	2.94	3.02	3.09
	5		17.4	6.14	4.82	23.17	13.33	5.08	1.94	2.45	1.25	2.82	2.89	2.96	3.04	3.12
	6	7	17.8	7.29	5.72	27.12	15.26	6.00	1.93	2.43	1.24	2.83	2.91	2.98	3.06	3.14
	8		18.5	9.51	7.47	34.45	18.59	7.75	1.90	2.39	1.23	2.87	2.95	3.03	3.1	3.18
	10		19.3	11.66	9.15	41.09	21.34	9.39	1.88	2.36	1.22	2.91	2.99	3.07	3.15	3.23
∟70×	4		18.6	5.57	4.37	26.39	14.16	5.14	2.18	2.74	1.4	3.07	3.14	3.21	3.29	3.36
	5		19.1	6.88	5.40	32.21	16.89	6.32	2.16	2.73	1.39	3.09	3.16	3.24	3.31	3.39
	6	8	19.5	8.16	6.41	37.77	19.39	7.48	2.15	2.71	1.38	3.11	3.18	3.26	3.33	3.41
	7		19.9	9.42	7.40	43.09	21.68	8.59	2.14	2.69	1.38	3.13	3.2	3.28	3.36	3.43
	8		20.3	10.67	8.37	48.17	23.79	9.68	2.13	2.68	1.37	3.15	3.22	3.30	3.38	3.46
∟75×	5		20.3	7.41	5.82	39.96	19.73	7.30	2.32	2.92	1.5	3.29	3.36	3.43	3.5	3.58
	6		20.7	8.80	6.91	46.91	22.69	8.63	2.31	2.91	1.49	3.31	3.38	3.45	3.53	3.6
	7	9	21.1	10.16	7.98	53.57	25.42	9.93	2.30	2.89	1.48	3.33	3.4	3.47	3.55	3.63
	8		21.5	11.50	9.03	59.96	27.93	11.2	2.28	2.87	1.47	3.35	3.42	3.50	3.57	3.65
	10		22.2	14.13	11.09	71.98	32.40	13.64	2.26	2.84	1.46	3.38	3.46	3.54	3.61	3.69
∟80×	5		21.5	7.91	6.21	48.79	22.70	8.34	2.48	3.13	1.6	3.49	3.56	3.63	3.71	3.78
	6		21.9	9.40	7.38	57.35	26.16	9.87	2.47	3.11	1.59	3.51	3.58	3.65	3.73	3.8
	7	9	22.3	10.86	8.53	65.58	29.38	11.37	2.46	3.1	1.58	3.53	3.60	3.67	3.75	3.83
	8		22.7	12.30	9.66	73.50	32.36	12.83	2.44	3.08	1.57	3.55	3.62	3.70	3.77	3.85
	10		23.5	15.13	11.87	88.43	37.68	15.64	2.42	3.04	1.56	3.58	3.66	3.74	3.81	3.89

续表

型号	圆角 R /mm	重心矩 Z₀ /mm	截面积 A /cm²	质量 /(kg/m)	惯性矩 Ix /cm⁴	截面模量 Wxmax /cm³	Wxmin /cm³	回转半径 ix /cm	ix0 /cm	iy0 /cm	iy, 当a为下列数值 /cm 6mm	8mm	10mm	12mm	14mm
∟90× 6	10	24.4	10.64	8.35	82.77	33.99	12.61	2.79	3.51	1.8	3.91	3.98	4.05	4.12	4.2
7		24.8	12.3	9.66	94.83	38.28	14.54	2.78	3.5	1.78	3.93	4	4.07	4.14	4.22
8		25.2	13.94	10.95	106.5	42.3	16.42	2.76	3.48	1.78	3.95	4.02	4.09	4.17	4.24
10		25.9	17.17	13.48	128.6	49.57	20.07	2.74	3.45	1.76	3.98	4.06	4.13	4.21	4.28
12		26.7	20.31	15.94	149.2	55.93	23.57	2.71	3.41	1.75	4.02	4.09	4.17	4.25	4.32
∟100× 6	12	26.7	11.93	9.37	115	43.04	15.68	3.1	3.91	2	4.3	4.37	4.44	4.51	4.58
7		27.1	13.8	10.83	131	48.57	18.1	3.09	3.89	1.99	4.32	4.39	4.46	4.53	4.61
8		27.6	15.64	12.28	148.2	53.78	20.47	3.08	3.88	1.98	4.34	4.41	4.48	4.55	4.63
10		28.4	19.26	15.12	179.5	63.29	25.06	3.05	3.84	1.96	4.38	4.45	4.52	4.6	4.67
12		29.1	22.8	17.9	208.9	71.72	29.47	3.03	3.81	1.95	4.41	4.49	4.56	4.64	4.71
14		29.9	26.26	20.61	236.5	79.19	33.73	3	3.77	1.94	4.45	4.53	4.6	4.68	4.75
16		30.6	29.63	23.26	262.5	85.81	37.82	2.98	3.74	1.93	4.49	4.56	4.64	4.72	4.8
∟110× 7	12	29.6	15.2	11.93	177.2	59.78	22.05	3.41	4.3	2.2	4.72	4.79	4.86	4.94	5.01
8		30.1	17.24	13.53	199.5	66.36	24.95	3.4	4.28	2.19	4.74	4.81	4.88	4.96	5.03
10		30.9	21.26	16.69	242.2	78.48	30.6	3.38	4.25	2.17	4.78	4.85	4.92	5	5.07
12		31.6	25.2	19.78	282.6	89.34	36.05	3.35	4.22	2.15	4.82	4.89	4.96	5.04	5.11
14		32.4	29.06	22.81	320.7	99.07	41.31	3.32	4.18	2.14	4.85	4.93	5	5.08	5.15
∟125× 8	14	33.7	19.75	15.5	297	88.2	32.52	3.88	4.88	2.5	5.34	5.41	5.48	5.55	5.62
10		34.5	24.37	19.13	361.7	104.8	39.97	3.85	4.85	2.48	5.38	5.45	5.52	5.59	5.66
12		35.3	28.91	22.7	423.2	119.9	47.17	3.83	4.82	2.46	5.41	5.48	5.56	5.63	5.7
14		36.1	33.37	26.19	481.7	133.6	54.16	3.8	4.78	2.45	5.45	5.52	5.59	5.67	5.74

附表 5-5 等边角钢

角钢型号 B×b×t	圆角 R	重心距 Z_x /mm	重心距 Z_y /mm	截面积 A /cm²	质量 /(kg/m)	i_x /cm	i_y /cm	i_y0 /cm	i_{y1}，当 a 为下列数值 /cm 6mm	8mm	10mm	12mm	i_{y2}，当 a 为下列数值 /cm 6mm	8mm	10mm	12mm
∟25×16× 3	3.5	4.2	8.6	1.16	0.91	0.44	0.78	0.34	0.84	0.93	1.02	1.11	1.4	1.48	1.57	1.65
4		4.6	9.0	1.50	1.18	0.43	0.77	0.34	0.87	0.96	1.05	1.14	1.42	1.51	1.6	1.68
∟32×20× 3	3.5	4.9	10.8	1.49	1.17	0.55	1.01	0.43	0.97	1.05	1.14	1.23	1.71	1.79	1.88	1.96
4		5.3	11.2	1.94	1.52	0.54	1	0.43	0.99	1.08	1.16	1.25	1.74	1.82	1.9	1.99
∟40×25× 3	4	5.9	13.2	1.89	1.48	0.7	1.28	0.54	1.13	1.21	1.3	1.38	2.07	2.14	2.23	2.31
4		6.3	13.7	2.47	1.94	0.69	1.26	0.54	1.16	1.24	1.32	1.41	2.09	2.17	2.25	2.34
∟45×28× 3	5	6.4	14.7	2.15	1.69	0.79	1.44	0.61	1.23	1.31	1.39	1.47	2.28	2.36	2.44	2.52
4		6.8	15.1	2.81	2.2	0.78	1.43	0.6	1.25	1.33	1.41	1.5	2.31	2.39	2.47	2.55
∟50×32× 3	5.5	7.3	16	2.43	1.91	0.91	1.6	0.7	1.38	1.45	1.53	1.61	2.49	2.56	2.64	2.72
4		7.7	16.5	3.18	2.49	0.9	1.59	0.69	1.4	1.47	1.55	1.64	2.51	2.59	2.67	2.75
∟56×36× 3	6	8.0	17.8	2.74	2.15	1.03	1.8	0.79	1.51	1.59	1.66	1.74	2.75	2.82	2.9	2.98
4		8.5	18.2	3.59	2.82	1.02	1.79	0.78	1.53	1.61	1.69	1.77	2.77	2.85	2.93	3.01
5		8.8	18.7	4.42	3.47	1.01	1.77	0.78	1.56	1.63	1.71	1.79	2.8	2.88	2.96	3.04

续表

角钢型号 B×b×t	圆角 R /mm	重心矩 Z_x /mm	Z_y /mm	截面积 A /cm²	质量 /(kg/m)	单角钢 回转半径 i_x /cm	i_y /cm	i_y0 /cm	双角钢 i_y, 当 a 为下列数值 /cm 6mm	8mm	10mm	12mm	双角钢 i_y, 当 a 为下列数值 /cm 6mm	8mm	10mm	12mm
∟63×40× 4	7	9.2	20.4	4.06	3.19	1.14	2.02	0.88	1.66	1.74	1.81	1.89	3.09	3.16	3.24	3.32
5		9.5	20.8	4.99	3.92	1.12	2	0.87	1.68	1.76	1.84	1.92	3.11	3.19	3.27	3.35
6		9.9	21.2	5.91	4.64	1.11	1.99	0.86	1.71	1.78	1.86	1.94	3.13	3.21	3.29	3.37
7		10.3	21.6	6.8	5.34	1.1	1.96	0.86	1.73	1.8	1.88	1.97	3.15	3.23	3.3	3.39
∟70×45× 4	7.5	10.2	22.3	4.55	3.57	1.29	2.25	0.99	1.84	1.91	1.99	2.07	3.39	3.46	3.54	3.62
5		10.6	22.8	5.61	4.4	1.28	2.23	0.98	1.86	1.94	2.01	2.09	3.41	3.49	3.57	3.64
6		11.0	23.2	6.64	5.22	1.26	2.22	0.97	1.88	1.96	2.04	2.11	3.44	3.51	3.59	3.67
7		11.3	23.6	7.66	6.01	1.25	2.2	0.97	1.9	1.98	2.06	2.14	3.46	3.54	3.61	3.69
∟75×50× 5	8	11.7	24.0	6.13	4.81	1.43	2.39	1.09	2.06	2.13	2.2	2.28	3.6	3.68	3.76	3.83
6		12.1	24.4	7.26	5.7	1.42	2.38	1.08	2.08	2.15	2.23	2.3	3.63	3.7	3.78	3.86
8		12.9	25.2	9.47	7.43	1.4	2.35	1.07	2.12	2.19	2.27	2.35	3.67	3.75	3.83	3.91
10		13.6	26.0	11.6	9.1	1.38	2.33	1.06	2.16	2.24	2.31	2.4	3.71	3.79	3.87	3.96
∟80×50× 5	8	11.4	26.0	6.38	5	1.42	2.57	1.1	2.02	2.09	2.17	2.24	3.88	3.95	4.03	4.1
6		11.8	26.5	7.56	5.93	1.41	2.55	1.09	2.04	2.11	2.19	2.27	3.9	3.98	4.05	4.13

续表

角钢型号 B×b×t	单角钢 圆角 R	重心矩 /mm Z_x	重心矩 /mm Z_y	截面积 A /cm²	质量 /(kg/m)	回转半径 /cm i_x	回转半径 /cm i_y	回转半径 /cm i_y0	双角钢 i_y1,当a为下列数值 /cm 6mm	8mm	10mm	12mm	i_y2,当a为下列数值 /cm 6mm	8mm	10mm	12mm
L80×50× 7	9	12.1	26.9	8.72	6.85	1.39	2.54	1.08	2.06	2.13	2.21	2.29	3.92	4	4.08	4.16
L80×50× 8		12.5	27.3	9.87	7.75	1.38	2.52	1.07	2.08	2.15	2.23	2.31	3.94	4.02	4.1	4.18
L90×56× 5		12.5	29.1	7.21	5.66	1.59	2.9	1.23	2.22	2.29	2.36	2.44	4.32	4.39	4.47	4.55
L90×56× 6		12.9	29.5	8.56	6.72	1.58	2.88	1.22	2.24	2.31	2.39	2.46	4.34	4.42	4.5	4.57
L90×56× 7		13.3	30.0	9.88	7.76	1.57	2.87	1.22	2.26	2.33	2.41	2.49	4.37	4.44	4.52	4.6
L90×56× 8		13.6	30.4	11.2	8.78	1.56	2.85	1.21	2.28	2.35	2.43	2.51	4.39	4.47	4.54	4.62
L100×63× 6	10	14.3	32.4	9.62	7.55	1.79	3.21	1.38	2.49	2.56	2.63	2.71	4.77	4.85	4.92	5
L100×63× 7		14.7	32.8	11.1	8.72	1.78	3.2	1.37	2.51	2.58	2.65	2.73	4.8	4.87	4.95	5.03
L100×63× 8		15	33.2	12.6	9.88	1.77	3.18	1.37	2.53	2.6	2.67	2.75	4.82	4.9	4.97	5.05
L100×63× 10		15.8	34	15.5	12.1	1.75	3.15	1.35	2.57	2.64	2.72	2.79	4.86	4.94	5.02	5.1
L100×80× 6	10	19.7	29.5	10.6	8.35	2.4	3.17	1.73	3.31	3.38	3.45	3.52	4.54	4.62	4.69	4.76
L100×80× 7		20.1	30	12.3	9.66	2.39	3.16	1.71	3.32	3.39	3.47	3.54	4.57	4.64	4.71	4.79
L100×80× 8		20.5	30.4	13.9	10.9	2.37	3.15	1.71	3.34	3.41	3.49	3.56	4.59	4.66	4.73	4.81
L100×80× 10		21.3	31.2	17.2	13.5	2.35	3.12	1.69	3.38	3.45	3.53	3.6	4.63	4.7	4.78	4.85

续表

角钢型号 $B×b×t$	圆角 R	重心矩 Z_x /mm	重心矩 Z_y /mm	截面面积 A /cm²	质量 /(kg/m)	回转半径 i_x /cm	回转半径 i_y /cm	回转半径 i_{y0} /cm	i_y, 当 a 为下列数值 /cm 6mm	8mm	10mm	12mm	i_y, 当 a 为下列数值 /cm 6mm	8mm	10mm	12mm
∟110×70×	10															
6		15.7	35.3	10.6	8.35	2.01	3.54	1.54	2.74	2.81	2.88	2.96	5.21	5.29	5.36	5.44
7		16.1	35.7	12.3	9.66	2	3.53	1.53	2.76	2.83	2.9	2.98	5.24	5.31	5.39	5.46
8		16.5	36.2	13.9	10.9	1.98	3.51	1.53	2.78	2.85	2.92	3	5.26	5.34	5.41	5.49
10		17.2	37	17.2	13.5	1.96	3.48	1.51	2.82	2.89	2.96	3.04	5.3	5.38	5.46	5.53
∟125×80×	11															
7		18	40.1	14.1	11.1	2.3	4.02	1.76	3.11	3.18	3.25	3.33	5.9	5.97	6.04	6.12
8		18.4	40.6	16	12.6	2.29	4.01	1.75	3.13	3.2	3.27	3.35	5.92	5.99	6.07	6.14
10		19.2	41.4	19.7	15.5	2.26	3.98	1.74	3.17	3.24	3.31	3.39	5.96	6.04	6.11	6.19
12		20	42.2	23.4	18.3	2.24	3.95	1.72	3.21	3.28	3.35	3.43	6	6.08	6.16	6.23
∟140×90×	12															
8		20.4	45	18	14.2	2.59	4.5	1.98	3.49	3.56	3.63	3.7	6.58	6.65	6.73	6.8
10		21.2	45.8	22.3	17.5	2.56	4.47	1.96	3.52	3.59	3.66	3.73	6.62	6.7	6.77	6.85
12		21.9	46.6	26.4	20.7	2.54	4.44	1.95	3.56	3.63	3.7	3.77	6.66	6.74	6.81	6.89
14		22.7	47.4	30.5	23.9	2.51	4.42	1.94	3.59	3.66	3.74	3.81	6.7	6.78	6.86	6.93
∟160×100×	13															
10		22.8	52.4	25.3	19.9	2.85	5.14	2.19	3.84	3.91	3.98	4.05	7.55	7.63	7.7	7.78
12		23.6	53.2	30.1	23.6	2.82	5.11	2.18	3.87	3.94	4.01	4.09	7.6	7.67	7.75	7.82

单角钢　　双角钢

角钢型号 B×b×t		圆角 R /mm	重心矩 /mm		截面积 A /cm²	质量 l/(kg/m)	回转半径 /cm			双角钢 i_y 当 a 为下列数值 /cm				i_y 当 a 为下列数值 /cm			
			Z_x	Z_y			i_x	i_y	i_{y0}	6mm	8mm	10mm	12mm	6mm	8mm	10mm	12mm
L160×100×	14	14	24.3	54	34.7	27.2	2.8	5.08	2.16	3.91	3.98	4.05	4.12	7.64	7.71	7.79	7.86
	16		25.1	54.8	39.3	30.8	2.77	5.05	2.15	3.94	4.02	4.09	4.16	7.68	7.75	7.83	7.9
L180×110×	10		24.4	58.9	28.4	22.3	3.13	8.56	5.78	2.42	4.16	4.23	4.3	4.36	8.49	8.72	8.71
	12	14	25.2	59.8	33.7	26.5	3.1	8.6	5.75	2.4	4.19	4.33	4.33	4.4	8.53	8.76	8.75
	14		25.9	60.6	39	30.6	3.08	8.64	5.72	2.39	4.23	4.26	4.37	4.44	8.57	8.63	8.79
	16		26.7	61.4	44.1	34.6	3.05	8.68	5.81	2.37	4.26	4.3	4.4	4.47	8.61	8.68	8.84
L200×125×	12		28.3	65.4	37.9	29.8	3.57	6.44	2.75	4.75	4.82	4.88	4.95	9.39	9.47	9.54	9.62
	14	14	29.1	66.2	43.9	34.4	3.54	6.41	2.73	4.78	4.85	4.92	4.99	9.43	9.51	9.58	9.66
	16		29.9	67.8	49.7	39	3.52	6.38	2.71	4.81	4.88	4.95	5.02	9.47	9.55	9.62	9.7
	18		30.6	67	55.5	43.6	3.49	6.35	2.7	4.85	4.92	4.99	5.06	9.51	9.59	9.66	9.74

注：一个角钢的惯性矩 $I_x=Ai_x^2$，$I_y=Ai_y^2$；一个角钢的截面各角钢的截面模量 $W_x^{max}=I_x/Z_x$，$W_x^{min}=I_x/(b-Z_x)$，$W_y^{max}=I_y/Z_y$，$W_y^{min}=I_y(b-Z_y)$。

参 考 答 案

第1章

一、选择题

1. B 2. C

二、填空题

1. 承载能力、2. 正常使用极限状态

三、简答题

1. 建筑钢材强度高、重量轻、塑性韧性好；材质均匀和力学计算的假定比较符合；结构使用空间大，环保效果好；钢结构工业化程度高，施工速度快；钢结构密闭性较好；钢结构耐腐蚀性差；钢材耐热但不耐火；钢结构在低温和其他条件下，可能发生脆性断裂。

2. 结构的可靠度定义为：结构在规定的时间内，在规定的条件下，完成预定功能的概率。

3. 略。

第2章

一、答案略

二、单项选择题

1. B 2. B 3. C 4. A 5. D 6. D 7. A 8. A 9. B 10. A
11. B 12. B 13. A 14. A 15. A

三、简答题

1. 用作钢结构的钢材必须具有下列性能。

较高的强度；足够的变形能力；良好的加工性能；按以上要求，钢结构设计规范具体规定：承重结构的钢材应具有抗拉强度、伸长率、屈服点和碳、硫、磷含量的合格保证；焊接结构尚应具有冷弯试验的合格保证；对某些承受动力荷载的结构以及重要的受拉或受弯的焊接结构尚应具有常温或负温冲击韧性的合格保证。

2. 化学成分、冶金缺陷、钢材的硬化、温度影响、应力集中、热处理、重复荷载。

3. (1)结构或构件的重要性；(2)荷载性质(静载或动载)；(3)连接方法(焊接、铆接或螺栓连接)；(4)应力特征；(5)结构的工作温度；(6)钢材厚度；(7)环境条件；(8)承重结构的钢材宜采用平炉或氧气转炉；Q235 钢、Q345 钢、Q390 钢、Q420 钢。

4. 塑性变形很大、经历时间又较长的破坏叫塑性破坏，也称延性破坏。塑性破坏的特征是构件应力超过屈服点，并达到抗拉极限强度后，构件产生明显的变形并断裂。它是钢材晶粒中对角面上的剪应力值超过抵抗能力而引起晶粒相对滑移的结果。断口与作用力方向常成 45°，断口呈纤维状，色泽灰暗而不反光，有时还能看到滑移的痕迹。钢材的塑性破坏是由于剪应力超过晶粒抗剪能力而产生的。

5. 冲击韧性是钢材抵抗冲击荷载的能力，它用材料断裂时所吸收的总能量(包括弹性和非弹性)来量度，冲击韧性是钢材强度和塑性性能的综合指标。

V 形缺口试件的冲击韧性用试件断裂时所吸收的功 C_v 来表示，其单位为 J。

由于低温对钢材的脆性破坏有显著影响，在寒冷地区建造的结构不但要求钢材具有常温(20℃)的冲击韧性指标，还要求具有 0℃ 和负温(-20℃或-40℃)的冲击韧性指标，以保证结构具有足够的抗脆性破坏能力。

6. 脆性破坏是指结构承载动荷载(冲击荷载或振动荷载)或处于复杂应力、低温等情况下所发生的断裂破坏，这种破坏的应力常低于材料的屈服点 f_y，破坏前塑性变形很小，没有任何预兆，无法及时察觉和采取补救措施，危险性大，应尽量避免。

为了防止脆性破坏的发生，一般注意以下几点：(1)合理的设计；(2)正确的制造；(3)正确的使用。

7. 在钢结构构件中不可避免地存在着孔洞、槽口、凹角、裂缝、厚度变化、形状变化、内部缺陷等，此时轴心压力构件在截面变化处应力不再保持均匀分布，而是在一些区域产生局部高峰应力，在另外一些区域则应力降低，形成应力集中现象。

应力集中会使钢材变脆，但一般情况下由于结构钢材的塑性较好，当内力增大时，应力分布不均匀的现象会逐渐平缓，受静荷载作用的构件在常温下工作时，只要符合规范规定的有关要求，计算时可不考虑应力集中的影响。对承受动力荷载的结构，应力集中对疲劳强度影响很大，应采取一些避免产生应力集中的措施，如对接焊缝的余高应磨平，对角焊缝打磨焊趾等。

第 3 章

一、填空题

1. 高强度螺栓的抗拉强度不低于 $1000\,\mathrm{N/mm^2}$，屈强比为 0.9

2. 4.6

3. 俯焊；仰焊；横焊；立焊；仰焊

4. $2t$

5. 孔壁承压和螺栓杆受剪；摩擦阻力

6. 栓杆受剪承载力；孔壁承压承载力

二、选择题

1. D　　　2. D　　　3.C　　　4. B　　　5. C　　　6. D
7. A　　　8. B　　　9. C

三、简答题

1. 钢结构的连接方法有焊缝连接、铆钉连接和螺栓连接 3 种。

1) 焊缝连接

(1) 优点：构造简单，任何形式的构件都可直接相连；用料经济、不削弱截面；制作加工方便，可实现自动化操作；连接的密闭性好，结构刚度大。

(2) 缺点：在焊缝附近的热影响区内，钢材的金相组织发生改变，导致局部材质变脆；焊接残余应力和残余变形使受压构件承载力降低；焊接结构对裂纹很敏感，局部裂纹一旦发生，就容易扩展到整体，低温冷脆现象较为突出。

2) 螺栓连接

(1) 优点：施工工艺简单、安装方便，特别适用于工地安装连接，工地进度和质量易得到保证；且由于装拆方便，适用于需装拆结构的连接和临时性连接。

(2) 缺点：螺栓连接需制孔，拼装和安装需对孔，增加了工作量，且对制造的精度要求较高；此外，螺栓连接因开孔对截面有一定的削弱，有时在构造上还须增设辅助连接件，故用料增加，构造较繁。

在钢结构工程中，焊缝连接、螺栓连接是最常用的连接方法。

3) 铆钉连接

(1) 优点：铆钉连接的塑性和韧性较好，传力可靠，质量易于检查。

(2) 缺点：构造复杂，费钢费工。

2. 对接焊缝的坡口形式取决于焊件厚度 t。

常用对接焊缝的坡口形式如下图所示。

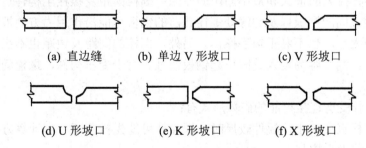

(a) 直边缝　　　(b) 单边 V 形坡口　　　(c) V 形坡口

(d) U 形坡口　　　(e) K 形坡口　　　(f) X 形坡口

3. 由于一、二级质量的焊缝与母材强度相等，故只有三级质量的焊缝才需进行抗拉强度验算。

4. 引弧板可消除焊缝的起灭弧处弧坑等缺陷，避免产生应力集中和裂纹。

5. 焊缝的起弧、落弧易产生弧坑等缺陷，使焊缝的计算长度减小。

对接焊缝：若未加引弧板，则每条焊缝的引弧及灭弧端各减去 t(t 为较薄焊件厚度)后作为焊缝的计算长度。

角焊缝：若未加引弧板，则每条焊缝的引弧及灭弧端各减去 h_f (h_f 为焊脚尺寸)后作为焊

缝的计算长度。

6. 角焊缝的焊缝长度过短，焊件局部受热严重，且施焊时起落弧坑相距过近，再加上一些可能产生的缺陷使焊缝不够可靠。因此，要规定角焊缝的最小计算长度。

侧面角焊缝沿长度方向的剪应力分布很不均匀，两端大而中间小，且随焊缝长度与其焊脚尺寸之比值的增大而更为严重。当焊缝过长时，其两端应力可能达到极限，而中间焊缝却未充分发挥承载力。因此，要规定侧面角焊缝的最大计算长度。

7. 角焊缝的最小焊脚尺寸 $h_{\mathrm{f,min}}$ 应满足下式要求：

$$h_{\mathrm{f,min}} \geqslant 1.5\sqrt{t_{\mathrm{max}}}$$

此处 t_{max} 为较厚焊件的厚度。自动焊的热量集中，因而熔深较大，故最小焊脚尺寸 $h_{\mathrm{f,min}}$ 可较上式减小 1mm。T 形连接单面角焊缝可靠性较差，应增加 1mm。当焊件厚度不大于 4mm 时，$h_{\mathrm{f,min}}$ 应与焊件同厚。

角焊缝的 $h_{\mathrm{f,max}}$ 应符合以下规定：

$$h_{\mathrm{f,max}} \leqslant 1.2 t_{\mathrm{min}}$$

式中，t_{min} 为较薄焊件厚度。对板件边缘(厚度为 t_1)的角焊缝尚应符合下列要求。

当 $t_1 > 6$mm 时，$h_{\mathrm{f,max}} \leqslant t_1 - (1\sim2)$mm；

当 $t_1 \leqslant 6$mm 时，$h_{\mathrm{f,max}} \leqslant t_1$。

8. 普通螺栓通常采用 Q235 钢材制成，安装时用普通扳手拧紧；高强度螺栓则用高强度钢材经热处理制成，用能控制螺栓杆的扭矩或拉力的特制扳手，拧紧到预定的预拉力值，把被连接件高度夹紧。

普通螺栓分为 A、B、C 三级。C 级为粗制螺栓，材料性能等级为 4.6 级或 4.8 级。A、B 级为精制螺栓，材料性能等级为 8.8 级。高强度螺栓性能等级有 10.9 级和 8.8 级两种。

9. 螺栓的排列有并列和错列两种基本形式。并列较简单，但栓孔对截面削弱较多；错列较紧凑，可减少截面削弱，但排列较繁杂。

10. 规定螺栓排列的最大和最小间距的原因：螺栓间距及螺栓至构件边缘的距离不应太小，否则螺栓之间的钢板以及边缘处螺栓孔前的钢板可能沿作用力方向被剪断；同时，螺栓间距及边距太小，也不利于扳手操作。另外，螺栓的间距及边距也不应太大，否则连接钢板不易夹紧，潮气容易侵入缝隙引起钢板锈蚀。对于受压构件，螺栓间距过大还容易引起钢板鼓曲。

11. 普通螺栓受剪连接可能的破坏形式有：

(1) 当螺栓杆直径较小，板件较厚时，螺栓杆可能先被剪断；用计算方法避免，通过计算单个螺栓承载力来控制。

(2) 当螺栓杆直径较大，板件可能先被挤压破坏；用计算方法避免，通过计算单个螺栓承载力来控制。

(3) 板件可能因螺栓孔削弱太多而被拉断；用计算方法避免。

(4) 螺栓间距及边距太小，板件有可能被螺栓杆冲剪破坏；构造方法避免，通过限制螺栓间距及边距不小于规定值来控制。

(5) 当板件太厚，螺栓杆较长时，可能发生螺栓杆受弯破坏；构造方法避免，通过限制螺栓连接的板叠总厚度 $\sum t \leqslant 5d$ (d 为螺栓杆直径)避免螺栓杆受弯破坏。

12. 我国现有大六角头型和扭剪型两种形式的高强度螺栓。通常有转角法、力矩法和扭掉螺栓尾部的梅花卡头 3 种紧固方法。大六角头型用前两种，扭剪型用后者。

13. 高强度螺栓连接按其受力特征分为摩擦型连接和承压型连接两种。高强度螺栓摩擦型连接是依靠连接件之间的摩擦阻力传递内力，设计时以剪力达到板件接触面间可能发生的最大摩擦阻力为极限状态；而高强度螺栓承压型连接在受剪时允许摩擦力被克服并发生相对滑移，之后外力可继续增加，以螺栓杆抗剪或孔壁承压的最终破坏为极限状态。它的承载力比摩擦型高得多，但变形较大，不适用于承受动力荷载结构的连接。在受拉时，两者没有区别。

14. 普通螺栓抗剪连接依靠螺栓杆受剪和孔壁承压传递内力，设计时以螺栓杆剪断和孔壁挤压破坏为极限状态。

高强度螺栓摩擦型连接是依靠连接件之间的摩擦阻力传递内力，设计时以剪力达到板件接触面间可能发生的最大摩擦阻力为极限状态。

四、计算题

1. 解：查表得 $f_t^w = 265 \text{N/mm}^2$ 。

施焊时未加引弧板，焊缝计算长度 $l_w = l - 2t = 300 - 2 \times 12 = 276 \text{(mm)}$

焊缝所承受的垂直于焊缝的应力为：

$$\sigma = \frac{N}{l_w t} = \frac{700 \times 10^3}{276 \times 12} = 211.35 (\text{N/mm}^2) < f_t^w = 265 \text{N/mm}^2$$

故该焊缝连接满足要求。

2. 解：

(1) 焊缝计算截面的几何特征值计算：

$$I_w = \frac{10 \times 22.4^3}{12} - \frac{1}{12} \times \left[(10 - 1.2) \times 20^3 \right] = 3499.52 (\text{cm}^4)$$

$$W_w = \frac{3499.52}{22.4/2} = 312.457 (\text{cm}^3)$$

$$S_{w1} = 10 \times 1.2 \times 10.6 = 127.2 (\text{cm}^3)$$

$$S_w = 127.2 + 10 \times 1.2 \times 5 = 187.2 (\text{cm}^3)$$

(2) 焊缝强度计算：

查得 $f_t^w = 265 \text{N/mm}^2$ ， $f_v^w = 180 \text{N/mm}^2$

正应力计算：

$$\sigma_{max}^M = \frac{M}{W_w} = \frac{50 \times 10^6}{312457} = 160 (\text{N/mm}^2) < f_t^w = 265 \text{N/mm}^2$$

剪应力计算：

$$\tau_{max} = \frac{VS_w}{I_w t_w} = \frac{240 \times 10^3 \times 187.2 \times 10^3}{3499.52 \times 10^4 \times 12} = 107 \text{N/mm}^2 < f_v^w = 180 \text{N/mm}^2$$

折算应力计算：

$$\sigma_1 = \sigma_{max} \cdot \frac{h_0}{h} = 160 \times \frac{200}{224} = 142.8(\text{N}/\text{mm}^2)$$

$$\tau_1 = \frac{VS_{w1}}{I_w t_w} = \frac{240 \times 10^3 \times 127.2 \times 10^3}{3499.52 \times 10^4 \times 12} = 72.7(\text{N}/\text{mm}^2)$$

$$\sqrt{\sigma_1^2 + 3\tau_1^2} = \sqrt{142.8^2 + 3 \times 72.7^2} = 190.4(\text{N}/\text{mm}^2) < 1.1 \times 265 = 291.5(\text{N}/\text{mm}^2)$$

所以焊缝强度满足要求。

3. 解：

(1) 将 F 分解为 F_x 和 F_y，并简化到焊缝截面形心处，即

$$F_x = F\cos\alpha = 420 \times \frac{1.5}{\sqrt{1.5^2 + 1^2}} = 350(\text{kN})$$

$$F_y = F\sin\alpha = 420 \times \frac{1}{\sqrt{1.5^2 + 1^2}} = 233(\text{kN})$$

$$M = 350 \times 50 = 17500(\text{kN} \cdot \text{mm})$$

(2) 根据构造要求确定 h_f：

$$h_{f\min} = 1.5\sqrt{t_{\max}} = 1.5 \times \sqrt{20} = 6.7(\text{mm})$$

$$h_{f\max} = 1.2 t_{\min} = 1.2 \times 10 = 12(\text{mm})$$

取 $h_f = 7\text{mm}$。

则焊缝计算长度 $l_w = 400 - 2 \times 7 = 386(\text{mm})$

(3) 焊缝计算截面几何参数：

$$A = 2 \times 0.7 \times 7 \times 386 = 3782.8(\text{mm}^2)$$

$$W_w = 2 \times \frac{1}{6} \times 0.7 \times 7 \times 386^2 = 243360(\text{mm}^3)$$

(4) 焊缝强度验算：

$$\sigma_f^N = \frac{F_x}{A} = \frac{350 \times 10^3}{3782.3} = 92.5(\text{N}/\text{mm}^2)$$

$$\tau_f^N = \frac{F_y}{A} = \frac{233 \times 10^3}{3782.3} = 61.6(\text{N}/\text{mm}^2)$$

$$\sigma_f^M = \frac{M}{W_w} = \frac{17500 \times 10^3}{243360} = 71.9(\text{N}/\text{mm}^2)$$

$$\sqrt{\left(\frac{\sigma_f^N + \sigma_f^M}{1.22}\right)^2 + (\tau_f^N)^2} = \sqrt{\left(\frac{92.5 + 71.9}{1.22}\right)^2 + 61.6^2} = 148(\text{N}/\text{mm}^2) < f_f^w = 160\text{N}/\text{mm}^2$$

焊缝强度满足要求。

4. 解：根据角焊缝的最大、最小焊脚尺寸要求，确定焊脚尺寸 h_f：

$$1.2t_{\min} = 1.2 \times 10\text{mm} = 12\text{mm}$$

$$1.5\sqrt{t_{\max}} = 1.5\sqrt{14}\,\text{mm} = 5.6\text{mm}$$

$$t - (1\sim 2)\text{mm} = 10 - (1\sim 2)\text{mm} = 8\sim 9\text{mm}$$

取 $h_f = 8\text{mm}$。

查得角焊缝强度设计值 $f_f^w = 160\text{N}/\text{mm}^2$。

(1) 采用两面侧焊(见图 a)。

因采用双盖板，接头一侧共有 4 条焊缝，每条焊缝所需的计算长度为

$$l_w = \frac{N}{4h_e f_f^w} = \frac{620 \times 10^3}{4 \times 0.7 \times 8 \times 160} = 172.9 (\text{mm})$$

取 $l_w = 180\text{mm}$ $\begin{cases} < 60h_f = 60 \times 80\text{mm} = 480\text{mm} \\ > 8h_f = 8 \times 8\text{mm} = 64\text{mm} \\ > b = 170\text{mm} \end{cases}$

每条焊缝所需的实际长度为

$$l = l_w + 2h_f = 180 + 2 \times 8 = 196\text{mm}，取 l = 200\text{mm}$$

被连接板件间留出间隙10mm，则盖板总长：$l' = 200 \times 2 + 10 = 410 (\text{mm})$

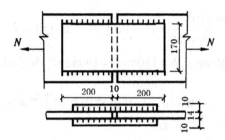

图 a   计算题 4 图

(2) 采用三面围焊(见图 b)。

正面角焊缝所能承受的内力 N' 为

$$N' = 2 \times 0.7h_f l'_w \beta_f f_f^w = 2 \times 0.7 \times 8 \times 170 \times 1.22 \times 160 = 371660 (\text{N})$$

接头一侧所需侧缝的计算长度为

$$l_w = \frac{N - N'}{4h_e f_f^w} = \frac{620000 - 371660}{4 \times 0.7 \times 8 \times 160} = 69.29 (\text{mm})$$

接头一侧所需侧缝的实际长度为

$$l = l_w + h_f = 69.29 + 8 = 77.29\text{mm}，取 l = 80\text{mm}$$

盖板总长：$l' = 80 \times 2 + 10 = 170\text{mm}$

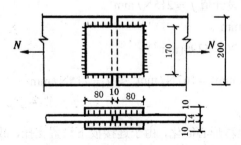

图 b   计算题 4 图

5. 解：(1) 确定焊脚尺寸 h_f：

$$1.2t_{min} = 1.2 \times 10\text{mm} = 12\text{mm}$$

$$1.5\sqrt{t_{max}} = 1.5\sqrt{12}\ mm = 5.2mm$$
$$t-(1\sim2)mm = 10-(1\sim2)mm = 8\sim9mm$$

取 $h_f = 8mm$。

(2) 确定焊缝长度。

角焊缝强度设计值 $f_f^w = 160N/mm^2$；焊缝内力分配系数为 $k_1 = 0.7$、$k_2 = 0.3$。

肢背角焊缝和肢尖角焊缝所能承受的内力为：

$$N_1 = k_1N = 0.7 \times 660 = 462kN$$
$$N_2 = k_2N = 0.3 \times 660 = 198kN$$

肢背角焊缝和肢尖角焊缝需要的实际长度：

$$l_{w1} = \frac{N_1}{2h_ef_f^w} + 16 = \frac{462 \times 10^3}{2 \times 0.7 \times 8 \times 160} + 16 = 274mm，取 280mm$$

$$l_{w2} = \frac{N_2}{2h_ef_f^w} + 16 = \frac{198 \times 10^3}{2 \times 0.7 \times 8 \times 160} + 16 = 126mm，取 130mm$$

且 $l_{w2} = 130mm > b = 110mm$；$b = 110mm < 190mm$，满足构造要求。

6. 解：

(1) 连接盖板截面尺寸选-340×10，与被连接板件截面面积相等，钢材采用 Q235。

(2) 确定螺栓数目和螺栓排列位置。

查得 $f_v^b = 140N/mm^2$，$f_c^b = 305N/mm^2$。

单个螺栓的抗剪承载力设计值：

$$N_v^b = n_v\frac{\pi d^2}{4}f_v^b = 2 \times \frac{3.14 \times 22^2}{4} \times 140 = 106383(N) = 106.383kN$$

单个螺栓的承压承载力设计值：

$$N_c^b = d\sum t \cdot f_c^b = 22 \times 20 \times 305 = 134200(N) = 134.2(kN)$$

连接一侧所需的螺栓数为

$$n = \frac{900}{106.383} = 8.5(个)$$

取 $n = 9$ 个，采用并列排列，连接盖板尺寸采用 2-340×10×530。

(3) 被连接钢板强度验算

查得钢材的抗拉强度设计值 $f = 215N/mm^2$。

取螺栓孔径 $d_0 = 23.5mm$。

$$A_n = (340 - 3 \times 23.5) \times 20 = 5390(mm^2)$$

$$\sigma = \frac{N}{A_n} = \frac{900 \times 10^3}{5390}N/mm^2 = 167N/mm^2 < f = 215N/mm^2$$

故构件强度满足要求。

7. 解：把力 F 向螺栓群形心简化，由于连接板下设置支托，故剪力由支托焊缝来传递；弯矩 M 由螺栓连接传递，使螺栓受拉。

$$M = Fe = 60 \times 0.5 = 30(kN \cdot m)$$

一个螺栓的抗拉承载力设计值为

$$N_t^b = A_ef_t^b = 156.7 \times 170 = 26.6(kN)$$

对最下排螺栓 O 轴取矩，最大受力螺栓(最上排1)的拉力为

$$N_1 = \frac{My_1}{m \sum y_i^2} = \frac{30 \times 10^3 \times 320}{2 \times (80^2 + 160^2 + 240^2 + 320^2)} = 25(\text{kN}) < N_t^b = 26.6\text{kN}$$

即螺栓连接满足设计要求。

8. 解：

(1) 采用高强度螺栓摩擦型连接。

查表每个 10.9 级 M20 高强度螺栓的预拉力 $P = 155\text{kN}$ ；$\mu = 0.35$ 。

① 螺栓连接验算。

一个高强度螺栓的抗剪承载力设计值为

$$N_v^b = 0.9 n_f \mu P = 0.9 \times 2 \times 0.35 \times 155 = 97.7(\text{kN})$$

一个高强度螺栓的剪力

$$N_v = \frac{N}{n} = \frac{750}{10} = 75(\text{kN}) < N_v^b = 97.7\text{kN}$$

验算满足要求。

② 净截面强度验算。

净截面面积为

$$A_n = 370 \times 14 - 5 \times 21.5 \times 14 = 3675(\text{mm}^2)$$

净截面强度为

$$\sigma = \frac{N'}{A_n} = \left(1 - 0.5\frac{n_1}{n}\right)\frac{N}{A_n} = \left(1 - 0.5 \times \frac{5}{10}\right) \times \frac{750 \times 10^3}{3675} = 153(\text{N/mm}^2) < f = 215\text{N/mm}^2$$

满足要求。

③ 毛截面强度验算。

$$\sigma = \frac{N}{A_n} = \frac{750 \times 10^3}{370 \times 14} = 145(\text{N/mm}^2) < f = 215\text{N/mm}^2$$

满足要求。

(2) 采用高强度螺栓承压型连接。

① 螺栓连接验算。

一个螺栓的承载力设计值为

$$N_v^b = n_v \cdot \frac{\pi d^2}{4} f_v^b = 2 \times \frac{3.14 \times 17.65^2}{4} \times 250 = 122.5(\text{kN})$$

$$N_c^b = d \cdot \sum t \cdot f_c^b = 20 \times 14 \times 470 = 131(\text{kN})$$

一个高强度螺栓的剪力为

$$N_v = \frac{N}{n} = \frac{750}{10} = 75\text{kN} < N_v^b = 122.5\text{kN}$$

验算满足要求。

② 净截面强度验算。

$$A_n = 370 \times 14 - 5 \times 21.5 \times 14 = 3675(\text{mm}^2)$$

$$\sigma = \frac{N}{A_n} = \frac{750 \times 10^3}{3675} = 204(\text{N/mm}^2) < 205\text{N/mm}^2 \text{，所以满足要求。}$$

第 4 章

一、选择题

1. C   2. D   3. A   4. B   5. A   6. C   7. D

二、计算题

1. 强度验算：

$$A_n = 75.05 \times 2 + 60 \times 1 \times 2 - (1.8 + 1.0) \times 2 \times 4 = 247.7(\text{cm}^2)$$

$$\frac{N}{A_n} = \frac{5000 \times 10^3}{247.7 \times 10^2} = 201.86\text{N}/\text{mm}^2 < f = 215\text{N}/\text{mm}^2$$

2. 整体稳定性：

$$I_x = 2 \times 17577.9 \times 10^4 + 2 \times 10 \times 600 \times 205^2 = 8.56 \times 10^8 \text{mm}^4$$

$$I_y = 592 \times 10^4 \times 2 + 75.05 \times 10^2 \times [300 - (100 - 24.9)]^2 \times 2 + \frac{10 \times 600^3}{12} \times 2 = 1.131 \times 10^9 \text{mm}^4$$

$$A = 7505 \times 2 + 10 \times 600 \times 2 = 2.701 \times 10^4 \text{mm}^2$$

$$i_x = \sqrt{\frac{I_x}{A}} = 178.02\text{mm} \qquad \lambda_x = \frac{6000}{178.02} = 33.7$$

$$i_y = \sqrt{\frac{I_y}{A}} = 204.63\text{mm} \qquad \lambda_y = \frac{6000}{204.63} = 29.32$$

$$\lambda_{\max} = \lambda_x = 33.7$$

$$\varphi = 0.923$$

$$\frac{N}{\varphi A} = \frac{5000 \times 10^3}{0.923 \times 2.701 \times 10^4} = 200.6\text{N}/\text{mm}^2 < f = 215\text{N}/\text{mm}^2$$

3. 局部稳定：

槽钢腹板、翼缘局部稳定不必验算。钢板局部稳定为

中间部分：$b_0 = 400 + 24.9 \times 2 = 449.8\text{mm}$ $b_0/t = 449.8/10 = 44.98 > 40$

悬挑部分：$b/t = \dfrac{100 - 24.9}{18} = 4.2 < 15$

所以，翼缘板中间部分局部稳定不能满足。

第 5 章

一、选择题

1. B   2. B   3. B

二、填空题

1. 弹性、弹塑性和塑性 3 个阶段
2. 梁内塑性发展到一定深度(即截面只有部分区域进入塑性区)
3. 在集中荷载处设计加劲肋；加厚腹板

4. 增大腹板厚度；增大梁高

5. 强度、整体稳定、局部稳定和刚度四个方面的要求。强度、整体稳定、局部稳定属于承载能力极限状态计算； 刚度为正常使用极限状态的计算。

6. 折算应力最大值只在局部区域，同时几种应力在同一处达到最大值且材料强度有同时为最低值的概率较小。

7. 建筑高度、刚度要求和经济要求

8. 工厂拼接和工地拼接；叠接和侧面连接。

三、简答题

1. 钢梁的强度计算包括抗弯强度、抗剪强度、局部压应力和折算应力。

当钢梁的翼缘上有集中荷载作用且该处没有设加劲肋时，或当有移动集中荷载作用时，集中荷载通过翼缘传给腹板，腹板边缘集中作用处会有很高的局部横向压应力时，应计算局部压应力。

在组合梁的腹板计算高度边缘处，若同时受较大的正应力、剪应力和局部压应力，或同时受较大正应力和剪应力时，应验算其折算应力。

2. 《钢结构设计规范》规定，当符合下列情况之一时，梁的整体稳定可以得到保证，不必计算。

① 有刚性铺板密铺在梁的受压翼缘上并与其牢固连接，能阻止梁受压翼缘的侧向位移。

② H 型钢或等截面工字形简支梁受压翼缘的自由长度 l_1 与其宽度 b_1 之比不超过规范规定的数值。

3. φ_b 是按弹性稳定理论求得的，且未考虑残余应力的影响，故只适用于弹性工作阶段。而研究证明，当求得的 φ_b 大于 0.6 时，梁已进入非弹性工作阶段，整体稳定临界应力有明显的降低，必须对 φ_b 进行修正。《钢结构设计规范》规定：当按上述公式或表格确定的 $\varphi_b > 0.6$ 时，用下式求得的 φ_b' 代替 φ_b 进行梁的整体稳定计算。

$$\varphi_b' = 1.07 - 0.282/\varphi_b \leqslant 1.0$$

4.

(1) 受压翼缘的局部稳定。对于梁的受压翼缘，为了充分发挥材料强度，只能通过限制其自由外伸宽度 b 与其厚度 t 之比来保证翼缘板的局部稳定。

(2) 腹板的局部稳定。梁的腹板以承受剪力为主，按抗剪所需的厚度一般很小，此时如果仅为保证局部稳定而加厚腹板或降低梁高，显然是不经济的。因此，组合梁主要是通过采用加劲肋将腹板分割成较小的区格来提高其抵抗局部屈曲的能力。

四、计算题

解：① 计算截面特性：

$A = 2 \times 30 \times 1.4 + 120 \times 1 = 204\text{cm}^2$

$I_x = (30 \times 122.8^3 - 29 \times 120^3)/12 = 453511\text{cm}^4$

$W_x = 453511/61.4 = 7386\text{cm}^3$

$S = 30 \times 1.4 \times 60.7 + 1 \times 60 \times 30 = 4349\text{cm}^3$

② 内力计算：

主梁自重标准值为

$204 \times 10^4 \times 7850 \times 10^{-6} = 160 \text{kg/m} = 1.6 \text{kN/m}$

支座处剪力设计值为

$V = 1.5 \times 256 + 1.2 \times 1.6 \times 6 = 395.5 \text{kN}$

跨中弯矩设计值为

$M = 1.5 \times 256 \times 6 - 256 \times 3 + 1.2 \times 1.6 \times 12^2 / 8 = 1570 \text{kN} \cdot \text{m}$

③ 强度验算：

受压翼缘宽厚比为

$145/14 = 10.4 < 13\sqrt{235/f_y} = 13$

$\sigma = \dfrac{M}{\gamma_x W_{nx}} = \dfrac{1570 \times 10^6}{1.05 \times 7386 \times 10^3} = 202.4(\text{N/mm}^2) < f = 215 \text{N/mm}^2$

$\tau = \dfrac{VS}{I_x t_w} = \dfrac{395.5 \times 10^3 \times 4349 \times 10^3}{453511 \times 10^4 \times 10} = 37.9(\text{N/mm}^2) < f_v = 125 \text{N/mm}^2$

局部压应力和折算应力都不需验算。

④ 整体稳定验算：

$l_1/b_1 = 3000/300 = 10 < 16\sqrt{235/f_y} = 16$

不需验算整体稳定。

⑤ 刚度验算：

$\upsilon = \dfrac{5ql^4}{384EI} + \dfrac{5n^2 - 4}{384nEI}Pl^3$

$= \dfrac{5 \times 1.6 \times 12^4 \times 10^{12}}{384 \times 2.06 \times 10^5 \times 453511 \times 10^4} + \dfrac{(5 \times 4^2 - 4) \times 201 \times 10^3 \times 12^3 \times 10^9}{384 \times 4 \times 2.06 \times 10^5 \times 453511 \times 10^4}$

$= 18.9 \text{mm} = \dfrac{l}{635} < [\upsilon_Q] = \dfrac{l}{500} < [\upsilon_T] = \dfrac{l}{400}$

刚度满足要求。

⑥ 腹板局部稳定计算：

$h_w/t_w = 1200/10 = 120$

应按计算配置横向加劲肋，横向加劲肋的间距应满足：$0.5h_0 \leqslant a \leqslant 2h_0$，即 $600 \text{mm} \leqslant a \leqslant 2400 \text{mm}$。

第 6 章

一、选择题

1. D   2. C   3. A   4. A   5. A   6. D   7. B   8. A   9. A   10. C
11. A   12. D   13. B

二、填空题

1. 边缘纤维屈服
2. 塑性铰、截面边缘开始屈服
3. 平面内、平面外

4. 截面边缘

5. 弯矩失稳

6. 非均匀分布的弯矩当量化为均匀分布的弯矩

7. 失稳

8. 承托

9. 抗剪件

三、简答题

1. 与框架类型、相交于柱上端节点的横梁线刚度之和与柱线刚度之和的比值 K_1、相交于柱下端节点的横梁线刚度之和与柱线刚度之和的比值 K_2、柱与基础的连接方式、横梁远端连接方式、横梁轴力大小以及柱的形式等因素有关。

2. 格构式构件不考虑塑性开展，按边缘屈服准则计算，因为截面中部为空心。

3. 框架中设置有强劲的交叉支承，柱顶侧移完全受到阻止时的失稳为无侧移失稳。若除去交叉支承，抗剪失稳时应柱顶可以移动，将产生有侧向位移的反对称完全变形的失稳为有侧移失稳。

4. 不一致，拉弯和压弯构件的强度计算公式采用了不同的屈服准则。

5. 是铰接还是刚接，判别依据就是是否能抗弯，对工字形截面来说，主要就是判断两个翼缘是否可以相对转动，即若梁的两翼缘与柱无任何连接，则为铰接；若梁的两翼缘与柱焊接，或在翼缘外有高强螺栓与柱连接，则梁柱刚接。具体来说，若仅在梁腹板内侧有 2～4 个高强螺栓与柱连接的，仅能抗剪，则为铰接；若翼缘外侧有高强螺栓的，或翼缘与柱焊接，则刚接。

6. 锚栓是将上部结构荷载传给基础，在上部结构和下部结构之间起桥梁作用。锚栓主要有两个基本作用：① 作为安装时临时支承，保证钢柱定位和安装稳定性；② 将柱脚底板内力传给基础。

四、计算题

1. 解：

内力设计值：

$N = 2500\text{kN}$，$M_{max} = M_x = 1000\text{kN·m}$

截面选择：

假设 $\lambda_x = 60$，由附录 2 中的附表 2-5 查得 $\varphi_x = 0.807$

$i_x = 12000/60 = 200\text{mm}$

查附表得 $\alpha_1 = 0.43$，$\alpha_2 = 0.24$

$h = i_x/\alpha_1 = 200/0.43 = 465.1\text{mm}$

$\dfrac{A}{W_{1x}} = \dfrac{y_1}{i_x^2} = \dfrac{h}{2i_x^2} = \dfrac{465.1}{2\times200^2} = 0.00581\text{mm}^{-1}$

取 $\dfrac{\beta_{mx}}{r_x(1-0.8N/N_{Ex})} = 1$

则：

$$A = \frac{N}{f}\left[\frac{1}{\varphi_x} + \frac{M_x}{N}\cdot\frac{A}{W_{1x}}\right] = \frac{2500\times10^3}{215}\times\left[\frac{1}{0.807} + \frac{1000\times10^6}{2500\times10^3}\times0.00581\right] = 41432(\text{mm}^2)$$

$$W_{1x} = \frac{A}{0.00581} = \frac{41432}{0.00581} = 7131153(\text{mm}^3)$$

近似取 $\beta_{tx}/\varphi_b = 1.0$

$$\varphi_y = \frac{N}{A}\cdot\frac{1}{f - \beta_{tx}M_x/\varphi_b W_{1x}} = \frac{2500\times10^3}{41432}\times\frac{1}{215 - 1000\times10^6/7131153} = 0.807$$

查附表 2-5，得 $\lambda_y = 60$

$$i_y = l_{0y}/\lambda_y = 6000/60 = 100(\text{mm})$$

$$b = i_y/\alpha_2 = 100/0.24 = 417(\text{mm})$$

根据上面计算所得 A、h、b 选择截面。

翼缘板：2-550×20

腹板：   650×12

截面几何特性计算：

$$A = 2\times550\times20 + 650\times12 = 29800(\text{mm}^2)$$

$$I_x = \frac{1}{12}\times\left(550\times690^3 - 538\times650^3\right) = 2.7443\times10^9(\text{mm}^4)$$

$$I_y = \frac{1}{12}\times\left(2\times20\times550^3 + 650\times12^3\right) = 5.5468\times10^8(\text{mm}^4)$$

$$i_x = \sqrt{\frac{I_x}{A}} = \sqrt{\frac{2.7443\times10^9}{29800}} = 303.5(\text{mm})$$

$$i_y = \sqrt{\frac{I_y}{A}} = \sqrt{\frac{5.5468\times10^8}{29800}} = 136.4(\text{mm})$$

$$W_x = \frac{I_x}{h/2} = \frac{2.7443\times10^4}{690/2} = 7.9545\times10^6(\text{mm}^3)$$

$$\lambda_x = l_{0x}/i_x = 12000/303.5 = 39.5 < [\lambda] = 150$$

$$\lambda_y = l_{0y}/i_y = 6000/136.4 = 44.0 < [\lambda] = 150$$

查附表得 $\varphi_x = 0.901$，$\varphi_y = 0.882$

强度验算：

$$\frac{N}{A_n} + \frac{M_x}{r_x W_{nx}} = \frac{2500\times10^3}{29800} + \frac{1000\times10^6}{1.05\times7.9545\times10^6} = 203.6(\text{N/mm}^2) < 215\text{N/mm}^2$$

满足要求。

弯矩作用平面内的稳定验算：

$$N_{Ex} = \frac{\pi^2 EI_x}{l_{0x}^2} = \frac{\pi^2\times2.06\times10^5\times2.7443\times10^9}{12000^2} = 38747(\text{kN})$$

$$\frac{N}{N_{Ex}} = \frac{2500}{38747} = 0.065$$

$$\beta_{mx} = 1.0 - 0.2\frac{N}{N_{Ex}} = 0.987$$

$$\frac{N}{\varphi_x A} + \frac{\beta_{mx} M_x}{r_x W_x \left(1 - 0.8 N/N_{Ex}\right)} = \frac{2500 \times 10^3}{0.901 \times 29800} + \frac{0.987 \times 1000 \times 10^6}{1.05 \times 7.9545 \times 10^6 \times (1 - 0.8 \times 0.065)}$$

$$= 217.8(\mathrm{N/mm^2}) > 215\mathrm{N/mm^2}$$

因相差不大，可看作满足要求。

弯矩作用平面外的稳定问题验算：

$$\varphi_b = 1.07 - \frac{\lambda_y^2}{44000} = 1.07 - \frac{44^2}{44000} = 1.03 > 1.0 \; \text{取} \; \varphi_b = 1.0, \quad \beta_{tx} = 1.0$$

$$\frac{N}{\varphi_y A} + \frac{\beta_{tx} M_x}{\varphi_b W_{1x}} = \frac{2500 \times 10^3}{0.882 \times 29800} + \frac{1000 \times 10^6}{7.9545 \times 10^6}$$

$$= 220.8(\mathrm{N/mm^2}) > 215\mathrm{N/mm^2}$$

因相差不大，可近似看作满足要求。

局部稳定：

翼缘：$b/t = 270/20 = 13.5 < 15$，满足要求。

腹板：$\sigma_{max} = \dfrac{N}{A} + \dfrac{M}{W_x} \cdot \dfrac{h_0}{h} = \dfrac{2500 \times 10^3}{29800} + \dfrac{1000 \times 10^6}{7.9545 \times 10^6} \times \dfrac{650}{690} = 202.3(\mathrm{N/mm^2})$

$$\sigma_{min} = \frac{N}{A} - \frac{M}{W_x} \cdot \frac{h_0}{h} = -34.5\mathrm{N/mm^2}$$

$$\alpha_0 = \frac{\sigma_{max} - \sigma_{min}}{\sigma_{max}} = \frac{202.3 + 34.5}{202.3} = 1.17 < 1.6$$

$$(16\alpha_0 + 0.5\lambda + 25)\sqrt{\frac{235}{f_y}} = 16 \times 1.17 + 0.5 \times 39.5 + 25 = 63.47 > \frac{h_0}{t_w} = \frac{650}{12} = 54.2$$

刚度验算：

$\lambda_{max} = 44.0 < [\lambda] = 150$，满足要求。

2. 解：

(1) 截面几何特性：

$A = 2 \times 250 \times 12 + 760 \times 12 = 15120(\mathrm{mm^2})$

$I_x = 2 \times 250 \times 12 \times 386^2 + 12 \times 760^3/12 = 133296 \times 10^4(\mathrm{mm^4})$

$I_y = 2 \times 12 \times 250^3/12 = 3125 \times 10^4(\mathrm{mm^4})$

$i_x = \sqrt{133296 \times 10^4/15120} = 297(\mathrm{mm})$

$i_y = \sqrt{3125 \times 10^4/15120} = 46(\mathrm{mm})$

$W_{1x} = 133296 \times 10^4/392 = 3400000(\mathrm{mm^3})$

(2) 验算整体稳定：

$\lambda_x = 10000/297 = 33.7$

$\lambda_y = 5000/46 = 108.7$

截面对两轴都属于 b 类，查附表得：

$\varphi_x = 0.923$；$\varphi_y = 0.501$。

$N_{Ex} = \pi^2 EA/(1.1\lambda_x^2) = 3.14^2 \times 2.06 \times 10^5 \times 15120/(1.1 \times 33.7^2) = 2.46 \times 10^7 (N)$

$\beta_{mx} = 1.0$

$\beta_{tx} = 0.65 + 0.35 M_2/M_1 = 0.65 + 0.35 \times 0/400 \times 10^6 = 0.65$

工字形截面的 $\gamma_x = 1.05$。

① 弯矩作用平面内的整体稳定：

$$\frac{N}{\varphi_x A} + \frac{\beta_{mx} M_x}{\gamma_x W_{1x}\left(1 - 0.8 N/N'_{Ex}\right)}$$

$$= \frac{800 \times 10^3}{0.923 \times 15120} + \frac{1.0 \times 400 \times 10^2}{1.05 \times 3400 \times 10^3 \times \left(1 - 0.8 \times 800 \times 10^3/2.46 \times 10^7\right)}$$

$$= 172.4(N/mm^2) < 215 N/mm^2$$

② 弯矩作用平面外的稳定性。

对于双轴对称工字形截面，φ_b 可按下式近似计算，当 $\varphi_b > 1.0$ 取 $\varphi_b = 1.0$：

$$\varphi_b = 1.07 - \frac{\lambda_y^2}{44000} \cdot \frac{f_y}{235} = 1.07 - \frac{108.7^2}{44000} \cdot \frac{235}{235} = 0.801$$

$$\frac{N}{\varphi A} + \frac{\beta_{tx} M_x}{\varphi_b W_x} = \frac{800 \times 10^3}{0.501 \times 15120} + \frac{0.65 \times 400 \times 10^6}{0.801 \times 3400 \times 10^3}$$

$$= 105.7 + 95.5 = 201.2(N/mm^2) < 215 N/mm^2，杆件的整体稳定性满足。$$

五、识图题

1.

(1) 1 为突缘加劲肋；2 为填板；3 为垫板；4 为加劲肋。

(2) 梁的反力通过端部加劲肋的突出部分如传给柱的轴线附近，因此即使两相邻梁的反力不等，柱仍接近于轴心受压。梁端加劲肋的底面应刨平顶紧于柱顶板。由于梁的反力大部分传给柱的腹板，因而腹板不能太薄且必须用加劲肋加强。其传力路径为：N → 凸缘加劲肋 → 垫板 → 柱顶板 → 加劲肋 → 柱身。

2.

(1) 1 为靴梁；2 为隔板；3 为底板；4 为抗剪键。

(2) 铰接柱脚不承受弯矩，只承受轴向压力和剪力。剪力通常由底板与基础表面的摩擦力传递。当此摩擦力不足以承受水平剪力时，应在柱脚底板下设置抗剪键，抗剪键可用方钢、短 T 字钢或 H 型钢做成。

第 7 章

一、填空题

1. 有檩体系、无檩体系

2. 上弦横线水平支撑、下弦横线水平支撑、下弦纵向支撑、垂直支撑和系杆。

3. 40～60mm、10～15mm、10～15mm、2。

4. 铰接和刚接、 铰接、刚接。

二、简答题

1.

(1) 保证屋盖的整体性，提高空间刚度。

(2) 避免压杆侧向失稳，防止拉杆产生过大的振动。

(3) 承担和传递水平荷载(如纵向和横向风荷载、悬挂吊车水平荷载和地震作用等)。

(4) 保证结构安装时的稳定与方便。

2.

(1) 上弦横向支撑：端部第一或第二开间。当布置在第二开间时，端屋架需与横向支撑用系杆刚性连接，确保端屋架的稳定和风荷载传递(有时因天窗架从第二开间起设)。

横向支撑间距大于 60m 时，中间增设。屋面为大型屋面板，且屋面板有三点与屋架上弦牢固连接时，可不设。但一般高空作业较难保证，还是设上弦横向支撑，大型屋面板起系杆的作用。有天窗架时，上弦横向支撑仍需布置。

(2) 下弦横向水平支撑：屋架跨度大于 18m 时；屋架下弦设有悬挂吊车时；抗风柱支承在屋架下弦时；屋架下弦设通长纵向支撑时，宜设屋架下弦横向支撑。

(3) 下弦纵向水平支撑：屋架两边，与横向支撑形成封闭框。有重级工作制吊车或起重量较大的中、轻工作制吊车时，有振动设备、屋架下弦有吊轨、有托架时，房屋跨度较大、空间刚度要求较高时，均需设置下弦纵向水平支撑。

(4) 垂直支撑。

① 梯形或平行弦屋架 无天窗，跨度 $l<30m$，布置在屋架两端、跨中。

无天窗，跨度 $l>30m$，布置在屋架两端、跨度 $l/3$ 处；有天窗、跨度 $l<30m$，布置在屋架两端、跨中、天窗架两端；有天窗、跨度 $l<30m$，布置在屋架两端、跨度 $l/3$ 处、天窗架两端。

② 三角形屋架 跨度小于 18m 时，布置在屋架中间。跨度大于 18m 时，一般视具体情况布置两道。

(5) 系杆：竖向支撑平面内设通长系杆；水平横向支撑设在第二开间时，端屋架需与第二榀屋架用刚性系杆连接，其余设置刚性或柔性系杆均可；屋脊节点、屋架支座节点设置刚性系杆。

3.

(1) 全跨荷载组合 1。

全跨永久荷载+全跨屋面活荷载或雪荷载(取大值)+全跨积灰荷载+悬挂吊车荷载(包括悬挂设备、管道等)荷载。

当有天窗时应包括天窗架传来的荷载。

(2) 全跨荷载组合 2。

全跨永久荷载+0.85×[全跨屋面活荷载或雪荷载(取大值)+全跨积灰荷载+悬挂吊车荷载(包括悬挂设备、管道等)荷载+天窗架传来的风荷载+由框架内力分析所得的由柱顶作用与屋架的水平力]。

(3) 半跨荷载组合 1。

全跨永久荷载+半跨屋面活荷载(或雪荷载)+半跨积灰荷载+悬挂吊车荷载。

(4) 半跨荷载组合 2。

对屋面为预制大型屋面板的较大跨度(大于 24m)屋架，尚应考虑安装过程中可能出现的组合 2 的情况，即屋架(包括支撑)自重+半跨板重+半跨安装活荷载。

(5) 对坡度较大的($i > 1/8$)的轻屋面尚应考虑屋面风荷载的影响，即风吸力的作用。此时组合中的分项系数应按下式采用：(1.0×永久荷载标准值)+(1.4×可变荷载标准值)+0.6×(1.4×风荷载标准值)。

(6) 对位于地震区跨度大于 24m 的钢屋架，尚应按《建筑抗震设计规范》(GB 50011)考虑竖向地震作用的组合。

4.

(1) 桁架上弦，如无局部弯矩，往往其计算长度 $l_{0y} \geqslant 2l_{0x}$，为满足 $\lambda_x \approx \lambda_y$，要求截面的 $i_y \geqslant 2i_x$，宜采用两个不等边角钢短肢相连的 T 形截面。如有较大的局部弯矩，为提高上弦杆在桁架平面内的抗弯承载力，宜采用两个不等肢角钢长肢相连或两个等肢角组成的 T 形截面。

(2) 桁架的下弦杆，由于受轴向拉力作用，其截面一般由强度条件确定。但在桁架平面外的计算长度通常较大，为增强其刚度，宜优先采用两个不等肢角钢短肢相连或等肢角钢组成的 T 形截面。这种截面的侧向刚度较大，且由于水平肢较宽，便于与支撑连接。

对梯形桁架的端斜杆，由于 $l_{0x} = 0.8l_{0y}$，为使 $i_x \approx i_y$，宜采用两个不等肢角钢长肢相连的 T 形截面。

(3) 其他腹杆，由于 $l_{0x} = 0.8l_{0y}$，为使 $i_y = 1.25i_x$，宜采用两个等肢角钢组成的 T 形截面。受力很小的腹杆也可用单角钢截面，其放置方法可采用交替地单面连接在桁架平面的两侧，或在两杆端开槽嵌入节点板对称置于桁架平面，连接垂直支撑的竖腹杆常采用两个等肢角钢组成的十字形截面。

第 8 章

一、选择题

1. D　　2. B　　3. A

二、简答题

1. 单层门式刚架结构是指以轻型焊接 H 型钢(等截面或变截面)、热轧 H 型钢(等截面)或冷弯薄壁型钢等构成的实腹式门式刚架或格构式门式刚架作为主要承重骨架，用冷弯薄壁型钢(槽形、卷边槽形、Z 形等)做檩条、墙梁；以压型金属板 (压型钢板、压型铝板)做屋面、墙面，并适当设置支撑的一种轻型房屋结构体系。

2. 永久荷载包括结构构件的自重和悬挂在结构上的非结构构件的重力荷载，如屋面、檩条、支撑、吊顶、墙面构件和刚架自身等。

可变荷载包括：① 屋面活荷载；② 屋面雪荷载和积灰荷载；③ 吊车荷载；④ 地震作用；⑤ 风荷载。

3. 在进行刚架内力分析时，所需考虑的荷载效应组合主要有：

① 1.2×永久荷载+0.9×1.4×{积灰荷载 + max(屋面均布活荷载、雪荷载)}+ 0.9×1.4×(风荷载 + 吊车竖向及水平荷载)；

② 1.0×永久荷载+1.4×风荷载。

4. 计算长度系数的确定方法有 3 种，即查表法、一阶分析法和二阶分析法。

5. 当实腹式刚架斜梁的下翼缘受压时，必须在受压翼缘两侧布置隅撑。

第 9 章

一、单项选择题

1. B　　2. C　　3. A　　4. C　　5. A

二、简答题

平台钢结构的构成、传力路线和受力特点:

(1) 构成:板、次梁、主梁、柱、支撑;

(2) 传力路线:

竖向荷载→板→次梁→主梁→柱→基础

水平荷载→板→次梁→主梁→支撑/柱→基础

(3) 受力特点如下。

① 竖向荷载为主要荷载。

② 板有单向和双向之分,钢板常以变形控制。

③ 梁分次梁、主梁,可连续或单跨。

④ 柱两端常用铰接,为轴压杆。

第 10 章

一、单项选择题

1. A　　2. B　　3. B

二、简答题

1. 答:

① 柱网应规则、整齐、间距合理,传力体系合理;减少开间、进深的类型。

② 房屋平面应尽可能规整、均匀对称,体型力求简单,以使结构受力合理。

③ 提高结构总体刚度,减小位移。房屋高宽比不宜过大(满足非抗震设计时为 5;设防烈度为 6 度、7 度时为 4;8 度时为 3;9 度时为 2)。

④ 应考虑地基不均匀沉降、温度变化和混凝土收缩等影响,设置必要的变形缝。

2. 答:控制截面就是构件中内力最大的截面。控制内力就是控制截面上的最不利内力。框架梁的控制截面有 3 个,即两端和跨中;框架柱的控制截面有两个,各层柱的上、下两端。控制内力如下表。

构　件	梁		柱
控制截面	梁端	跨中	柱端
最不利内力	$-M_{max}$	$-M_{max}$	$+M_{max}$ 及相应的 N, V
	$+M_{max}$	$+M_{max}$	$-M_{max}$ 及相应的 N, V
	$\|V\|_{max}$		N_{max} 及相应的 M, V
			N_{min} 及相应的 M, V

第 11 章

一、填空题

1. 网架结构、网壳结构、网架结构、网壳结构
2. 套筒、锥头、封板，钢管
3. 十字节点板、盖板，型钢
4. 钢管、角钢、冷弯薄壁型钢，钢管

二、简答题

1. （略）
2. 常用网架的中间节点的做法有焊接钢板节点、焊接空心球节点、螺栓球节点。
3. 网架的节点构造应满足以下基本要求。
   (1) 受力合理，传力明确。
   (2) 尽量使杆件交汇于节点中心，使节点构造与所采用的计算假定基本相符。
   (3) 构造简单，制作简便，安装方便。
   (4) 用钢量省，造价低廉。
4. 锥头或封板是钢管端部的连接件。当杆件管径较大时采用锥头连接，采用锥头后可以避免杆件端部相碰。管径较小时采用封板连接。
5. 网架屋面排水有下述几种方式。
   (1) 在上弦节点上加设不同高度的小立柱形成所需坡度。
   (2) 整个网架起拱找坡。
   (3) 采用变高度网架。
6.
   (1) 平板压力支座节点：这种节点构造简单、加工方便，但支承板下的摩擦力较大，支座不能转动或移动，和计算假定差距较大，适用于中小跨度网架。
   (2) 单面弧形压力支座节点：这种支座节点适用于中小跨度网架。
   (3) 双面弧形压力支座节点：这种节点比较符合不动铰支座的假定。缺点为构造较复杂，造价较高，只能在一个方向转动，适用于大跨度，且下部支承结构刚度较大的网架。
   (4) 球铰压力支座节点：这种节点比较符合不动铰支座的假定，构造较为复杂，抗震性 好，适合于四点及多点支承的大跨度网架。
   (5) 单面弧形拉力支座节点：这种节点可用于大中跨度的网架。
   (6) 板式橡胶支座节点：这种支座不仅可以沿切向及法向位移，还可绕两向转动，这种节点构造简单、安装方便、节省钢材、造价低，可构成系列产品，工厂化大量生产。

参 考 文 献

[1]　《钢结构设计手册》编辑委员会. 钢结构设计手册[M]. 3 版. 北京：中国建筑工业出版社，2004.

[2]　门式刚架轻型房屋钢结构技术规程(CECS 102)：2002. 北京：中国计划出版社，2003.

[3]　建筑结构荷载规范(GB 50009—2012). 北京：中国建筑工业出版社，2012.

[4]　中华人民共和国建设部. 钢结构设计规范(GB 50017-2003). 北京：中国计划出版社，2003.

[5]　中华人民共和国建设部. 钢结构工程质量验收规范(GB 50205-2012). 北京：中国计划出版社，2003.

[6]　中华人民共和国建设部. 焊缝符号表示法(GB/T324—2008). 北京：中国标准出版社，2008.

[7]　中华人民共和国建设部. 建筑钢结构焊接技术规程(JGJ 81—2002). 北京：中国建筑工业出版社，2002.

[8]　周绥平，窦立军. 钢结构[M]. 武汉：武汉理工大学出版社，2009.

[9]　唐丽萍，杨晓敏. 钢结构制作与安装[M]. 北京：机械工业出版社，2015.

[10]　魏明钟. 钢结构[M]. 武汉：武汉工业大学出版社，2002.

[11]　陈东佐. 钢结构学习指导[M]. 北京：中国电力出版社，2008.

[12]　戴国欣，等. 钢结构[M]. 武汉：武汉理工大学出版社，2010.

[13]　钟善桐，等. 钢结构[M]. 武汉：武汉理工大学出版社，2005.

[14]　丁阳. 钢结构设计原理[M]. 天津：天津大学出版社，2004.

[15]　陈绍蕃. 钢结构设计原理[M]. 北京：科学出版社，2005.

[16]　沈祖炎，等. 钢结构基本原理[M]. 北京：中国建筑工业出版社，2000.